Landauer Beiträge zur mathematikdidaktischen Forschung

Reihe herausgegeben von

Jürgen Roth ⓘ, Institut für Mathematik, Universität Koblenz-Landau, Landau, Rheinland-Pfalz, Deutschland

Stephanie Schuler, Institut für Mathematik, Universität Koblenz-Landau, Landau, Rheinland-Pfalz, Deutschland

In der Reihe werden exzellente Forschungsarbeiten zur Didaktik der Mathematik an der Universität Koblenz-Landau publiziert. Sie umfassen das breite Spektrum der Forschungsarbeiten in der Didaktik der Mathematik am Standort Landau, das in der einen Dimension von empirischer Grundlagenforschung bis hin zur fachdidaktischen Entwicklungsforschung und in der anderen Dimension von der Unterrichtsforschung bis hin zur Hochschuldidaktischen Forschung reicht. Dabei wird das Lehren und Lernen von Mathematik vom Kindergarten über alle Schulstufen und Schulformen bis zur Hochschule und zur Lehrerbildung beleuchtet. In jedem Fall wird konzeptionelle Arbeit mit qualitativen und/oder quantitativen empirischen Studien verbunden. In der Reihe erscheinen neben Qualifikationsarbeiten auch Publikationen aus weiteren Landauer Forschungsprojekten.

Weitere Bände in der Reihe https://link.springer.com/bookseries/15787

Patrizia Enenkiel

Diagnostische Fähigkeiten mit Videovignetten und Feedback fördern

Gruppenarbeitsprozesse zur Bestimmung von Längen, Flächen- und Rauminhalten

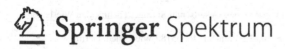

Patrizia Enenkiel
Landau, Deutschland

Diese Arbeit ist zugleich eine Dissertation am Fachbereich 7: Natur- und Umweltwissenschaften der Universität Koblenz-Landau

ISSN 2662-7469   ISSN 2662-7477   (electronic)
Landauer Beiträge zur mathematikdidaktischen Forschung
ISBN 978-3-658-36528-8   ISBN 978-3-658-36529-5   (eBook)
https://doi.org/10.1007/978-3-658-36529-5

Die Deutsche Nationalbibliothek verzeichnet diese Publikation in der Deutschen Nationalbibliografie; detaillierte bibliografische Daten sind im Internet über http://dnb.d-nb.de abrufbar.

Planung/Lektorat: Marija Kojic
Springer Spektrum ist ein Imprint der eingetragenen Gesellschaft Springer Fachmedien Wiesbaden GmbH und ist ein Teil von Springer Nature.
Die Anschrift der Gesellschaft ist: Abraham-Lincoln-Str. 46, 65189 Wiesbaden, Germany

Geleitwort

In ihrer Dissertationsschrift setzt sich Patrizia Enenkiel mit der Frage auseinander, ob und ggf. wie diagnostische Fähigkeiten von Studierenden mit Hilfe von Videovignetten von Schülergruppenarbeitsprozessen, geeigneten Diagnoseaufgaben und Feedback in Form von Expertenlösungen zu den Diagnoseaufgaben gefördert werden können. Dies ist eine sehr wichtige Frage, weil einerseits zutreffende Diagnosen die Grundlage für jedes zielführende Unterrichtshandeln von Lehrpersonen bilden und andererseits empirisch belegt ist, dass es Lehramtsstudierenden schwerfällt, Fähigkeiten und Lernschwierigkeiten von Lernenden zu erkennen und deren Ursachen zu identifizieren.

Um diese Forschungsintention bearbeiten zu können, war es notwendig sich mit der Frage auseinanderzusetzen, was diagnostische Kompetenz ausmacht, und diesen in der Literatur häufig etwas schillernden Begriff so zu fassen, dass er operationalisiert werden kann. Dabei mussten u. a. auch die Begriffe Diagnostik, Diagnose und Pädagogischen Diagnostik geklärt und gegeneinander abgegrenzt werden. Es wird dabei deutlich, dass von diagnostischen Kompetenzen gesprochen werden muss, weil diese von einer Reihe von situationsspezifischen Aspekten abhängig sind, wie etwa dem Inhalt, mit dem Schülerinnen und Schüler sich auseinandersetzen, während ihre Fähigkeiten und Lernschwierigkeiten diagnostiziert werden. Auch dieser Inhalt ist zu fassen und muss operationalisiert werden, damit er für Analysen zugänglich wird. Dies geschieht im Rahmen dieser Arbeit dadurch, dass Patrizia Enenkiel erstmalig einen Strategieraum für die Bestimmung von Längen, Flächen- und Rauminhalten zusammenstellt, strukturiert und so einer Operationalisierung zugänglich macht. Darüber hinaus mussten Videos von Schülergruppenarbeitsprozessen aus dem Mathematik-Labor „Mathe ist mehr" zum genannten Thema gesichtet, ausgewählt und zugeschnitten werden, um geeignete Videovignetten zu erstellen. Patrizia Enenkiel hat auch neue Vignetten produziert, indem sie zunächst eine Lernumgebung für das Mathematik-Labor „Mathe ist mehr" entwickelt hat, in der mehrere Strategien aus dem Strategieraum durch geeignete Aufgabenstellungen initiiert wurden. Diese Kurzstation wurde von Schülergruppen bearbeitet, die wiederum bei ihrer Bearbeitung videographiert wurden. Es waren Diagnosestrukturen zu identifizieren, die als Grundlage der Diagnoseaufträge zu den Vignetten genutzt werden konnten – hier wurde gut begründet auf den Diagnoseprozess von Beretz et al. (2017) zurückgegriffen – und auf dieser Basis geeignete Diagnoseaufträge erstellt. Darüber hinaus mussten die so zusammengestellten Vignetten in das Video-Tool ViviAn (https://vivian.uni-landau.de) eingepflegt und mit zusätzlichen Materialien angereichert werden. Dies ist notwendig, um zu gewährleisten, dass der Informationsgehalt zu den Videosituationen nahezu dem entspricht, über den Lehrpersonen im Unterricht verfügen, wenn sie die Situation beobachten.

Um einen Lerneffekt erzielen zu können, war ein Feedback zu den von den Studierende durchgeführten Diagnosen erforderlich. Hierzu musste die relevante Literatur zu Feedback gesichtet und begründete Entscheidungen bzgl. der Ausgestaltung der konkreten Feedbacks im Rahmen des Video-Tools ViviAn getroffen werden. Patrizia Enenkiel hat sich hier begründet für Feedback in Form von Expertenlösungen entschieden, die im Video-Tool zur Verfügung gestellt wurden und mit denen die Studierenden ihre eigenen Diagnosen abgleichen konnten. Diese Expertenlösungen wurden in einem aufwändigen mehrstufigen Prozess erarbeitet und validiert. Um die diagnostischen Fähigkeiten von Lehramtsstudierenden messen zu können, wurden neben den Trainingsvignetten auch zwei Testvignetten erstellt und evaluiert, mit denen die Diagnosefähigkeit der Studierenden erhoben wird.

Insgesamt konnte Patrizia Enenkiel mit ihrer Dissertation zeigen, dass die Arbeit mit der videobasierten Lernumgebung ViviAn dazu beitragen kann, diagnostische Fähigkeiten von Mathematiklehramtsstudierenden hinsichtlich der Bestimmung von Längen, Flächen- und Rauminhalten zu fördern und signifikante Lernzuwächse bereits im Studium zu erreichen. Dies ist ein wesentliches Ergebnis, dass hoffentlich dazu beiträgt, dass diese Art der Förderung diagnostischer Fähigkeiten flächendeckend in der universitären Lehrerbildung der ersten Phase erfolgt.

Das Video-Tool ViviAn und insbesondere auch die Trainingsvignetten die Patrizia Enenkiel im Rahmen ihrer Dissertation erstellt hat, können von Dozierenden anderer Hochschulstandorte für ihre Lehrveranstaltungen genutzt werden und werden bereits vielfältig eingesetzt. Dies gilt auch für die zweite Phase der Lehrerbildung, also die Phase des Referendariats. Auch hier werden bereits von mehreren Studienseminaren ViviAn-Vignetten eingesetzt und von Studienreferendarinnen und -referendaren zu Trainingszwecken genutzt. Der Zeitpunkt des Feedbacks hatte keinen Einfluss auf die Entwicklung der diagnostischen Fähigkeiten, aber bei verzögertem Feedback kann derselbe Lernerfolg bei deutlich geringerem Zeitaufwand erreicht werden. Eine Folge dieses Ergebnisses ist, dass in ViviAn nur noch mit verzögertem Feedback gearbeitet wird.

Auch eine Reihe von Forschungsdesideraten konnten identifiziert werden und können der zukünftigen Forschung wichtige Impulse geben. So bleibt z.B. noch zu untersuchen, inwiefern die Verbesserung der diagnostischen Fähigkeiten auch zu einem besseren Unterrichtshandeln der zukünftigen Lehrerinnen und Lehrer führt.

Landau, 12.10.2021
Jürgen Roth

Danksagung

Die Promotion ist ein langer Weg und geht mit vielen Hoch- und Tiefphasen einher. Viele Menschen haben mich über die Jahre hinweg begleitet und unterstützt. Ohne die Hilfe dieser Menschen, egal auf welche Art und Weise, hätte ich diese Arbeit nicht fertig stellen können.
Der schönste Teil kommt zum Schluss: Danke!

Mein großer Dank gilt meinem Doktorvater Prof. Dr. Jürgen Roth, der mich in allen Phasen der Promotion unterstützt und beraten hat. Er nahm sich immer die Zeit, mir bei Problemen und Schwierigkeiten zu helfen und zeigte mir vielzählige Wege und Perspektiven auf, diese zu überwinden. Durch sein fachliches und fachdidaktisches Wissen trug er viel dazu bei, diese Arbeit voranzubringen. Ich konnte mich bei allen Themen an ihn wenden und darauf vertrauen, dass er mir immer eine konstruktive Rückmeldung gab. Die Treffen mit ihm brachten mich immer ein Stück weiter. Eine so umfassende Betreuung ist nicht selbstverständlich.

Außerdem möchte ich Prof. Dr. Björn Risch danken, der in den DiAmant-Treffen durch seine konstruktiven Anmerkungen half, das Promotionsprojekt voranzubringen. Er half mir, meine Ergebnisse auch unter anderen Blickwinkeln zu beleuchten und zu interpretieren, wovon die Arbeit viel profitiert hat. Durch seine persönliche Art und Weise schaffte er immer eine vertrauensvolle und angenehme Atmosphäre. Die gemeinsamen Treffen werden mir positiv in Erinnerung bleiben. Außerdem danke ich ihm sehr dafür, dass er immer darauf bedacht war, dass ich die nötigen Mittel habe, um diese Arbeit fertigzustellen.

Mein Dank gilt außerdem der Graduiertenakademie Bildung·Mensch·Umwelt der Universität Koblenz-Landau. Das Projekt ermöglichte es mir, mein Forschungsvorhaben umzusetzen und an Workshops sowie nationalen und internationalen Tagungen teilzunehmen. Durch die interdisziplinäre Zusammenarbeit konnte ich darüber hinaus viele Einblicke in andere interessante Forschungsfelder erhalten.

Ein großer Dank gilt außerdem meinen Kolleginnen und Kollegen der Arbeitsgruppe Didaktik der Mathematik (Sekundarstufen). In vielen Workshops halfen sie mir, meine Videos zu analysieren und die Arbeitsaufträge unter kritischen Blickwinkeln zu diskutieren. Die Workshops halfen mir in meinem Vorhaben viel weiter. Darüber hinaus fungierten viele dieser Kolleginnen und Kollegen als Expertinnen und Experten und nahmen sich viel Zeit dafür, die Diagnoseaufträge zu beantworten und die Musterlösungen zu begutachten. Bedanken möchte ich mich an dieser Stelle auch bei den Kolleginnen und Kollegen des Instituts für Mathematik. Ich durfte in all den Jahren viele tolle Menschen kennen lernen, die oftmals für die nötige Abwechslung sorgten. Ich denke an viele schöne und vor allem auch lustige Momente zurück, die mir noch lange in Erinnerung bleiben werden.

Annika Haß war meine wissenschaftliche Hilfskraft und half mir bei den Kodierungen. Ich danke ihr für ihre schnelle sowie sorgfältige Arbeit und insbesondere auch dafür, dass sie kritische Anmerkungen hervorbrachte und dadurch auch viel zur Datenauswertung beitrug.

Madana Treiber hat mich durch alle Hoch- und Tiefphasen begleitet und nahm sich immer die Zeit, um mit mir über meine Arbeit zu sprechen. Wir teilten uns ein gemeinsames Büro, unsere Materialien, unsere Bücher und unsere Kekse, die uns über die Durststrecken helfen sollten. Madana ist über die Jahre zu einer engen Freundin geworden, die ich, auch unabhängig von der wissenschaftlichen Tätigkeit, sehr schätze. Danke!

Ein großer Dank gilt auch Josefine Zemla, die in unseren gemeinsamen Mittagspausen immer großes Interesse an meiner Arbeit zeigte und mir wertvolle Literaturtipps schickte, die in diese Arbeit eingeflossen sind. Sie brachte mich über die Jahre oft zum Lachen und ist in den letzten Jahren zu einer guten Freundin geworden. Dankeschön!

Meinen Freunden aus Nah und Fern danke ich für ihre Unterstützung. Sie sorgten für die nötige Ablenkung und ließen sich oftmals auch auf fachfremde Diskussionen ein. Die vielen Gespräche, Nachrichten und Postkarten halfen mir, die Arbeit zu Ende zu bringen.

Ein besonderer Dank gilt meinen Eltern Achim und Elke Enenkiel sowie meiner Schwester Kerstin Prause. Sie haben mich in jeder Phase der Promotion unterstützt und immer an mich geglaubt. Dankeschön!

An letzter Stelle möchte ich Moritz Walz danken. Er nahm sich über die Jahre hinweg Unmengen an Zeit, mit mir über meine Dissertation zu diskutieren und zu philosophieren. Moritz zeigte Verständnis und brachte viel Geduld auf, wenn er in unserer Wohnung über Artikel, Bücher und Kabel stolperte und sorgte in den letzten Wochen dafür, dass ich die „Diss" auch mal „Diss" sein lasse. Ohne seine Unterstützung würde ich wohl immer noch in Büchern und Artikeln versinken. Vielen Dank dafür!

Landau in der Pfalz, 31.03.2021

Zusammenfassung

Das Diagnostizieren gilt als eine der zentralen Tätigkeiten einer Lehrkraft. Lernrelevante Merkmale von Schülerinnen und Schülern müssen in verschiedensten Situationen wahrgenommen, gesammelt und verarbeitet werden. Bisherige Forschungsergebnisse legen nahe, dass Lehramtsstudierende Schwierigkeiten haben, Fähigkeiten und Lernschwierigkeiten von Schülerinnen und Schülern zu erkennen und zu interpretieren, insbesondere in Unterrichtssituationen, die von vielen Interaktionen geprägt sind. Eine Ursache liegt vermutlich darin, dass Studierende im Lehramtsstudium nur selten Gelegenheit haben, ihr im Studium erworbenes fachliches und fachdidaktisches Wissen zu nutzen, um lernrelevante Merkmale von Schülerinnen und Schülern zu diagnostizieren. Um der Problematik entgegenzuwirken, wird in den Mathematikdidaktik-Veranstaltungen an der Universität Koblenz-Landau am Campus Landau die videobasierte Lernumgebung ViviAn eingesetzt, durch die Mathematiklehramtsstudierende die Möglichkeit haben, videografierte Gruppenarbeitsprozesse von Schülerinnen und Schülern zu analysieren. Da die Studierenden eigenständig mit ViviAn arbeiten, erhalten sie in der Lernumgebung Feedback in Form von einer Musterlösung, mit dem sie ihre Antworten evaluieren können.

Diese Arbeit geht der Frage nach, ob diagnostische Fähigkeiten von Mathematiklehramtsstudierenden durch die Analyse von Videovignetten in ViviAn gefördert werden können und wie mögliche Unterstützungsmaßnahmen, insbesondere die Musterlösungen, in ViviAn gestaltet und eingebettet werden sollten.

Hierfür wird zunächst erarbeitet, was unter dem Diagnostizieren gefasst wird und welchen Einfluss die Situation hat, in der diagnostiziert werden soll. Vor diesem Hintergrund werden dann Möglichkeiten dargestellt, um Lehramtsstudierende in ihren diagnostischen Fähigkeiten zu fördern und Aspekte erarbeitet, die für das Fördern von zentraler Bedeutung sind. Unter Berücksichtigung der lernförderlichen Aspekte wird anschließend erläutert, wie die Videovignetten, Diagnoseaufträge und Musterlösungen erstellt, gestaltet und in ViviAn implementiert wurden. Um zu untersuchen, wann die Studierenden die Musterlösungen in ViviAn erhalten sollten, wurde eine Interventionsstudie mit Vor- und Nachtest durchgeführt, in der zwei Experimentalgruppen (EG1 und EG2) über mehrere Wochen hinweg Videovignetten zum Thema *Bestimmung von Längen, Flächen- und Rauminhalten* analysierten und Feedback in Form einer Musterlösung erhielten. Die Studierenden der EG1 erhielten die Musterlösungen am Ende der jeweiligen Videoanalyse, die Studierenden der EG2 direkt nach jedem Diagnoseauftrag. Die Ergebnisse zeigen, dass beide Gruppen ihre diagnostischen Fähigkeiten durch die Arbeit mit ViviAn verbessern konnten. Der Zeitpunkt, wann die Studierenden die Musterlösungen erhielten, hatte jedoch keinen Einfluss auf ihre Lernentwicklung, was unter anderem dadurch begründet werden kann, dass die Experimentalgruppen die Musterlösungen gleichermaßen als nützlich wahrnahmen. Konsequenterweise stellt die Arbeit mit ViviAn, unabhängig vom Zeitpunkt des Feedbacks, ein gutes Lernarrangement dar, um Lehramtsstudierende bereits im Lehramtsstudium im Diagnostizieren von lernrelevanten Merkmalen zu fördern.

Inhaltsverzeichnis

Abbildungsverzeichnis

Tabellenverzeichnis

1 Einleitung

Das Lehramtsstudium ist ein beliebter Studiengang für Studienanfänger. Laut dem statistischen Bundesamt (2020) entschieden sich im Wintersemester 2019/2020 rund 9 % der Studienanfänger für ein Lehramtsstudium. Der Beruf als Lehrerin oder Lehrer bietet ein interessantes und besonders vielfältiges Arbeitsfeld, das auch durch wandelnde Anforderungen geprägt ist. Neben Tätigkeiten wie der Vorbereitung und Durchführung des Unterrichts, der Korrektur von Klassenarbeiten und den Elterngesprächen, die von außen betrachtet häufig als Hauptaufgaben einer Lehrkraft wahrgenommen werden (z.b. Kramer 2020 – Süddeutsche Zeitung), müssen Lehrkräfte täglich eine Vielzahl an Entscheidungen treffen. Abhängig von der jeweiligen Situation, gehen diese Entscheidungen oftmals mit weitreichenden Konsequenzen einher, wodurch eine Lehrkraft auch eine große Verantwortung zu tragen hat. So müssen Lehrkräfte beispielsweise über erbrachte Leistungen, Zeugnisnoten und Versetzungen von Schülerinnen und Schülern entscheiden. Auch im Unterricht, der von vielen Interkationen geprägt ist, haben Lehrkräfte die Aufgabe, Fähigkeiten und Schwierigkeiten der Schülerinnen und Schüler wahrzunehmen und darauf angemessen zu reagieren. „Eine Lehrperson sollte im Unterricht in der Lage sein zu erkennen, wo sich der einzelne Lernende in seinem Lernprozess befindet und welche Hilfe und Rückmeldung dieser benötigt" (Praetorius et al. 2012, S. 137). Lehrkräfte benötigen dafür eine Reihe von Fähigkeiten, die insbesondere Referendare am Anfang des Schuleinstieges vor große Herausforderungen stellen kann. Lernrelevante Merkmale müssen wahrgenommen und unter Einbezug des fachlichen und fachdidaktischen Wissens interpretiert werden. Da diese Fähigkeiten sehr handlungsorientiert sind, wird angenommen, dass diese erst durch umfangreiche Praxiserfahrungen, wie beispielsweise Schulpraktika, erworben werden können (z.B. Berliner 1986, S. 9f.; Gruber 2001, S. 165f.). Praxissemester sind in vielen Bundesländern im Curriculum des Lehramtsstudiums verankert (siehe Ulrich et al. 2020, S. 4f.), erzielen jedoch nicht immer die gewünschten Wirkungen. So finden die Praxissemester häufig nur einmalig am Ende des Studiums und losgelöst von den theoretischen Inhalten des Studiums statt (siehe auch Ulrich et al. 2020; Holtz 2014), wodurch die Studierenden die theoretischen Lerninhalte der universitären Veranstaltungen oftmals als praxisfern erleben (Holtz 2014, S. 115). Vor dem Hintergrund der Ergebnisse von Bernholt et al. (2018), die zwischen der Studienzufriedenheit von Lehramtsstudierenden und dem wahrgenommenen Praxisbezug im Lehramtsstudium bedeutsame Zusammenhänge feststellen konnten (S. 42), nimmt die Forderung nach einer verstärkten Theorie-Praxis-Verknüpfung im Lehramtsstudium stetig zu.

Eine ergänzende Möglichkeit Theorie und Praxis im Lehramtsstudium zu verzahnen und handlungsrelevante Fähigkeiten praxisnah zu entwickeln, stellen Unterrichtsvideos dar. „Sie ermöglichen wie kein anderes Medium die Abbildung der Komplexität und Simultanität des Unterrichtsgeschehens, welche gerade angehende Lehrkräfte vor große Herausforderungen stellen." (Holodynski et al. 2020 – Newsletter vom Bundesministerium für

© Der/die Autor(en), exklusiv lizenziert durch
Springer Fachmedien Wiesbaden GmbH, ein Teil von Springer Nature 2022
P. Enenkiel, *Diagnostische Fähigkeiten mit Videovignetten und Feedback
fördern*, Landauer Beiträge zur mathematikdidaktischen Forschung,
https://doi.org/10.1007/978-3-658-36529-5_1

Bildung und Forschung). Unterrichtsvideos allein werden jedoch nur bedingt zum Lernerfolg beitragen (Seago 2004, S. 263). Wichtig ist die Einbettung in eine Lernumgebung, die eine aktive Nutzung der Unterrichtsvideos erlaubt (C. von Aufschnaiter et al. 2017, S. 99; Krammer & Reusser 2005, S. 48; Rath & Marohn 2020, S. 85).

Das übergeordnete Ziel dieser Arbeit bestand darin, eine videobasierte Lernumgebung zu erstellen, um Mathematiklehramtsstudierenden die Möglichkeit zu geben, ihre diagnostischen Fähigkeiten zu entwickeln und somit der Theorie-Praxis-Kluft im Lehramtsstudium entgegenzuwirken. Für die Gestaltung der videobasierten Lernumgebung wurde auf das bereits entwickelte Videotool ViviAn (**V**ideo**v**ignetten zur **An**alyse von Lernprozessen, https://vivian.uni-landau.de) zurückgegriffen (Bartel & Roth 2017a), das hinsichtlich den Schwerpunkten dieser Arbeit adaptiert wurde. Dafür wurden geeignete Instruktions- und Unterstützungsmaßnahmen herausgearbeitet und erstellt, die zu einem Lerneffekt beitragen sollten. Sowohl die Konstruktion der Diagnoseaufträge, als auch die Gestaltung von Feedback erschienen aus theoretischer Sicht für das Lernen von hoher Bedeutung zu sein. Um zu überprüfen, wann die Studierenden das Feedback in Form von Musterlösungen erhalten sollten, inwiefern sie diese als nützlich empfinden und wie sie mit ihnen umgehen, wurde eine Interventionsstudie durchgeführt und hinsichtlich ihrer Wirksamkeit überprüft. Die Ergebnisse sollten Aufschluss darüber geben, ob die Lernumgebung ViviAn zu einem Lerneffekt beiträgt und wie sie effizient in die Lehramtsausbildung integriert werden kann. Dieser Prozess lässt sich wie folgt darstellen:

Kapitel 2 umfasst den theoretischen Hintergrund zu *Diagnosen von Schülerarbeitsprozessen*. Ausgehend von den Begrifflichkeiten *Diagnostik* und *Diagnose* sowie den Aufgabenfeldern der *Pädagogischen Diagnostik* wird das Konstrukt der diagnostischen Kompetenz erarbeitet und hinsichtlich seiner Kompetenzfacetten dargestellt. Im weiteren Verlauf werden verschiedene Merkmale von diagnostischen Situationen herausgearbeitet und erläutert. Dieser Schritt ist insofern wichtig, da die Kompetenzfacetten der diagnostischen Kompetenz, abhängig von der jeweiligen diagnostischen Situation, variieren können. Anschließend wird auf mögliche Ansätze eingegangen, diagnostische Fähigkeiten im Lehramtsstudium zu erfassen und zu fördern, indem diese hinsichtlich ihrer Validität und ihrer möglichen Umsetzbarkeit diskutiert werden.

In Kapitel 3 wird auf das *Feedback* eingegangen. Feedback stellt einen Oberbegriff für Informationen dar, die Lernende nutzen können, um Gedankenstrukturen zu verändern und gilt zudem als wichtiger Einflussfaktor für nachhaltiges Lernen. Da Feedback multifunktional ist und sich hinsichtlich verschiedener Facetten unterscheiden kann, wird eine Klassifikation vorgenommen und diese anhand verschiedener Forschungsergebnisse untermauert. Aus den Ergebnissen werden letztendlich Konsequenzen abgeleitet, die für die Gestaltung der Lernumgebung als wichtig erscheinen.

Kapitel 4 umfasst die mathematikdidaktischen Aspekte, die in dieser Arbeit im Vordergrund stehen. Da das Diagnostizieren eine komplexe Tätigkeit ist, die von zahlreichen situativen Faktoren beeinflusst wird, musste ein thematischer Fokus gesetzt werden. Das *Bestimmen von Längen, Flächen- und Rauminhalten* ist ein Themenbereich, der über die Jahrgangsstufen hinweg mehrmals aufgegriffen, erweitert und vertieft wird, und daher für Mathematiklehramtsstudierende aller Schularten relevant ist. Darüber hinaus hat der Themenbereich einen hohen Alltagsbezug und findet sich in verschiedenen Situationen wieder, was die hohe Relevanz stützt. Neben den Strategien zum Vergleichen, Messen und Berechnen benötigen Schülerinnen und Schüler sowohl arithmetische Fähigkeiten, als auch Kenntnisse über geometrische Figuren, wodurch sich ein recht breites Anforderungsprofil ergibt. Daher treten bei der Bestimmung von Längen, Flächen- und Rauminhalten häufig Schwierigkeiten auf, die sich nicht direkt mit dem Themenbereich identifizieren lassen. Das Kapitel behandelt zu Beginn die mathematischen und mathematikdidaktischen Grundlagen, die für den Themenbereich von Bedeutung sind. Anschließend werden die Strategien für die Bestimmung von Längen, Flächen- und Rauminhalten beschrieben und hinsichtlich ihrer Vor- und Nachteile diskutiert. Das Kapitel schließt mit der Verknüpfung der Themenbereiche, die für das Bestimmen von Längen, Flächen- und Rauminhalten von Bedeutung sind.

In Kapitel 5 werden zunächst die relevanten Theorieaspekte aus den vorherigen Kapiteln aufgegriffen und zusammengeführt. Ausgehend davon werden dann die Forschungsfragen der vorliegenden Arbeit abgeleitet. Diese Fragen umfassen einerseits die Wirksamkeit der videobasierten Lernumgebung für die Förderung diagnostischer Fähigkeiten im Bereich *Bestimmen von Längen, Flächen- und Rauminhalten* sowie andererseits die Einflussnahme des Zeitpunktes des Feedbacks, das den Studierenden zur Verfügung stand. Darüber hinaus soll im Rahmen dieser Arbeit untersucht werden, wie das Feedback in ViviAn von den Studierenden wahrgenommen und genutzt wird.

In Kapitel 6 wird die videobasierte Lernumgebung ViviAn vorgestellt, die hinsichtlich des Schwerpunktes der vorliegenden Arbeit adaptiert wurde. Ausgehend von der Beschreibung des Mathematik-Labors „Mathe ist mehr", welches einen wichtigen Grundbaustein für die vorliegende Arbeit darstellt, wird anschließend erläutert, wie die Videosequenzen und Zusatzinformationen erstellt, aufbereitet und in ViviAn eingebettet wurden. Danach wird auf die Konstruktion der Diagnoseaufträge und die Erstellung der Musterlösungen eingegangen, die den Studierenden in ViviAn als Feedback zur Verfügung standen.

In Kapitel 7 folgt dann die Darstellung der Vorstudie. Die Vorstudie diente sowohl der Erprobung der videobasierten Lernumgebung als auch der Validierung eines Fragebogens zum Feedback, der erstellt wurde, um herauszufinden, wie die Studierenden mit dem Feedback in Form einer Musterlösung in ViviAn umgehen und als wie nützlich sie dieses für ihren Lernprozess empfinden. Darüber hinaus wurden die Studierenden, die in der Vorstudie teilnahmen, gebeten Rückmeldung zu ViviAn und zu dem Feedback in Form einer Musterlösung zu geben. Die Antworten der Studierenden wurden qualitativ ausgewertet und werden am Ende des Kapitels für die Ableitung der Konsequenzen für die Hauptstudie herangezogen.

Daran anschließend wird im Kapitel 8 die Hauptstudie dargestellt, die zur Beantwortung der Forschungsfragen diente. Die Hauptstudie unterteilt sich in zwei Teilerhebungen. Im ersten Teil nahmen Mathematiklehramtsstudierende teil, die über mehrere Wochen hinweg mit der videobasierten Lernumgebung ViviAn arbeiteten und Videovignetten analysierten.

Die Ergebnisse sollten Aufschluss über die Wirksamkeit der videobasierten Lernumgebung ViviAn geben und die Frage beantworten, ob der Zeitpunkt, an dem die Studierenden das Feedback in Form einer Musterlösung erhalten, einen Einfluss auf die etwaige Lernentwicklung der Studierenden hat. Der zweite Teil umfasste die Erhebung einer Kontrollgruppe, um mögliche Testeffekte aufgrund der Vortests auszuschließen. Zunächst werden in dem Kapitel die Rahmenbedingungen sowie das Studiendesign beschrieben, das in der Hauptstudie zum Tragen kam. Anschließend werden die Tests und Fragebögen beschrieben, die in den Erhebungen der Hauptstudie eingesetzt wurden. Es folgt ein Abschnitt, in dem die Auswertungsmethoden beschrieben werden, die für die Auswertung der qualitativen und quantitativen Daten herangezogen wurden. Die Validierungen der Tests und Fragebögen, die im Rahmen dieser Arbeit erstellt wurden, werden in den darauffolgenden Abschnitten dargestellt. Der daran anschließende Ergebnisteil widmet sich zunächst der Frage, ob das Vorwissen und die praktischen Vorerfahrungen der Studierenden Einfluss auf ihre diagnostischen Fähigkeiten haben. Im Anschluss werden die Ergebnisse zur Beantwortung der Forschungsfragen dargestellt. Dabei wird insbesondere auf die Wirksamkeit der videobasierten Lernumgebung, die Einflussnahme des Zeitpunktes des Feedbacks sowie auf den Umgang und den empfundenen Nutzen des Feedbacks eingegangen. Das Kapitel endet mit einer Zusammenfassung und Interpretation der Ergebnisse.

In Kapitel 9 werden die Ergebnisse hinsichtlich theoretischer und methodischer Ansätze diskutiert. Die Arbeit schließt in Kapitel 10 mit einem Resümee, in dem die wichtigsten Aspekte und Ergebnisse in prägnanter Form dargestellt und darauf aufbauend Empfehlungen für die Förderung diagnostischer Fähigkeiten (in ViviAn) formuliert werden.

2 Diagnose von Schülerarbeitsprozessen

Das Diagnostizieren gilt als eine der zentralen Tätigkeiten von Lehrkräften (Horstkemper 2004; Terhart 2011; Weinert 2000). Um Entscheidungen zu treffen und pädagogische Handlungen abzuleiten, müssen Informationen von Schülerinnen und Schülern gesammelt und verarbeitet werden. Damit gehen teilweise auch große Konsequenzen einher, beispielsweise wenn eine Lehrkraft über die Versetzung eines Schülers oder einer Schülerin entscheiden muss. Im Rahmen der pädagogischen Diagnostik wird daher häufig gefordert, dass Lehrkräfte unter Beachtung von wissenschaftlichen Gütekriterien auf fundierte diagnostische Methoden zurückgreifen (Weinert & Schrader 1986, S.12). Vor dem Hintergrund der institutionellen Rahmenbedingungen einer Lehrkraft ist dies jedoch oftmals nicht möglich. Besonders im Unterricht haben Lehrkräfte aufgrund des großen Handlungsdrucks keine Möglichkeit diagnostische Instrumente zu verwenden, die bestimmten wissenschaftlichen Gütekriterien genügen (Weinert & Schrader 1986, S. 12). Es erscheint daher sinnvoll, die diagnostischen Aufgabenfelder einer Lehrkraft erst zu beschreiben und daraus die Kompetenzen abzuleiten, die eine Lehrkraft in bestimmten diagnostischen Situationen benötigt.

Das vorliegende Kapitel untergliedert sich in mehrere Teile. Im ersten Teil (Abschnitt 2.1) liegt der Fokus auf der Begriffsbestimmung und den Hauptaufgaben der pädagogischen Diagnostik, die unter der Berücksichtigung des Schul- und Unterrichtsalltags einer Lehrkraft in weitere Aufgabenfelder ausdifferenziert werden. Im zweiten Teil werden Ansätze zur Konzeptualisierung (Abschnitt 2.2) sowie zur Operationalisierung der diagnostischen Kompetenz dargestellt und mithilfe von Forschungsergebnissen diskutiert (Abschnitt 2.3). Da die diagnostischen Anforderungen einer Lehrkraft in hohem Maß von der diagnostischen Situation abhängen, werden im weiteren Verlauf Merkmale zur Klassifikation diagnostischer Situationen beschrieben (Abschnitt 2.4). Die gewonnenen Erkenntnisse werden anschließend verknüpft und zusammengefasst (Abschnitt 2.5). Im letzten Teil werden Möglichkeiten zur Förderung diagnostischer Kompetenzen vorgestellt und hinsichtlich ihrer Vor- und Nachteile diskutiert (Abschnitt 2.6). Im letzten Abschnitt werden auf Basis der beschriebenen Erkenntnisse Konsequenzen für die vorliegende Studie abgeleitet (Abschnitt 2.7).

2.1 Pädagogische Diagnostik

In den folgenden Abschnitten werden zuerst grundlegende Begriffe der pädagogischen Diagnostik geklärt, wobei versucht wird eine Unterscheidung zwischen *Diagnostik* und *Diagnose* vorzunehmen (Abschnitt 2.1.1). Anschließend werden die grundlegenden Aufgabenfelder der pädagogischen Diagnostik beschrieben und Formen der pädagogischen Diagnostik erläutert, die besonders im Schul- und Unterrichtsalltag einer Lehrkraft zum Tragen kommen (Abschnitt 2.1.2).

© Der/die Autor(en), exklusiv lizenziert durch
Springer Fachmedien Wiesbaden GmbH, ein Teil von Springer Nature 2022
P. Enenkiel, *Diagnostische Fähigkeiten mit Videovignetten und Feedback fördern*, Landauer Beiträge zur mathematikdidaktischen Forschung,
https://doi.org/10.1007/978-3-658-36529-5_2

2.1.1 Bedeutung und Herkunft

Der Begriff *Diagnostik* leitet sich aus dem griechischem Wort *diagnôstikós* (griechisch: διάγνωστικός) ab und bedeutet übersetzt „zum Beurteilen, zum Unterscheiden gehörend" (Duden 2012, S. 228; 2019, S. 426). Seinen Ursprung hat der Begriff in der Medizin, in der er die Maßnahmen beschreibt, Krankheiten zu erkennen und ihnen entsprechende Ursachen zuzuordnen (Brockhaus 1999, S. 454; Fisseni 2004, S. 4). Die Medizin greift dafür auf Informationen von Symptomen und Befunden zurück, die durch wissenschaftliche und standardisierte Methoden gesammelt wurden (Rath 2017, S. 18). Mit dem Begriff *Diagnostik* eng verwandt ist der Begriff *Diagnose*. Die Diagnostik wird auch als die „Lehre von der Diagnose" bezeichnet (Brockhaus 1999, S. 454). Die Begriffe *Diagnostik* und *Diagnose* werden häufig synonym verwendet. Helmke (2017) unterscheidet die Begriffe wie folgt: Als *Diagnostik* bezeichnet er „[...] eine professionelle, systematische, wissenschaftliche und methodisch fundierte Tätigkeit mit dem Ziel, Erkenntnisse über Merkmalsträger zu gewinnen oder Entscheidungen über nachfolgende Maßnahmen treffen zu können" (Helmke 2017, S. 272). Die *Diagnose* hingegen beschreibt Helmke (2017) als Urteilsleistung, die sich an vorgegebenen Kategorien, die theorie- und hypothesengeleitet entwickelt worden sind, orientiert (S. 272). Im Lexikon der Pädagogik von Tenorth und Tippelt (2007) wird *Diagnose* definiert als „Resultat eines diagnostischen Prozesses (»Diagnostik«), bei dem die verschiedenen, mithilfe unterschiedlicher diagnostischer Verfahren erfassten, Daten zu einer einzigen Aussage zusammengefasst werden" (Tenorth & Tippelt 2007, S. 152).

Im Laufe der Zeit wurde der Begriff in die Pädagogik übernommen und weiterentwickelt (Kleber 1992, S. 15). Auch im pädagogischen Kontext werden Informationen gesammelt (Rath 2017, S. 18), also Diagnostik betrieben, um auf Grundlage dessen Diagnosen zu treffen.

2.1.2 Aufgaben- und Handlungsfelder der Pädagogischen Diagnostik

Der Begriff *Pädagogische Diagnostik* wurde erstmals 1968 von Ingenkamp und Hartmann in einem unveröffentlichten Projektbericht in Anlehnung an die medizinische und psychologische Diagnostik verwendet (Ingenkamp & Lissmann 2008, S. 12). Im Laufe der Jahre wurden mehrere Definitionen für die pädagogische Diagnostik entwickelt und viele Versuche unternommen, die Aufgabenfelder der pädagogischen Diagnostik zu klassifizieren (Ingenkamp & Lissmann 2008, S. 12). Reulecke und Rollett (1976) ordnen der pädagogischen Diagnostik zwei zentrale Funktionen zu. Sie unterscheiden die pädagogische Diagnostik im engen und die pädagogische Diagnostik im weiten Sinn (Reulecke & Rollett 1976, S. 177). Die pädagogische Diagnostik im engen Sinn spezifiziert die Planung und Kontrolle von Lehr- und Lernprozessen (Reulecke & Rollett 1976, S. 177). Sie wird von Hartmann-Kurz und Stege (2014) auch als „Lernprozessdiagnostik" bezeichnet, da sie das Ziel der Begleitung und Optimierung von individuellen Lernprozessen hat (S. 8). Die pädagogische Diagnostik im weiten Sinn hingegen bezeichnet alle diagnostischen Aufgaben, die im Rahmen der Bildungsberatung erfüllt werden müssen (Reulecke & Rollett 1976,

S. 177). Durch die Kontrolle und die Bewertung der Lernergebnisse hat die pädagogische Diagnostik im weiten Sinn tendenziell einen summativen Charakter und wird daher von Hartmann-Kurz und Stege (2014) auch als „Zuweisungsdiagnostik" bezeichnet (S. 8). Klauer (1978) verzichtet für die Beschreibung der pädagogischen Diagnostik bewusst auf die Angabe der Aufgabenfelder mit der Begründung, dass eine „[...] Klassifikation der pädagogisch-diagnostischen Aufgaben [...] nicht geleistet werden" (Klauer 1978, S. 5) kann, da sich die Aufgabenfelder der pädagogischen Diagnostik durch schulorganisatorische und gesellschaftliche Aspekte sukzessive verändern. Er definiert *Pädagogische Diagnostik* als „[...] das Insgesamt von Erkenntnisbemühungen im Dienste aktueller pädagogischer Entscheidungen" (Klauer 1978, S. 5) und lässt damit offen, welche Funktionen und Aufgaben die pädagogische Diagnostik hat. Ingenkamp und Lissmann (2008) hingegen weisen auf die relativ stabilen Aufgabengebiete der Pädagogik hin und greifen diese in der folgenden Definition auf, die weithin zitiert wird:

> Pädagogische Diagnostik umfasst alle diagnostischen Tätigkeiten, durch die bei einzelnen Lernenden und den in einer Gruppe Lernenden Voraussetzungen und Bedingung planmäßiger Lehr- und Lernprozesse ermittelt, Lernprozesse analysiert und Lernergebnisse festgestellt werden, um individuelles Lernen zu optimieren. Zur Pädagogischen Diagnostik gehören ferner die diagnostischen Tätigkeiten, die die Zuweisung zu Lerngruppen oder zu individuellen Förderungsprogrammen ermöglichen sowie die mehr gesellschaftlich verankerten Aufgaben der Steuerung des Bildungsnachwuchses oder der Erteilung von Qualifikationen zum Ziel haben. (Ingenkamp & Lissmann 2008, S. 13)

Ingenkamp und Lissmann (2008) berücksichtigen in der Definition die pädagogische Diagnostik im weiten und im engen Sinn (vgl. Reulecke und Rollett, 1976), in dem sie einerseits auf die Zuweisung von Lernenden zu Lerngruppen hinweisen und andererseits die Optimierung der Lernprozesse von individuellen Lernenden aufgreifen. Die grundlegenden Ziele pädagogischer Diagnostik sind also zum einem das „Erteilen von Qualifikationen" und zum anderen die „Verbesserung des Lernens" (Ingenkamp & Lissmann 2008, S. 20). Als diagnostische Tätigkeiten bezeichnen sie weiter ein Vorgehen, in dem „[...] unter Beachtung wissenschaftlicher Gütekriterien beobachtet und befragt wird, die Beobachtungs- und Befragungsergebnisse interpretiert und mitgeteilt werden, um ein Verhalten zu beschreiben und/oder die Gründe für dieses Verhalten zu erläutern und/oder künftiges Verhalten vorherzusagen" (Ingenkamp & Lissmann 2008, S. 13f.). Die pädagogische Diagnostik wird daher häufig auch als „Pädagogisch-psychologische Diagnostik" bezeichnet, um zu verdeutlichen, dass die pädagogische Diagnostik auf Methoden und Werkzeuge der psychologischen Diagnostik zurückgreift (Hesse & Latzko 2011, S. 57). Einige Autoren wie Leutner (2001b) oder Jäger (2003) befürworten eine synonyme Verwendung der Begriffe: Jäger (2003) greift für die Definition der pädagogisch-psychologischen Diagnostik auf die Definition der pädagogischen Diagnostik von Ingenkamp und Lissmann (2008) zurück (S. 13). Leutner (2001b) betont, dass sich die Aufgabenfelder der pädagogischen und pädagogisch-psychologischen Diagnostik kaum unterscheiden (S. 521). Darüber hinaus profitieren die Bereiche gegenseitig von Methoden, Modellen und Theorien. Eine künstlich herbeigeführte Trennung sollte daher vermieden werden (Leutner 2001b, S. 521). Im weiteren Verlauf der Arbeit wird daher weiterhin die Bezeichnung *Pädagogische Diagnostik* verwendet.

Vor dem Hintergrund der Anforderungen, die eine Lehrkraft im Unterrichtsalltag bewältigen muss, scheint eine direkte Übertragung der diagnostischen Tätigkeiten im Sinne der pädagogischen Diagnostik auf den Unterrichtsalltag einer Lehrkraft nicht zielführend. Die Dominanz und Formalisierung der wissenschaftlichen Methoden und Gütekriterien in der pädagogischen Diagnostik schränkt die Integration der unterrichtlichen Tätigkeiten, die von spontanen Aussagen und Handlungen geprägt sind, stark ein (Karst 2012, S. 28). Im Unterricht steht eine Lehrkraft häufig unter Handlungsdruck, wodurch die Einhaltung wissenschaftlicher Gütekriterien nicht immer möglich ist. Auch die institutionellen Rahmenbedingungen behindern oftmals das Anwenden wissenschaftlicher Methoden und Werkzeuge. Schrader (2013) sieht hier auch den Unterschied zwischen der pädagogischen Diagnostik und den diagnostischen Kompetenzen einer Lehrkraft. „Während in der pädagogischen Diagnostik wissenschaftlich fundierte Methoden des Diagnostizierens (formelle Diagnostik) im Vordergrund stehen, geht es bei der diagnostischen Kompetenz von Lehrpersonen stärker um die im Schul- und Unterrichtsalltag vorherrschenden Urteile[1]" (Schrader 2013, S. 155). Die Hauptaufgaben der pädagogischen Diagnostik, die aus der Definition von Ingenkamp und Lissmann (2008) extrahiert werden können, wurden daher anlässlich aktueller Forschungsschwerpunkte, die sich besonders auf den Schul- und Unterrichtsalltag beziehen, in weitere Formen ausdifferenziert. Die Formen der Diagnostik unterscheiden sich unter anderem in ihren Zielen, die erreicht werden sollen, sowie in ihren Verfahren, mit denen entsprechende Informationen für eine Diagnose im Schulalltag eingeholt werden können:[2]

Informelle und Formelle Diagnostik

Schrader (2001) unterscheidet zwischen der informellen und der formellen Diagnostik. Formelle Diagnosen basieren auf wissenschaftlich erprobte Methoden, die strategisch und

---

[1] Karst (2012) unterscheidet zwischen den Begriffen „Urteil" und „Diagnose" hinsichtlich ihrer Funktion und ihrer Auswirkung. Während Diagnosen auf langfristigen, strukturierten Prozessen und strategischen Methoden basieren, sind Urteile hingegen stärker implizit und intuitiv und treten daher auch häufiger im Unterrichtsalltag einer Lehrkraft auf (Karst 2012, S. 87). Die Unterscheidung ist jedoch nicht trennscharf und impliziert, nach dem Verständnis von Karst (2012) eher einen fließenden Übergang. Darüber hinaus werden auch in anderen Bereichen, wie beispielsweise in der Juristik, Urteile gefällt, die auf ausführlichen und umfassenden Gutachten basieren. Die Begriffe werden in der hier vorliegenden Arbeit, wie in vielen anderen Arbeiten, synonym verwendet.

[2] Die Bezeichner für „Diagnostik" variieren je nach Autor. Beispielsweise verwendet Schrader (2001) für „Diagnostik" auch den Begriff „Diagnoseleistungen" (S. 91). Als Diagnoseleistungen bezeichnet er die Urteilsbildung, die sich sowohl auf wissenschaftlich fundierte Methoden stützen kann als auch während des Unterrichtens stattfindet (Schrader 2008, S. 168). Für eine einheitliche Begriffsunterscheidung wird hier der Bezeichner „Diagnostik" verwendet.

gezielt eingesetzt werden (Schrader 2001, S. 91). Sie können der pädagogischen Diagnostik zugeordnet werden (Schrader 2013, S. 155). Herppich et al. (2017) entwickelten für eine pädagogische (formelle) Diagnostik eine Art Entscheidungsbaum (vgl. Abbildung 1), der von Lehrkräften beim Diagnostizieren durchlaufen werden sollte (S. 85f.).[3]

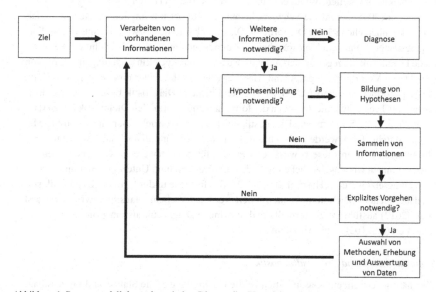

Abbildung 1. Prozessmodell der pädagogischen Diagnostik (Herppich et al. 2017, S. 82)

Nach der Festlegung einer diagnostischen Zielvorgabe oder einer diagnostischen Fragestellung werden vorhandene Informationen über die Lernenden verarbeitet. Sind für die entsprechende Zielvorgabe keine weiteren Informationen notwendig, führt die Informationsverarbeitung direkt zu einer Diagnose. Reichen die vorhandenen Informationen nicht aus, muss eine Lehrkraft über Hypothesen und geeignete Methoden zur Datenerhebung entscheiden, um die fehlenden Informationen einzuholen. Anschließend werden die Daten erhoben und ausgewertet. Die Verarbeitung der neuen Informationen führt dann, bei ausreichender Informationsgrundlage, zur einer Diagnose (Herppich et al. 2017, S. 82 und S. 85f.). Das vollständige Durchlaufen der Schritte entspricht eher der formellen Diagnostik (Herppich et al. 2017, S. 86).

Da die Lehrkräfte im Schulalltag oftmals unter Handlungsdruck stehen wird angenommen, dass Lehrkräfte eher „[...] selten einen so umfangreichen diagnostischen Prozess voll-

---

[3] Anhand Abbildung 1 wird auch der Unterschied zwischen der Diagnostik und der Diagnose deutlich. Die Diagnostik, also die Tätigkeiten, die für eine Beurteilung von Lernenden nötig sind, um Lernende hinsichtlich eines Merkmals zu beurteilen, führt zu einer Diagnose.

ständig durchlaufen (können)" (Herppich et al. 2017, S. 86) und überwiegend auf eine informelle Diagnostik zurückgreifen. Die informelle Diagnostik findet oftmals beiläufig während des Unterrichts statt (Schrader 2001, S. 92) und wird von Shavelson et al. (2008) auch als „On-the-Fly Formative Assessment" bezeichnet (S. 300). Sie beruht auf impliziten und subjektiven Urteilen, Wahrnehmungen und Eindrücken (Hofer 1986, S. 74).

Hascher (2005) betont die Schwierigkeiten, die mit der informellen und formellen Diagnostik einhergehen (S. 2): Die formelle Diagnostik erfordert sowohl Kenntnisse zu Forschungsmethoden als auch entsprechende Rahmenbedingungen in der Schule. Die informelle Diagnostik hingegen basiert auf unbewussten, intuitiven Einschätzungen, die oft von subjektiven Vorurteilen geprägt sind. Hascher (2005) führt daher eine weitere Form ein: die „semiformelle Diagnostik" (S. 2). Die semiformelle Diagnostik bezeichnet alle diagnostischen Tätigkeiten, die zwischen der formellen und informellen Diagnostik liegen (Hascher 2005, S. 2). So kann eine Diagnostik beispielsweise gezielt, aber ohne erprobte Methoden durchgeführt werden. Durch das Festhalten von intuitiven und beiläufigen Beobachtungen können diese bewusst und gezielt für eine Bewertung verwendet werden. Ebenso können wissenschaftliche Methoden und Verfahren im Unterricht eher unsystematisch eingesetzt werden (Hascher 2005, S. 2). Die formelle und informelle Diagnostik sollen daher nicht als Dichotomien interpretiert werden. Es scheint plausibler, wie auch Karst et al. (2017) ausführen, die formelle und informelle Diagnostik als ein Kontinuum zu interpretieren (S. 105f.; vgl. Abschnitt 2.4).

Statusdiagnostik und Prozessdiagnostik

Eine häufig verwendete Klassifikation ist die Unterteilung in die Status- und Prozessdiagnostik. Je nach Autor findet man verschiedene Definitionen. Schrader (2011) beispielsweise versteht unter der *Statusdiagnostik* eine „[...] Erfassung relativ stabiler Personenmerkmale oder Lernvoraussetzungen [...]" (Schrader 2011, S. 684). Als Beispiele führt er die Konstrukte Intelligenz oder Ängstlichkeit auf. Die *Prozessdiagnostik* hingegen bezieht sich auf das Erfassen von Veränderungen und Verläufen bei modifizierbaren Merkmalen, wie beispielsweise Lernergebnissen (Schrader 2011, S. 684). Durch Messwiederholungen können diese Veränderungen messbar gemacht werden (Schrader 2011, S. 684). Schrader (2011) unterscheidet die Status- und Prozessdiagnostik also durch die Stabilität der Merkmale, die zu erfassen sind (siehe auch Dübbelde 2013, S. 20). Siemes (2008) und Horstkemper (2006) hingegen beschreiben die Status- und Prozessdiagnostik durch die Ziele, die mit der jeweiligen Diagnostik erreicht werden sollen. Bei der Statusdiagnostik wird der Zustand einer Person zu einem bestimmten Zeitpunkt erfasst (Horstkemper 2006, S. 5; Siemes 2008, S. 12f.). Das Ziel der Statusdiagnostik ist eine Selektion von Personen, wie es beispielsweise bei der Schullaufbahnempfehlung nach der Grundschule gefordert ist. Sie wird daher auch häufig als Selektions- bzw. Auslesediagnostik bezeichnet (Horstkemper 2006, S. 5f.; Siemes 2008, S. 12f.). Die Prozessdiagnostik hingegen ermöglicht eine umfassende Beschreibung des Profils einer Person, indem ihre Lernprozesse analysiert werden (Horstkemper 2006, S. 5; Siemes 2008, S. 13). Die Merkmale des Lernenden werden, wie auch in der Beschreibung von Schrader (2001) aufgeführt, stetig überwacht (Horstkemper 2006, S. 5). Als Beispiele werden Verhaltensanalysen oder Stärken-Schwäche-Profile von Schülerinnen und Schülern genannt (Horstkemper 2006, S. 5). Das Ziel der Prozessdiagnostik ist somit die Entwicklung adäquater Maßnahmen, die eine Veränderung im Lernen oder im Verhalten beim Kind ermöglichen (Horstkemper 2006, S. 5; Siemes 2008, S. 13). Die Prozessdiagnostik wird daher auch als Förder- bzw. Modifikationsdiagnostik bezeichnet (Horstkemper 2006, S. 5f.; Siemes 2008, S. 12f.).[4] Die Ziele, die mit der Status- bzw. Prozessdiagnostik einhergehen, also das Selektieren bzw. Fördern von Lernenden, haben große Übereinstimmung mit den Hauptaufgaben der pädagogischen Diagnostik, die in der Definition der pädagogischen Diagnostik von Ingenkamp und Lissmann (2008, S. 13) genannt werden.

Die Status- bzw. Prozessdiagnostiken und Selektions- bzw. Förderdiagnostiken greifen häufig ineinander über und bedingen sich gegenseitig. Horstkemper (2006) erläutert, dass die Selektionsdiagnostik durchaus auch die Absicht einer Förderung haben kann, indem einer Person durch die Zuordnung in eine Schulform eine bessere Lernumgebung ermöglicht wird (S. 5). In umgekehrter Weise erfordert die Prozessdiagnostik mit der Feststellung von Veränderungen in Personenmerkmalen oftmals eine wiederholte Messung von Zuständen (Ingenkamp & Lissmann 2008, S. 32). Eine Prozessdiagnostik geht somit auch oftmals mit der Statusdiagnostik einher. Eine ähnliche Auffassung vertritt auch Dübbelde (2013), indem sie beschreibt, dass das Ziel einer Statusdiagnostik bzw. einer Prozessdiagnostik sowohl eine Selektion als auch eine Förderung sein kann (S. 23). Im Rahmen ihrer Dissertation entwickelte Dübbelde (2013) daher ein eigenes Verständnis der Status- und Prozessdiagnostik. Sie differenziert die beiden Formen nach „[...] dem zugrundeliegenden Verfahren der Kompetenzmessung [...]" (Dübbelde 2013, S. 22) und grenzt sich dadurch von bisherigen Definitionen ab. Bei der Statusdiagnostik werden Merkmalsausprägungen, die aktuell vorliegen, durch die Analyse von Ergebnissen erfasst (Dübbelde 2013, S. 22). Als Beispiele führt Dübbelde (2013) die Bewertung der Ergebnisse von Aufgaben- oder Fragebogenbearbeitungen auf (S. 22). Die Erhebung aktueller Merkmalsausprägungen kann vor, zwischen oder nach einer Lerneinheit stattfinden (Dübbelde 2013, S. 22). Bei der Prozessdiagnostik hingegen werden die Bearbeitungsprozesse analysiert (Dübbelde 2013, S. 22). Der Fokus liegt hier also auf der Art und Weise, wie die Arbeitsergebnisse entstanden sind (Dübbelde 2013, S. 22). Als Beispiele führt Dübbelde (2013) die Analyse von vollständigen Aufgabenbearbeitungen, Videoaufnahmen oder Arbeitsprozessen auf (S. 23). Eine mehrmalige Erfassung von Merkmalen bezeichnet sie entgegen der Definition von Schrader (2011) weiterhin als (wiederholte) Statusdiagnostik und nicht als Prozessdiagnostik (Dübbelde 2013, S. 23).

---

[4] Autoren wie Hartmann-Kurz und Stege (2014) grenzen die Prozessdiagnostik und Förderdiagnostik klar voneinander ab. Lernende nehmen in der Prozessdiagnostik eine aktive Rolle ein, da sie Selbst- und Fremdeinschätzungen vornehmen. Der Begriff der Förderdiagnostik suggeriert, dass lediglich Lehrkräfte aktiv handeln, weshalb die Autoren die Begriffe nicht synonym verwenden (Hartmann-Kurz & Stege 2014, S. 8).

Neben den bisher aufgeführten Formen der Diagnostik gibt es auch weitere Klassifikationen (siehe auch Dübbelde 2013; C. von Aufschnaiter et al. 2015; Eid & Petermann 2006), auf die an dieser Stelle nicht weiter eingegangen werden soll.

Da eine Bewertung von Personen häufig auch mit Konsequenzen einhergeht, weist Helmke (2017) auf drei Gütekriterien (Objektivität, Reliabilität und Validität) hin, die in der Diagnostik berücksichtigt werden sollen (S. 124f.): *Objektivität* von Diagnosen liegt vor, wenn verschiedene Gutachter zu demselben Ergebnis kommen. Darüber hinaus sollten die Diagnosen eine hohe *Reliabilität* aufzeigen. Derselbe Gutachter sollte also bei mehrmaliger Messung dasselbe Ergebnis erhalten, vorausgesetzt, die Schülermerkmale bleiben über den Messzeitraum stabil. Als letzter Punkt wird die *Validität* (die Gültigkeit des Messergebnisses) aufgeführt. Validität liegt dann vor, wenn durch die Diagnostik genau die Merkmale erfasst werden, die auch erfasst werden sollen; das Instrument also das misst, was es messen soll. C. von Aufschnaiter et al. (2015) weisen ebenfalls auf die Überprüfung der Gütekriterien diagnostischer Instrumente hin, insbesondere bei der formellen Diagnostik, bei der bewusst Verfahren und Methoden ausgewählt werden, um Schülerinnen und Schüler zu diagnostizieren (S. 739).

Hesse und Latzko (2011) merken jedoch an, dass sich die Gütekriterien ursprünglich auf psychologische Testverfahren beziehen und eine Lehrkraft im Unterricht keine Diagnosen vornehmen kann, die den drei Gütekriterien genügen (S. 29). Weinert und Schrader (1986) beschreiben ebenfalls, dass bei schulorganisatorisch-curricularen Varianten, also bei außerunterrichtlichen Entscheidungen, die beispielsweise die Schullaufbahn betreffen, die bisher beschriebenen Gütekriterien ertragreich sein können (S. 18). Im Unterricht jedoch, der von vielen Interaktionen und Feinabstimmungen geprägt ist, sollte auf die konsequente Einhaltung der bisher beschriebenen Gütekriterien verzichtet werden, da der Unterricht von Lehrkräften stetig den aktuellen Bedingungen angepasst wird (Weinert & Schrader 1986, S. 18). Die Autoren entwickelten daher alternative Gütekriterien, um die Anforderungskriterien diagnostischer Lehrerurteile im Unterricht zu beschreiben (Weinert & Schrader 1986, S. 18ff.):

1) Diagnosen im Unterricht müssen nicht genau, sondern ungefähr sein. Eine Lehrkraft sollte sich jedoch den Ungenauigkeiten, Vorläufigkeiten und möglichen Revisionsbedürftigkeiten ihrer Diagnosen bewusst sein.

2) Eine Lehrkraft sollte sich bewusst sein, dass sich das Verhalten, die Motivation und das Wissen eines Schülers verändern kann. Getätigte Diagnosen bedürfen somit einer stetigen Überprüfung entsprechender Merkmale. Die Veränderungen in den Merkmalen sollen dabei mit den entsprechenden Erwartungen der Lehrkraft über die Veränderung eines Schülers oder einer Schülerin konform sein.

3) Als besonders wertvoll erscheinen Diagnosen, die sich an dem Maßstab von Individuen orientieren. Die Lehrkraft bezieht sich bei ihren Diagnosen eines Schülers also nicht nur auf Kriterien, Normen oder das Erreichen von Lernzielen, sondern auch auf

die früher erzielten Ergebnisse des Schülers oder der Schülerin, um den individuellen Veränderungen gerecht zu werden.

4) Diagnosen sollten sich durch eine günstige Voreingenommenheit auszeichnen. Diese im ersten Moment eher irritierende Aussage lässt sich wie folgt erklären: Aus praktischer Sicht ist es förderlich, wenn eine Lehrkraft die Leistungsunterschiede zwischen den Schülerinnen und Schülern (mäßig) unterschätzt, die Leistungsfähigkeiten der einzelnen Schülerinnen und Schüler (leicht) überschätzt sowie die Erfolge den Begabungen und die Misserfolge der mangelnden Anstrengungsbereitschaft der Lernenden oder dem ineffektiven Unterricht zuschreibt. Diese leicht optimistische Erfolgserwartung, kann für eine Lehrkraft motivierend sein, wodurch sie zu neuen und vielfältigen Handlungen angeregt wird.

2.2 Ansätze zur Konzeptualisierung diagnostischer Kompetenz

Die Kompetenz einer Lehrkraft Diagnostik und Urteilsprozesse vollziehen zu können, wird häufig unter dem Begriff *Diagnostische Kompetenz* gefasst (Karst & Förster 2017, S. 19; Tenorth & Tippelt 2007, S. 153). So beschreibt Schrader (2011) die diagnostische Kompetenz als „Die Gesamtheit der zur Bewältigung von Diagnoseaufgaben erforderlichen Fähigkeiten [...]" (Schrader 2011, S. 683). In der Literatur besteht große Einigkeit darüber, dass die diagnostische Kompetenz eine wichtige Grundvoraussetzung ist, um Lernprozesse zu analysieren und Lehrprozesse anzupassen (z.B. Hascher 2005; Horstkemper 2006; Schrader & Helmke 2001). Sie ist Grundlage für die Genauigkeit von Diagnosen (Lorenz 2012, S. 17; Schrader 2001, S. 91) sowie Voraussetzung für eine effektive Unterrichtsgestaltung und eine individuelle Förderung (Helmke et al. 2004, S. 119).

Nach der PISA Studie von 2000, in der neben den unterdurchschnittlichen Leistungen der Schülerinnen und Schüler (unter anderem im Bereich der mathematischen Grundbildung) auch die Lehrkräfte durch erhebliche Defizite im Bereich diagnostischer Kompetenzen in den Vordergrund rückten, beschloss die Kultusministerkonferenz zur Sicherung der Bildungsstandards die Etablierung von sieben Handlungsfeldern (Bos & Hovenga 2010, S. 383; Kultusministerkonferenz 2002a, S. 6f.). Neben den allgemeinen Maßnahmen zur Verbesserung der Schulbildung und zu erweiterten Bildungs- und Fördermöglichkeiten sollen auch die diagnostischen Kompetenzen der Lehrkräfte gefördert werden (Kultusministerkonferenz 2002a, S. 7). Die diagnostische Kompetenz ist damit in den letzten Jahren Gegenstand des wissenschaftlichen Forschungsinteresses geworden und hat zunehmend an Beachtung erfahren (Schrader 2017, S. 247). Folglich sind auch zahlreiche Forschungsarbeiten entstanden, die sich mit der Erfassung und insbesondere auch mit der Förderung diagnostischer Kompetenzen befassen (für eine Übersicht siehe Südkamp & Praetorius 2017). Mit dem Forschungsinteresse gehen jedoch auch große Herausforderungen einher, die sich von der Konzeptualisierung diagnostischer Kompetenz bis hin zu den Methoden zur Erfassung und Analyse sowie möglicher Ansätze zur Förderung diagnostischer Kompetenzen erstrecken (Praetorius & Südkamp 2017, S. 14). Im Folgenden soll versucht werden, bisherige Ansätze zur Konzeptualisierung diagnostischer Kompetenz zusammenzutragen, zu klassifizieren und anschließend zu verknüpfen.[5]

2.2.1 Diagnostische Kompetenz als Urteilsgenauigkeit

Die diagnostische Kompetenz wird häufig als die Fähigkeit eines Urteilers beschrieben Merkmale von „[...] Personen zutreffend zu beurteilen [...]" (Schrader 2001, S. 91). Dadurch wird sie mit der Urteilsgenauigkeit[6] gleichgesetzt, also mit dem Maß der Übereinstimmung zwischen Merkmalsbeurteilung und der tatsächlichen Merkmalsausprägung (Schrader 2001, S. 91). Das Maß der Übereinstimmung ist dabei ein Indikator für die Ausprägung diagnostischer Kompetenz (Helmke et al. 2004, S. 120; Schrader 2001, S. 92). Innerhalb der Urteilgenauigkeit wird zwischen drei Komponenten unterschieden: die Niveau-, Differenzierungs- und Rangordnungskomponente (Helmke et al. 2004; Schrader & Helmke 1987; Schrader 2013;). Die *Niveaukomponente* gibt an, inwiefern eine Lehrkraft die Merkmalsausprägung ihrer Klasse korrekt einschätzen kann (Schrader & Helmke 1987, S. 30). Die *Differenzierungskomponente* gibt die Urteilsgenauigkeit der Merkmalsstreuung innerhalb einer Klasse wieder, also inwiefern die Lehrkraft einschätzen kann, wie heterogen ihre Klasse hinsichtlich einer Merkmalsausprägung ist (Schrader & Helmke 1987, S. 30). Die *Vergleichskomponente* bzw. *Rangordnungskomponente* gibt an, inwiefern eine Lehrkraft die Schülerinnen und Schüler ihrer Klasse hinsichtlich deren Merkmalsausprägungen richtig positionieren und ordnen kann (Schrader & Helmke 1987, S. 31.).

Neben der akkuraten Einschätzung von Personenmerkmalen wird in weiteren Definitionen von Schrader auch die Einschätzung von Aufgabenmerkmalen thematisiert (z.B. Schrader 1989, S. 57). Er unterscheidet dabei zwischen aufgabenspezifischen und aufgabenbezogenen Urteilen (Schrader 1989, S. 57). In *aufgabenspezifischen* Urteilen werden Einschätzungen von Leistungen einzelner Schüler bzw. einzelner Schülerinnen bei spezifischen Aufgaben vorgenommen. Es wird also beurteilt, inwiefern ein Schüler bzw. eine Schülerin eine Aufgabe lösen oder nicht lösen kann (Schrader 1989, S. 57). Bei *aufgabenbezogenen* Urteilen gibt eine Lehrkraft einen Prozentsatz an, der angibt wie viele ihrer Schülerinnen und Schüler eine Aufgabe richtig lösen können (Schrader 1989, S. 57). Dieser Prozentsatz stellt die Aufgabenschwierigkeit für die jeweiligen Schülerinnen und Schüler dar (Schrader 1989, S. 57). Ein hoher Prozentsatz impliziert also eine leichte Aufgabe, ein niedriger Prozentsatz eine schwierige Aufgabe. Helmke et al. (2004) merken jedoch an,

---

[5] Der Einteilung liegt keine klare und scharfe Trennung zugrunde. Durch die Klassifizierung sollen lediglich die Schwerpunkte hervorgehoben werden, auf die sich die einzelnen Ansätze beziehen.

[6] Die Urteilsgenauigkeit wird häufig auch als „Urteilsakkuratheit" bzw. im Englischen als „accuracy of judgement" bezeichnet (Schrader 2001, S. 91, Spinath 2005, S. 85). Praetorius und Südkamp (2017) assoziieren die *Urteilsgenauigkeit* mit dem Gütekriterium der Reliabilität, die jedoch nicht im Fokus der Forschung stehen sollte und plädieren daher für die Verwendung des Begriffs *Urteilsakkuratheit* (S. 14). Da der Begriff Urteilsgenauigkeit im deutschsprachigen Raum weit verbreitet ist und besonders auch Schrader (1989) den Begriff „Genauigkeit" verwendet (S. 67), werden die Begriffe in dieser Arbeit synonym verwendet.

dass die Beurteilung der Aufgabenschwierigkeit durch die Angabe der Prozentangabe der Schülerinnen und Schüler, die die Aufgabe lösen können, wieder eine Beurteilung von Personenmerkmalen darstellt (S. 120). Auch die aufgabenspezifischen Urteile, in denen eine Lehrkraft einschätzt, ob ein Schüler bzw. eine Schülerin eine Aufgabe lösen kann oder nicht, sind individuelle Einschätzungen der Leistungen von einzelnen Lernenden, die über die Urteilgenauigkeit nicht hinausgehen.

In empirischen Forschungsarbeiten wird häufig auf die Definition von Schrader (2001) zurückgegriffen, um die Fähigkeit von Lehrkräften Lernende adäquat zu diagnostizieren, zu untersuchen (z.B. J. Kaiser et al. 2012; Karst et al. 2014; Spinath 2005). In einer Studie von Spinath (2005) beispielsweise, werden die Komponenten der Urteilsgenauigkeit (Niveaukomponente, Differenzierungskomponente, Randordnungskomponente) herangezogen, um einerseits zu untersuchen, wie akkurat Lehrkräfte leistungsrelevante Schülermerkmale einschätzen können und andererseits zu analysieren, ob die Komponenten eine eindimensionale Fähigkeit abbilden (S. 88). Die Ergebnisse weisen darauf hin, dass die Urteilsgenauigkeit keine eindimensionale Fähigkeit abbildet, da sowohl die Komponenten innerhalb eines Merkmals als auch die gleichen Komponenten über verschiedene Merkmale hinweg keine bedeutsamen Korrelationen aufzeigen (Spinath 2005, S. 93).[7]

2.2.2 Diagnostische Kompetenz als Wissens- und Methodengrundlage

Die Beschränkung diagnostischer Kompetenzen auf die Urteilsgenauigkeit bzw. Urteilsakkuratheit stößt vielerlei auf Kritik (Abs 2007; Helmke et al. 2004; Klug et al. 2012; Praetorius et al. 2012). So merken Helmke et al. (2004) an, dass neben der Fähigkeit, akkurate Urteile in Personen- und Aufgabenmerkmale vorzunehmen, auch die Wissens- und Methodengrundlage eines Urteilers mit einbezogen werden sollte (S. 120). In Anlehnung an Schrader (1989) erweitern Helmke et al. (2004) daher die Urteilsgenauigkeit durch folgende Eigenschaften eines Urteilers: a) stabile Merkmale, wie die Intelligenz, b) bereichsspezifische Wissensstrukturen, wie das methodische Wissen (Kenntnisse über diagnostische Methoden) und das gegenstandsspezifische Wissen (Kenntnisse über Lösungsmöglichkeiten und Schwierigkeiten einer Aufgabe) und c) spezifische Kenntnisse, wie das Wissen über einzelne Schülerinnen oder Schüler oder die Klasse (Helmke et al. 2004, S. 120f.). Helmke (2017) fasst diese Komponenten unter den Begriff „Diagnostische Expertise" zusammen (S. 119).

---

[7] Aus den Ergebnissen leiten Behrmann und Glogger-Frey (2017) die Konsequenz ab, dass über die Urteilsakkuratheit gemessene diagnostische Kompetenz in einem spezifischen Bereich nicht auf die Urteilsakkuratheit in anderen Themenbereiche geschlossen werden kann (S. 135f.).

Im Rahmen des COACTIV-Forschungsprogramms wird die diagnostische Kompetenz[8] ebenfalls im Bereich des Professionswissen einer Lehrkraft angesiedelt (Brunner et al. 2011, S. 216), welches eine zentrale Komponente der professionellen Kompetenz[9] einer Lehrkraft darstellt (Brunner et al. 2011, S. 217). Das Professionswissen umfasst das Fachwissen, das fachdidaktische Wissen, das pädagogisch-psychologische Wissen, das Organisationswissen und das Beratungswissen (Brunner et al. 2011, S. 217, vgl. Abschnitt 2.3.1) und wird in Abbildung 2 dargestellt. Die diagnostische Kompetenz wird im Rahmen der COACTIV-Studie in bestimmte Facetten des pädagogisch-psychologischen und fachdidaktischen Wissens zugeordnet (vgl. gestrichelter Rahmen in Abbildung 2).[10]

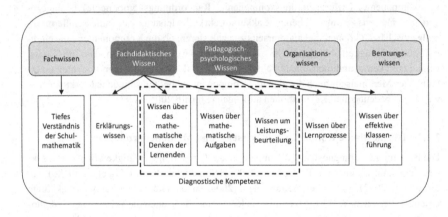

Abbildung 2. Diagnostische Kompetenz als Teil des Professionswissen (Brunner et al. 2011, S. 217)

---

[8] Die Autoren verwenden in dem Buchbeitrag den Begriff „Diagnostische Fähigkeiten", um 1) eine klare Trennung zur professionellen Kompetenz zu leisten, 2) deutlich zu machen, dass die diagnostische Kompetenz ein mehrdimensionales Konstrukt ist und 3) darzustellen, dass die im Beitrag untersuchte diagnostische Fähigkeiten nur einen Teil der diagnostischen Expertise von Helmke et al. (2004) abbildet (Brunner et al. 2011, S. 215). Brunner et al. (2011) erläutern jedoch, dass „Diagnostische Kompetenz" ein alternativer Begriff für diagnostische Fähigkeiten darstellt (S. 215). Hier wird weiter der Begriff *Diagnostische Kompetenz* verwendet, da in dieser Arbeit die diagnostischen Fähigkeiten als kognitiver Prozess verstanden wird (siehe dazu Abschnitt 2.5).

[9] Die professionelle Kompetenz einer Lehrkraft beinhaltet das Professionswissen, die Selbstregulation, die motivationalen Orientierungen und die Überzeugungen bzw. Werthaltungen bzw. Ziele, die eine Lehrkraft hat (siehe Brunner et al. 2011, S. 2017). In Abbildung 2 wird nur das Professionswissen dargestellt.

[10] In weiteren Veröffentlichungen wird darauf hingewiesen, dass diese Einordnung ausschließlich auf theoretischen Grundlagen basiert (Binder et al. 2018, S. 34). Die diagnostischen Kompetenzen der Lehrkräfte wurden im Rahmen von COACTIV durch die Akkuratheit ihrer Klasse hinsichtlich des Leistungsniveaus, der Leistungsstreuung und der Leistungsbereitschaft erfasst (Brunner et al. 2011, S. 219). Die ersten beiden Komponenten finden sich auch in der Definition der Urteilsgenauigkeit von Schrader und Helmke (1987) wieder.

Hinsichtlich des pädagogisch-psychologischen Wissens sollten Lehrkräfte verschiedene Kenntnisse über die Leistungsbeurteilungen besitzen (Brunner et al. 2011, S. 216). Als Beispiel wird das Wissen über die Beurteilung bezüglich verschiedener Bezugsnormen aufgeführt (Voss & Kunter 2011, S. 204). Im Rahmen des fachdidaktischen Wissens wird das Wissen über fachbezogene Schülerkognitionen, sowie das Wissen über das Potenzial mathematischer Aufgaben aufgezählt, die für die diagnostischen Kompetenzen von großer Bedeutung sind (Brunner et al. 2011, S. 216). So sollten sich Lehrkräfte beispielsweise über typische Schülerfehler bewusst sein und Lösungsmöglichkeiten von Aufgaben aufzeigen können (Krauss et al. 2011, S. 139).

2.2.3 Diagnostische Kompetenz als Basis von pädagogischem Handeln

Weitere Autoren bemängeln in den bisher dargestellten Konzepten den Ausschluss der didaktischen Relevanz (z.B. Abs 2007, S. 64). „Eine Kompetenz liegt im Sinne eines funktionalen Kompetenzbegriffs nur insofern vor, als ein Beitrag zur Erreichung von Handlungszielen geleistet wird" (Abs 2007, S. 63). Schrader (2013) selbst weist darauf hin, dass die Bedeutung der Urteilsgenauigkeit für die Unterrichtsqualität bisher nur wenig thematisiert wird (S. 159). Diagnostische Kompetenz gilt als Voraussetzung für eine adäquate Unterrichtsgestaltung und eine gezielte, individuelle Förderung von Schülerinnen und Schülern (Artelt & Gräsel 2009, S. 157; Horstkemper 2006, S. 6; Karing 2009, S. 198). Klug et al. (2012) beschreiben, dass die Urteilsgenauigkeit zwar ein wichtiger Bestandteil diagnostischer Kompetenz ist, aber durch die bisher beschriebenen Komponenten (Niveau-, Differenzierung- und Randordnungskomponente), insbesondere mit dem Ziel der Förderung, nicht vollständig abgebildet werden kann (S. 5). „Vielmehr geht es darum Schwierigkeiten und Verbesserungspotenzial im Lernverhalten der Schüler zu erkennen, sodass anschließend passende Lernstrategien durch die Lehrkraft vermittelt werden können" (Klug et al. 2012, S. 5). Die Bedeutsamkeit diagnostischer Kompetenz für die Adaptation von Lehrprozessen greift auch Weinert (2000) auf. Er definiert die diagnostische Kompetenz als „[...] ein Bündel von Fähigkeiten, um den Kenntnisstand, die Lernfortschritte und die Leistungsprobleme der einzelnen Schüler sowie die Schwierigkeiten verschiedener Lernaufgaben im Unterricht fortlaufend beurteilen zu können, sodass das didaktische Handeln auf diagnostischen Einsichten aufgebaut werden kann." (Weinert 2000, S. 19) und bezeichnet sie, neben der Sachkompetenz, der didaktischen Kompetenz und der Klassenführungskompetenz, als eine der vier Basiskompetenzen einer Lehrkraft. Der Unterricht sollte demnach immer auf Grundlage der getätigten Beurteilungen angepasst werden. Welche Unterrichtsmodifikation notwendig ist, hängt nach der Definition von Weinert (2000) von der Lernvoraussetzung und dem aktuellen Lernstand der Schülerinnen und Schüler ab.

Im Rahmen der Unterrichtsgestaltung wird zwischen zwei grundlegenden Maßnahmen unterschieden: der Makroadapation und der Mikroadaption (Hascher 2005, S. 3; Schrader 1989, S. 92). Die *Makroadaption* umfasst die Anpassung des Unterrichts an die Eigenschaften der Lernenden, die in kurzen Zeiträumen nur bedingt verändert werden können

(Leutner 2001a, S. 273). Solche Anpassungen werden meistens auf Klassenebene vorgenommen und betreffen beispielsweise die Auswahl von Unterrichtsmethoden, Lerninhalten
und Sozialformen (Klieme & Warwas 2011, S. 810). Makroadaptionen sind Unterrichts-
anpassungen über längere Zeiträume (Krammer 2009, S. 28) und werden von Corno und
Snow (1986) daher auch als „month-to-month"-Adaption bezeichnet (S. 607). Die *Mikroadaption* hingegen betrifft Anpassungen des Unterrichts an die Eigenschaften von Lernenden, die in kurzen Zeitabständen verändert werden können (Leutner 2001a, S. 273). Anpassungen auf der Mikroebene sind meistens kurzfristige und spontane Interventionen in
Lehrer-Schüler-Interaktionen, wie beispielsweise individuelle Hilfestellungen, wenn ein
Schüler oder eine Schülerin Schwierigkeiten bei einer Aufgabe hat (Klieme & Warwas
2011, S. 810; Lipowsky & Lotz 2015, S. 160). Corno und Snow (1986) bezeichnen diese
Art der Intervention als „moment-to-moment"-Adaption (S. 607).

2.2.4 Diagnostische Kompetenz als Kontinuum

Weitere Ansätze zur Beschreibung des Konstrukts *Diagnostische Kompetenz* führen über
den allgemeinen, bildungswissenschaftlichen Kompetenzbegriff. „Diagnostische Kompetenz stellt eine inhaltliche Konkretion des allgemeinen Kompetenzgedankens dar [...]"
(Abs 2007, S. 63) und wird durch die Urteilsgenauigkeit nicht vollständig erfasst (Praetorius et al. 2012, S. 116). Weinert (2001) definiert Kompetenzen als „[...] die bei Individuen
verfügbaren oder durch sie erlernbaren kognitiven Fähigkeiten und Fertigkeiten, um bestimmte Probleme zu lösen sowie, [sic] die damit verbundenen motivationalen, volitionalen und sozialen Bereitschaften und Fähigkeiten, um die Problemlösungen in variablen Situationen erfolgreich und verantwortungsvoll nutzen zu können." (Weinert 2001, S. 27f.).
Weinert (2001) berücksichtigt dabei die kognitiven sowie die motivationalen, volitionalen
und sozialen Voraussetzungen eines Individuums, um in Situationen erfolgreich handeln
zu können.

Eine ähnliche Darstellung findet sich auch in dem Kompetenzmodell von Blömeke et
al. (2015) wieder. Die Autoren unterscheiden dabei zwischen zwei kontroversen Ansätzen,
die in der Kompetenzforschung existieren:[11] Der erste Ansatz fokussiert die Kompetenz
als erfolgreiches Verhalten in spezifischen Situationen, die als „real-life situations" (Blömeke et al. 2015, S. 4) bezeichnet werden. Der zweite Ansatz betont die Kompetenz als
Disposition, die dem Verhalten zugrunde liegt (Blömeke et al. 2015, S. 5). Als Ursache für
die Gegenpole wird die Herkunft bzw. der Ursprung des jeweiligen Kompetenzverständ-
nisses genannt. Der erste Ansatz stammt aus der Wirtschaftspsychologie, dessen Fokus auf
der Arbeitsleistung der Arbeitnehmer liegt. Die kognitiven und motivational-affektiven
Voraussetzungen sind von geringerer Bedeutung, da lediglich das beobachtbare Verhalten
im Arbeitsalltag interessiert (Blömeke et al. 2015, S. 5). Diese Kompetenzen werden auch
als „output-based competencies" bezeichnet (Hoffmann 1999, S. 280). Der zweite Ansatz

---

[11] Diese Ansätze lassen sich auch in den beschriebenen Versuchen zur Konzeptualisierung diagnostischer
Kompetenz erkennen, die in den vorherigen Abschnitten erläutert wurden.

hingegen stammt aus der Bildungsforschung, die sich darauf konzentriert, die Kompetenzentwicklung zu beeinflussen, indem die kognitiven und motivationalen-affektiven Voraussetzungen gefördert werden (Blömeke et al. 2015, S. 5). Diese Kompetenzen werden
auch als „input-based competencies" bezeichnet (Hoffmann 1999, S. 281). Ein möglicher
Ansatz zur Aufhebung der Dichotomie ist die Betrachtung eines Konstrukts, das beide Ansätze integriert. "That is, our notion of competence includes "criterion behavior" as well as
the knowledge, cognitive skills, and affective-motivational dispositions that underlie that
behavior" (Blömeke et al. 2015, S. 4). Die Autoren sehen demnach die Kompetenz als ein
Kontinuum, in dem die kognitiven und affektiv-motivationalen Dispositionen und die Performanz durch die situationsspezifischen Fähigkeiten verbunden bzw. mediiert werden
(Blömeke et al. 2015, S. 7). Die Kompetenz eines Individuums basiert also auf seinen individuellen Dispositionen, seinen situationsspezifischen Fähigkeiten und seinem individuellen Verhalten. Das Kompetenz-Modell von Blömeke et al. (2015) wurde von T. Leuders
et al. (2018) auf die diagnostische Kompetenz übertragen (vgl. Abbildung 3):

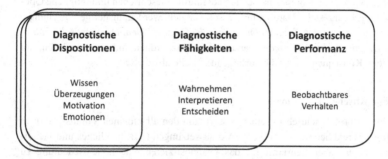

Abbildung 3. Diagnostische Kompetenz als Kontinuum (T. Leuders et al. 2018, S. 9 in Anlehnung an Blömeke et al. 2015, S. 7)

T. Leuders et al. (2018) begründen die Verwendung des Kompetenzmodells damit, dass
das Modell verschiedene Ansätze involviert und neben dem Wissen auch die affektiv-motivationalen Voraussetzungen berücksichtigt (S. 7). T. Leuders et al. (2018) adaptieren die
drei Bereiche des Kompetenzmodells von Blömeke et al. (2015) in diagnostische Dispositionen, diagnostische Fähigkeiten und diagnostische Performanz und beschreiben sie wie
folgt (T. Leuders et al. 2018, S. 8): Die *diagnostischen Dispositionen* umfassen das Wissen,
die Überzeugungen, die Motivation und die Emotionen, die eine Lehrkraft hat, um in diagnostischen Situationen erfolgreich handeln zu können. Die *diagnostischen Fähigkeiten*
sind situationsspezifische kognitive Funktionen. Die Autoren bezeichnen sie als einen Prozess der Wahrnehmung, Interpretation und Entscheidungsfindung. Die diagnostischen Fähigkeiten stützen sich einerseits auf die diagnostischen Dispositionen und haben andererseits Einfluss auf die diagnostische Performanz. Die *diagnostische Performanz* einer Lehrkraft zeigt sich im beobachtbaren Verhalten in diagnostischen Situationen, wie sie im

Schulalltag auftreten. Die Autoren bezeichnen die diagnostische Performanz als das Produkt der diagnostischen Dispositionen und den diagnostischen Fähigkeiten. Als Beispiele zählen sie die Beurteilung von Schülerinnen und Schüler oder die daraus resultierenden Handlungen einer Lehrkraft auf.

In den bisher beschriebenen Ansätzen wird deutlich, dass die diagnostische Kompetenz ein komplexes Konstrukt ist, das sich nicht durch eine Facette abbilden lassen kann. Neben den kognitiven, motivationalen und volitionalen Dispositionen, den kognitiven diagnostischen Fähigkeiten und der diagnostischen Performanz müssen auch situative Komponenten berücksichtigt werden, die in Abschnitt 2.4 erläutert werden.

T. Leuders et al. (2018) erläutern, dass das Modell (vgl. Abbildung 3) genutzt werden kann, um bisherige Forschungsansätze, die sich mit der diagnostischen Kompetenz befassen, zu klassifizieren und einzuordnen (S. 9).[12]

2.3 Diagnostische Kompetenzfacetten

Im Folgenden werden die Kompetenzfacetten ausführlich beschrieben und mögliche Operationalisierungen dargestellt. Darüber hinaus soll versucht werden, bisherige Forschungsergebnisse zu den Kompetenzfacetten *Diagnostische Dispositionen*, *Diagnostische Fähigkeiten* und *Diagnostische Performanz* darzustellen, einzuordnen und zu verknüpfen, um daraus folgend Konsequenzen für die vorliegende Studie abzuleiten.

2.3.1 Diagnostische Dispositionen

Bereits Schrader (1989) schrieb in seiner Dissertation den allgemeinen Voraussetzungen (z.B. Intelligenz) und bereichsspezifischen Voraussetzungen (z.B. fachliches und fachdidaktisches Wissen) einer Lehrkraft für das Diagnostizieren eine hohe Bedeutung zu (S. 48).[13] Die Dispositionen sollen jedoch nicht nur als Voraussetzungen für adäquate Diagnosen betrachtet werden. Sie sind auch Bestandteil von anderen Anforderungen, die eine Lehrkraft im Schulalltag bewältigen muss (Schrader 1989, S. 48, siehe auch Borowski et al. 2010, S. 341; Krauss et al. 2011, S. 136; Lipowsky 2006, S. 48).

Um die Wissenskomponenten zu beschreiben, die eine Lehrkraft im Schulalltag benötigt, wird häufig auf die Einteilung von Shulman (1986; 1987) zurückgegriffen. Shulman verwendet den Begriff „teaching profession" (Shulman 1986, S. 4), in späteren Veröffentlichungen auch „knowledge base for teaching" (Shulman 1987, S. 5), das in der deutschen

---

[12] In Anlehnung an T. Leuders et al. (2018) wird der Begriff *Diagnostische Kompetenz* im Singular verwendet. Vor dem Hintergrund der (auch empirisch bestätigten) Mehrdimensionalität des Konstrukts wird die Mehrdimensionalität in dieser Arbeit über den Begriff *Kompetenzfacetten* (Dispositionen, Fähigkeiten und Performanz) ausgedrückt. Weitere Erläuterung werden im Abschnitt 2.5 vorgenommen und sollen an dieser Stelle nicht vorweggenommen werden.

[13] Schrader (1989) bezeichnet die beschriebenen Voraussetzungen als „Fähigkeiten" (S. 48). Um die diagnostischen Voraussetzungen bzw. Dispositionen von den diagnostischen Fähigkeiten abzugrenzen, die in Abschnitt 2.3.2 erläutert werden, wird hier die Bezeichnung *Dispositionen* bzw. *Voraussetzungen* verwendet.

Sprache überwiegend als „Professionswissen" bezeichnet wird. Das Professionswissen einer Lehrkraft umfasst demnach folgende Komponenten (Shulman 1987, S. 8; teilweise übersetzt von Niermann 2017, S. 44f.):

- das Fachwissen (englisch: content knowledge)
- das allgemeine pädagogische Wissen (englisch: pedagogical knowledge)
- das fachdidaktische Wissen (englisch: pedagogical content knowledge)
- das curriculare Wissen (englisch: curriculum knowledge)
- das Wissen über Lernende und ihre Eigenschaften (englisch: knowledge of learner and their characteristics)
- das Wissen über Bildungskontexte (englisch: knowledge of educational contextes)
- das Wissen über Bildungsziele, -absichten und -werte sowie deren philosophische und historische Grundlagen (englisch: knowledge of educational ends, purposes and values, and their philosophical and historical grounds)

Zur Beschreibung der zentralen Wissenskomponenten einer Lehrkraft wird oftmals das allgemeine pädagogische Wissen, das Fachwissen und das fachdidaktische Wissen hervorgehoben (z.B. Krauss et al. 2011, S. 135; Lipowsky 2006, S. 49).[14]

Allgemeines pädagogisches Wissen

Nach Shulman (1987) umfasst das *allgemeine pädagogische Wissen* Prinzipien und Strategien zur effektiven Klassenführung (S. 8). Bromme (1997) beschreibt, dass diese Komponente relativ „[...] unabhängig von den Fächern gültig ist" (Bromme 1997, S. 197). Als Beispiele führt er den Umgang mit „erziehungsschwierigen Kindern" auf (Bromme 1997, S. 197). Im Rahmen der COACTIV-Studie werden die Wissensfacetten des allgemeinen pädagogischen Wissens um psychologische Aspekte erweitert (Voss und Kunter 2011, S. 193). Neben den Kenntnissen über eine effektive Klassenführung sollen Lehrkräfte auch Wissen über Unterrichtsmethoden, Leistungsbeurteilung, individuelle Lernprozesse (mögliche Maßnahmen zur Förderung der Motivation) und individuelle Besonderheiten (beispielsweise Anzeichen für Hochbegabungen oder Lernschwierigkeiten) aufzeigen können (Voss & Kunter 2011, S. 195).

Fachwissen

Hinsichtlich des *Fachwissens* sollten Lehrkräfte neben dem reinen Faktenwissen auch begründen können, warum entsprechende Sachverhalte gelten und diese in Verbindungen zu anderen Disziplinen und Themen setzen können (Shulman 1986, S. 9). „Teachers must not only be capable of defining for students the accepted truths in a domain. They must also be

---

[14] Auf die weiteren Wissenskomponenten, die von Shulman (1987) aufgeführt werden, soll im Rahmen dieser Arbeit nicht weiter eingegangen werden. Für weitere Beschreibungen siehe Shulman (1986; 1987) sowie Bromme (1994; 1997).

able to explain why a particular proposition is deemed warranted, why it is worth knowing, and how it relates to other propositions, both within the discipline and without, both in theory and in practice" (Shulman 1986, S. 9). In Anlehnung an Shulman (1986) untergliedert Bromme (1994) das Fachwissen in der Mathematik in „Content Knowledge about mathematics as a discipline" und „School mathematical Knowlegde" (Bromme 1994, S. 74). Das „Content Knowledge about mathematics as a discipline" umfasst das fachliche Wissen, das sich die Lehrkräfte während des Studiums aneignen. Als „School mathematical Knowledge" wird das fachliche Wissen bezeichnet, das eine Lehrkraft braucht, um Mathematik zu unterrichten. Bromme (1994) betont, dass die Schulmathematik nicht nur eine Vereinfachung des fachlichen mathematischen Wissens darstellt, wie sie an der Universität gelehrt wird (S. 74). Die Schulmathematik bildet eine eigene Wissenskomponente und hat eine eigene Logik, die sich nicht einfach aus dem fachlich-mathematischen Universitätswissen ableiten lässt und sollte deshalb separat aufgeführt werden (Bromme 1994, S. 74). Auch Krauss et al. (2011) klassifizieren im Rahmen der COACTIV-Studie das Fachwissen einer Mathematiklehrkraft auf unterschiedlichen Ebenen (S. 142).[15] Die erste Ebene umfasst das fachspezifische Alltagswissen, über das grundsätzlich alle Erwachsenen verfügen sollten. Auf der zweiten Ebene steht die Beherrschung des Schulstoffes in der Mathematik. Die Autoren vergleichen das Wissen auf dieser Ebene mit dem Niveau eines durchschnittlichen bis guten Schülers der Klassenstufe, in der unterrichtet wird. Die dritte Ebene beinhaltet ein tieferes Verständnis der Fachinhalte des Curriculums der Sekundarstufe (Krauss et al. 2011, S. 142). Krauss et al. (2011) beschreiben, dass Lehrkräfte über dieses Wissen verfügen müssen, „[...] um mathematisch herausfordernden Unterrichtssituationen fachlich jederzeit gewachsen zu sein" (Krauss et al. 2011, S. 143). Die vierte Ebene beinhaltet das reine Universitätswissen, das vom Curriculum vollständig losgelöst ist (Krauss et al. 2011, S. 142). Diese Ebene ist vergleichbar mit dem „Content Knowledge about mathematics as a discipline" von Bromme (1994, S. 74).

Fachdidaktisches Wissen

Das *fachdidaktische Wissen* beinhaltet das Wissen darüber, wie das Fachwissen vermittelt werden kann (Artelt & Kunter 2019, S. 401). Shulman (1986) beschreibt das fachdidaktische Wissen als Kenntnisse über Repräsentationsformen, Analogien, Beispiele und mögliche Erklärungen, aber auch als das Verständnis einer Lehrkraft, welche Aspekte das Erlernen bestimmter Themen erschweren oder erleichtern können (S. 9). In Anlehnung an Shulman (1986) wird im Rahmen der COACTIV-Studie das fachdidaktische Wissen in folgende (mathematikdidaktische) Wissensfacetten klassifiziert (Krauss et al. 2011, 138f.):[16]

---

[15] Im Rahmen der COACTIV-Studie wird das Fachwissen hinsichtlich der Mathematik operationalisiert.
[16] Für die Operationalisierungen der einzelnen Facetten des fachdidaktischen Wissens greifen Krauss et al. (2011) auf weitere Literaturquellen zurück, auf die an dieser Stelle nicht weiter eingegangen wird (siehe auch Krauss et al. 2011, S. 135ff.).

1) *Das Wissen über das multiple Lösungspotential von Mathematikaufgaben*
   Eine Lehrkraft sollte verschiedene Lösungswege und Repräsentationsmöglichkeiten mathematischer Aufgaben aufzeigen und die strukturellen Unterschiede verschiedener Schülerlösungen erkennen können.

2) *Das Wissen über typische Schülerfehler und -schwierigkeiten*
   Um den Unterricht an die Lernvoraussetzungen der Schülerinnen und Schüler anzupassen und typische Schülerfehler und -schwierigkeiten als Chance für verständnisvolles Lernen zu nutzen, muss eine Lehrkraft spezifische Schülerfehler erkennen, analysieren und einordnen können.

3) *Das Wissen über Erklären und Repräsentieren*
   Für eine effiziente Wissenskonstruktion von Schülerinnen und Schülern, muss eine Lehrkraft Sachverhalte erklären und präsentieren können sowie auf Schülerfehler und -schwierigkeiten adäquat reagieren können.

Neben dem Professionswissen werden in dem Modell von T. Leuders et al. (2018) auch die *Überzeugungen*, die *Motivation* und die *Emotionen* als diagnostische Dispositionen einer Lehrkraft aufgeführt (S. 8f.). Inwiefern eine Lehrkraft professionelle Anforderungen im Schulalltag erfüllt hängt davon ab, welche allgemeinen Motive, aktuellen Zielvorstellungen und Überzeugungen sie hat und welchen Wert sie ihrem eigenen Unterricht zuschreibt (Kunter 2011, S. 259). Bereits Weinert (2001) ordnet den „[...] motivationalen, volitionalen und sozialen Bereitschaften [...], um die Problemlösungen in variablen Situationen erfolgreich und verantwortungsvoll nutzen zu können" (Weinert 2001, S. 27f.) einen hohen Stellenwert zu. Auch für Ingenkamp und Lissmann (2008) gelten die sozial-emotionalen Voraussetzungen des Beurteilers als bedeutsame Einflussfaktoren für den Beurteilungsprozess (S. 47f.).

Obwohl das Professionswissen und die motivationalen und affektiven Komponenten einer Lehrkraft als relevante Voraussetzungen für das Diagnostizieren deklariert werden (siehe auch Herppich et al. 2017, S. 82ff.), existieren bislang nur wenige Studien, die die persönlichen Merkmale des Beurteilers miterheben, um mögliche Zusammenhänge zwischen den Dispositionen und den Urteilsleistungen abzubilden (Südkamp et al. 2012, S. 746).

Kersting (2008) untersuchte mit 62 Lehrkräften den Zusammenhang zwischen dem mathematikdidaktischen Wissen und der Fähigkeit zur Analyse von Unterrichtsprozessen. Das mathematikdidaktische Wissen („Mathematical Knowledge for teaching", Kersting 2008, S. 850) wurde mithilfe eines Multiple-Choice-Tests erhoben. Der Test erfasste das Wissen über potentielle Schülerlösungen sowie häufige Schülerschwierigkeiten beim Lösen verschiedener Mathematikaufgaben (Kersting 2008, S. 850) und bildet somit zum Teil die Komponenten des fachdidaktischen Wissens ab, wie es in der COACTIV-Studie operationalisiert wird. Die Fähigkeit Unterrichtsprozesse adäquat zu analysieren wurde mit-

hilfe mehrerer Videosequenzen erhoben. Die Videosequenzen beinhalteten Unterrichtsszenen aus der 8. Klasse, die Interaktionen der Lehrkräfte mit ihren Schülerinnen und Schülern
abbildeten (Kersting 2008, S. 848f.). Um eine große mathematische Bandbreite abzudecken, bildeten die Videosequenzen verschiedene mathematische Themen (z.B. Geometrie
und Algebra) ab (Kersting 2008, S. 849). Entsprechende Zusatzinformationen über die abgebildete Schulstunde wurden den Probanden vorab zur Verfügung gestellt. Die Probanden
wurden aufgefordert, die Videosequenzen zu sichten, zu analysieren und ihre Gedanken zu
notieren (Kersting 2008, S. 849). Die offenen Antworten wurden anschließend kodiert, um
zu untersuchen, inwieweit die Lehrkräfte in der Lage sind richtige Aussagen über das mathematische Thema, über das Verständnis der gezeigten Schülerinnen und Schüler und über
mögliches, alternatives Lehrerverhalten zu machen (Kersting 2008, S. 849). In einer anschließenden Korrelationsanalyse konnte gezeigt werden, dass zwischen dem mathematikdidaktischen Wissen der Lehrkräfte und der Wahrnehmung und Analyse der Unterrichtsprozesse ein signifikanter Zusammenhang besteht ($r = 0.53$, Kersting 2008, S. 857). Die
Ergebnisse suggerieren, dass das mathematikdidaktische Wissen für die Wahrnehmung
und Interpretation von videografierten Unterrichtsprozessen förderlich sein kann.

Ähnliche Ergebnisse zeigen sich auch in der TEDS-FU Studie von Blömeke et al.
(2014). Das mathematische und das mathematikdidaktische Wissen von Lehrkräften erwiesen sich zur Vorhersage der Fähigkeit relevante Unterrichtprozesse wahrzunehmen,
zu interpretieren und Handlungsoptionen zu generieren (von den Autoren als „perceive",
„interpret" und „decision making" operationalisiert, Blömeke et al. 2014, S. 520ff.) als
praktisch bedeutsam (Blömeke et al. 2014, S. 530f.). Die Studie wurde mit 171 Mathematiklehrkräften der Sekundarstufen durchgeführt (Blömeke et al. 2014, S. 519). Zur Erfassung der Fähigkeiten relevante Unterrichtprozesse wahrzunehmen, zu interpretieren und
Handlungsoptionen zu gestalten, wurde ein videobasierter Test mit videografierten (ge-
stellten) Mathematikunterrichtsstunden eingesetzt (Blömeke et al. 2014, S. 520). Als Aufgabenformate fungierten sowohl geschlossene als auch offene Fragen (Blömeke et al. 2014,
S. 521). Das mathematische und mathematikdidaktische Wissen der Lehrkräfte wurde mit
bereits validierten Testinstrumenten aus der TEDS-M Studie erhoben (Blömeke et al. 2014,
S. 525f.).

Weiter untersuchte Klug et al. (2016), welchen Einfluss personenbezogene Faktoren
(z.B. Motivation zu diagnostizieren, Wissen über Diagnostik, Selbstwirksamkeitserwartung) von (angehenden) Lehrkräften auf die Ausprägung ihrer diagnostischen Kompetenzen haben (S. 471).[17] Der Einfluss der Prädiktoren auf die diagnostischen Kompetenzen
wurde hinsichtlich der Berufserfahrung der Probanden (Lehrkräfte, Referendare und Studierende) miteinander verglichen. Zur Erfassung diagnostischer Kompetenzen diente ein
schriftliches Fallszenario von einem Schüler, der Lernschwierigkeiten hat, was folglich zu

---

[17] Die Diagnostische Kompetenz wird von Klug et al. (2016) als ein Prozessmodell operationalisiert. Unterschieden wird zwischen einer präaktionalen (Zielsetzung der Diagnostik und Aktivierung des Vorwissens), aktionalen (Sammeln, Auswahl und Auswertung von Informationen sowie die Formulierung der
Diagnose) und postaktionalen Phase (Planung zur Förderung und die Darbietung von Feedback) (Klug
et al. 2013, 39f.; Klug 2017, S. 55ff.).

einer Verschlechterung seiner Leistung und Noten führte (Klug et al. 2016, S. 469). Die Probanden wurden aufgefordert, Fragen zum Fallszenario im offenen Antwortformat zu beantworten (Klug et al. 2016, S. 469). Die Fragen basierten jeweils auf drei verschiedenen Phasen der Diagnose: Präaktional (beispielsweise das Nennen möglicher Methoden, um sich weitere Informationen einzuholen), Aktional (beispielsweise das Angeben der Informationen, die in die Diagnose einfließen) und Postaktional (beispielsweise das Aufführen von Fördermöglichkeiten) (Klug et al. 2013, S. 42). Die Ergebnisse zeigten, dass die Motivation zu diagnostizieren die diagnostische Kompetenz der Lehrkräfte am stärksten beeinflusst (hinsichtlich der Prä- und Postaktionalen Phase). Bei den Referendaren und den Studierenden zeigte sich zwischen der Motivation und der diagnostischen Kompetenz jedoch kein Zusammenhang (Klug et al. 2016, S. 474). Hinsichtlich des Wissens über Diagnostik ergaben sich bei den Studierenden signifikante Zusammenhänge in allen drei Phasen des Prozessmodells (Klug et al. 2016, S. 474). Bei den Lehrkräften erwies sich das Vorwissen zur Diagnostik nur in der postaktionalen Phase, also bei der Benennung von Fördermaßnahmen, als bedeutsamer Prädiktor. Bei den Referendaren konnte kein Zusammenhang zwischen dem Vorwissen über Diagnostik und der Ausprägung diagnostischer Kompetenz festgestellt werden (Klug et al. 2016, S. 474). Insgesamt deuten die Ergebnisse somit auf eine sehr inkonsistente Befundlage hin.

Die Berufserfahrungen bzw. die praktischen Vorerfahrungen sind in dem Modell von T. Leuders et al. (2018) nicht explizit aufgeführt, werden jedoch häufig als wichtige Einflussfaktoren für die diagnostische Kompetenz deklariert. Hinsichtlich der Bedeutung der Berufserfahrung einer Lehrkraft für das Maß ihrer diagnostischen Kompetenz existieren bislang nur inkonsistente Forschungsergebnisse. McElvany et al. (2009) konnten zeigen, dass die Berufsdauer signifikant mit der diagnostischen Sensitivität in Bezug auf die Schülerinnen und Schüler[18] korreliert (S. 230). Jedoch zeigte sich auch ein negativer, signifikanter Zusammenhang zwischen der Berufsdauer und der diagnostischen Sensitivität in Bezug auf Aufgaben[19] (McElvany et al. 2009, S. 230). Die Studie fand mit 116 Lehrkräften der Fächer Biologie, Erdkunde und Deutsch im Bereich der Text-Bild-Integration statt (McElvany et al. 2009, S. 227).

Die Ergebnisse einer Studie von Impara und Plake (1998) weisen auf keinen Zusammenhang zwischen der Berufsdauer und der Urteilsgenauigkeit von Lehrkräften hin. Die Lehrkräfte in dieser Studie erhielten einen Multiple-Choice-Test, konzipiert für Schülerinnen und Schüler der 6. Klasse, der grundlegendes Wissen zu naturwissenschaftlichen Themen erfassen sollte (Impara & Plake 1998, S. 71f.). Die Lehrkräfte wurden gebeten, die absolute Lösungshäufigkeit ihrer Schülerinnen und Schüler für diesen Test anzugeben. Anschließend bearbeiteten die Schülerinnen und Schüler selbst den Test (Impara & Plake

---

[18] Die Lehrkräfte wurden gebeten zufällig ausgewählte Schülerinnen und Schüler hinsichtlich ihrer Leistung in eine Rangordnung zu ordnen (McElvany et al. 2009, S. 228).

[19] Die Lehrkräfte wurden gebeten die eingesetzten Testaufgaben für die Schülerinnen und Schüler hinsichtlich ihrer Aufgabenschwierigkeit in eine Rangordnung zu bringen. Die von den jeweiligen Lehrkräften angegebene Rangordnung wurde dann mit der (über die jeweiligen Schülerinnen und Schüler) empirisch ermittelten Rangordnung verglichen (McElvany et al. 2009, S. 228).

1998, S. 72f.). Die Ergebnisse weisen darauf hin, dass die Lehrkräfte ihre Schülerinnen und Schüler unabhängig von ihrer jeweiligen Berufsdauer eher überschätzten (Impara & Plake 1998, S. 76).[20] Die Studie wurde jedoch lediglich mit 26 Lehrkräften durchgeführt, weshalb die Ergebnisse nur bedingt zu interpretieren sind.

Aktuellere Forschungsergebnisse von Heinrichs (2015) hingegen weisen auf einen Zusammenhang zwischen Praxiserfahrungen und der Ursachendiagnose hin. Hinsichtlich der Ursachendiagnose mussten Studierende in der Studie mögliche Ursachen für vorgegebene Schülerfehler identifizieren und benennen (Heinrichs 2015, S. 135f.). Studierende, die über Nachhilfeerfahrungen verfügten, schnitten durchschnittlich besser in der Ursachendiagnose ab, als Studierende, die keine Nachhilfeerfahrungen aufweisen konnten (Heinrichs 2015, S. 240).

Inwiefern das Wissen und die persönlichen Lehrermerkmale tatsächlich Einfluss auf die diagnostischen Tätigkeiten haben, ist bisher nur wenig untersucht worden. Die bisherigen Ergebnisse sind recht inkonsistent und lassen keine allgemeingültige Aussage zu, was möglicherweise auf die verschiedenen Forschungsansätze zurückgeführt werden kann. Sowohl das Konstrukt der diagnostischen Kompetenz als auch die verschiedenen Wissensfacetten werden unterschiedlich operationalisiert und erhoben, was die inkonsistenten Forschungsergebnisse erklären könnte. Möglicherweise beeinflussen auch andere Faktoren wie die spezifischen Rahmenbedingungen oder die Merkmale der Schülerinnen und Schüler die entsprechenden Zusammenhänge, wodurch allgemeingültige Aussagen nur bedingt möglich sind.

2.3.2 Diagnostische Fähigkeiten

T. Leuders et al. (2018) beschreiben die diagnostischen Fähigkeiten als situationsspezifische kognitive Funktionen und fassen diese zu einem Prozess zusammen, der in das beobachtbare Verhalten mündet (S. 8). Viele Autoren schreiben dem kognitiven Diagnoseprozess eine hohe Relevanz zu, um adäquate Diagnosen zu tätigen (z.B. Behrmann & Glogger-Frey 2017, S. 137; J. Kaiser et al. 2012, S. 253; Klug et al. 2012, S. 5; Schrader 1989, S. 44). Wird der Diagnoseprozess nicht richtig vollzogen, kann dies zu starken Verzerrungen im Urteil führen (Behrmann & Glogger-Frey 2017, S. 137). Hinsichtlich der Operationalisierung des Diagnoseprozesses existieren verschiedene Ansätze. Sie unterscheiden sich überwiegend in den Komponenten, die in dem Diagnoseprozess miteinbezogen werden.

T. Leuders et al. (2018) operationalisieren den Diagnoseprozess als *Wahrnehmen, Interpretieren* und *Entscheiden* (S. 8). Die Autoren beziehen sich dabei auf das PID-Modell, das im Rahmen der TEDS-FU-Studie (eine Follow-Up-Studie von TEDS-M – Teacher

---

[20] Die Lehrkräfte wurden in dieser Studie auch gebeten die absolute Lösungshäufigkeit ihrer Schülerinnen und Schüler anzugeben, die das Schuljahr knapp geschafft hatten. In diesen Fällen unterschätzten die Lehrkräfte ihre Schülerinnen und Schüler eher (Impara & Plake 1998, S. 76).

Education and Development Study in Mathematic[21]) entwickelt wurde, um situationsspezifische Fähigkeiten von Lehrkräften mithilfe von Videovignetten zu erfassen (Blömeke et al. 2015 S. 7; G. Kaiser et al. 2015, S. 373). Das PID-Modell wird wie folgt beschrieben: "(a) *Perceiving* particular events in an instructional setting, (b) *Interpreting* the perceived activities in the classroom and (c) *Decision-making*, either as anticipating a response to students' activities or as proposing alternative instructional strategies" (G. Kaiser et al. 2015, S. 374). Neben der Wahrnehmung von bestimmten Ereignissen im Unterricht und der Interpretation der beobachteten Aktivitäten sollen Lehrkräfte auch über (alternative) Handlungsmöglichkeiten entscheiden.

Das PID-Modell basiert unter anderem auf dem Konstrukt *professional vision*[22] von Sherin (2001) und van Es und Sherin (2002). Ziel der Autoren war das genaue Definieren der benötigten Fähigkeiten von Lehrkräften Unterrichtssituationen wahrzunehmen und zu interpretieren, das anschließend dafür verwendet wurde, Lehrkräfte in der Entwicklung ihrer Fähigkeiten zu unterstützen (van Es & Sherin 2002, S. 572).

Professional vision untergliedert sich in zwei Komponenten, 1) noticing und 2) interpreting (van Es & Sherin 2002, S. 573). Die erste Komponente beschreibt die gezielte Aufmerksamkeit einer Lehrkraft auf bestimmte Ereignisse und Situationen im Unterrichtsgeschehen (Sherin 2007, S. 384). Da eine Unterrichtssituation sehr komplex ist und nicht alle Interaktionen und Situationen von einer Lehrkraft wahrgenommen und verarbeitet werden können, muss selektiert und entschieden werden, auf welche Aspekte der Fokus gelegt wird (van Es & Sherin 2002, S. 573). Demnach muss eine Lehrkraft a) identifizieren, was in einer Unterrichtssituation relevant ist, b) Verknüpfungen zwischen den Beobachtungen im Unterricht herstellen können und c) ihr Wissen aktivieren und nutzen, um die Beobachtungen zu begründen (van Es & Sherin 2002, S. 573). Die zweite Komponente beschreibt die Fähigkeit von Lehrkräften die Beobachtungen im Unterrichtsgeschehen zu interpretieren und zu verstehen, was vor allem für die daraus folgenden pädagogischen Entscheidungen ertragreich sein kann (van Es & Sherin 2002, S. 575). In weiteren Veröffentlichungen der Autoren (z.B. Sherin & van Es 2009; Sherin 2007) werden die Komponenten als 1) noticing bzw. selective attention und 2) knowledge-based reasoning, das sich in „describe"

---

[21] Die TEDS-M-Studie wurde 2008 durchgeführt (G. Kaiser et al. 2015, S. 371) mit dem Ziel der "Beschreibung der Ausprägungen zentraler nationaler und institutioneller Merkmale der Mathematiklehrerausbildung sowie charakteristischer individueller Merkmale angehender Mathematiklehrkräfte für die Sekundarstufe I im internationalen Vergleich" (Blömeke et al. 2010, S. 13). Die TEDS-FU-Studie wurde 2012 mit einem Teil der Probanden der TEDS-M-Studie durchgeführt, um die Entwicklung ihrer Kompetenzen entlang ihrer Berufslaufbahn zu erfassen (G. Kaiser et al. 2015, S. 371).

[22] Der Begriff *professional vision* wurde erstmals von Goodwin (1994) geprägt, indem er berufsübergreifende Verfahren beschreibt, um interne Prozesse innerhalb eines Berufes zu gestalten (S. 606). Durch die Verfahren entwickeln die Beteiligten „professional vision", was von Goodwin (1994) beschrieben wird als „socially organized ways of seeing and understanding events that are answerable to the distinctive interests of a particular social group" (Goodwin 1994, S. 606). Demnach entwickelt man im Laufe der Berufsjahre eine professionelle Wahrnehmung für relevante Ereignisse (Sherin 2001, S. 75). Sherin (2001) überträgt das Konzept auf den Lehrerberuf: „[...] I believe that it makes sense to say that teachers develop professional vision. As teachers move from novice to expert pedagogue, they form expertise in a number of areas" (Sherin 2001, 75f.).

(deutsch: beschreiben), „evaluate" (deutsch: bewerten) und „interpret" (deutsch: interpretieren) untergliedert (van Es & Sherin 2010, S. 161f.), bezeichnet.

Die Komponenten des Konstrukts *professional vision* wurden bisher von vielen Autoren übernommen und adaptiert (z.B. „situation-specific skills" siehe G. Kaiser et al. 2015; „Professionelle Wahrnehmung" siehe Jahn et al. 2014; Seidel et al. 2010) und finden sich teilweise auch in den Ansätzen zum „formative assessment"[23] wieder (z.B. Kang & Anderson 2014). In den bisher dargestellten Ansätzen wird das *Interpretieren* jedoch nicht weiter ausgeführt. Daher bleibt oftmals unklar, welche kognitiven Aktivitäten unter dem *Interpretieren* gefasst werden.

Ein präziser Ansatz stammt von Beretz et al. (2017a; 2017b) und C. von Aufschnaiter et al. (2018). Zur Beschreibung des Diagnoseprozesses nennen die Autoren fünf Schritte, die für das Diagnostizieren von zentraler Bedeutung sind (vgl. Abbildung 4): (1) Daten erheben bzw. sichten, (2) Beobachtungen beschreiben, (3) Beobachtungen deuten, (4) Ursachen ergründen und (5) Konsequenzen ableiten (Beretz et al. 2017a, S. 244; Beretz 2017b, S. 150f.; C. von Aufschnaiter et al. 2018, S. 384). Der Diagnoseprozess wurde entwickelt, um Lehramtsstudierende im Aufbau diagnostischer Fähigkeiten zu unterstützen (vgl. Beretz et al. 2017b, S. 152).[24] Im ersten Schritt wird *auf geeignete Daten zurückgegriffen*, die vor dem Hintergrund einer diagnostischen Fragestellung selbst erhoben oder aus vorhandenen Quellen extrahiert worden sind (Beretz et al. 2017a, S. 244; Beretz et al. 2017b, S. 151).[25] Wie die Daten erfasst werden, hängt primär von dem Ziel der Diagnostik ab. Sollen Erkenntnisse über die aktuelle Kompetenz der Schülerinnen und Schüler gewonnen werden, können Ergebnisse aus Aufgabenbearbeitungen herangezogen werden (C. von Aufschnaiter 2018, S. 384). Sollen differenzierende Einsichten in die Denkprozesse der

---

[23] Das primäre Ziel von formative Assessment ist die Optimierung und Unterstützung von Lernprozessen (Maier 2010, S. 293; Bell & Cowie 2002, S. 4), der Fokus liegt also auf der Förderung von Schülerinnen und Schülern. Cowie und Bell (1999) unterscheiden zwischen geplanten und interaktivem formative assessment (S. 102). Das geplante formative assessment bezeichnet eine zielgerichtete Methode zur Erfassung des Leistungsniveaus von Schülerinnen und Schülern und untergliedert sich in das „eliciting" (deutsch: entlocken), „intepreting" (deutsch: interpretieren) und „acting" (deutsch: handeln) (Cowie & Bell 1999, S. 103). Das interaktive formativ assessment erfolgt meistens spontan im Lernprozesses von Schülerinnen und Schülern und untergliedert sich in die Phasen „noticing" (deutsch: wahrnehmen), „recognising" (deutsch: erkennen) und „responding" (deutsch: reagieren) (Cowie & Bell 1999, S. 107). Die Unterscheidung ist vergleichbar mit der formellen bzw. informellen Diagnostik, die in Abschnitt 2.1.2 beschrieben wurden.

[24] Beretz et al. (2017b) bezeichnen die Schritte auch als diagnostische Aktivitäten (S. 150). Im Rahme dieser Arbeit wird die Annahme getroffen, dass die Studierenden durch das aktive Durchlaufen des Diagnoseprozesses eine Performanz zeigen. Die Komponenten könnten daher auch unter der diagnostischen Performanz aufgeführt werden. Im Unterricht werden Lehrkräfte den Diagnoseprozess aufgrund des großen Handlungsdrucks jedoch überwiegend kognitiv und heuristisch durchlaufen und als Performanz vermutlich eher eine Intervention zeigen, weshalb der Diagnoseprozess hier unter den kognitiven Fähigkeiten aufgeführt wird (vgl. Abschnitt 2.5).

[25] Die Datenerhebung ist eigentlich Teil der pädagogischen Diagnostik (vgl. Abschnitt 2.1) und kann nicht explizit unter den kognitiven Funktionen bzw. in dem Kompetenzmodell von T. Leuders et al. (2018) aufgeführt werden. Dieser Aspekt wird in Abschnitt 2.5 ausführlich beschrieben.

Schülerinnen und Schülerinnen erlangt werden, eignen sich vollständige Aufgabenbearbeitungen sowie gegebenenfalls auch Video- und Audioaufnahmen, um die entsprechenden Informationen einzuholen (C. von Aufschnaiter 2018, S. 384).

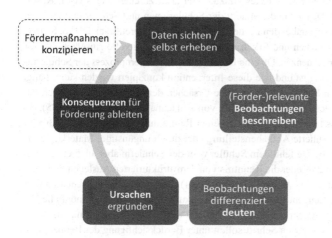

Abbildung 4. Komponenten des Diagnoseprozesses (Beretz et al. 2017a, S. 244; Beretz et al. 2017b, S. 150f.; C. von Aufschnaiter et al. 2018, S. 384)

Im zweiten Schritt werden die *(förder-)relevanten Beobachtungen beschrieben* (Beretz et al. 2017b, S. 151). Dieser Schritt dient zur Zusammenstellung von relevanten Informationen, die aus den Beobachtungen gewonnen werden können. So kann beispielsweise dargestellt werden, welche Aussagen ein Schüler oder eine Schülerin tätigt oder welche Handlung ein Schüler oder eine Schülerin vollzieht (C. von Aufschnaiter et al. 2018, S. 384f.). Das Beschreiben sollte möglichst neutral erfolgen. Anstatt Aussagen über das Können der Lernenden zu tätigen oder sogar Wertungen vorzunehmen, sollten relevante Aspekte erst einmal nur identifiziert werden (C. von Aufschnaiter et al. 2018, S. 384f.). Durch die genaue Beschreibung der Beobachtungen können im nächsten Schritt *differenzierte Deutungen vorgenommen* werden (Beretz et al. 2017a, S. 244). Dabei soll vor allem analysiert werden, welche Fähigkeiten und Fertigkeiten die Schülerinnen und Schüler bereits aufzeigen und welche Schwierigkeiten sie noch haben. Es scheint plausibel, dass die Deutung einer Lehrkraft von ihrem fachdidaktischen Wissen profitiert, indem beispielsweise auf das Wissen über typische Fehlvorstellungen in dem jeweiligen Themengebiet zurückgegriffen werden kann. Die Komponenten *Beschreiben* und *Deuten* sind inhaltlich nur schwer voneinander zu trennen, da in der Regel eine Beobachtung unmittelbar interpretiert wird (C. von Aufschnaiter et al. 2018, S. 385). Für eine angemessene und wertungsfreie Diagnose erscheint es jedoch sehr ertragreich, die Beobachtungen zunächst zu beschreiben, um rele-

vante Informationen zusammenzuführen, die für den weiteren Diagnoseprozess von Bedeutung sind. Im nächsten Schritt erfolgt dann eine Suche nach möglichen *Ursachen und
Erklärungen* für die getätigten Deutungen (Beretz et al. 2017b, S.151). Beretz et al. (2017b)
schreiben diesem Schritt eine hohe Relevanz zu, da er „[...] zu einer intensiveren Auseinandersetzung mit dem Denken und Handeln der Schülerinnen und Schüler und zu einer
positiveren Einstellung gegenüber den Lernenden führen [...]" (Beretz et al. 2017b, S. 151)
kann. Die möglichen Ursachen und Erklärungen geben auch wertvolle Ansatzpunkte für
die anschließenden Konsequenzen. Ob eine Intervention in den Lernprozess der Schülerinnen und Schüler notwendig ist und wie diese Intervention konzipiert werden kann, hängt
nämlich in einem hohen Maß davon ab, welche Ursachen dem Handeln und Denken der
Schülerinnen und Schüler zugrunde liegen (C. von Aufschnaiter et al. 2018, S. 385). So
kann beispielsweise das fehlerhafte Aufstellen einer Rauminhaltsformel für einen Quader
durch eine schlecht formulierte Aufgabenstellung oder durch ungünstiges Material verursacht werden. Möglicherweise fehlt dem Schüler oder der Schülerin aber auch ein grundlegendes Begriffsverständnis oder die Kenntnis von dem strukturierten Auslegen und Zählen von Einheitswürfeln eines Quaders (vgl. Kapitel 4). Die möglichen Ursachen hängen
somit auch von der Lernumgebung ab, wodurch sich oftmals auch mehrere mögliche Ursachen ergeben, die nicht immer eindeutig identifiziert werden können (C. von Aufschnaiter et al. 2018, S. 385). Im letzten Schritt sollen unter Berücksichtigung der Beobachtungen, der Deutungen und der möglichen Ursachen *Konsequenzen für die Förderung abgeleitet* werden (Beretz et al. 2017a, S. 244f.). Dieser Schritt ist der Ausgangspunkt für die
Gestaltung adäquater Interventionen (Beretz et al. 2017b, S. 151), was jedoch nicht mehr
unter der Diagnostik gefasst wird (C. von Aufschnaiter et al. 2018, S. 385). Die Konsequenzen enthalten Hinweise darauf, wie die Schülerinnen und Schüler im weiteren Lernprozess unterstützt werden können. Eine Konsequenz wäre beispielsweise die Entscheidung, ob in den Lernprozess der Schülerinnen und Schüler interveniert werden sollte.
Wenn die vorliegende Informationsgrundlage keine sichere diagnostische Aussage erlaubt,
kann die Konsequenz auch das Anschließen einer erneuten diagnostischen Beobachtung
darstellen (Bartel et al. 2018, S. 4 im Onlinematerial; C. von Aufschnaiter et al. 2018,
S. 385). Eine erneute diagnostische Beobachtung würde sich auch anbieten, um zu überprüfen, ob durchgeführte Interventionen wirksam waren (C. von Aufschnaiter et al. 2018,
S. 385). Die dargestellten Schritte sind daher als zyklischer Prozess zu verstehen, da eine
Intervention gleichzeitig auch den Ausgangspunkt für eine erneute diagnostische Beobachtung darstellt.

    C. von Aufschnaiter et al. (2018) erläutern, dass sich der Gegenstand der Diagnostik
nicht nur auf die kognitiven Aspekte der Lernenden beschränken muss (S. 384). Die Diagnostik kann sich auch auf soziale und affektive Merkmale der Lernenden beziehen, weshalb
die Diagnostik auch von alternativen Deutungen und Erklärungen profitiert. Eine gute Förderung ergibt sich somit aus der Summe der verschiedenen diagnostischen Eindrücke (C.
von Aufschnaiter et al. 2018, S. 384).

    C. von Aufschnaiter et al. (2018) führen des Weiteren aus, dass für das adäquate Durch-
laufen des Diagnoseprozesses das fachliche und fachdidaktische Vorwissen von großem

Vorteil sein kann (C. von Aufschnaiter et al. 2018, S. 386). Um Schülerantworten auf ihre fachliche Richtigkeit zu beurteilen, bedarf es an fachlichem Wissen. Auch für das Ableiten von diagnostischen Fragen, die Denk- und Lösungswege von Schülerinnen und Schülern sichtbar machen sollen, ist fachliches Wissen von Vorteil (C. von Aufschnaiter et al. 2018, S. 386). Das fachdidaktische Wissen kann hilfreich sein, um die getätigten Beobachtungen adäquat einzuordnen. Besonders der Rückgriff auf fachdidaktische Theorien kann dazu führen, Aussagen und Handlungen von Schülerinnen und Schüler besser zu interpretieren und mögliche Ursachen zu generieren. Darüber hinaus existieren in der fachdidaktischen Literatur möglicherweise bereits Hinweise und Empfehlungen, wie beispielsweise mit Fehlvorstellungen von Schülerinnen und Schülern umgegangen werden kann (C. von Aufschnaiter et al. 2018, S. 386). Dies unterstützt die Annahme, dass die individuellen Dispositionen einer Lehrkraft für die diagnostischen Tätigkeiten von großer Bedeutung sind.[26]

Welche kognitiven Schritte beim Diagnostizieren im Unterricht tatsächlich vollzogen werden, wurde bisher nur wenig erforscht (T. Leuders et al. 2018, S. 21). Es wird jedoch angenommen, dass Lehrkräfte im Unterrichtsalltag aufgrund des hohen Handlungsdrucks nur selten einen Diagnoseprozess vollständig durchlaufen und zwischen alternativen Interpretationen abwägen können (Bartel et al. 2018a, S. 2 im Onlinematerial; Herppich et al. 2017, S. 86). Lehrkräfte greifen besonders dann auf eher heuristische Informationsverarbeitungen[27] zurück, wenn ihnen bereits valide Informationen zu den Schülerinnen und Schülern vorliegen (M. Böhmer et al. 2017, S. 53f.). Darüber hinaus ist die Informationsverarbeitung abhängig von der Konsequenz, die das Urteil mit sich bringt. Lehrkräfte wägen zwischen mehreren Informationen ab und zeigen eine hohe Anstrengungsbereitschaft bei der Verarbeitung und Gewichtung von Informationen, wenn sie das Gefühl einer großen Verantwortung haben (z.B. bei einer Schullaufbahnempfehlung von Grundschulkindern) (I. Böhmer et al. 2017, S. 143). Wie strukturiert der Diagnoseprozess vollzogen wird, hängt somit von der diagnostischen Situation ab (vgl. Abschnitt 2.4).

Bisherige Studien zu den diagnostischen Fähigkeiten beziehen sich häufig auf die Unterschiede zwischen Experten und Novizen im Wahrnehmen und Interpretieren relevanter Unterrichtsaspekte. Besonders mit Blick auf die Entwicklung diagnostischer Fähigkeiten von Lehramtsstudierenden sind solche Forschungsergebnisse ertragreich, da sie wertvolle Ansatzpunkte für die Förderung aufzeigen.

Ergebnisse einer qualitativen Studie von Carter et al. (1988) zeigen, dass unerfahrene Lehrkräfte eher unbedeutende Ereignisse und Details wahrnehmen, während sich erfahrene Lehrkräfte beim Beschreiben bereits auf wesentliche Aspekte des Lernprozesses der Lernenden stützen (S. 27). Die Studie von Carter et al. (1988) wurde mit acht Experten und

---

[26] Dieser Abschnitt bezieht sich überwiegend auf die diagnostischen Dispositionen. Jedoch soll in diesen Abschnitten auch versucht werden Zusammenhänge und Verknüpfungen zwischen den Kompetenzfacetten herzustellen.

[27] Eine heuristische Informationsverarbeitung wird verkürzt, automatisiert und oftmals unbewusst durchgeführt (M. Böhmer et al. 2017, S. 50).

sechs Novizen durchgeführt[28] (S. 26), weshalb die Ergebnisse ausschließlich qualitativ interpretiert werden konnten. Den Probanden wurden Fotos von einer Unterrichtssituation als Slideshow präsentiert. Anschließend wurden sie gebeten zu beschreiben, was sie in den Fotos wahrgenommen haben (Carter et al. 1988, S. 26).

Die Ergebnisse stimmen mit den Erkenntnissen von Berliner (2001) überein, der die wesentlichen Ergebnisse von mehreren Studien zur Expertisen-Forschung von Lehrkräften in einem Artikel zusammenfasst. Demnach nehmen erfahrene Lehrkräfte wichtige Unterrichtsmerkmale schneller und präziser wahr als unerfahrene Lehrkräfte (Berliner 2001, S. 472).

Zu ähnlichen Ergebnissen kommen auch Star und Strickland (2008), die Unterrichtsvideos von einer Mathematikstunde verwendeten, um zu untersuchen wie Studierende Unterrichtssituationen wahrnehmen (S. 107). An der Studie nahmen 28 Mathematiklehramtsstudierende teil, die die Unterrichtsstunde anschauten und anschließend Fragen der Unterrichtsstunde beantworteten. Die Fragen hatten sowohl geschlossenes als auch offenes Antwortformat. Die Ergebnisse zeigten, dass die Studierenden nur spartanische Aussagen zu den Details im Klassenraum machen konnten (Star & Strickland 2008, S. 116f.). So fiel es ihnen beispielsweise schwer sich an das Material zu erinnern, dass die Lehrkraft in der Unterrichtsstunde verwendete (Star & Strickland 2008, S. 117). Bezüglich des mathematischen Themas der Unterrichtsstunde konnten die Studierenden nur wenige Fragen richtig beantworten (Star & Strickland 2008, S. 117). Die Autoren begründen die Ergebnisse mit den fachlichen Defiziten der Studierenden im mathematischen Thema der Unterrichtsstunde (Star & Strickland 2008, S. 122).

Neben der Wahrnehmung von relevanten Unterrichtsaspekten zeigen Experten und Novizen auch unterschiedliche Fähigkeiten in der Interpretation ihrer Beobachtungen. Seidel und Prenzel (2007) untersuchten in einer quantitativen Studie Unterschiede zwischen Schulinspektoren, Physiklehrkräften und Lehramtsstudierenden bezüglich des Analysierens von Videosequenzen eines Physikunterrichts (S. 211). Mithilfe von acht Videoclips und 134 Rating-Items (von „trifft zu" bis „trifft nicht zu") wurde untersucht, inwiefern die Probanden in der Lage waren, die Unterrichtssequenzen zu beschreiben, zu erklären und zu bewerten (Seidel & Prenzel 2007, S. 206f.). Die Ergebnisse zeigen, dass Lehrkräfte mit Lehrerfahrungen (die Schulinspektoren und die Physiklehrkräfte) signifikant höhere Fähigkeiten im Bewerten und Interpretieren von Unterrichtsaspekten aufweisen als die Studierenden (Seidel & Prenzel 2007, S. 212f.). Die Studierenden hingegen erreichen bei der Beschreibung der Videosequenzen die höchsten Werte, können jedoch die dargestellten Unterrichtssituationen nur bedingt erklären und bewerten (Seidel & Prenzel 2007, S. 212f.). Ähnliche Ergebnisse zeigen sich auch in einer qualitativen Studie von Sabers et al. (1991). Mithilfe spezifischer Fragen zu Unterrichtsaspekten und der Methode des lauten

---

[28] Die Expertinnen und Experten in dieser Studie verfügten über fünf Jahre Lehrerfahrung im Fach Mathematik und unterrichteten bereits verschiedene Kurse und Jahrgangsstufen. Als Novizen wurden Mathematiklehrkräfte herangezogen, die sich im ersten Jahr als ausgebildete Lehrkraft befanden.

Denkens wurden Experten, Lehrkräfte mit wenig Praxiserfahrungen und Novizen[29] gebeten eine Unterrichtsequenz zu begutachten (Sabers et al. 1991, S. 66ff.). Die Ergebnisse zeigen, dass Experten häufiger nach möglichen Erklärungen für das beobachtbare Verhalten der Schülerinnen und Schülern suchten und Lösungsvorschläge einbrachten, um identifizierte Probleme zu lösen (Sabers et al. 1991, S. 80). Darüber hinaus tätigten sie im Gegensatz zu den Novizen nur selten wertende Aussagen über die Schülerinnen und Schüler (Sabers et al. 1991, S. 80). Die Lehrkräfte mit wenig Praxiserfahrungen und besonders die Novizen gaben hingegen häufig nur ihre Beobachtungen wieder, nahmen Wertungen vor und nannten nur wenige Ursachen für das Verhalten der Lehrkraft oder der Schülerinnen und Schüler (Sabers et al. 1991, S. 78f.). Die Autoren schlussfolgern daraus, dass Experten, im Gegensatz zu unerfahrenen Lehrkräften, die Fähigkeit besitzen, ihr fachdidaktisches Wissen zu nutzen, um aussagekräftige Interpretationen zu tätigen (Sabers et al. 1991, S. 79 und S. 85).

Beretz et al. (2017b) und C. von Aufschnaiter et al. (2018) kommen ebenfalls zu der Schlussfolgerung, dass die Fähigkeit Unterrichtsaspekte zu analysieren in einem hohen Maß davon abhängt, ob und wie auf das Fachwissen und das fachdidaktische Wissen zurückgegriffen werden kann. Im Rahmen von zwei Lehrveranstaltungen für das Lehramtsstudium der Fächer Mathematik und Physik an der Universität Gießen analysierten Studierende in Partnerarbeit Videosequenzen von Schülerinnen und Schülern (Beretz et al. 2017b, S. 155; C. von Aufschnaiter et al. 2018, S. 386).[30] Als inhaltliche Strukturierung bekamen die Studierenden Arbeitsaufträge, die hinsichtlich den Komponenten des Diagnoseprozesses (vgl. Abbildung 4) entwickelt wurden (Beretz et al. 2017b, S. 152). Die Videoanalysen der Studierenden wurden aufgezeichnet, transkribiert und anschließend mithilfe eines Kategoriensystems ausgewertet (Beretz et al. 2017b, S. 162; C. von Aufschnaiter 2018, S. 386). Die qualitativen Auswertungen zeigen, dass die Studierenden zu Beginn viel Zeit aufbrachten, um die thematischen Inhalte fachlich zu klären, was den eigentlichen Diagnoseprozess behinderte (Beretz et al. 2017b, S. 165). Die Autoren schlussfolgern daraus, dass das Fachwissen eine Voraussetzung für das Diagnostizieren ist (Beretz et al. 2017b, S. 165). Darüber hinaus griffen die Studierenden nur wenig auf fachdidaktische Theorien und Befunde zurück, die für das Diagnostizieren hilfreich sein können (C. von Aufschnaiter et al. 2018, S. 386).

---

[29] Wie bereits bei Carter et al. (1988) wurden als Expertinnen und Experten erfahrene Lehrkräfte der Naturwissenschaften herangezogen, die mindestens fünf Jahre Lehrerfahrung aufweisen konnten und bereits verschiedene Kurse und Jahrgangsstufen unterrichteten. Lehrkräfte mit geringen Praxiserfahrungen waren Lehrkräfte, die bisher nur ein Jahr als naturwissenschaftliche Lehrkraft arbeiteten. Als Novizen fungierten Probanden, die keinerlei Erfahrungen mit dem Unterrichten aufzeigen konnten und auch kein Lehramtsstudium absolvierten. Sie zeigten lediglich ein großes Interesse am Unterrichten (Sabers et al. 1991, S. 66).

[30] Der Inhalt der eingesetzten Videosequenzen variierte hinsichtlich der Veranstaltung: Die Videosequenzen für die Veranstaltung zur Mathematikdidaktik beinhalteten Lehr-Lern-Prozesse aus der Stochastik, in denen die Studierenden selbst als Lehrkräfte fungierten und Kleingruppen von Schülerinnen und Schülern betreuten. In der Veranstaltung zur Physikdidaktik zeigten die Videoausschnitte Schülerinnen und Schüler sowohl in Interviewsituationen als auch bei der Bearbeitung von physikbezogenen Lernaufgaben zu verschiedenen physikalischen Themen (siehe Beretz et al. 2017b, S. 155).

2.3.3 Diagnostische Performanz

Als diagnostische Performanz bezeichnen T. Leuders et al. (2018) das beobachtbare Verhalten in diagnostischen Situationen, wie sie im Unterrichtsalltag einer Lehrkraft auftreten (S. 8). Die diagnostische Performanz basiert auf den diagnostischen Dispositionen sowie den diagnostischen Fähigkeiten und zeigt sich beispielsweise in der Beurteilung von Schülermerkmalen und in den daraus resultierenden Handlungen von Lehrkräften (T. Leuders et al. 2018, S. 8). Auch Schrader (1989) erläutert, dass der Abschluss eines diagnostischen Prozesses „[...] irgendeine Form der diagnostischen Urteilsbildung" (Schrader 1989, S. 46) ist und die Qualität des Urteils eine zentrale Bedeutung für die Effektivität der Handlungen von Lehrkräften hat. Was unter der diagnostischen Performanz gefasst wird, hängt in einem hohen Maß von der diagnostischen Situation ab.[31]

Viele der bisherigen Ansätze (z.B. Spinath 2005; Kunter 2011) erfassen die diagnostische Performanz über die Urteilsgenauigkeit. Diese wird über das Maß der Übereinstimmung der Lehrerurteile mit den tatsächlichen Schülermerkmalen gemessen, die mit Fragebögen oder Tests erhoben werden (Praetorius et al. 2017, S. 116; Südkamp et al. 2012, S. 744). Unterschieden wird dabei häufig zwischen der Niveau-, Differenzierungs- und Rangordnungskomponente (vgl. Abschnitt 2.2.1).

Die Ergebnisse einer Metaanalyse von Südkamp et al. (2012), in der 75 Studien zur Urteilsgenauigkeit analysiert wurden, konnten zeigen, dass Lehrkräfte die Leistungen ihrer Schülerinnen und Schüler relativ gut einschätzen können (der Korrelationskoeffizient zwischen dem Lehrerurteil und der Leistungen der Schülerinnen und Schüler betrug im Mittel $r = 0.63$) (Südkamp et al. 2012, S. 750). Über die Studien hinweg zeigte sich jedoch in den Korrelationen eine große Varianz (Südkamp et al. 2012, S. 755), was darauf schließen lässt, dass die Ergebnisse der einbezogenen Studien im Allgemeinen nicht immer eindeutig sind. Die für die Metaanalyse einbezogenen Studien wurden hinsichtlich verschiedener Merkmale kodiert (z.B. Komponenten der Urteilsgenauigkeit, Stichprobe, Unterrichtsthema), um Aussagen über mögliche Moderatoren zu tätigen (Südkamp et al. 2012, S. 749). Die Moderatorenanalyse ergab jedoch nur wenige Rückschlüsse über mögliche Einflussfaktoren, die die große Varianz in den Ergebnissen erklären könnte (Südkamp et al. 2012, S. 755f.).

Helmke (2017) erläutert anhand des Linsenmodells von Brunswik (1955) mögliche Ursachen für Verzerrungen im Urteil. Nach dem Linsenmodell greifen beurteilende Personen

---

[31] In dieser Arbeit wird die Annahme vertreten, dass das Verbalisieren bzw. jegliche Form des Zeigens eines kognitiven diagnostischen Prozesses eine Performanz darstellt. Da Lehrkräfte im Unterrichtsalltag den diagnostischen kognitiven Prozess in der Regel nicht verbalisieren, zeigt sich die diagnostische Performanz einer Lehrkraft in ihrem Urteil oder in ihrer pädagogischen Handlung, die auf ihrem Urteil folgt. Ein Urteil, das auf dem Diagnoseprozess basiert (vgl. Abbildung 4) könnte wie folgt aussehen: „Schüler Max hat Schwierigkeiten die Rauminhaltsformel für einen Quader aufzustellen, da er kein ausreichendes Begriffsverständnis zum Quader hat. Das zeigt sich durch seine Aussage `Beim Quader sind doch alle Seiten gleichlang.´. Um Max weiter im Lernprozess zu unterstützen, müssen ihm die Eigenschaften eines Quaders noch einmal aufgezeigt werden.". Lehrkräfte werden im Unterrichtsalltag, besonders bei einer Förderabsicht, keine Aussage in dieser Form tätigen, sondern vermutlich intervenieren, um Max im Lernprozess zu unterstützen. Bei einer Schullaufbahnempfehlung werden Lehrkräfte jedoch vermutlich ihre Entscheidung und ihr Urteil ausführlicher darstellen.

auf sichtbare Informationen anderer Personen zurück (wie äußerliche Merkmale oder Verhaltensweisen), um dadurch auf Persönlichkeitsmerkmale, die nicht direkt beobachtbar sind, zu schließen (Förster & Böhmer 2017, S. 47). Diese sichtbaren Informationen können verbales, paraverbales und nonverbales Verhalten von Personen sein, die anschließend genutzt werden, um eine Einschätzung zu treffen (Förster & Böhmer 2017, S. 47). Dabei muss die beurteilende Person entscheiden, welche dedizierten Informationen in ihrem Urteil Berücksichtigung finden (Förster & Böhmer 2017, S. 48). Die Urteilsgenauigkeit ist davon abhängig, welche Informationen als Indikatoren für die Beurteilung eines Persönlichkeitsmerkmals herangezogen werden und wie diese Informationen verarbeitet und gewichtet werden (Helmke 2017, S. 135). So ist beispielsweise das spontane Melden eines Schülers oder einer Schülerin kein guter Indikator für die Ausprägung des Lerninteresses, wohingegen die freiwillige Beschäftigung mit Lernaufgaben eines Schülers oder einer Schülerin eine valide Information darstellt (Helmke 2017, S. 136).

Wie am Anfang dieses Abschnittes bereits erläutert wurde, lassen diese Erkenntnisse darauf schließen, dass die Urteilsgenauigkeit in einem hohen Maß von dem Diagnoseprozess abhängt (vgl. Abschnitt 2.3.2), da an dieser Stelle relevante Merkmale aus Unterrichtssituationen wahrgenommen, verarbeitet und gewichtet werden müssen, um zu validen Schlussfolgerungen hinsichtlich einer diagnostischen Fragestellung zu kommen.

Wie Studierende im Vergleich zu Lehrkräften Informationen von Schülerinnen und Schülern verarbeiten und gewichten, wurde in einer umfassenden Studie von van Ophuysen (2006) untersucht. Als Fallszenario diente ein fiktiver Schüler, für den die Probanden eine Schullaufbahnempfehlung abgeben sollten (van Ophuysen 2006, S. 156). Die Probanden erhielten Informationen über den Schüler hinsichtlich seiner Motivation (z.B. „...ist wenig leistungsmotiviert"), seiner Leistung (z.B. „...hatte im letzten Zeugnis in Mathe eine 2.") und hinsichtlich seiner sozialen Eigenschaften (z.B. „...hat in seiner Klasse viele Freunde.") (van Ophuysen, 2006, S. 157). Um zu analysieren, wie die Studierenden und die Lehrkräfte die Merkmalsbereiche gewichten, wurden sie gebeten, die Relevanz der Informationen auf einer Ratingskala zu beurteilen (van Ophuysen, 2006, S. 156). Durch den Vergleich der entsprechenden Inter-Skalen-Varianz zwischen den Studierenden und den Lehrkräften konnte gezeigt werden, dass die Lehrkräfte die Merkmalsbereiche unterschiedlicher gewichten und daher differenzierter bewerteten als die Studierenden (van Ophuysen, 2006, S. 158). In einer weiteren Studie wurde untersucht, ob getätigte Urteile (in diesem Fall die Schullaufbahnempfehlung) bei größerer Informationsgrundlage wieder revidiert werden (van Ophuysen 2006, S. 156). Die Probanden (Studierende und Lehrkräfte) mussten dabei anhand von drei Informationen, die einen sehr positiven Eindruck auf den Schüler gaben, eine Empfehlung abgeben. Nach der Empfehlung bekamen die Studierenden und die Lehrkräfte weitere Informationen zum Schüler, die den positiven Eindruck des Schülers stark minderten (van Ophuysen, 2006, S. 156). Die Probanden gaben also insgesamt zwei Empfehlungen ab. Die Ergebnisse zeigten, dass Lehrkräfte ihr Urteil eher revidierten als die Studierenden (van Ophuysen, 2006, S. 158). Die Autoren schlussfolgern daraus, dass

Experten (in diesem Fall die Lehrkräfte) Informationen differenzierter bewerten als Novizen (in diesem Fall die Studierenden), wodurch bei den Experten weniger Urteilsverzerrungen auftreten (van Ophuysen, 2006, S. 159).

Bezüglich den pädagogischen Handlungen, die auf eine Diagnose bzw. ein Urteil folgen, existieren hinsichtlich der Zugehörigkeit zur diagnostischen Kompetenz kontroverse Ansichten. Während Autoren wie Abs (2007), Hascher (2008), oder Klug (2017) die Anpassung des Unterrichts und die Förderung von Lernenden in die diagnostischen Leistungen miteinbeziehen, um die Anforderungen einer Lehrkraft im Unterricht realistisch abzubilden, fordern andere Autoren wie Herppich et al. (2017), van Ophuysen (2010) oder Brühwiler (2017) mit Blick auf die Erfassung und Förderung diagnostischer Kompetenzen eine klare Trennung zwischen diagnostischen und pädagogischen Leistungen. So lassen sich aus den pädagogischen Handlungen einer Lehrkraft „[...] nur schwer (bis gar nicht) Erkenntnisse über die diagnostische Kompetenz ableiten, weil Ziele und Handlungen sich nicht eindeutig zuordnen lassen" (J. Kaiser et al. 2017, S. 115f.). „Prinzipiell nützen diagnostizierte Ergebnisse durch eine Lehrperson [aber] nur dann, wenn sie zu spezifischen Strukturierungs- und Unterstützungsmassnahmen [sic] führen" (Hascher 2008, S. 77).

Die Verknüpfung zwischen diagnostischen und pädagogischen Leistungen ist in einem hohen Maß von der jeweiligen Situation abhängig, in der sich eine Lehrkraft befindet. Die enge Verwobenheit zeigt sich besonders in diagnostischen Unterrichtssituationen, die einen formativen Zweck und primär das Ziel einer individuellen Förderung haben. Eine pädagogische Handlung sollte in solchen Situationen unmittelbar nach der Diagnose erfolgen, die sich in der Unterstützung von Lernprozessen zeigt (J. Kaiser et al. 2017, S. 114f.). Bei Diagnosen, die beispielsweise die Schullaufbahn betreffen und eher einen summativen Charakter haben, scheint die direkte Verknüpfung diagnostischer Tätigkeiten und pädagogischen Handeln weniger ausgeprägt zu sein (J. Kaiser et al. 2017, S. 115).

Obwohl häufig postuliert wird, dass die diagnostische Kompetenz einer Lehrkraft mit einer höheren Leistung der Schülerinnen und Schüler einhergeht, konnten bisher nur geringe oder widersprüchliche Zusammenhänge zwischen den diagnostischen Leistungen von Lehrkräften und dem Lernerfolg der Schülerinnen und Schüler nachgewiesen werden (z.B. Anders et al. 2010, S. 187; Brühwiler 2017, S. 133; Karst et al. 2014, S. 245, Schrader & Helmke 1987, S. 46)[32]. Beispielsweise konnte Brühwiler (2017) zeigen, dass eine hohe Urteilsgenauigkeit die Unterrichtsqualität einer Lehrkraft zwar positiv bedingt; die Urteilsgenauigkeit jedoch keinen direkten Einfluss auf den Lernzuwachs von Schülerinnen und Schülern hat (S. 131f.).

Da eine Unterrichtssituation sehr komplex ist und weitere Faktoren Einfluss auf die Leistungsentwicklung von Schülerinnen und Schülern haben können (wie beispielweise

---

[32] An dieser Stelle sei angemerkt, dass die diagnostische Kompetenz in den hier genannten Studien als Urteilsgenauigkeit erfasst wurde. Die Urteilsgenauigkeit einer Lehrkraft ist recht einfach zu messen (siehe Abschnitt 2.2.1). Möglicherweise sind Studien, die einen statistischen Zusammenhang zwischen der Leistung der Schülerinnen und Schüler und beispielsweise der Fähigkeit der Lehrkraft Lernprozesse von Schülerinnen und Schülern adäquat zu erfassen und zu interpretieren oder der Fähigkeit pädagogisch adäquat zu handeln mit einem hohen organisatorischen Aufwand verbunden, weshalb sich die hier aufgelisteten Studien auf die Urteilsgenauigkeit von Lehrkräften beschränken.

die Motivation der Lernenden oder die Klassengröße, siehe auch Hosenfeld et al. 2002, S. 65) sind auch vermittelnde Zusammenhänge mit anderen Variablen plausibel (Anders et al. 2010, S. 190; Praetorius et al. 2012, S. 134).

2.4 Merkmale diagnostischer Situationen

Aus den vorherigen Abschnitten wird deutlich, dass die diagnostischen Anforderungen, die eine Lehrkraft im Schulalltag bewältigen muss, im hohen Maß von der (diagnostischen) Situation abhängen, in der sich eine Lehrkraft befindet (Hetmanek & van Gog 2017; S. 209). So können die Rahmenbedingungen einer diagnostischen Situation einen erheblichen Einfluss darauf haben, auf welche diagnostischen Dispositionen zurückgegriffen wird, welche kognitiven Prozesse für die Diagnose notwendig sind und welche Diagnose bzw. welches Urteil daraus folgt (und im weiteren Verlauf auch ob und welche pädagogischen Handlungen die Urteilbildung mit sich bringt) (siehe auch Ingenkamp & Lissmann 2008, S. 16, Karst et al. 2017, S. 104). Auch Santaga und Yeh (2016) merken an, dass die Situation einen erheblichen Einfluss darauf hat, wie die Kompetenz einer Lehrkraft beschrieben werden kann: „[...] teacher competence seems better defined as a complex interaction of situated knowledge, beliefs, and practices that can be understood only in the specific context in which teachers work" (Santage & Yeh 2016, S. 164).

Karst et al. (2017) beschreiben zur Klassifikation diagnostischer Situationen verschiedene Merkmale (S. 105). Sie unterscheiden unter anderem zwischen dem Zweck, der Planbarkeit und der Perspektive. Um die jeweiligen Klassifizierungsmerkmale diagnostischer Situationen zu erläutern, verwenden Karst et al. (2017) oppositäre Eigenschaften, die jedoch nicht als Dichotomien interpretiert werden, sondern als eine Art Kontinuum, auf der die spezifische diagnostische Situation variieren kann (S. 106).

Ziel und Verfahren

Das *Ziel* bzw. der *Zweck* einer diagnostischen Situation kann mit dem Beweggrund der Diagnostik gleichgesetzt werden und basiert auf der Frage, warum Schülermerkmale beurteilt werden sollen (Karst et al. 2017, S. 106). Karst et al. (2017) stützen sich dabei auf die Definition der pädagogischen Diagnostik von Ingenkamp und Lissmann (2008, S. 20), in der zwei grundlegende Hauptaufgaben genannt werden: 1) das Erteilen von Qualifikationen und 2) die Verbesserung des Lernens (vgl. Abschnitt 2.1.2). In Anlehnung an Literatur aus dem englischsprachigen Raum unterscheiden Karst et al. (2017) zwischen „assessment of learning" und „assessment for learning" (Karst et al. 2017, S. 106). Während beim *assessment of learning* eine summative Bewertung der Lernenden im Vordergrund steht (beispielsweise in Form einer Zeugnisnote), hat das *assessment for learning* das Ziel der Verbesserung von Lernprozessen der Schülerinnen und Schüler in Form einer formativen Diagnostik (Karst et al. 2017, S. 106).

Die Unterscheidung von Karst et al. (2017) hat große Übereinstimmung mit der Status- bzw. Förderdiagnostik von Horstkemper (2006) und Siemes (2008), die in Abschnitt 2.1.2

beschrieben wurden. Jedoch bildet die Statusdiagnostik eher ein Verfahren ab, das das Ziel einer Selektion hat, wohingegen die Prozessdiagnostik, die ein Verfahren darstellt, das Ziel einer Förderung verfolgt (siehe Dübbelde 2013, S. 22f.). Es erscheint aber sinnvoll, zwischen dem Ziel und dem Verfahren einer Diagnostik zu unterscheiden, da diese Zuordnung zwar in vielen Fällen möglich ist, aber nicht immer uneingeschränkt vorgenommen werden kann. Um Lernende zu fördern, kann es auch durchaus sinnvoll sein, Lernstände zu erheben, also Statusdiagnostik zu betreiben. Darüber hinaus kann auch die Analyse von Lernprozessen in eine Diagnose miteinbezogen werden, um Schülerinnen und Schüler zu selektieren. Abbildung 5 soll die Unterscheidung veranschaulichen.

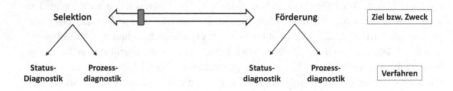

Abbildung 5. Ziel und Verfahren einer Diagnose

Das Ziel einer Diagnostik muss nicht immer eine reine Selektion oder eine reine Förderung sein. Wie bereits in Abschnitt 2.1.2 erläutert wurde, kann das Selektieren von Schülerinnen und Schülern (beispielsweise in Lerngruppen) auch eine Förderabsicht haben. Auch Horstkemper (2006) merkt an, dass es sich bei der Förder- und Selektionsdiagnostik um keine trennscharfen Klassen handelt (S. 5): „Es handelt sich eher um die polare Anordnung auf einem Kontinuum" (Horstkemper 2006, S. 5). Das Ziel einer Diagnostik kann also zwischen einer Selektion und einer Förderung variieren, was in Abbildung 5 durch den Doppelpfeil und dem Schieberegler dargestellt ist. Hingegen kann das *Verfahren*, also die Status- bzw. Prozessdiagnostik sowohl für eine Selektion als auch für eine Förderung ertragreich sein. Eine Diagnose profitiert demnach von dem Sammeln und dem Verarbeiten von vielen verschiedenen Informationen.

Planbarkeit

Als weiteres Klassifikationsmerkmal ziehen Karst et al. (2017) die *Planbarkeit* diagnostischer Situationen heran. Sie unterscheiden zwischen langfristiger und kurzfristiger Planbarkeit und erläutern darüber hinaus auch Situationen, in denen eine Planbarkeit nicht möglich ist (Karst et al. 2017, S. 108f.). Bei einer langfristigen Planbarkeit handelt es sich um Situationen, die in das Curriculum eingebettet sind und schuljahresbezogene Vorbereitungen betreffen (Karst et al. 2017, S. 108). Die Autoren verweisen auf Shavelson (2006), der diese Situationen als „embedded in curriculum" beschreibt (Shavelson 2006, S. 64). Als Beispiele führen Karst et al. (2017) die Zuteilung in Kurse und die Übergangsempfehlung auf, die eher zeitüberdauernd sind (S. 108). Unter einer kurzfristigen Planbarkeit fallen Situationen, die im Unterrichtsalltag einer Lehrkraft auftreten (Karst et al. 2017, S. 108). Von Shavelson (2006) werden diese auch als „plannend-for-interaction" bezeichnet (Shavelson 2006, S. 64). Als Beispiele werden Klassenarbeiten, Hausaufgabenüberprüfungen oder gezielte Fragen im Unterricht aufgeführt, die genutzt werden können, um Fehlvorstellungen aufzudecken (Karst et al. 2017, S. 108). Sogenannte „teachable moments" (Shavelson 2006, S. 64) bzw. diagnostische Situationen, in denen Lehrkräfte unter hohem Handlungsdruck stehen, sind nicht planbar (Karst et al. 2017, S. 107). Diese Situationen treten meistens während der Interaktion mit den Schülerinnen und Schülern im Unterricht auf und müssen oftmals unmittelbar bewältigt werden (Karst et al. 2017, S. 109). So können Schüleräußerungen auf bestimmte Fehlvorstellungen hinweisen, die Aufschluss über den Lernstand des Schülers oder der Schülerin geben (Karst et al. 2017, S. 109).

Die Klassifizierung hinsichtlich der Planbarkeit der diagnostischen Situationen von Karst et al. (2017) hat große Übereinstimmung mit der formellen, informellen und semiformellen pädagogischen Diagnostik, die im Abschnitt 2.1.2 erläutert wurde. Die formelle Diagnostik basiert auf fundierten Methoden bzw. Verfahren und ist strategisch geplant. Sie kann mit der langfristigen Planbarkeit von Karst et al. (2017) gleichgesetzt werden. Eine informelle Diagnostik findet durch subjektive Urteile, Wahrnehmungen und Eindrücke oftmals beiläufig im Laufe des Unterrichts statt (auch „On-the-Fly", vgl. Abschnitt 2.1.2). Diese Art der Diagnostik findet sich überwiegend in Situationen, die nicht planbar sind. Die semiformelle Diagnostik befindet sich zwischen der formellen und informellen Diagnostik und hat große Übereinstimmung mit der Charakterisierung von Situationen, die kurzfristig planbar sind. So kann eine Diagnostik gezielt, aber ohne erprobte Methoden durchgeführt werden, wie zum Beispiel eine Hausaufgabenüberprüfung.

Perspektive

Hinsichtlich der *Perspektive*[33] auf die Lernenden unterscheidet Karst (2017a) zwischen klassenbezogenen, schülerglobalen und schülerspezifischen Situationen[34] (S. 26f.). In klassenbezogenen diagnostischen Situationen bezieht sich das Urteil einer Lehrkraft auf die gesamte Klasse (Karst 2017a, S. 26). Um zu entscheiden, ob und wie ein neues Thema eingeführt wird und welche Aufgaben gestellt werden sollen, muss eine Lehrkraft das Vorwissen der gesamten Klasse berücksichtigen (Karst 2012, S. 88; Karst 2017a, S. 26). In schülerglobalen diagnostischen Situationen hat das Urteil der Lehrkraft das Ziel der Binnendifferenzierung, wie sie beispielsweise in Übungs- oder Vertiefungsphasen gefordert ist (Karst 2012, S. 88; Karst et al. 2014, S. 238; Karst 2017a, S. 26). Das erfordert auf Seiten der Lehrkraft eine leistungsbezogene Beurteilung der Lernenden über ihre relative Position innerhalb der Klasse (Karst 2017a, S. 26). Eine Lehrkraft kann so ihre Schülerinnen und Schüler gruppieren und ihnen Aufgaben zuweisen, die sich in der Schwierigkeit und Quantität unterscheiden (Karst 2017a, S. 26). In der schülerspezifischen Situation beurteilt die Lehrkraft einzelne Lernende (Karst et al. 2014, S. 239; Karst 2017a, S. 27). Durch die Zuweisung geeigneter Aufgaben oder die Darbietung von zusätzlichen Hilfen und Erläuterungen kann eine Lehrkraft ihre Schülerinnen und Schüler individuell fördern (Karst 2012, S. 89).

Helmke (2017) führt auch die Unterscheidung zwischen Personen- und Aufgabenmerkmalen auf (S. 132). Wie jedoch bereits in Abschnitt 2.2.1 erläutert wurde, wird bei der Einschätzung von Aufgabenmerkmalen (z.B. bei der Einschätzung der Aufgabenschwierigkeit) primär die Leistung von Personen beurteilt, da eingeschätzt wird, ob die Aufgabe von den Schülerinnen und Schülern bewältigt werden kann (siehe Helmke 2017, S. 132).

Gegenstand

Bei personenbezogenen Urteilen ist der *Gegenstand* der Diagnostik von großer Bedeutung, also welche lernrelevanten Merkmale der Schülerinnen und Schüler diagnostiziert werden sollen (siehe auch Brunner et al. 2011, S. 226; Karst 2017b, S. 21; Karst et al. 2017,

---

[33] In dem Sammelbeitrag „Strukturierung diagnostischer Situationen im inner- und außerunterrichtlichen Handeln von Lehrkräften" unterscheiden Karst et al. (2017) hinsichtlich der *Perspektive* zwischen Schülermerkmalen, die beurteilt werden sollen (S. 110). Bei einer globalen Perspektive werden mehrere lernrelevante Merkmale von Lernenden beurteilt, während die spezifische Perspektive auf einzelne und spezifische lernrelevante Merkmale fokussiert ist (Karst et al. 2017, S. 110). In dem Sammelbeitrag „Diagnostische Kompetenz und unterrichtliche Situation" im gleichen Sammelband unterscheidet Karst (2017a) hinsichtlich der Perspektive zwischen klassenbezogenen, schülerglobalen und schülerspezifischen Situationen (S. 25ff.). Da die Beschreibung der Schülermerkmale, die diagnostiziert werden sollen, in dieser Arbeit als *Gegenstand der Diagnose* bezeichnet wird, wird an dieser Stelle *Perspektive* als klassenbezogen, schülerglobal und schülerspezifisch definiert. Das Kontinuum erstreckt sich dabei von der globalen Perspektive (klassenbezogen) bis zur spezifischen Perspektive (schülerspezifisch).

[34] In ihrer Dissertation bezeichnet Karst (2012) die aufgeführten diagnostischen Situationen als aufgabenbezogen, personenbezogen und personenspezifisch (S. 88ff.). Da die Urteilsebene durch die hier dargestellten Bezeichnungen (klassenbezogen, schülerglobal und schülerspezifisch) präziser dargestellt wird, wurden sie von Karst et al. (2014) unbenannt (S. 238). Die Autoren betonen jedoch in einer Fußnote die synonyme Verwendung (Karst et al. 2014, S. 238).

S. 103). Als grobe Klassifizierung kann zwischen kognitiven, motivationalen und affektiven Merkmalen unterschieden werden (Barth 2010, S. 16; Hußmann et al. 2007, S. 3). Eine differenziertere Einteilung nimmt Füchter (2011) vor. Er unterscheidet zwischen Merkmalen von Lernenden, die den Aufgabenfeldern der pädagogischen (-psychologischen) Diagnostik oder den Aufgabenfeldern der didaktischen Diagnostik zugeordnet werden können. Die Aufgabenfelder der pädagogischen (-psychologischen) Diagnostik bedürfen einer besonderen Expertise und liegen in der Verantwortung von Personen, die eine entsprechende Ausbildung absolviert haben (z.b. Psychologen oder Sonderpädagogen) (Füchter 2011, S. 67). Die Aufgabenfelder der didaktischen Diagnostik hingegen haben einen direkten Bezug zu den Kerntätigkeiten im Unterricht einer Lehrkraft (Füchter 2011, S. 67).

Die Bereiche haben jedoch eine Schnittmenge, in der die Aufgabenfelder aufgeführt sind, die sich sowohl der pädagogischen (-psychologischen Diagnostik) als auch der didaktischen Diagnostik zuordnen lassen. Die spezifischen Aufgabenfelder wurden leicht abgewandelt und sind in Abbildung 6 exemplarisch dargestellt.

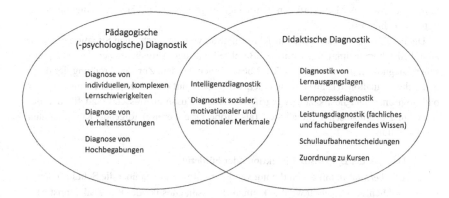

Abbildung 6. Aufgaben der pädagogischen (-psychologischen) und didaktischen Diagnostik (in Anlehnung an Füchter 2011, S. 67)

Für die Diagnose von Schülermerkmalen, die beispielsweise auf mögliche Entwicklungsstörungen hinweisen, sollte zusätzlich Rat von Experten (z.b. Psychologen) eingeholt werden. Die Diagnose von affektiven und motivationalen Schülermerkmalen kann, abhängig von der jeweiligen Ausprägung und der zugrundeliegenden Ursache, sowohl der pädagogischen (-psychologischen) Diagnostik als auch der didaktischen Diagnostik zugeordnet werden. So kann beispielsweise ein überdurchschnittliches Interesse an einem Fach auf eine Hochbegabung hindeuten oder aber auf einen erhöhten Enthusiasmus am Fach (Füchter 2011, S. 67). Die Aufgabenbereiche der didaktischen Diagnostik sind häufig fächerspezifisch oder fächerübergreifend und bedürfen fachlichen und fachdidaktischen Kenntnissen bei einer Lehrkraft (siehe auch Hußmann et al. 2007, S. 3; Ingenkamp & Lissmann 2008,

S. 16). Innerhalb der fachspezifischen Aspekte können auch lernrelevante Merkmale diagnostiziert werden, die sich auf einzelne Teilgebiete (z.B. Geometrie) und Themengebiete (z.B. Satz des Pythagoras) beziehen. Es kann angenommen werden, dass die lernrelevanten Merkmale von Schülerinnen und Schülern hinsichtlich des Fachs, des Teilgebiets und des Themengebiets, abhängig von den jeweiligen Präferenzen und Begabungen, variieren (siehe auch Maier 2014, S. 23). Dieser Sachverhalt lässt sich auch auf Lehrkräfte übertragen. So kann die Ausprägung der diagnostischen Kompetenz einer Lehrkraft stark domänenabhängig sein. Gemäß der Situation im Unterrichtsalltag greift eine Lehrkraft auf verschiedene Wissenskomponenten zurück, die unterschiedlich gut ausgebildet sein können (siehe auch Blömeke et al. 2015; Herppich et al. 2017), was wiederum Auswirkungen auf die diagnostischen Fähigkeiten bzw. auf die diagnostische Performanz haben kann. In einer Studie von Spinath (2005) wurde der Zusammenhang der Urteilsgenauigkeit über verschiedene lernrelevante Merkmale hinweg (Intelligenz, Lernmotivation, Fähigkeitsselbstwahrnehmung und Leistungsängstlichkeit) überprüft. Die niedrigen Korrelationen zwischen den jeweiligen Urteilsgenauigkeiten (Spinath 2005, S. 92) lassen darauf schließen, dass die Urteilsgenauigkeit einer Lehrkraft von dem Diagnosegegenstand abhängt, was die hier getätigten Annahmen stützt.[35]

Die beschriebenen Merkmale zur Klassifikation von diagnostischen Situationen haben zum Teil Übereinstimmungen mit der Beschreibung der Aufgabenfelder der Pädagogischen Diagnostik, die in Abschnitt 2.1.2 beschrieben wurden. Zur Beschreibung der diagnostischen Situationen kann somit in einem hohen Maß auf die bisherigen Erkenntnisse zur pädagogischen Diagnostik zurückgegriffen werden. Zusammenfassend sind für die Beschreibung diagnostischer Situationen (als grobe Orientierung) folgende Komponenten von Bedeutung:

- Das *Ziel* der Diagnostik (Selektion oder Förderung)
- Das *Verfahren*, mit denen die notwendigen Informationen über die Schülerinnen und Schüler eingeholt werden können (Statusdiagnostik oder Prozessdiagnostik)
- Die *Planbarkeit* der diagnostischen Situation (formelle oder informelle Diagnostik)
- Die *Perspektive*, auf der die Diagnostik beruht (klassenbezogen, schülerglobale oder schülerspezifische Merkmale)
- Der *Gegenstand* der Diagnostik (kognitive, motivationale oder affektive Schülermerkmale, differenziert in fachübergreifende, fachspezifische oder themenspezifische Schülermerkmale)

---

[35] In den vorherigen Abschnitten wurde Diagnostische Kompetenz im Singular verwendet. Mit Berücksichtigung der diagnostischen Situationen, die Einfluss auf die diagnostischen Tätigkeiten der Lehrkraft haben können und den Ergebnissen von Spinath (2005) sollte im Allgemeinen jedoch von diagnostischen Kompetenzen im Plural gesprochen werden. Unter der Berücksichtigung einer konkreten Situation würde es sich hingegen anbieten diagnostische Kompetenz im Singular zu verwenden.

Darüber hinaus gibt es auch weitere Merkmale, die eine diagnostische Situation beschreiben können, wie beispielsweise die Verbindlichkeit bzw. die Konsequenz[36], die mit der Beurteilung einhergeht (Karst et al. 2017, S. 109) oder die Beschreibung institutioneller Rahmenbedingungen (siehe auch Ingenkamp & Lissmann 2008, S. 16, Karst et al. 2017, S. 104), auf die an dieser Stelle jedoch nicht weiter eingegangen werden soll.

2.5 Zusammenfassung und Zwischenfazit

Die diagnostischen Kompetenzen einer Lehrkraft gelten als eine der wichtigsten Voraussetzungen für eine angemessene Unterrichtsgestaltung und individuelle Förderung von Lernenden (Artelt & Gräsel 2009, S. 157). Sie finden daher auch zunehmend Beachtung in der Qualitätssicherung von (angehenden) Lehrkräften (Kultusministerkonferenz 2002a, Kultusministerkonferenz 2002b) sowie in aktuellen Forschungsarbeiten zur Beschreibung, Erfassung und Förderung (vgl. Abschnitt 2.6) diagnostischer Kompetenzen von (angehenden) Lehrkräften (siehe auch Südkamp und Praetorius 2017, S. 11). Unter der Berücksichtigung des Kompetenzbegriffs von Weinert (2001) scheint die Beschränkung diagnostischer Kompetenzen auf die kognitiven Leistungsdispositionen oder auf die Urteilsgenauigkeit nicht zielführend (vgl. Abschnitt 2.2). In Anlehnung an die Kompetenzmodellierung im weiten Sinne von Blömeke et al. (2015) und T. Leuders et al. (2018) werden in dieser Arbeit die diagnostischen Kompetenzen als diagnostische Fähigkeiten (kognitiver Diagnoseprozess) verstanden, die sich auf individuelle diagnostische Dispositionen (z.B. Wissen und Motivation) stützen und sich in der diagnostischen Performanz zeigen (z.B. Stellen von angemessenen Diagnosen).

Karst et al. (2017) nehmen an, dass die vorliegende diagnostische Situation den Diagnoseprozess entscheidend mitbestimmt und daher den äußeren Rahmen bildet (S. 102). Eine ähnliche Annahme wird auch im Rahmen dieser Arbeit getroffen. Es wird jedoch angenommen, dass alle drei Facetten der diagnostischen Kompetenz (Diagnostische Dispositionen, Diagnostische Fähigkeiten, Diagnostische Performanz) von den Merkmalen einer diagnostischen Situation beeinflusst werden, weshalb die diagnostische Situation nicht nur den äußeren Rahmen der diagnostischen Fähigkeiten bildet, sondern auch den äußeren Rahmen des vollständigen Kompetenzmodells (vgl. Abbildung 7).

---

[36] Hinsichtlich der *Verbindlichkeit* einer Diagnose wird entschieden, wie stark handlungsleitend diese ist (Karst et al. 2017, S. 109). Gehen mit der Diagnose bestimmte Entscheidungen einher, bezeichnet man dies als eine hohe Verbindlichkeit. Dient die Diagnose nur als Orientierungshilfe, impliziert dies eher eine geringe Verbindlichkeit (Karst et al. 2017, S. 109). Die Autoren setzen die Verbindlichkeit auch mit der Konsequenz der Diagnose gleich. Eine hohe Verbindlichkeit determiniert häufig eine Entscheidung, die nicht reversibel ist, wie beispielsweise Zeugnisnoten oder Übergangsempfehlungen. Entscheidungen mit einer geringen Verbindlichkeit sind häufig nur Empfehlungen für das weitere Lernen, wie Beratungen über die weitere Schullaufbahn oder die Empfehlung der Inanspruchnahme von Nachhilfe (Karst et al. 2017, S. 110). Die Autoren vermuten einen hohen korrelativen Zusammenhang zwischen der Verbindlichkeit und dem Ziel einer Diagnose (Karst et al. 2017, S. 110), weshalb die Verbindlichkeit und Konsequenz in dieser Arbeit nicht explizit aufgeführt wird.

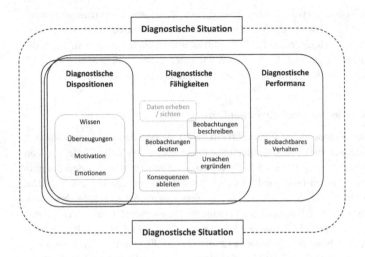

Abbildung 7. Diagnostische Kompetenz im Verständnis dieser Arbeit

Für die Beschreibung diagnostischer Situationen leistet die differenzierte Klassifikation der Aufgaben- und Handlungsfelder der pädagogischen Diagnostik einen wertvollen Beitrag (vgl. Abschnitt 2.1.2). Eine diagnostische Situation kann hinsichtlich des Ziels und des Gegenstands der Diagnostik, der Perspektive, auf der die Diagnostik beruht, des Verfahrens zur Gewinnung notwendiger Informationen sowie der Planbarkeit der diagnostischen Situation variieren (vgl. Abschnitt 2.4). Soll eine Lehrkraft beispielsweise entscheiden, ob ihre Klasse (Perspektive der Diagnose) über das notwendige Vorwissen für die Einführung in ein neues Thema verfügt (Ziel der Diagnose), kann sie beispielsweise einen Test konzipieren und schreiben (Planbarkeit der diagnostischen Situation), um den Lernstand (Verfahren der Diagnose) ihrer Klasse hinsichtlich eines bestimmten Themas zu erheben (Gegenstand der Diagnose). Eine Lehrkraft muss dafür vermutlich insbesondere auf ihr Fachwissen und fachdidaktisches Vorwissen in diesem Themengebiet zurückgreifen (diagnostische Dispositionen), um zu entscheiden, ob der konzipierte Test das notwendige Wissen der Schülerinnen und Schüler adäquat erfassen kann und um die Antworten der Schülerinnen und Schüler adäquat zu beurteilen. Bei der Korrektur wird sie vermutlich eher strukturiert vorgehen und den diagnostischen Prozess bewusst und vollständig durchlaufen (diagnostische Fähigkeiten). Fehlen der Lehrkraft Informationen um eine Entscheidung zu treffen, kann sie im Unterricht beispielsweise durch gezielte Fragen weitere Informationen einholen. Durch das Verarbeiten aller Informationen wird die Lehrkraft letztendlich eine Diagnose tätigen (z.B. die Klasse verfügt über ausreichendes oder nicht ausreichendes Vorwissen um ein neues Thema einzuführen). Das beobachtbare Verhalten in der diagnostischen Situation zeigt die Lehrkraft, indem sie (bei ausreichendem Vorwissen ihrer Schülerinnen und Schüler) in das neue Thema einführt oder (bei nicht ausreichendem Vorwissen ihrer Schülerinnen und Schüler) eine Wiederholungsstunde einbettet (diagnostische Performanz).

Als diagnostische Fähigkeiten werden in dieser Darstellung der Diagnoseprozess von Beretz et al. (2017a; 2017b) und C. von Aufschnaiter et al. (2018) aufgeführt (vgl. Abschnitt 2.3.2). Durch die präzise Darstellung des diagnostischen Prozesses leisten jene Teilschritte einen großen Beitrag, die besonders mit Hinblick auf die Erfassung und die Förderung diagnostischer Fähigkeiten hilfreich sein können. Die Datenerhebung bzw. Datensichtung stellt einen wichtigen Aspekt in der Diagnostik dar und wird auch in dem Modell von Herppich et al. (2017) berücksichtigt. Sie ist Voraussetzung für das Durchlaufen des Diagnoseprozesses. Da die Datenerhebung jedoch nicht explizit als kognitive Komponente interpretiert werden kann und eher eine aktive Handlung der Diagnostik darstellt, ist dieser Teilschritt in der Kompetenzfacette ausgegraut.[37]

Die bisherigen Forschungsansätze deuten darauf hin, dass sich die drei Facetten gegenseitig bedingen. Um die kognitiven Teilschritte beim Diagnostizieren zu vollziehen und adäquate Diagnosen zu tätigen, benötigt eine Lehrkraft grundlegendes Wissen sowie motivationale und affektive Voraussetzungen. Darüber hinaus wird angenommen, dass sich Defizite im kognitiven Diagnoseprozess negativ auf die Urteilsqualität ausüben können. Die bisherigen Forschungsergebnisse sind jedoch teilweise sehr inkonsistent und lassen vermuten, dass die Effekte von anderen Faktoren abhängig sind, die sich womöglich erst über indirekte Zusammenhänge mithilfe von Moderator- oder Mediatoranalysen eindeutig nachweisen lassen. Darüber hinaus können die Situationen, in denen diagnostiziert wird, stark variieren, weshalb keine allgemeingültigen Aussagen getroffen werden können.

2.6 Ansätze zur Erfassung und Förderung diagnostischer Kompetenzen

Viele Autoren sind sich einig, dass Lehramtsstudierende bereits im Studium für das adäquate Diagnostizieren von Schülerinnen und Schülern sensibilisiert werden sollten (siehe auch Bartel et al. 2018, S. 375; Beretz et al. 2017b, S. 167; Hascher 2008, S. 78f.; Karing & Seidel 2017, S. 244; Sabers et al. 1991, S. 85; van Es & Sherin 2002, S. 573). Bereits 1991 stellten Sabers und Kollegen fest, dass Lehramtsstudierende nicht die gleichen diagnostischen Leistungen erbringen können wie Lehrkräfte mit langjähriger Berufserfahrung (vgl. Abschnitt 2.3.2). Aus den Ergebnissen schließen sie, dass Studierende bereits frühzeitig in diesem Bereich geschult werden sollten: „Because the performance of the advanced beginners was not equal to the experts in a number of domains, perhaps policymakers need to rethink the content and structure of typical teacher education programs. Perhaps we need to structure experiences for preservice and practicing teachers that will facilitate the development of expertise" (Sabers et al. 1991, S. 85). Auch in dem Beschluss der Kultusministerkonferenz von 2002 wird gefordert in der ersten und zweiten Phase der Lehrerausbildung „[...] die diagnostischen und fördermethodischen Kompetenzen der Lehrkräfte

---

[37] Welche Daten wie erhoben werden hängt in einem hohen Maß von den Merkmalen der diagnostischen Situation ab.

nachdrücklich und nachhaltig zu steigern" (Kultusministerkonferenz von 2002b, S. 111).
„Dazu sind die vorhandenen wissenschaftlichen Erkenntnisse auszuwerten, neue Forschungen einzuleiten und in den verschiedenen Praxisfeldern zu erproben. Diese Themenfelder sind verstärkt auch in der Lehrerfort- und -weiterbildung zu erproben und zu verankern" (Kultusministerkonferenz 2002b, S. 111).

Bisher wurden viele Ansätze entwickelt, um die diagnostischen Kompetenzen von (angehenden) Lehrkräften zu fördern. Die Evaluation von Fördermaßnahmen erfordert jedoch valide Testinstrumente zur Erfassung diagnostischer Kompetenzen, um Veränderungen in der Kompetenzausprägung überhaupt sichtbar zu machen (Altmann & Kändler 2019, S. 45). Die Forderung nach einem ökologisch validen Mess- und Förderungsinstrument scheint notwendig, um möglichst realistische diagnostische Anforderungen einer Lehrkraft abzubilden. Die hohe Komplexität des Konstrukts *Diagnostische Kompetenz*, die enge Verwobenheit mit anderen Kompetenzen und die situativen Einflussfaktoren erschweren jedoch die Entwicklung eines validen Mess- und Förderinstrumentes. Im Folgenden sollen daher verschiedene Möglichkeiten und Ansätze zur Erfassung und Förderung diagnostischer Kompetenzen erläutert und hinsichtlich ihrer Vor- und Nachteile diskutiert werden.

Viele bisherige Ansätze erfassen die Urteilsgenauigkeit als Teil der diagnostischen Kompetenz, indem (angehende) Lehrkräfte (ihre) Schülerinnen und Schüler hinsichtlich lernrelevanter Merkmale einschätzen sollen (z.B. Brunner et al. 2011; J. Kaiser & Möller 2017; Karst et al. 2014; McElvany et al. 2009; Spinath 2005). Für die Bestimmung der Urteilsgenauigkeit wird die Einschätzung der (angehenden) Lehrkräfte mit den objektiv gemessenen Merkmalen der Schülerinnen und Schüler verglichen. Um die Urteilsgenauigkeit von (angehenden Lehrkräften) zu erfassen, reicht es in der Regel aus Fragebögen einzusetzen, in denen Lehrkräfte aufgefordert werden lernrelevante Merkmale einzelner Schülerinnen und Schüler oder ihrer gesamten Klasse einzuschätzen (siehe auch J. Kaiser et al. 2017, S. 117; Rehm & Bölsterli 2014, S. 213). Da die Erfassung der Urteilsgenauigkeit oftmals weitgehende Kenntnisse über die zu beurteilenden Schülerinnen und Schüler voraussetzt, sind die Probanden in diesen Ansätzen überwiegend Lehrkräfte, die sich bereits im Schuldienst befinden (z.B. Brühwiler 2017; Brunner et al. 2011; Spinath 2005).

Vor dem Hintergrund der Experten-Novizen-Forschung, die insbesondere bei der Wahrnehmung und Interpretation unterrichtsrelevanter Aspekte grundlegende Unterschiede zwischen Experten (oftmals Lehrkräfte mit langjährigen Erfahrungen) und Novizen (oftmals Lehramtsstudierende) feststellen konnten (vgl. Abschnitt 2.3.2), scheinen Ansätze zur Aus- und Weiterbildung des Diagnoseprozesses (z.B. Beretz et al. 2017b; Klug et al. 2013; Seidel et al. 2010) weitaus zielführender. Für solche Ansätze reicht es in der Regel nicht aus Fragebögen oder Tests einzusetzen, da sie „[...] handlungsrelevante Fähigkeiten angehender Lehrkräfte nicht abbilden [können]" (Rehm & Bölsterli 2014, S. 213). Eine valide Alternative wäre die direkte Unterrichtsbeobachtung, die jedoch mit einem enormen Zeitaufwand verbunden ist und daher in der Lehramtsausbildung kaum umsetzbar ist. Vignetten hingegen, die in den letzten Jahren auch in der empirischen Sozialforschung zunehmend an Beachtung gefunden haben (Bartel & Roth 2017a, S. 45; Seifried & Wuttke 2017,

S. 306, S. von Aufschnaiter & Welzel 2001, S. 9), ermöglichen eine zeitökonomische Erhebung valider Daten (Rehm & Bölsterli 2014, S. 213).

Vignetten werden als Fallszenarien bezeichnet und können sowohl Text- als auch Videosequenzen beinhalten, in denen Aktionen, Interaktionen oder Handlungen von Personen oder Personengruppen in Situationen dargestellt werden (Schnurr 2003, S. 393). Im Rahmen der Unterrichtsforschung bilden Vignetten kurze Unterrichtsszenen in schriftlicher oder videografierter Form ab (Rehm & Bölsterli 2014, S. 213) und werden häufig eingesetzt, um „[...] Merkmale eines zu beurteilenden Objekts [...]" (Schnurr 2003, S. 393) zu analysieren. Darüber hinaus können Vignetten auch als Stimulus in Befragungen angewendet werden, um Entscheidungsprozesse von Urteilenden zu untersuchen (Schnurr 2003, S. 393). Vignetten können ohne Handlungsdruck mehrmals bearbeitet und analysiert werden, wodurch die Komplexität realer Unterrichtssituationen reduziert wird (Heitzmann et al. 2019, S. 8f.; Holodynski et al. 2017, S. 297; Seifried & Wuttke 2017, S. 307), was insbesondere für Lehramtsstudierende von Vorteil sein kann. Zucker (2019, S. 57) führt neben den Text- und Videovignetten auch Vignetten von Aufgabenbearbeitungen auf, die genutzt werden können um Vorstellungen von Lernenden zu erkennen und zu verarbeiten (siehe auch C. von Aufschnaiter et al. 2017, S. 94). Darüber hinaus können auch Cartoons oder Animationen als Vignetten zum Einsatz kommen (Kuntze 2015, S. 529).

Videos haben durch die Fülle an visuellen, auditiven aber auch nonverbalen Informationen den Vorteil authentische Unterrichtssituationen abzubilden (Krammer & Reusser 2005, S. 36), wodurch eine recht hohe ökologische Validität erreicht werden kann (Krauss 2018, S. 8). Darüber hinaus haben Videos großes Potential zur Überwindung der Theorie-Praxis-Kluft (siehe auch Roth 2020, S. 69), indem videografierte Unterrichtssituationen theoretisiert und didaktische Handlungsmuster illustriert werden (Krammer & Reusser 2005, S. 37). Lehramtsstudierende können dadurch ihr Wissen, das sie sich im Studium angeeignet haben, in konkreten Situationen anwenden, wodurch die erworbenen Wissenskomponenten nicht „träge" bleiben[38] (siehe Renkl 1996, S. 78). Da Videos im Vergleich zu Textvignetten (z.B. Transkripten) sehr komplex sind, kann die Betrachtung von videografierten Unterrichtssituationen zu einer kognitiven Überforderung bei Studierenden führen, was auch in einer Studie von Syring et al. (2015) gezeigt werden konnte. In einem Seminar zum Classroom Management im Lehramtsstudium an der Universität Tübingen bearbeiteten 680 Studierende[39] Video- oder Textvignetten zu Unterrichtssituationen und beurteilten die Bearbeitung der Vignetten hinsichtlich der kognitiven Belastung sowie ihrer motivierenden Wirkung (Syring 2015, S. 673f.). Die Ergebnisse deuten darauf hin, dass die Studierenden die Bearbeitung der Videovignetten als kognitiv belastender empfanden als die Textvignetten (Syring 2015, S. 676f.). Die Autoren begründen die Ergebnisse mit der Parallelität der Handlungen, die in den Videovignetten zu sehen sind. In den Textvignetten werden die Handlungen und Aussagen, die in den Interaktionen getätigt werden,

---

[38] Renkl (1996) bezeichnet „träges Wissen" als vorhandenes Wissen, das nicht eingesetzt wird, um Probleme zu lösen (S. 78).

[39] Das Seminar wurde über mehrere Semester durchgeführt, wodurch eine hohe Stichprobe rekrutiert werden konnte.

sequentiell beschrieben, was die kognitive Verarbeitung erleichtern kann (Syring 2015, S. 680). Hinsichtlich der Motivation lassen sich keine Unterschiede erkennen, jedoch bearbeiten die Studierenden die Videovignetten mit mehr Engagement als die Textvignetten (Syring 2015, S. 677f.).[40] Ähnliche Ergebnisse zeigen sich auch in einer Studie von Bartel und Roth (2020). In einer Interventionsstudie bearbeiteten 146 Mathematiklehramtsstudierende Video- oder Textvignetten in der videobasierten Lernumgebung ViviAn[41] und schätzten mithilfe eines Fragebogens ihr Interesse an der Bearbeitung und die wahrgenommene Relevanz der Bearbeitung von Vignetten ein (Bartel & Roth 2020, S. 304). Der Fragebogen wurde am Anfang und am Ende der Intervention eingesetzt, um auch mögliche Veränderungen zu erfassen (Bartel & Roth 2020, S. 304). Die Ergebnisse zeigten, dass Studierende sowohl die Bearbeitung von Videovignetten als auch die Bearbeitung von Transkripten über beide Messzeitpunkte hinweg als gleichermaßen interessant empfanden (Bartel & Roth 2020, S. 311). Jedoch nahmen die Studierenden die Bearbeitung von Videovignetten über beide Messzeitpunkte hinweg als relevanter wahr, als die Bearbeitung von Textvignetten (Bartel & Roth 2020, S. 311). Darüber hinaus schätzten die Studierenden der Videogruppen die Bearbeitung der Vignetten als realitätsnaher ein, als die Studierenden der Transkriptgruppe (Bartel & Roth 2020, S. 312), was die bisher dargestellten Annahmen bestätigt. Die Ergebnisse suggerieren, dass videografierte Unterrichtsvideos ein geeignetes Medium darstellen, um authentische Unterrichtssituationen abzubilden. Das mehrmalige Anschauen der Videos und die Möglichkeit des Pausierens kann die Komplexität reduzieren, was besonders für Studierende, die bisher nur wenig Berufserfahrung aufweisen können, von Vorteil ist (siehe Heitzmann et al. 2019, S. 8f.; Holodynski et al. 2017, S. 297; Seifried & Wuttke 2017, S. 307).

Um Videovignetten in der Lehramtsausbildung zielführend zu etablieren, müssen mehrere Aspekte berücksichtigt werden (siehe auch Bartel in Vorb.; Blomberg et al. 2013; C. von Aufschnaiter et al. 2017; Zucker 2019). Der wohl wichtigste Aspekt ist die Festlegung des Lernziels, das mit der Videoanalyse erreicht werden soll (Blomberg et al. 2013, S. 96; C. von Aufschnaiter et al. 2017, S. 89f.; Zucker 2019, S. 55). Dabei müssen auch Entscheidungen über die Zielgruppe und über den Gegenstand der Diagnostik getroffen werden, also welche Aspekte diagnostiziert werden sollen (C. von Aufschnaiter et al. 2017, S. 89; Zucker 2019, S. 55f.). Abhängig von dem jeweiligen Lernziel, das mit der Videobearbeitung erreicht werden soll, müssen entsprechende Videovignetten entwickelt werden (Blomberg et al. 2013[42], S. 100; Zucker 2019, S. 55). Soll das Handeln von Lehrkräften

---

[40] Das Engagement wurde mit einer 4-stufigen Likert-Skala erhoben. Ein Beispielitem lautet „Beim Bearbeiten des Falles war ich voll dabei" (Syring et al. 2015, S. 675).

[41] ViviAn (**Vi**deovignetten zur **An**alyse von Unterrichtsprozessen) ist ein Videotool, das von Bartel (in Vorb.) entwickelt wurde, um diagnostische Fähigkeiten von Lehramtsstudierenden zu fördern (Bartel & Roth 2017a; www.vivian.uni-landau.de).

[42] Bei Blomberg et al. (2013) wird als zweiter Schritt eigentlich die Entwicklung des Videotools, die Einbettung von passenden Informationen und die Wahl der Instruktionen aufgeführt. Erst im dritten Schritt wird die Auswahl von geeignetem Videomaterial aufgeführt (Blomberg et al. 2013, S. 95). Mit Hinblick auf das Lernziel scheint es jedoch wichtig, erst geeignete Videosequenzen auszuwählen und anschließend Entscheidungen über zusätzliche Instruktionen und Informationen zu treffen.

und die daraus resultierenden Auswirkungen auf die Lernprozesse der Schülerinnen und Schüler analysiert werden, bieten sich Unterrichtsvideos an, in denen Interaktionen zwischen Lehrkräften und Schülerinnen und Schülern zu sehen sind (siehe auch C. von Aufschnaiter et al. 2017, S. 97; Zucker 2019, S. 57). Steht die Analyse der Lernprozesse von Schülerinnen und Schülern im Fokus der Beobachtung, wie beispielsweise das Identifizieren von Fähigkeiten oder Schwierigkeiten, eignen sich Videoaufnahmen, die Lernende bei Aufgabenbearbeitungen zeigen (siehe auch C. von Aufschnaiter et al. 2017, S. 97; Zucker 2019, S. 57).

C. von Aufschnaiter et al. (2017) unterscheiden hinsichtlich der Herkunft von Vignetten zwischen realen, modifizierten und konstruierten Vignetten. Während reale Vignetten Situationen abbilden, die hinsichtlich der videografierten Unterrichtssituation nicht verändert wurden, stellen modifizierte Vignetten reale Situationen dar, die für den Einsatz in der Lehrerbildung adaptiert wurden (C. von Aufschnaiter et al. 2017, S. 96). Modifizierte Vignetten können beispielsweise durch sprachliche Überarbeitungen, Ergänzungen oder Kürzungen angepasst werden, um spezifische Aspekte hervorzuheben oder die Komplexität der videografierten Situation zu reduzieren (C. von Aufschnaiter et al. 2017, S. 96). Konstruierte Vignetten hingegen werden vor dem Hintergrund des jeweiligen Lernziels neu entwickelt (C. von Aufschnaiter et al. 2017, S. 96). Blomberg et al. (2013) führen auch die Unterscheidung zwischen eigenen und fremden Videos auf (S. 100). Die Analyse von Videos des eigenen Unterrichts eignet sich besonders für die Reflexion der eigenen Wahrnehmung und des eigenen Handelns im Unterricht (Steinwachs & Gresch 2020, S. 62, Blomberg et al. 2013, S. 100). Jedoch kann die Analyse des eigenen Unterrichts auch negative Emotionen hervorrufen, da die Reflexion der eigenen Handlungen möglicherweise auch Einfluss auf das Selbstwertgefühl haben kann (Krammer et al. 2016, S. 361). Bei der Analyse von fremden Unterrichtsvideos kann hingegen eine kritische Distanzhaltung eingenommen werden (Krammer et al. 2016, S. 361). Jedoch fehlen dabei oftmals entsprechende Kontextinformationen zur gezeigten Unterrichtssituation (Blomberg et al. 2013, S. 103), wodurch die Analyse erheblich erschwert wird. Um eine realistische Unterrichtssituation abzubilden und das Tätigen von adäquaten Diagnosen zu ermöglichen, scheint es daher notwendig, den Studierenden Informationen bereitzustellen, über die auch die betreuende Lehrperson in der Regel verfügt (Bartel & Roth 2017a, S. 46; Blomberg et al. 2013, S. 103).

Neben der Bereitstellung von Kontextinformationen sollten Studierende vorab die Möglichkeit erhalten, sich mit den fachlichen Aspekten der videografierten Unterrichtssequenz auseinanderzusetzen, indem sie beispielsweise die Aufgabe, die die Schülerinnen und Schüler in dem jeweiligen Video bearbeiten, erst einmal selbst lösen (Beretz et al. 2017b, S. 166; Philipp 2018, S. 122). Durch die aktive Auseinandersetzung mit der Aufgabe kann Vorwissen aktiviert werden, wodurch sich die Studierenden mit verschiedenen Lösungsmöglichkeiten der Aufgabe auseinandersetzen. Dies trifft besonders bei der Analyse von fremden Unterrichtsvideos zu, in denen die eingesetzten Aufgaben oder Unterrichtsmaterialien nicht bekannt sind. Die Ergebnisse einer Studie von J. Leuders und T. Leuders

(2013) stützen diese Annahme. In der Studie wurden 126 Lehramtsstudierende für die Primarstufe aufgefordert, Schülerlösungen zu Aufgaben im Bereich der Arithmetik zu analysieren. Die Ergebnisse zeigen, dass das selbstständige Lösen der Aufgabe im Vorfeld einen positiven Effekt auf die Analysefähigkeit der Studierenden hat (J. Leuders & T. Leuders 2013, S. 106).[43]

Damit Videos zu einem Lernprozess von Studierenden beitragen, müssen diese aktiv genutzt werden (Seago 2004, S. 263). Videoanalysen ohne theoretischen Rahmen und präzise Fragestellungen sind vermutlich nur wenig effizient, weshalb diese nicht losgelöst von theoretischen Instruktions- und Unterstützungsmaßnahmen erfolgen sollten (C. von Aufschnaiter et al. 2017, S. 99; Rath & Marohn 2020, S. 85). Folglich muss entschieden werden, wie die Videoanalysen in die Lehramtsausbildung eingebettet, angeleitet und begleitet werden können (Krammer & Reusser 2005, S. 42; Rath & Marohn 2020, S. 85). Durch die Konstruktion von Arbeits- bzw. Diagnoseaufträgen, die bei der Analyse bearbeitet werden sollen, kann eine aktive Auseinandersetzung mit den Videos initiiert werden (siehe auch Zucker 2019, S. 59). Je nach Lernziel können dabei unterschiedliche Aufgabenformate verwendet werden. C. von Aufschnaiter et al. (2017) unterscheiden zwischen geschlossenen, fokussierten und offenen Aufgaben (S. 90). Geschlossene Aufgaben können Single-Choice- oder auch Multiple-Choice-Format haben (C. von Aufschnaiter et al. 2017, S. 93) und besitzen durch die Eindeutigkeit der Lösung den Vorteil, dass große Datenmengen ökonomisch ausgewertet werden können (Zucker 2019, S. 59). G. Kaiser et al. (2015) betonen jedoch, dass solche Aufgaben nicht dafür geeignet sind Kompetenzausprägungen valide zu erfassen (S. 377). Fokussierte Aufgaben haben für gewöhnlich mehrere Lösungen. Durch eine spezifische Aufgabenformulierung wird der Analysefokus jedoch auf inhaltliche Elemente im Video gerichtet, z.B. „Analysieren Sie die Lösung von Lena mit Blick auf mathematische Grundvorstellungen" (C. von Aufschnaiter et al. 2017, S. 93). Durch offene Aufgabenstellungen wird den Studierenden freigestellt, auf welche inhaltlichen Aspekte sie sich fokussieren, z.B. „Analysieren Sie die Lösungen von Johanna und Felix und vergleichen Sie diese (C. von Aufschnaiter et al. 2017, S. 93). Durch das offene Aufgabenformat kann analysiert werden, auf welche inhaltlichen Aspekte die Studierenden achten, was bei geschlossenen und fokussierten Aufgabenformaten nur eingeschränkt möglich ist (C. von Aufschnaiter et al. 2017, S. 93; G. Kaiser et al. 2015, S. 377). Geschlossene und fokussierte Aufgabenformate eignen sich jedoch gut als Lernaufgaben, da sie Studierende zu Beginn dabei unterstützen können, den Fokus auf relevante Aspekte im Video zu legen (C. von Aufschnaiter et al. 2017, S. 93). Neben den bisher dargestellten Aufgabenformaten können auch mündliche Verfahren (z.B. Interviews) angewandt werden (siehe Zucker 2019, S. 59). Die Durchführung und Auswertung ist jedoch mit einem erheblichen Zeitaufwand verbunden, weshalb solche Verfahren in der Lehramtsausbildung vermutlich nur selten zum Einsatz kommen.

---

[43] Hier ist anzumerken, dass in dem Tagungsbeitrag nicht deutlich wird, wie die Analysefähigkeit der Studierenden erfasst wurde.

Bisherige Ergebnisse suggerieren, dass das Analysieren von Videos für die Förderung von Kompetenzen (angehender) Lehrkräfte ertragreich sein kann. In einer Interventionsstudie von Krammer et al. (2016) wurde das videobasierte Diagnoseinstrument Observer[44] (Seidel et al. 2010, S. 296) eingesetzt, um zu untersuchen, ob sich Lehramtsstudierende durch die Analyse von Unterrichtsvideos in der Professionellen Unterrichtswahrnehmung hinsichtlich allgemein-pädagogischer Aspekte verbessern (S. 357). Die Intervention wurde über ein Semester lang in einem Seminar durchgeführt und bestand aus zwei Experimentalgruppen und einer Kontrollgruppe (Frommelt et al. 2019, S. 44). Die Experimentalgruppen arbeiteten mit Videoaufzeichnungen aus dem eigenen Unterricht (videografierte Aufnahmen von dem eigenen Unterricht aus einem Schulpraktikum) oder fremden Unterricht, wohingegen die Kontrollgruppe nur die Lehr-Lern-Materialien von fremden Lehrpersonen analysierte (Frommelt et al. 2019, S. 44). Durch eine Schulung der Seminarleiter und einer kriterienbasierte Auswahl der Unterrichtsbeispiele wurden vergleichbare Bedingungen gewährleistet (Krammer et al. 2016, S. 362f.). Zur Erfassung der professionellen Unterrichtswahrnehmung wurde vor und nach der Intervention eine verkürzte Form des Videotools Observer eingesetzt (Krammer et al. 2016, S. 364). Die Studierenden, die in den Seminarsitzungen Videos bearbeiteten, konnten ihre professionelle Unterrichtswahrnehmung signifikant mit einem großen Effekt verbessern (Krammer et al. 2016, S. 365). Bei der Kontrollgruppe hingegen konnte kein signifikanter Lernzuwachs verzeichnet werden (Krammer et al. 2016, S. 365). Ob die Studierenden mit eigenen oder fremden Videos arbeiteten, machte hinsichtlich des Lernzuwachses keinen Unterschied (Krammer et al. 2016, S. 366). Ähnliche Ergebnisse zeigen sich auch in Studien zu fachspezifischen Aspekten. Beispielweise führten Sunder et al. (2016) mit 40 Lehramtsstudierenden des Sachunterrichts eine Interventionsstudie zu lernunterstützenden Maßnahmen im naturwissenschaftlichen Unterricht durch (S. 5f.). In einem Seminar bearbeiteten die Studierenden verschiedene Theorien zu lernunterstützenden Maßnahmen und analysierten Videoaufzeichnungen von eigenem (in Form von Micro-Teaching, siehe Sunder et al. 2016, S. 5) und fremdem Unterricht zum Thema „Schwimmen und Sinken" (siehe Sunder et al. 2016, S. 5). Zur Erfassung der Professionellen Wahrnehmung wurde vor und nach der Intervention das Videotool von Meschede et al. (2015) eingesetzt. Das Videotool beinhaltet sechs Videosequenzen aus naturwissenschaftlichem Grundschulunterricht zu den Themen „Schwimmen und Sinken" und „Wasserkreislauf" (siehe Meschede et al. 2015, S. 324). Ähnlich wie bei Seidel et al. (2010) beinhalten die Items Aussagen zu lernunterstützenden Maßnahmen der videografierten Lehrkraft im Ratingformat von „trifft zu" bis „trifft nicht zu", z.B. „Die SuS[45] bekommen ausreichend Gelegenheit, eigenständig eine allgemeingültige Aussage aus den

---

[44] Die Videosequenzen beinhalten Unterrichtsaufzeichnungen verschiedenster Fächer, die das Erarbeiten von Themen und Üben an Inhalten im Unterricht zeigen (Seidel et al. 2010, S. 299). Studierende erhalten in dem Onlinetool Items, die sie mit einem Ratingformat („trifft zu" bis „trifft nicht zu") bewerten sollen (siehe Abschnitt 2.3.2). Die Items enthalten Aussagen hinsichtlich des Beschreibens und Erklärens lernrelevanter Unterrichtsmerkmale und des Vorhersagens der Auswirkungen auf die Lernprozesse der Schülerinnen und Schüler (Seidel et al. 2010, S. 300). Für die jeweiligen Videosequenzen erhalten die Studierenden vorab eine Instruktion mit den nötigen Hintergrundinformationen (Seidel et al. 2010, S. 301).

[45] SuS steht für *Schülerinnen und Schüler*.

Versuchsergebnissen abzuleiten" (siehe Meschede et al. 2015, S. 322ff.). Auch in dieser Studie konnten sich die Studierenden hinsichtlich der professionellen Unterrichtswahrnehmung verbessern, jedoch nur in den Videosequenzen, die den Themenbereich des Seminars („Schwimmen und Sinken") abbildeten (Sunder et al. 2016, S. 8). Die Autoren schließen daraus, dass die professionelle Wahrnehmung nicht nur fachspezifisch, sondern auch themenspezifisch ist und Studierende über spezifisches Fach- und fachdidaktisches Wissen verfügen müssen, um adäquate Analysen durchführen zu können (Sunder et al. 2016, S. 9). Wie die Autoren selbst anmerken, ist die Stichprobe sehr klein, weshalb die Ergebnisse nur eingeschränkt interpretiert werden können. Darüber hinaus basieren die Aussagen über die Themenspezifität nur auf zwei Themen hinsichtlich des naturwissenschaftlichen Grundschulunterrichts, weshalb hier ausschließlich Annahmen und keine allgemeingültigen Aussagen getroffen werden können (Sunder et al. 2016, S. 10).

Positive Ergebnisse durch die Analyse von Videos zeigen sich auch in Fortbildungsangeboten für Lehrkräfte, in denen gemeinsam eigene Unterrichtsvideos analysiert und diskutiert werden (z.B. Krammer et al. 2008; Sherin & van Es 2009). So zeigte sich beispielsweise in den sogenannten „video clubs" von Sherin und van Es (2009), dass Lehrkräfte nach der Fortbildung mehr Versuche unternahmen, die Aussagen und das beobachtbare Verhalten der videografierten Schülerinnen und Schüler zu interpretieren, als vor der Fortbildung (S. 26ff.). In dem Weiterbildungsprogramm von Krammer et al. (2008), in dem Lehrkräfte über zehn Monate hinweg eigene Unterrichtsvideos analysierten, nannten die Lehrkräfte nach der Fortbildung häufiger Optimierungsmöglichkeiten um die Lernenden in den Unterricht mit einzubeziehen als vor der Fortbildung (S. 188). Darüber hinaus ergaben sich auch positive Entwicklungen hinsichtlich des eigenen Unterrichts. So zeigten Unterrichtsbeobachtungen, dass die teilnehmenden Lehrkräfte nach der Fortbildung tendenziell mehr Versuche unternahmen, die Gedanken und Ideen der Schülerinnen und Schüler in den Unterricht mit einzubeziehen als vor der Fortbildung (van Es & Sherin 2010, S. 172).

2.7   Konsequenzen für die vorliegende Studie

Die diagnostischen Kompetenzen gelten als eine der Basisqualifikationen von Lehrkräften. Für valide Diagnosen scheint der Diagnoseprozess von großer Bedeutung zu sein (Behrmann & Glogger-Frey 2017, S. 137; J. Kaiser et al. 2012, S. 253; Schrader 1989, S. 44). Aussagen und Handlungen von Schülerinnen und Schülern müssen wahrgenommen und verarbeitet werden, um anschließend Entscheidungen für den künftigen Lehr-Lernprozess zu treffen. Die bisherigen Ergebnisse deuten darauf hin, dass Studierende Schwierigkeiten haben, relevante Unterrichtsaspekte oder Schülermerkmale wahrzunehmen und zu interpretieren sowie nur selten mögliche Ursachen für die Aussagen oder das beobachtbare Verhalten der Schülerinnen und Schüler nennen können (z.B. Berliner 2001; Star & Strickland 2008, vgl. Abschnitt 2.3.2). Darüber hinaus werden von Studierenden häufig vorschnelle Wertungen vorgenommen, die nur selten durch Beobachtungen begründet werden (z.B. Beretz et al. 2017b; Sabers et al. 1991). Helmke (2017) betont jedoch, dass die Diagnostik primär der Informationsbeschaffung dient, weshalb Diagnosen und Urteile wertungsfrei sein sollten (S. 273). Die Ergebnisse der Studie von van Ophuysen (2006) zeigen auch, dass Lehrkräfte vorliegende Informationen über Schülerinnen und Schüler unterschiedlich gewichten und daher differenzierter verarbeiten als Studierende ohne Berufserfahrung (vgl. Abschnitt 2.3.3).

Vor dem Hintergrund des diagnostischen Kompetenzmodells von T. Leuders et al. (2018, vgl. Abschnitt 2.2.4) und den Ergebnissen, die zeigen, dass Studierende insbesondere bei der Wahrnehmung und Interpretation lernrelevanter Merkmale Schwierigkeiten haben, sollten Studierende bereits im Lehramtsstudium die Möglichkeit erhalten, ihre diagnostischen Fähigkeiten zu entwickeln (vgl. Abschnitt 2.6).

Bisherige Ergebnisse deuten darauf hin, dass die Analyse von Videos helfen kann, Lehramtsstudierende für das Wahrnehmen und Interpretieren lernrelevanter Merkmale zu sensibilisieren (z.B. Krammer et al. 2016, Sunder et al. 2016, vgl. Abschnitt 2.6). Insbesondere für die Analyse von Lernprozessen scheinen Videos von großem Vorteil zu sein (Dübbelde 2013, S. 23). Videos bilden authentische Unterrichtssituationen ab, in denen Informationen gesammelt und interpretiert werden können (Krammer & Reusser 2005, S. 37). Sie eignen sich daher gut für die Lehramtsausbildung. Damit die Videos nicht zu einer kognitiven Überlastung führen, werden diese in der vorliegenden Studie modifiziert, um einerseits die Komplexität zu reduzieren und andererseits den Fokus auf spezifische Aspekte im Video zu lenken (vgl. Abschnitt 6.5) Um eine möglichst realistische Unterrichtssituation abzubilden, werden die Videosequenzen mit Informationen ergänzt, über die eine Lehrkraft in der Regel auch im Unterricht verfügt. Das Videotool ViviAn (vgl. Kapitel 6), das im Rahmen einer Dissertation von Bartel (in Vorb.) entwickelt wurde, gibt Lehramtsstudierenden die Möglichkeit ihre diagnostischen Fähigkeiten zu entwickeln. Durch Buttons, die direkt in ViviAn eingebettet sind, können zusätzlich benötigte Kontextinformationen direkt abgerufen werden.

Um eine aktive Auseinandersetzung mit den Videos zu gewährleisten, werden Diagnoseaufträge entwickelt, die sich an den Komponenten des Diagnoseprozesses von Beretz et al. (2017a; 2017b) und C. von Aufschnaiter et al. (2018) orientieren (vgl. Abschnitt 2.3.2). Die Komponenten dienen als Strukturierung der diagnostischen Tätigkeiten und als Operatoren (Beretz et al. 2017b., S. 167). Sie sollen Studierende bei der Analyse der Videosequenzen unterstützen. Um den Analysefokus auf spezifische Aspekte im Video zu lenken und dennoch eine hohe ökologische Validität zu gewährleisten, wird in dieser Studie ein fokussiertes Aufgabenformat verwendet, das sowohl geschlossene als auch offene Aufgaben enthält (vgl. Kapitel 6).

Um den Lernprozess der Studierenden zu begleiten und zu unterstützen, erhalten die Studierenden eine theoretische Einführung und bearbeiten die Videovignetten parallel zu einer Veranstaltung. In Großveranstaltungen, die von über 200 Studierenden besucht werden, können aus organisatorischen Gründen keine Diskussionen und Reflexionen der Videoanalysen durchgeführt werden. Um die Studierenden im Lernprozess dennoch zu unterstützen, ist innerhalb von ViviAn eine Feedbackfunktion (vgl. Abschnitt 6.8.2) eingebettet, die zu einer aktiven und bewussten Auseinandersetzung mit der abgebildeten Videosequenz führen soll.

3   Feedback

Feedback gilt als einer der größten Einflussfaktoren für erfolgreiches und nachhaltiges Lernen (Hattie 2015, S. 206). Es liegt daher nahe, dass Feedback von großem Forschungsinteresse ist und bisher viele Versuche unternommen wurden, mögliche Indikatoren zu identifizieren, die die Feedbackwirkung verstärken. Die Ergebnisse sind bis heute nicht ganz eindeutig, was vermuten lässt, dass die Feedbackwirkung von vielen weiteren Faktoren abhängig ist und es per se keine konsistente Feedbackform gibt, die für alle Situationen ertragreich ist.

In den folgenden Abschnitten werden nach einer umfassenden Beschreibung des Feedbackkonzepts (Abschnitt 3.1), der Feedbackfunktionen (Abschnitt 3.2) und der Feedbackformen (Abschnitt 3.3) Faktoren erläutert, die die Feedbackwirkung bedingen können (Abschnitt 3.4). Dabei werden Forschungsergebnisse dargestellt und eingeordnet. Auf Grundlage dessen werden anschließend Konsequenzen für die vorliegende Studie abgeleitet (Abschnitt 3.5).

3.1   Feedbackkonzept

Der Begriff *Feedback* findet seinen Ursprung in der Kybernetik, einer wissenschaftlichen Forschungsrichtung, „[...] die Systeme verschiedenster Art auf selbsttätige Regelungs- und Steuerungsmechanismen hin untersucht" (Duden 2007, S. 464) und beschreibt die Rückmeldung oder Rückkoppelung von Informationen (Fengler 2017, S. 16). Um die Bedeutung des Feedbacks im technischen Regelungsprozess zu veranschaulichen, werden in einer Maschine zwei Subeinheiten betrachtet (Fengler 2017, S. 16): Subeinheit A und Subeinheit B. Subeinheit A gibt Subeinheit B eine Anweisung, beispielsweise das Antreiben eines Rades. Subeinheit B informiert Subeinheit A fortlaufend darüber, was sie tut und wie sie vorankommt. Dies ist das eigentliche Feedback. Dieser Prozess ist ein zyklischer Prozess, denn die Subeinheit A reagiert erneut auf das Feedback der Subeinheit B, um sich dem Zielzustand weiter zu nähern (Fengler 2017, S. 16). Das kybernetische Modell ist somit ein fortlaufender Vergleich zwischen aktuellem Ist-Zustand und angestrebtem Soll-Zustand des Regelungsprozesses (Landmann et al. 2015, S. 47).

Dieses Modell lässt sich teilweise auch auf Lehr-Lern-Prozesse übertragen, wenn der Ist-Zustand mit der erbrachten Leistung eines Lernenden und der Soll-Zustand mit dem erwarteten Lernziel verglichen wird (Krause 2007, S. 46). Feedback stellt dabei die Hauptfunktion dar, um Diskrepanzen zwischen der aktuellen Leistung (Ist-Zustand) und dem Lernziel (Soll-Zustand) zu verringern (Hattie & Timperley 2007, S. 86; Mory 2004, S. 746; Sadler 1989, S. 142). Das Feedback wird oftmals auch mit *post-response information* gleichgesetzt, also mit Informationen, die ein Lernender nach der Aufgabenbearbeitung erhält (Narciss 2006, S. 17).

Eine einheitliche Definition für *Feedback* zu finden, ist nur schwer möglich. In den Literaturwerken, die sich mit Feedback befassen, variieren die Definitionen hinsichtlich des

© Der/die Autor(en), exklusiv lizenziert durch
Springer Fachmedien Wiesbaden GmbH, ein Teil von Springer Nature 2022
P. Enenkiel, *Diagnostische Fähigkeiten mit Videovignetten und Feedback fördern*, Landauer Beiträge zur mathematikdidaktischen Forschung,
https://doi.org/10.1007/978-3-658-36529-5_3

Kontextes (in welcher Institution wird das Feedback gegeben?), des Informationsgehalts (wie viele Informationen erhält der Feedbackempfänger?) und der Kommunikationsmöglichkeit (wie wird das Feedback übermittelt?) und sind daher häufig sehr eng formuliert. Butler und Winne (1995) führten eine Definition in den Lehr-Lern-Kontext ein, die die genannten Aspekte offenlässt und die Funktion des Feedbacks dennoch präzise darstellt: „Feedback is information with which a learner can confirm, add to, overwrite, tune, or restructure information in memory, whether that information is domain knowledge, meta-cognitive knowledge, beliefs about self and tasks, or cognitive tactics and strategies" (Butler & Winne 1995, S. 275). Diese Definition beschreibt das Feedback als eine Information, die ein Lernender nutzen kann, um seine Gedankenstruktur in kognitiven, metakognitiven oder persönlichen Bereichen zu verändern. Sie weist einen Grad an Unschärfe auf, da offengelassen wird, von wem der Lernende die Informationen bekommt, welchen Informationsgehalt das Feedback enthält, wie der Lernende die Informationen verarbeitet und wie die Informationen bereitgestellt werden. Aufgrund der hohen Komplexität des Konzepts *Feedback*, welche sich in den vielzähligen Fachzugängen, Gestaltungsmöglichkeiten, Wirkungsweisen sowie zahlreichen personellen und situativen Einflussfaktoren wiederspiegelt (vgl. Abschnitt 3.5), scheint eine allgemeingültige Definition (wie die Definition von Butler & Winne 1995) treffender.

Feedback kann von verschiedenen Quellen gegeben werden (Krause 2007, S. 47). Butler und Winne (1995) unterscheiden zwischen externen und internen *Feedbackquellen* bzw. *Feedbackgebern* (S. 246): Externe Feedbackquellen können Klassenkameraden, Lehrer, Eltern oder auch Computer oder Bücher (anhand der Darbietung von Lösungsbeispielen) sein (Butler & Wine 1995, S. 246; siehe auch Hattie & Timperley 2007, S. 81). Internes Feedback hingegen geben sich die Lernenden selbst, wenn sie ihren eigenen Lernprozess kontrollieren, zum Beispiel mit selbst entwickelten Kriterien zur Überprüfung des Lernstandes (Butler & Wine 1995, S. 246; siehe auch Hattie & Timperley 2007, S. 81). Auf der anderen Seite steht der *Feedbackempfänger* bzw. *Feedbacknehmer* (Krause 2007, S. 47). Feedback kann sich an einzelne Personen (individuelles Feedback) oder an mehrere Lernende (Gruppenfeedback) richten, die an einer gleichen Aufgabe arbeiten (Krause 2007, S. 47).

Die Informationen, die durch das Feedback bereitgestellt werden, müssen vom Feedbackempfänger verarbeitet und genutzt, also *rezipiert* werden, um Antworten oder Verhalten zu adaptieren und Fehler zu korrigieren (Mory 2004, S. 746). Es liegt somit nahe, dass die Wirkung von Feedback von der *Feedbackrezeption* des Lernenden und damit von verschiedenen personellen Faktoren abhängig ist. Diese Faktoren werden auch in verschiedenen Feedbackmodellen berücksichtigt und aufgegriffen (z.B. Bangert-Drowns et al. 1991; Butler & Winne 1995; Ilgen et al. 1979; Kluger & DeNisi 1996; für eine Übersicht siehe Narciss 2014).

In Artikeln und Fachbüchern sowie im Alltag werden die Begriffe *Feedback* und *Rückmeldung* häufig synonym verwendet. Müller und Ditton (2014) differenzieren die Begriffe hinsichtlich des Bezugs des Feedbackinhalts (S. 14f.): Hat der Inhalt des Feedbacks nur einen bedingten Bezug zum eigenen Verhalten und kann daher nur eingeschränkt genutzt werden, stellt die Information eher eine *Rückmeldung* dar. Informationen, die einen direkten Bezug zum eigenen Verhalten aufweisen und daher für Veränderungen genutzt werden können, werden eher als *Feedback* bezeichnet (Müller & Ditton 2014, S. 14f.). „Begrifflich würde es sich somit anbieten, mit zunehmender Distanz zum Evaluationsgegenstand eher von Rückmeldungen, denn von Feedback zu sprechen" (Müller & Ditton 2014, S. 15). Aufgrund des fließenden Übergangs werden die Begriffe in der vorliegenden Arbeit synonym verwendet.

3.2   Funktionen von Feedback

In Lehr-Lern-Situationen kann Feedback mehrere Funktionen haben, die auch gleichzeitig zum Tragen kommen können (Narciss 2006, S. 78). Butler und Winne (1995) beschreiben erstmals die kognitiven und metakognitiven Funktionen von Feedback (S. 265). Narciss (2006, S. 80) und Krause (2007, S. 48) zählen zudem die motivationale Funktion auf. Diese Funktionen werden im Folgenden beschrieben.

Kognitive Funktion

Feedback zeigt Diskrepanzen zwischen Lernstand und Lernziel auf (Hattie & Timperley 2007, S. 86) und hat somit erst einmal eine kognitive Funktion. Auf der kognitiven Ebene kann Feedback korrekte Antworten von Lernenden bestätigen und Informationen darbieten, um das Wissen zu erweitern oder Fehlkonzepte zu verändern oder zu ersetzen (Butler & Winne 1995, S. 265).

Metakognitive Funktion

Durch das Feedback können Lernende ihren eigenen Lernprozess reflektieren und validieren (Narciss 2006, S. 79). Dazu ist es notwendig, dass Lernende aktiv an dem Lernprozess teilnehmen, ihre Lösungsstrategien reflektieren und Fehlersuch- und Korrekturstrategien anwenden, ergänzen oder optimieren (Butler & Winne 1995, S. 265; Narciss 2006, S. 79). Feedback kann dadurch auch metakognitive Funktionen haben.

Motivationale Funktion

Neben der kognitiven und metakognitiven Funktion kann Feedback auch motivationale Funktionen haben. Trotz des Aufzeigens von fehlenden Wissenselementen, sollten Lernende den Anreiz haben, „[…] Anstrengung, Ausdauer und Intensität der Bearbeitung aufrecht zu erhalten" (Narciss 2006, S. 80). Daher sollte Feedback die Überzeugung fördern, dass sich der Lernaufwand lohnt und durch ihn die Leistung gesteigert werden kann (Ilgen et al. 1979, S. 362). Ob das erhaltene Feedback vom Lernenden als motivationsförderlich oder motivationshemmend wahrgenommen wird, hängt unter anderem von dem Schwierigkeitsgrad der zu bewältigten Aufgaben ab sowie von persönlichen Faktoren des Lernenden (Ilgen et al. 1979, S. 364; Narciss 2006, S. 80; vgl. Abschnitt 3.4).

Die Funktionen von Feedback sind eng mit den Lehr-Lernzielen verknüpft. Sollen Lernende Aufgaben richtig lösen, falsche Wissenselemente neu strukturieren oder inhaltliche Wissenselemente ergänzen, sollte das Feedback kognitive Funktionen haben (Narciss 2006, S. 78f.). Ist beispielsweise das primäre Ziel, dass Lernende lernen ihre eigenen Fehler zu erkennen, sollte das Feedback auch eine metakognitive Funktion aufweisen, also Informationen darbieten, um Korrekturstrategien zu entwickeln (Narciss 2006, S. 79). Indem das Feedback beispielsweise aufzeigt, dass bereits wesentliche Wissenskomponenten vorhanden sind und der Lernaufwand ertragreich ist, kann es auch motivierende Funktionen haben (Narciss 2006, S. 80).

Ein Feedback wie „Gut gemacht!", das sich hingegen nur auf das *Selbst* eines Lernenden bezieht, kann einen Lernenden zwar motivieren zukünftige Aufgaben zu lösen, beinhaltet jedoch wenige Informationen und lenkt die Aufmerksamkeit weg von der Aufgabe (Hattie & Timperley 2007, S. 96). Diese Feedbackebene wird häufig auch als „self level" bezeichnet (Hattie & Timperley 2007, S. 87). Neben einem Lob sollte das Feedback demnach auch weitere Informationen zur Aufgabenbearbeitung, wie Aufgabenlösungen oder Hinweise auf mögliche Lösungsstrategien, beinhalten (Hattie & Timperley 2007, S. 96). Bekräftigt wird dies auch von einer Metaanalyse von Kluger und DeNisi (1996), die nachweisen konnten, dass ein Feedback, das nur aus einem Lob besteht, keinen Effekt auf die Leistung von Lernenden hat (S. 273).

3.3 Feedbackgestaltung

Feedback kann sich unter anderem in formalen und inhaltlichen Facetten unterscheiden (Narciss 2006, S. 82f.), weshalb Feedback keine eindimensionale, sondern eine multidimensionale Instruktionsmaßnahme ist (Hattie & Wollenschläger 2014, S. 136; Narciss 2006, S. 82). „[...] we should consider that feedback may not be a unitary phenomenon." (Bangert-Drowns et al. 1991, S. 214). So kann Feedback beispielsweise mündlich oder schriftlich sowie unmittelbar oder verzögert erfolgen und sich bezüglich des Maß an Informationsgehalt unterscheiden.

3.3.1 Formale Facetten

Die formalen Facetten beschreiben die Gestaltung des Feedbacks, also wie das Feedback dargeboten wird und können als Rahmen des Feedbacks charakterisiert werden.

Mündliches und schriftliches Feedback

Feedback kann mündlich oder schriftlich gestaltet sein, wobei beide Formate Vor- und Nachteile haben (Krause 2007, S. 54). Durch Tonfall, Sprechverhalten, Gestik und Mimik des Feedbackgebers kann mündliches Feedback besser eingeschätzt werden (Krause 2007, S. 54). Darüber hinaus hat der Feedbackempfänger die Möglichkeit Nachfragen bezüglich des Feedbackinhalts zu stellen. Bei einem schriftlichen Feedback fallen diese Komponenten weg, wodurch eine Interpretation des Feedbackinhalts auf Seiten des Feedbackempfängers erschwert wird (Krause 2007, S. 54), was auch bisherige Ergebnisse zeigen konnten. In einer Studie von Weaver (2006) wurde beispielsweise untersucht, ob Studierende die Bedeutung von schriftlichem Feedback zutreffend einschätzen können (S. 379). Dabei sollten die Studierenden die Verständlichkeit einiger Ausdrücke beurteilen, die im schriftlichem Feedback häufig verwendet werden. Auf einer vierstufigen Likert-Skala konnten sie ankreuzen, ob sie sich bei der inhaltlichen Bedeutung des Feedbacks sicher oder unsicher sind (Weaver 2006, S. 382). Etwa die Hälfte der 44 Studierenden aus dem Erstsemester waren sich bei der Bedeutung des Inhalts in fünf von sieben Ausdrücken unsicher (Weaver 2006, S. 383). Schriftliches Feedback sollte demnach verständlich und einfach formuliert sein, um die Interpretation zu erleichtern.

Krause (2007) weist in ihrer Dissertation auf das *Hamburger Verständlichkeitskonzept* von Langer et al. (1999) hin, die auf vier Merkmale hinweisen, die die Verständlichkeit von Texten und Ausdrücken vereinfachen sollen (Langer et al. 1999, S. 16ff.): Das erste Merkmal ist die *Einfachheit* und bezieht sich auf die sprachliche Formulierung. Sätze sollten demnach kurz formuliert sein und nur geläufige und möglichst anschauliche Wörter beinhalten. Falls Fremdwörter oder Fachausdrücke verwendet werden, sollten diese erklärt werden. Das zweite Merkmal bezieht sich auf die *innere Ordnung* und *äußere Gliederung* eines Textes. Für die innere Ordnung eines Textes sollten die Sätze in einem Kontext eingebunden sein und sich aufeinander beziehen. Dabei ist auf eine sinnvolle Reihenfolge zu achten, die leicht nachvollzogen werden kann. Die äußere Gliederung eines Textes beinhaltet eine übersichtliche Gestaltung mithilfe von Überschriften, Absätzen und Hervorhebungen. Das dritte Merkmal stützt sich auf die richtige *Länge und die Prägnanz* eines Textes. Die Länge eines Textes sollte im richtigen Verhältnis zu den Informationen stehen, die mit dem Text vermittelt werden sollen. Die Länge sollte somit nicht zu lang und nicht zu kurz sein. Auf überflüssige Informationen, die zu keinem Mehrwert beitragen, sollte verzichtet werden. Das letzte Merkmal bezieht sich auf das *Fördern des Interesses und der Anteilnahme* des Lesers. Durch aktivierende Zusätze, wie wörtliche Reden oder prägnante Beispiele, soll eine Leserin oder ein Leser dazu angeregt werden, den Text zu lesen bzw. weiterzulesen. Die Autoren weisen darauf hin, dass die Merkmale unabhängig voneinander sind: Ein Text kann durchaus einfach gestaltet und dennoch nicht gegliedert sein (Langer et al. 1999, S. 23).

Schriftliches Feedback hat gegenüber von mündlichem Feedback den Vorteil, dass der Feedbackempfänger den Feedbackinhalt in seinem individuellen Tempo verarbeiten kann, was bei der mündlichen Feedbackgabe nur bedingt möglich ist (Krause 2007, S. 54). Darüber hinaus kann es erneut gelesen und mit den eigenen Antworten abgeglichen werden (Krause 2007, S. 54).

Formatives und Summatives Feedback

Formatives Feedback gibt dem Lernenden während der Lernphase kontinuierliche Rückmeldungen über seine Leistung, mit dem Ziel diese zu verbessern und die Aufgabe bestmöglich lösen zu können (White 2010, S. 49). Mit den fortlaufenden Rückmeldungen soll das unüberlegte Ausprobieren von Lösungsansätzen von Schülerinnen und Schülern vermieden werden (Sadler 1989, S. 120). Summatives Feedback hingegen erhält der Lernende als Zusammenfassung seiner Leistung, beispielsweise durch Zeugnisnoten in der Schule oder Leistungsnachweise im Studium. Es hat daher, im Gegensatz zum formativen Feedback, nur wenig Einfluss auf das Lernen (Sadler 1989, S. 120). Summatives Feedback informiert einen Lernenden lediglich darüber, inwieweit die Erwartungen erfüllt worden sind und liefert nur wenige Hinweise zur Verbesserung der Leistung (Hamp-Lyons & Heasley 2006, S. 212). Formatives und summatives Feedback unterscheiden sich daher nur in ihrem Ziel, und nicht im Zeitpunkt, an dem das Feedback gegeben wird (Sadler 1989, S. 120).[46]

Sofortiges und verzögertes Feedback

In der Literatur existieren zum sofortigen und verzögerten Feedback unterschiedliche Konzeptualisierungen. Das sofortige Feedback wird im Allgemeinen als eine direkte Rückmeldung nach der Beantwortung einer Aufgabe oder eines Items bezeichnet (Clariana et al. 1991, S. 6; Shute 2008, S. 163; van der Kleij et al. 2015, S. 478). Hinsichtlich der Definition von verzögertem Feedback besteht große Uneinigkeit. Verzögertes Feedback kann Sekunden, Minuten, Stunden, Wochen oder längere Zeit nach dem Beenden einer Aufgabe oder eines Tests gegeben werden (Shute 2008, S. 163). Clariana et al. (1991) bezeichnen die verzögerte Rückmeldung als „Feedback [...] [which] may be delayed for either a set of period of time or set number of responses, such as at the end of a test" (Clariana et al. 1991, S. 6) und verzichten auf eine eindeutige Angabe des Zeitpunktes. Verzögertes Feedback wird auch häufig so definiert, dass es im Verhältnis zum sofortigen Feedback steht (Shute 2008, S. 163), was ebenfalls viel Raum zur Interpretation lässt: van der Kleij et al. (2015) beispielsweise unterscheiden sofortiges und verzögertes Feedback wie folgt: „An important difference between immediate and delayed feedback is that immediate feedback is provided while a student is taking a test, whereas this is not the case with delayed feedback" (van der Kleij et al. 2015, S. 478).

In der Metaanalyse von J. Kulik und C.-L. Kulik (1988) wird ebenfalls deutlich, dass bei der Operationalisierung von verzögertem Feedback große Uneinigkeit besteht. So werden einerseits Studien miteinbezogen, die verzögertes Feedback als eine Rückmeldung bezeichnen, die nach der Beendigung eines Tests gegeben wird (J. Kulik & C.-L. Kulik 1988,

---

[46] Das formative Feedback hat Ähnlichkeiten mit der Lehrstrategie „Scaffolding" (deutsch: Baugerüst, vgl. PONS 2011, S. 1022). Scaffolding ist ein interaktives Feedback (Faltis & Valdés 2016, S. 576-577) im Sinne einer fortlaufenden Lernunterstützung, das durch eine minimal didaktische Hilfe der Lehrkraft charakterisiert ist (Lipowsky 2015, S. 94). Das Ziel des Scaffoldings ist eine eigenständige Kontrolle des eigenen Lernprozesses durch den Lernenden (Lipowsky 2015, S. 94). Das *Baugerüst* im Sinne der Lernunterstützung der Lehrkraft soll mit dem Lernprozess kontinuierlich reduziert werden (Lipowsky 2015, S. 94).

S. 84) und andererseits Studien, die den Lernenden das verzögerte Feedback erst Tage nach der Beendigung eines Tests darbieten (J. Kulik & C.-L. Kulik 1988, S. 85). Dementsprechend groß ist auch die Varianz der Ergebnisse bezüglich der Wirkung von sofortigem und verzögertem Feedback (Mory 2004, S. 755; Shute 2008, S. 163).

Die Metaanalyse von J. Kulik und C.-L. Kulik (1988) basiert auf 53 Studien, die durch die Suchbegriffe „knowledge of results" und „education" auf der Plattform ERIC (Educational Resources Information Center, https://eric.ed.gov/) und einer Dissertations-Plattform, die umfassende Abstracts von Dissertationen veröffentlicht, gefunden wurden (J. Kulik & C.-L. Kulik 1988, S. 82). Es wurden nur Studien in die Metaanalyse mit aufgenommen, die in quantitativer Form vorlagen, sofortiges und verzögertes Feedback vergleichend untersuchten und die in Universitäts- und Hochschulbibliotheken verfügbar waren (J. Kulik & C.-L. Kulik 1988, S. 82). Die Autoren kommen zu dem Ergebnis, dass sofortiges Feedback im Allgemeinen eine bessere Wirkung erzielt als verzögertes Feedback. In Testsituationen, in denen vorher erlerntes, deklaratives Wissen abgerufen werden soll, zeigt sich jedoch, dass sich verzögertes Feedback besser auf die Leistung der Lernenden auswirkt als sofortiges Feedback (J. Kulik & C.-L. Kulik 1988, S. 93f.). Eine mögliche Erklärung könnte die *interference-perseveration hypothesis* von Kulhavy und Anderson (1972) sein. Diese besagt, dass Lernende, die verzögertes Feedback erhalten haben, die falschen Antworten bis zum Feedbackerhalt wieder vergessen haben und somit kein kognitiver Widerspruch stattfindet, wodurch die richtigen Antworten besser behalten werden können (Kulhavy & Anderson 1972, S. 506). Wie bereits beschrieben wurde, variieren die Intervalle des verzögerten Feedbacks in der Metaanalyse von Sekunden bis Wochen. Darüber hinaus wurde ausschließlich das Feedback untersucht, das einen Lernenden über die richtige Lösung informiert. Die Studien, die in die Metaanalyse aufgenommen wurden, stammen außerdem aus unterschiedlichen Fachbereichen (z.B. Mathematik, Chemie, Sprache) mit verschiedenen Probanden (Kindergartenkinder, Schülerinnen und Schüler sowie Studierende), weshalb die Ergebnisse nur bedingt interpretiert werden sollten.

Dennoch verweisen viele Autoren auf die Metaanalyse und greifen die Ergebnisse auf. Bangert-Drowns et al. (1991) beispielsweise schließen daraus die Hypothese, dass die Wirksamkeit des Zeitpunkts des Feedbacks von der Aufgabenschwierigkeit abhängt (S. 216). Diese Hypothese wurde von Clariana et al. (2000) in einer Studie überprüft. Die Autoren postulierten, dass sofortiges Feedback wirksamer für schwierige Aufgabe (sogenannte „inferential questions") ist und verzögertes Feedback seine größte Wirkung bei leichten Aufgaben (sogenannte „verbatim questions") hat (Clariana et al. 2000, S. 12). Die Schülerinnen und Schüler wurden aufgefordert verschiedene Multiple-Choice-Aufgaben zu einem Text zu beantworten, den sie vorab gelesen haben (Clariana et al. 2020, S. 12). Die Autoren konnten ihre Hypothese jedoch nicht bestätigen und begründeten ihre Ergebnisse damit, dass die Aufgaben, die sie in ihrer Studie eingesetzt haben, zu leicht waren (Clariana et al. 2000, S. 19). Darüber hinaus wurde die Studie nur mit 52 Schülerinnen und Schülern durchgeführt (Clariana et al. 2000, S. 12).

Die Ergebnisse einer Studie von Gaynor (1981) deuten jedoch darauf hin, dass die Wirkung des Feedbackzeitpunktes möglicherweise mit dem Vorwissen von Lernenden interagiert. 92 Studierende der Statistik bearbeiteten im Vor- und Nachtest Aufgaben zur Algebra (Gaynor 1981, S. 30). Die Intervention gliederte sich in vier Lerneinheiten, in denen die Studierenden Inhalte der Algebra am Computer bearbeiteten und sofortiges (nach jeder Aufgabe) oder verzögertes Feedback (nach der jeweiligen Lerneinheit) in Form der richtigen Antwort erhielten (Gaynor 1981, S. 30). Die Ergebnisse suggerieren, dass die Studierenden mit niedrigem Vorwissen von sofortigem und die Studierenden mit hohem Vorwissen von verzögertem Feedback profitieren (Gaynor 1981, S. 31). Zu einer ähnlichen Schlussfolgerung kommt auch Roper (1977). Er empfiehlt vorwissensstarken Lernenden als sofortiges Feedback ausschließlich die Rückmeldung zu geben, ob ihre Antwort richtig oder falsch ist und Informationen, die zu einer Lösung der Aufgabe führen, erst verspätet zu geben. Dies hätte zur Folge, dass die vorwissensstarken Lernenden durch die Rückmeldung ihr Vorwissen aktivieren, um den Fehler erst einmal selbstständig zu lokalisieren (Roper 1977, S. 48). Lernende, die nur ein geringes Vorwissen haben, besitzen jedoch kein grundlegendes Verständnis und brauchen daher sofortiges Feedback, um bestehende Fehlkonzepte direkt zu korrigieren (Mason & Bruning 2001, S. 10).

Unabhängig von den bisher dargestellten Ergebnissen konnte eine Studie von van de Kleij et al. (2012) zeigen, dass Lernende mehr Zeit damit verbrachten sofortiges Feedback zu lesen als das verzögerte Feedback (S. 269), was vermuten lässt, dass sich die Lernenden mit dem sofortigen Feedback intensiver auseinandersetzten. Außerdem zeigte Miller (2009) in ihrer Dissertation, dass Lernende sofortiges Feedback gegenüber verzögertem Feedback präferierten, da sie so die Möglichkeit hatten, das Feedback direkt für den eigenen Lernprozess zu verwenden (S. 142).

Computergestütztes Feedback

In computerunterstützten Lernumgebungen kann Feedback persönlich oder automatisiert erfolgen (Krause 2007, S. 59f.). Wie in realen Lernumgebungen ist der Lerneffekt auch in computergestützten Lernumgebungen mit Feedback deutlich größer als ohne Feedback (Azevedo & Bernard 1995, S. 117; Clariana et al. 1991, S. 5). Bei einer computergestützten Feedbackgabe kann jedoch nicht kontrolliert werden, ob Lernende das Feedback aktiv lesen. Gelegentlich (abhängig von der virtuellen Lernumgebung) kann mitverfolgt werden, wie lange sich die Lernenden auf einzelnen Lernseiten, unter anderem auf dem Feedback, aufhalten. Lediglich anhand dieser Zeitangabe können Vermutungen aufgestellt werden, ob das Feedback aktiv von den Lernenden genutzt wird.

Da computergestütztes Feedback aufgrund des Formats im Allgemeinen schriftlich erfolgt, fallen sowohl beim automatisierten als auch beim persönlichen computergestützten Feedback para- und nonverbale Merkmale des Feedbackgebers weg, wodurch die Interpretation der Feedbacknachricht für den Feedbackempfänger erschwert wird. Auch hier ist somit auf die Verständlichkeit der Feedbacknachricht zu achten (vgl. *Hamburger Verständlichkeitskonzept* von Langer et al. (1999) in Abschnitt 3.3.1).

Persönliches Feedback kann in computergestützten Lernumgebungen beispielsweise über E-Mail oder in der Lernumgebung selbst über spezielle Foren gegeben werden und ist individueller als eine automatisierte Feedbackgabe. Durch die persönliche Rückmeldung kann der Feedbackgeber besser auf die Fähigkeiten, Schwierigkeiten, Fehlvorstellungen und andere individuellen kognitiven, motivationalen und volitionalen Lernvoraussetzungen der Feedbackempfänger eingehen, was zu einer höheren emotionalen Bindung an die computergestützte Lernumgebung führen kann (Krause 2007, S. 60). Bei einer persönlichen Feedbackgabe kann darüber hinaus kontrolliert werden, dass Lernende erst dann das Feedback erhalten, wenn sie sich aktiv mit der Aufgabe auseinandergesetzt und eine Antwort gegeben haben.

Die Erstellung der persönlichen Rückmeldung ist jedoch mit einem großen Zeitaufwand verbunden. Eine Interviewstudie von Krause (2002) ergab, dass Tutorinnen und Tutoren von virtuellen Seminaren einen erheblichen Zeitaufwand betreiben mussten, um den Studierenden persönliches Feedback zu geben. Darüber hinaus musste in einem besonderen Maß auf die Formulierung des Feedbacks geachtet werden, da para- und nonverbale Merkmale des Feedbackgebers wegfielen (Krause 2002; zitiert nach Krause 2007, S. 60). Durch den hohen Zeitaufwand kann das persönliche Feedback in der Regel nicht direkt gegeben werden (Krause 2007, S. 61). Einige Lernende müssen somit gegebenenfalls sehr lange auf eine persönliche Rückmeldung warten. Die automatisierte Feedbackgabe hingegen kann direkt erfolgen, sobald der Lernende die Antwort übermittelt hat, wodurch alle Lernenden das Feedback zeitgleich erhalten (Krause 2007, S. 61). Des Weiteren bleibt durch das automatisierte Feedback die Aufmerksamkeit weitgehend bei der Aufgabe, da mögliche motivationale und affektive Komponenten des Feedbackempfängers, die durch eine persönliche Feedbackgabe ausgelöst werden können, wegfallen (Krause 2007, S. 60). Besonders bei möglichen negativen, personenbedingten Effekten kann dies von Vorteil sein (Krause 2007, S. 60).

3.3.2 Inhaltliche Facetten

Die inhaltlichen Facetten des Feedbacks beziehen sich auf das Maß und den Umfang der Informationen, die das Feedback enthält. Bezüglich des Informationsgehalts von Feedback existieren vielfältige Klassifikationsmöglichkeiten. Überwiegend wird zwischen einfachen und elaborierten Feedbackformen unterschieden. Im Folgenden wird auf eine Unterteilung von Shute (2008, S. 160) Bezug genommen, in der die Feedbackformen hinsichtlich ihrer Komplexität strukturiert werden (vgl. Tabelle 1).

Tabelle 1: Klassifikation des Feedbacks nach dem Informationsgehalt (in Anlehnung an Shute 2008, S. 160)

	Bezeichnung	Beschreibung
	No Feedback	Der Lernende erhält kein Feedback.
Einfache Formen	Knowledge of results (KR)	Informiert den Lernenden über die Korrektheit seiner Antwort.
	Answer until correct (AUC)	Der Lernende hat die Möglichkeit, seine Antwort zu wiederholen, wenn sie falsch ist.
	Error Flagging (EF)	Bei einer falschen Antwort wird der Fehler, den der Lernende gemacht hat, hervorgehoben.
	Knowledge of correct results (KCR)	Der Lernende erhält die bzw. eine richtige Lösung der Aufgabe.
Elaborierte Formen	Attribute isolation (AI)	Gibt dem Lernenden Informationen über die Eigenschaften der Aufgabe.
	Topic contingent (TC)	Gibt dem Lernenden weitere Informationen zu dem Thema, das behandelt wird.
	Response contingent (RC)	Erläutert dem Lernenden, weshalb eine Antwort als richtig bzw. falsch bewertet wird.
	Bugs/ misconceptions (BM)	Der Lernende erhält eine ausführliche und individuelle Fehleranalyse.
	Hints/ cues/ prompts (HCP)	Gibt dem Lernenden Hinweise für die weitere Aufgabenbearbeitung.

Die einfachste Rückmeldung, die Lernende erhalten können, informiert lediglich darüber, ob die gegebene Antwort richtig oder falsch ist. Sie wird als *Knowledge of results* oder *Knowledge of response* (kurz: KR) bezeichnet (Niegemann 2008, S. 328). Beim *Answer until correct*-Feedback (kurz: AUC), auch als *Try again*-Feedback bezeichnet (Dempsey et al. 1993, S. 25), können die Lernenden ihre Antwort solange wiederholen bis sie richtig ist (Niegemann 2008, S. 328). Neben diesen Feedbackformen kann auch lediglich der Fehler, der gemacht wurde, hervorgehoben werden, was als *Error flagging* (kurz: EF) bezeichnet wird (Shute 2008, S. 160). Die richtige Antwort wird den Lernenden dabei jedoch nicht gegeben. Die Feedbackform, die hinsichtlich der einfachen Rückmeldungen die meisten Informationen enthalten kann, ist das *Knowledge of correct result*-Feedback (kurz: KCR).

Die Lernenden erhalten hier die oder eine korrekte Lösung der Aufgabe.[47] Bei Multiple-Choice-Aufgaben kann die korrekte Antwort auch einfach hervorgehoben werden (Narciss 2006, S. 23). Je nach Aufgabentyp ist dadurch der Informationsgehalt beschränkt. Bei einer Single-Choice- oder Multiple-Choice-Aufgabe enthält das KCR-Feedback nämlich weitaus weniger Informationen als bei offenen Aufgabenformaten. Vermutlich ist diese Feedbackform bei Shute (2008) daher als weniger komplexe Feedbackform eingestuft und wird nach dem KR-Feedback, aber vor dem AUC-Feedback eingeordnet (S. 160). Da das KCR-Feedback durch ausführliche Musterlösungen durchaus auch umfangreiche Informationen beinhalten kann, wird dieses Feedback in dieser Arbeit als komplexere Feedbackform behandelt. Die hier dargestellten, einfachen Feedbackformen beziehen sich primär auf Aufgaben, da sie oftmals nur Informationen über die Korrektheit der Aufgabenlösung bereitstellen (van der Kleij et al. 2012, S. 264).

Bezüglich den elaborierten Feedbackformen bestehen verschiedene Klassifikationsmöglichkeiten. Kulhavy und Stock (1989) beispielsweise unterscheiden innerhalb der elaborierten Feedbackformen zwischen Task-specific-elaboration-Feedback, Instruction-based-elaboration-Feedback und Extra-instructional-Feedback (S. 286). Als *Task-specific-elaboration*-Feedback bezeichnen die Autoren ein Feedback, dass die richtige Lösung enthält (Kulhavy & Stock 1989, S. 286), das sowohl bei Shute (2008, S. 160), als auch bei Narciss (2006, S. 23) als einfache Rückmeldung (als KCR-Feedback) eingestuft wird. Jacobs (2002) bezeichnet das Task-specific-elaboration-Feedback ebenfalls als einfache Rückmeldung. Als Begründung gibt er an, dass der Lernende keine weiteren Informationen erhält, die über die Aufgabenlösung hinausgehen, weshalb man hier nicht von einem elaborierten Feedback ausgehen könne (S. 7). Als *Instruction-based-elaboration*-Feedback bezeichnen Kulhavy und Stock (1989) Informationen, die der Lerner bereits aus vorherigen Unterrichtsstunden oder Instruktionsphasen kennt. Als Beispiele nennen die Autoren Begründungen, weshalb eine bestimmte Antwort korrekt ist oder die erneute Darstellung des Lerninhalts. Im Gegensatz dazu sind Hinweise, die auf dem *Extra-instructional*-Feedback basieren, Informationen, die die Lernenden aus der Lernumgebung noch nicht kennen, wie beispielsweise analoge Lösungsbeispiele (Kulhavy & Stock 1989, S. 286). Shute (2008) untergliedert die elaborierten Feedbackformen differenzierter (vgl. Tabelle 1): Das *Attribute isolation*-Feedback (kurz: AI) gibt den Lernenden Informationen zu der Aufgabe, wie beispielsweise Informationen über Lernziele, die mit der Aufgabenbearbeitung erreicht werden sollen oder Fähigkeiten, die benötigt werden, um die Aufgabe zu lösen. Beim *topic contingent*-Feedback (kurz: TC) erhält der Lernende bekannte Informationen zu dem Thema, das durch die Aufgabe behandelt wird, zum Beispiel die erneute Präsentation des Lerninhalts

---

[47] An dieser Stelle soll kurz der Unterschied zwischen *Feedback* und *Lösungsbeispielen* aufgeführt werden. *Lösungsbeispiele* bestehen aus einer Problemstellung, Lösungsschritten und der endgültigen Lösung selbst (Renkl & Schworm 2002, S. 261). Beim Lernen mit Lösungsbeispielen werden zunächst mehrere Lösungsbeispiele erarbeitet. Danach bearbeiten die Lernenden selbstständig Aufgaben (Renkl 2015, S.15). Auch diese Lehr-Lern-Form ist sehr effektiv, vorausgesetzt die Lernenden bemühen sich die Lösungsbeispiele nachzuvollziehen. Das *Feedback* hingegen erhalten Lernende erst nachdem sie eine Aufgabe gelöst haben.

durch Texte, Definitionen oder Formeln. Das *Response contigent*-Feedback (kurz: RP) er-klärt den Lernenden, warum eine falsch ausgewählte Antwort falsch und eine richtig aus-gewählte Antwort richtig ist und bezieht sich somit auf die individuelle Antwort der Ler-nenden. Wenn die Lernenden darüber hinaus noch eine genaue Analyse von ihren Fehlern erhalten, die auch mögliche Ursachen enthalten, handelt es sich um ein *Bugs/misconceptions*-Feedback (kurz: BM). Durch *Hints/cues/prompts* (kurz: HCP) werden den Lernen-den individuelle Lösungsstrategien oder analoge Lösungsbeispiele gegeben, die ihnen den nächsten Bearbeitungsschritt ermöglichen sollen (Shute 2008, S. 160). Diese Feedback-form ist bei Shute (2008) als weniger komplex eingestuft als das BM-Feedback. Die Rei-henfolge wurde jedoch geändert, da die Komplexität des Feedbacks vom jeweiligen Lern-inhalt abhängig ist und daher keine pauschale Aussage über die Komplexität der Feedback-form getroffen werden kann. Falls die Aufgabe komplex ist, sind Hinweise zur weiteren Aufgabenbearbeitung und die Darbietung individueller Lösungsstrategien möglicherweise komplexer, als auf die Fehler der Lernenden einzugehen.

Die Feedbackformen treten insbesondere in verbalen und spontanen Kommunikations-momenten oft als Kombination auf und gehen fließend ineinander über, weshalb eine trenn-scharfe Klassifikation in der Praxis nur eingeschränkt möglich ist (Müller & Ditton 2014, S. 17). Insbesondere in den verschiedenen Möglichkeiten der Strukturierung der elaborier-ten Feedbackformen wird dies deutlich.

In den Studien zur Wirksamkeit von Feedback wird häufig untersucht, wie sich der In-formationsgehalt des Feedbacks auf den Lerneffekt auswirkt. Überwiegend werden dabei die elaborierten Feedbackformen nicht weiter untergliedert, möglicherweise aufgrund der zahlreichen Gestaltungsmöglichkeiten. Eine Metaanalyse von Bangert-Drowns et al. (1991) fasst einiger dieser Studien zusammen. Wie auch schon in der Metaanalyse von J. Kulik und C.-L. Kulik (1988, vgl. Abschnitt 3.3.1) wurden Studien ausgewählt, die durch die Suchbegriffe „feedback", „reinforcement", „knowledge of results" und „instruction" auf der Plattform ERIC (https://eric.ed.gov/) gefunden wurden (Bangert-Drowns et al. 1991, S. 218). Aufgrund mehrerer Auswahlkriterien (wie beispielsweise das Vorliegen der Daten in quantitativer Form) wurden von den 250 begutachteten Abstracts, Artikeln, Bü-chern und Dissertationen nur 40 Studien in die Metaanalyse miteinbezogen (Bangert-Drowns et al. 1991, S. 218). Probanden dieser Studien waren Schülerinnen und Schüler sowie Studierende (Bangert-Drowns et al. 1991, S. 221ff.). Auch in dieser Metanalyse va-riierte der Kontext der Erhebung und bezog Studien aus der Mathematik, Physik oder Spra-chen mit ein (Bangert-Drowns et al. 1991, S. 221ff.). Das KR-Feedback, das Lernende le-diglich darüber informiert, ob ihre Antwort richtig oder falsch ist, zeigte insgesamt keine Wirkung auf die Leistung der Probanden. Feedback, das den Lernenden mindestens über die korrekte Antwort informierte (KCR oder elaboriertes Feedback), zeigte signifikante Ergebnisse mit mittleren bis hohen Effektstärken (Bangert-Drowns et al. 1991, S. 228). Ob es ausreicht, den Lernenden die richtige Antwort zu geben (KCR) oder darüber hinaus zu-sätzliche Informationen notwendig sind (elaboriertes Feedback), wird durch die inkonsis-tenten Befunde der verschiedenen Studien nicht klar (Bangert-Drowns et al. 1991, S. 228). Die Autoren folgern aus ihren Ergebnissen, dass effektives Feedback Lernenden nicht nur

mitteilen sollte, ob ihre Antwort richtig oder falsch ist, sondern immer auch eine korrigie-
rende Funktion haben sollte (Bangert-Drowns et al. 1991, S. 232).
In einer Studie von Kulhavy et al. (1985) wurde untersucht wie zeiteffizient und wirksam verschiedene Feedbackformen sind. Unterschieden wurden diese hinsichtlich ihrer inhaltlichen Komplexität. Das KCR-Feedback wurde als einfachste Feedbackform herangezogen und teilte den Lernenden die richtige Antwort mit (Kulhavy et al. 1985, S. 287). Die
komplexesten Feedbackformen stellten den Lernenden bekannte Textpassagen bereit, die
die richtige Antwort beinhalteten (bei Shute 2008 als TC-Feedback bezeichnet) (Kulhavy
et al. 1985, S. 287). 120 Bachelorstudierende wurden in vier Experimentalgruppen eingeteilt, lasen jeweils einen Text und beantworten dazu mehrere Multiple-Choice-Aufgaben
(Kulhavy et al. 1985, S. 286). Entgegen den Erwartungen der Autoren bewies sich das
KCR-Feedback als das zeiteffizienteste und wirksamste Feedback (Kulhavy et al. 1985,
S. 290). Als mögliche Ursache beschreiben die Autoren, dass zusätzliche Informationen,
die über die Angabe der richtigen Antwort hinausgehen, bei den Lernenden für die Identifikation der richtigen Antwort redundant wirken und daher nur oberflächlich verarbeitet
werden (Kulhavy et al. 1985, S. 291). Betrachtet man das Studiendesign genauer, wirken
die Ergebnisse jedoch plausibel. Die Multiple-Choice-Aufgaben, die die Studierenden im
Nachtest beantworteten, wurden gleichermaßen in der Intervention eingesetzt, in der die
Lernenden das Feedback erhielten (Kulhavy et al. 1985, S. 287). Die Probanden mussten
somit nur die richtigen Antworten auswendig lernen, also reines Faktenwissen wiedergeben. Für diesen Zweck genügt das KCR-Feedback. Daraus lässt sich schließen, dass bei
komplexen und kognitiv anspruchsvollen Aufgaben, die eine Transferleistung erfordern,
weitere Informationen notwendig wären. Diese mögliche Erklärung kann durch eine Studie
von Collins et al. (1987) gestützt werden, die die Überlegenheit von elaboriertem Feedback
gegenüber des KCR-Feedbacks bei komplexen Aufgaben feststellen konnte. In einer computergestützten Lernumgebung sollten 28 Schülerinnen und Schüler aus mehreren Prämis-
sen logische Schlüsse ziehen (Collins et al. 1987, S. 256f.). Die Schülerinnen und Schüler,
die elaboriertes Feedback erhielten, schnitten im Post- und Follow-Up-Test besser ab als
die Schülerinnen und Schüler, die lediglich die richtige Antwort erhielten (Collins et al.
1987, S. 259f.). Das elaborierte Feedback erhielt neben der richtigen Lösung zusätzliche
Erklärungen, weshalb die richtige Antwort richtig ist (Collins et al. 1987, S. 257). Da das
Erlernen von logischen Schlussfolgerungen über reines Faktenwissen hinausgeht, kann angenommen werden, dass zusätzliche Informationen für komplexe Aufgaben durchaus hilfreich sein können. Jedoch ist auch hier darauf hinzuweisen, dass für die Studie nur eine
kleine Stichprobe herangezogen wurde und die Ergebnisse daher hinsichtlich ihrer Repräsentativität nur bedingt interpretiert werden können.

3.4   Situative und persönliche Einflussfaktoren auf die Feedbackrezeption

Die ersten Studien, die die Wirkung von Feedback genauer untersuchten begannen bereits
im Jahr 1922 mit Forschungen zur Reiz-Reaktions- oder Verstärkungsmechanismen durch

Belohnungen (Strijbos & Müller 2014, S. 84). Bislang wurden zahlreiche Modelle entwickelt, die die Wirksamkeit von Feedback erklären sollen (z.B. Bangert-Drowns et al.; Butler & Wine 1995; Ilgen et al. 1979; Kulhavy & Stock 1989; Narciss 2006). Unumstritten ist der Einfluss der Feedbackrezeption des Feedbackempfängers. Die Informationen, die den Lernenden durch das Feedback bereitgestellt werden, müssen aktiv wahrgenommen, verarbeitet und zur Leistungssteigerung genutzt werden (Krause 2007, S. 57). Darüber hinaus können auch situative Faktoren der Lernumgebung, wie beispielsweise die Merkmale der Aufgabe, die Feedbackwirkung beeinflussen (Narciss 2006, S. 82).

Im Folgenden wird auf das Modell zur *mindful reception* von Bangert-Drowns et al. (1991) eingegangen (vgl. Abbildung 8). Dieses wird zudem durch weiterführende Quellen und Studienergebnisse ergänzt. Nach dem Modell zur *mindfulness* ist ein Feedback am wirksamsten, wenn es bewusst wahrgenommen und verarbeitet wird. Aus Literaturrecherchen und empirischen Erkenntnissen bisheriger Nachforschungen entwickelten sie ein fünfstufiges Modell zur Beschreibung des Prozesses beim Erhalt des Feedbacks (Bangert-Drowns et al. 1991, S. 217).

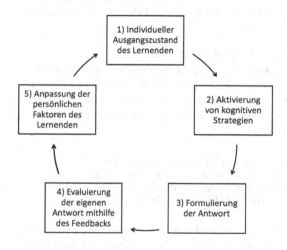

Abbildung 8. Modell zur Feedbackrezeption (in Anlehnung an Bangert-Drowns et al. 1991, S. 217)

1) Individueller Ausgangszustand der Lernenden
   Jeder Lernende verfügt über ein individuelles Vorwissen sowie eigene Interessen, Zielorientierungen und Selbstwirksamkeitserwartungen, die Auswirkungen auf die Verarbeitung des Feedbacks haben können (Bangert-Drowns et al. 1991, S. 217). Feedback ist weniger wirksam, wenn Lernende gelangweilt oder desinteressiert sind (Bangert-Drowns et al. 1991, S. 233).

2) Aktivierung von kognitiven Strategien
   Beim Beantworten einer Aufgabe soll das Vorwissen von Lernenden aktiviert werden
   (Bangert-Drowns et al. 1991, S. 217). Demnach ist es wichtig Lernenden erst dann das
   Feedback zu geben, wenn sie sich mit der Aufgabe aktiv auseinandergesetzt haben.
   Wenn das Feedback vor der Beantwortung der Frage eingesehen werden kann, wird es
   nicht genutzt, um die eigene Antwort zu reflektieren und zu evaluieren (Bangert-
   Drowns et al. 1991, S. 233). In vielen Studien wird dieser Effekt, von Kulhavy (1977)
   als „presearch availability" bezeichnet (S. 217), nicht beachtet. Dennoch zeigen Stu-
   dien, dass Feedback wirksamer ist, wenn es Lernende erst nach ihrer Antwort erhalten
   (Bangert-Drowns et al. 1991, S. 224).

3) Formulierung der Antwort
   Im dritten Schritt formulieren die Lernenden ihre Antwort (Bangert-Drowns et al.
   1991, S. 217). Dabei verfügen alle Lernenden über eine individuelle Antwortsicherheit
   und damit über eigene Erwartungen an das Feedback (Bangert-Drowns et al. 1991,
   S. 217). Auch andere persönliche Faktoren, wie die Motivation oder die Selbstwirksamkeitserwartung von Lernenden können Einfluss darauf haben, wie sie ihre Antwort
   formulieren (siehe Krause 2007, S. 99).

4) Evaluierung der eigenen Antwort mithilfe des Feedbacks
   Die Lernenden evaluieren ihre Antwort mithilfe der Informationen, die in dem Feedback enthalten sind (Bangert-Drowns et al. 1991, S. 217). Wie das Feedback verarbeitet wird, hängt von situativen sowie persönlichen Faktoren des Feedbackempfängers
   und Feedbackgebers ab. Bereits Ilgen et al. (1979) deuteten auf die Bedeutsamkeit
   dieser Aspekte hin:

> From the recipient's perspective, the information is represented as a
> source-and-message couplet. As we have already seen, source and mes-
> sage characteristics interact with recipient characteristics to produce a
> reaction to feedback by the recipient. (Ilgen et al. 1979, S. 352)

Wie das Feedback genutzt und verarbeitet wird, hängt zum einen von den kognitiven
und persönlichen Voraussetzungen der Lernenden ab. Vorwissensstarke Lernende sind
demnach besser in der Lage Feedbackinhalte richtig zu erfassen, zu verarbeiten und
für ihren Lernprozess zu nutzen als Lernende mit geringem Vorwissen (Hancock et al.
1995, S. 422f.). Zum anderen hat auch die Antwortsicherheit der Lernenden einen Einfluss darauf, wie das Feedback verarbeitet wird. Lernende, die sich in ihrer Antwort
sicher sind und eine korrekte Antwort geben, fühlen sich bestätigt und verbringen wenig Zeit mit dem Feedback, auch wenn daraus weitere Informationen gezogen werden
könnten (Kulhavy 1977, S. 225; Kulhavy et al. 1976, S. 527). Wenn die Antwort jedoch falsch ist, verbringen die Lernenden mehr Zeit mit dem Feedback, um herauszufinden, wo sie den Fehler gemacht haben (Kulhavy 1977, S. 225; Kulhavy et al. 1976,
S. 527). Hingegen hat die Richtigkeit der Antwort bei einem Lernenden, die nur über

eine geringe Antwortsicherheit verfügen, keinen wesentlichen Einfluss auf ihre Verweildauer auf dem Feedback (Kulhavy et al. 1976, S. 527). Eine Ausnahme bilden Lernende, die über ein hohes Interesse an dem Lerninhalt verfügen (Bangert-Drowns et al. 1991, S. 217). Einen bedeutenden Einfluss hat die Selbstwirksamkeitserwartung der Lernenden. Demnach erhöhen Lernende mit einer hohen Selbstwirksamkeitserwartung – im Gegensatz zu Lernenden mit einer geringen Selbstwirksamkeitserwartung – ihren Aufwand, um das vorgegebene Ziel zu erreichen und brechen die Aufgabe seltener ab (Kluger & DeNisi 1996, S. 266). Als weiterer Einflussfaktor wird häufig auch die Motivation des Lernenden hervorgehoben. Ob das Feedback genutzt wird, hängt demnach in hohem Maß davon ab, ob ein Lernender motiviert ist, das Lernziel zu erreichen und seine Performanz zu verbessern (z.B. Hattie & Timperley 2007, S. 93; Shute 2008, S. 158).

Die Ergebnisse einer Studie von Jawahar (2010) lassen vermuten, dass die Zufriedenheit mit dem Feedback großen Einfluss auf die spätere Performanz haben kann. In einer Firma in der USA wurden 256 Arbeitsnehmer mittels Fragebogen befragt wie zufrieden sie mit den Feedbackgesprächen ihrer Vorgesetzten sind (Jawahar 2010, S. 506). Die Vorgesetzten wurden gebeten vor und nach der Erhebung die Leistung ihrer Mitarbeiter auf einer siebenstufigen Skala einzuschätzen (Jawahar 2010, S. 507). Die Ergebnisse zeigen, dass die Zufriedenheit mit dem Feedback einen hohen Einfluss auf die spätere Performanz der Arbeitnehmer hat (Jahawar 2010, S. 515).[48] Trotz des spezifischen und bildungsfreien Kontextes dieser Studie lassen die Ergebnisse vermuten, dass die Zufriedenheit mit der Rückmeldung bzw. mit dem Feedback einen Einfluss auf die spätere Leistung von Lernenden haben kann.

Neben den individuellen Voraussetzungen des Feedbackempfängers können auch persönliche Aspekte des Feedbackgebers die Feedbackwirkung beeinflussen. Ilgen et al. (1979) führen die Glaubwürdigkeit und Macht des Feedbackgebers als eine der zentralen Bedingungen für die Akzeptanz des Feedbacks auf Seiten des Feedbackempfängers auf (Ilgen et al. 1979, S. 356).

5) Anpassung persönlicher Faktoren der Studierenden

Durch die Reflexion der eigenen Antworten passen die Lernenden persönliche Faktoren wie beispielsweise Vorwissen und Motivation an, die dann einen neuen, individuellen Ausgangszustand für 1) darstellen (Bangert-Drowns et al. 1991, S. 217). Die Veränderung in der Motivation hängt unter anderem von der Aufgabenschwierigkeit ab. Ist die Aufgabe zu schwierig, scheitern die Lernenden und werden entmutigt (Atkinson 1957, S. 363; siehe auch Rheinberg 2008, S. 71f.). Sind die gesetzten Ziele zu einfach zu erreichen, da die Aufgabe zu leicht zu lösen ist, verlieren die Lernenden die Motivation weitere Anstrengungen zu unternehmen (Atkinson 1957, S. 363; siehe auch

---

[48] Hier sei angemerkt, dass die Performanz, die vor der Fragebogenerhebung eingeschätzt wurde, keinen Einfluss auf die Zufriedenheit mit dem Feedback hat (Jahawar 2010, S. 514). Die Bewertung der Performanz vor der Fragebogenerhebung wurde für diese Analyse kontrolliert (Jahawar 2010, S. 511).

Rheinberg 2008, S. 71 f.). Die Aufgabenschwierigkeit muss somit an das Leistungsniveau der Lernenden angepasst sein.

3.5   Zusammenfassung und Konsequenzen für die vorliegende Studie

Die Studien zur Wirksamkeit von Feedback sind vielfältig. Aus den dargestellten theoretischen und empirischen Grundlagen geht hervor, dass Feedback multifunktional ist. Für die
Beschreibung von Feedback entwickelte Narciss (2006) eine grafische Übersicht, die die
verschiedenen Komponenten berücksichtigt (S. 81). Das Modell wurde etwas abgewandelt
und ist in der folgenden Abbildung dargestellt:

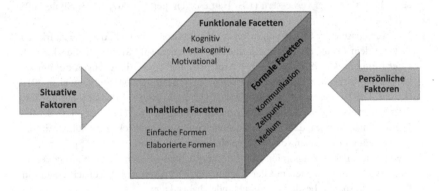

Abbildung 9. Multifunktionalität von Feedback (in Anlehnung an Narciss 2006, S. 81)

Abbildung 9 verdeutlicht die Vielfältigkeit des Konzepts und die Möglichkeiten in der Gestaltung von Feedback: Feedback kann kognitive, metakognitive und motivationale *Funktionen* haben, die unter anderem von den Lernzielen der Lernumgebung abhängig sind (vgl.
Abschnitt 3.2). Bezüglich der Gestaltung von Feedback gibt es viele Möglichkeiten. So
kann sich Feedback sowohl in formalen (vgl. Abschnitt 3.3.1), als auch in inhaltlichen Facetten (vgl. Abschnitt 3.3.2) unterscheiden. Hinsichtlich der *formalen Facetten* wird zwischen mehreren Aspekten unterschieden. Feedback kann beispielsweise mündlich oder
schriftlich erfolgen und gegebenenfalls durch den Einsatz von Computern unterstützt werden. Mündliches Feedback kann durch para- und nonverbale Merkmale besser interpretiert
werden und hat dadurch eine persönliche Komponente. Schriftliches Feedback hingegen
kann von allen Lernenden im eigenen Lerntempo verarbeitet werden. Eine automatisierte
Feedbackgabe durch computergestütztes Feedback hat den Vorteil, dass alle Lernende zeitgleich eine Rückmeldung erhalten. Dabei kann jedoch nur bedingt auf individuelle Fähigkeiten und Schwierigkeiten der Lernenden eingegangen werden (vgl. Abschnitt 3.3.1).

Ebenso kann der Zeitpunkt, an dem das Feedback gegeben wird, variieren. Die empirische Befundlage hinsichtlich der Wirksamkeit von sofortigem und verzögertem Feedback ist inkonsistent. Es liegt nahe, dass die Wirksamkeit sowohl von *situativen* als auch von *persönlichen Faktoren* des Feedbackgebers und -empfängers abhängig ist. Als besonders einflussreich scheinen dabei die Aufgabenschwierigkeit und das jeweilige Vorwissen der Lernenden zu sein.

Hinsichtlich der *inhaltlichen Facetten* erstreckt sich das Feedback von einfachen Formen (z.B. die Rückmeldung, ob die gegebene Antwort richtig oder falsch ist) bis hin zu elaborierten Formen (z.B. durch zusätzliche Informationen, weshalb die falsch gegebene Antwort falsch ist). Bisherige Ergebnisse suggerieren, dass der benötigte Informationsgehalt unter anderem von der Aufgabenschwierigkeit abhängt (vgl. Abschnitt 3.3.2). Damit das Feedback lernwirksam ist, sollte es jedoch zumindest einen korrigierenden Aspekt beinhalten.

Aus den bisherigen Forschungsergebnissen lässt sich schließen, dass sich Feedback positiv auf den Lernerfolg auswirken kann. Es scheint daher zwingend notwendig, Studierenden für ihre getätigten Diagnosen Rückmeldungen zu geben. Da die videobasierte Lernumgebung ViviAn (vgl. Kapitel 6) in didaktischen Großveranstaltungen eingesetzt werden soll, an denen über 200 Studierenden teilnehmen, ist es aus zeitlichen und organisatorischen Gründen nicht möglich allen Studierenden ein individuelles und persönliches Feedback zu ihren Antworten zu geben. Jedoch zeigen bisherige Studien, dass auch schriftliches, automatisiertes Feedback wirksam sein kann (vgl. Abschnitt 3.3.1), weshalb die Studierenden innerhalb von ViviAn nach der Bearbeitung der Diagnoseaufträge computergestütztes Feedback erhalten. Dies beugt auch dem Effekt *presearch availability* (vgl. Abschnitt 3.4) vor, bei dem das Feedback vor der Bearbeitung der Aufgabe eingesehen werden kann, was zur Folge hat, dass die eigenen Antworten nicht reflektiert werden können. Durch die automatisierte Feedbackgabe haben die Studierenden darüber hinaus die Möglichkeit, das Feedback in ihrem individuellen Tempo zu verarbeiten.

Aus den bisherigen Ergebnissen lässt sich folgern, dass ein Feedback in Form von einer Musterlösung lernwirksamer ist, als Studierenden nur zurückzumelden, ob ihre Antwort richtig oder falsch ist (vgl. Abschnitt 3.3.2). Die Überlegenheit von elaboriertem Feedback (bei dem Studierende zusätzliche Informationen erhalten, die über die richtige Lösung hinausgehen) gegenüber einer Musterlösung konnte im Allgemeinen nicht gezeigt werden. Darüber hinaus ist die Einbettung von zusätzlichen Informationen, wie sie bei elaborierten Feedbackformen gefordert wird, innerhalb von ViviAn mit einem hohen technischen Aufwand verbunden. Daher erhalten die Studierenden in diesem Setting ein Feedback in Form von einer Musterlösung. Das Feedback hat also primär eine kognitive Funktion.

Von großem Forschungsinteresse erscheint der Zeitpunkt, an dem das Feedback gegeben wird. Die bisherigen Forschungsergebnisse zur Wirksamkeit des Zeitpunktes des Feedbacks sind inkonsistent, was suggeriert, dass die Wirksamkeit vermutlich von situativen Faktoren und persönlichen Voraussetzungen des Feedbackempfängers abhängig ist (vgl. Abschnitt 3.3.1).

4 Bestimmung von Längen, Flächen- und Rauminhalten

Der Umgang mit Größen ist fester Bestandteil im Alltag und findet sich in verschiedensten Situationen wieder (Bentz et al. 2015, S. 227; Frenzel & Grund 1991a, S. 8; Kuntze 2018, S. 152f.). So können beispielsweise Körpergrößen gemessen, Flächeninhalte berechnet oder Rauminhalte verglichen werden. Das Thema ist ein wichtiges Bindeglied zwischen der Arithmetik (Zahlen und Operationen) und der Geometrie (Raum und Form) (Peter-Koop & Nührenbörger 2016, S. 89). Es findet sich aber auch vermehrt in Literatur zum Sachrechnen wieder, da das Messen von Größen eine mathematische Modellierung darstellt, die bei der Bearbeitung entsprechender Sachaufgaben notwendig ist (siehe auch Franke & Ruwisch 2010; Greefrath 2010).

In den folgenden Abschnitten werden zunächst Größen und Größenbereiche charakterisiert sowie ein Stufenmodell beschrieben, das im Unterricht zur Behandlung von Größen herangezogen werden kann (Abschnitt 4.1). Anschließend werden die für die vorliegende Studie relevanten Größenbereiche *Längen, Flächen- und Rauminhalte* ausführlicher behandelt sowie Strategien beschrieben, die genutzt werden können, um Längen, Flächen- und Rauminhalte zu bestimmen (Abschnitt 4.2). Im letzten Abschnitt (Abschnitt 4.3) werden die Aspekte der Arithmetik und der Geometrie dargelegt, die für den Umgang mit Größen relevant sind sowie auf Schwierigkeiten eingegangen, die bei Schülerinnen und Schülern im Zusammenhang mit Größen auftreten können.

4.1 Größen

Das Thema *Größen* ist ein breites Themengebiet in der Mathematik, hat aber auch in anderen Wissenschaften wie der Physik oder Chemie eine hohe Relevanz. In der Mathematik sind Größen ein besonders alltagsrelevantes Thema, da in vielen Situationen Kenntnisse von Größenbereichen und Maßeinheiten notwendig sind und mit Größen gerechnet und umgegangen werden muss.

4.1.1 Charakterisierung von Größen

Größen sind mathematische Modelle, durch die realen Objekten messbare Eigenschaften zugeordnet werden (Greefrath 2010, S. 107). Mit dem Modellierungsprozess werden reale Objekte vereinfacht und auf wesentliche Eigenschaften beschränkt, die dann letztendlich durch Größen mathematisiert werden (Greefrath 2010, S. 107; vgl. Abbildung 10).

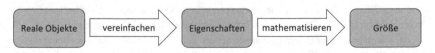

Abbildung 10. Modellierung von Größen (in Anlehnung an Greefrath 2010, S. 107)

© Der/die Autor(en), exklusiv lizenziert durch
Springer Fachmedien Wiesbaden GmbH, ein Teil von Springer Nature 2022
P. Enenkiel, *Diagnostische Fähigkeiten mit Videovignetten und Feedback fördern*, Landauer Beiträge zur mathematikdidaktischen Forschung,
https://doi.org/10.1007/978-3-658-36529-5_4

Eine Größe wird in der Regel durch eine positive, reelle Maßzahl und eine Maßeinheit dargestellt (Franke & Ruwisch 2010, S. 180). Die Größe in Abbildung 11 setzt sich aus der Maßzahl 1 und der Maßeinheit m (Meter) zusammen und stellt somit eine Länge dar.

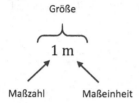

Abbildung 11. Darstellung einer Größe

Größen können *Größenbereichen*[49] zugeordnet werden. Ein Größenbereich fasst alle Größen zusammen, die die selbe Eigenschaft von Objekten repräsentieren, wie zum Beispiel die Länge. Neben der Länge können aber auch andere Eigenschaften von Objekten wie der Flächeninhalt oder der Rauminhalt mathematisiert werden (siehe Franke & Ruwisch 2010, S. 180; Greefrath 2010, S. 106). Längen, Flächeninhalte oder Rauminhalte bilden somit jeweils einen eigenen Größenbereich ab.

Die realen Objekte, die einen Größenbereich (z.B. Länge) oder eine Größe (z.B. 1 m) repräsentieren, werden als „Repräsentanten" bezeichnet (Kuntze 2018, S. 158; Peter-Koop & Nührenbörger 2016, S. 90). So können Stäbe oder Wegstrecken als Repräsentanten für den Größenbereich Längen fungieren (Peter-Koop & Nührenbörger 2016, S. 90). Aber auch zu einer spezifischen Größe existieren Repräsentanten, die von Schülerinnen und Schülern als Stützpunktvorstellungen[50] genutzt werden können, um beispielsweise im Alltag realistische Schätzungen von Objektgrößen vornehmen zu können (Peter-Koop & Nührenbörger 2016, S. 105). Die Größe 1 m kann beispielsweise durch die Länge eines Tafellineals oder die Breite einer Tür repräsentiert werden.

Objekte, die hinsichtlich eines Größenbereiches die gleiche Größe haben, können zu einer Äquivalenzklasse zusammengefasst werden (Franke 2003, S.196; Greefrath 2010, S. 109). Eine Äquivalenzklasse $K(a)$ enthält dabei genau die Elemente x einer Menge M, die zu einer Größe a äquivalent sind. Sie kann wie folgt definiert werden (Beutelspacher 2016, S. 76; Scheid und Schwarz 2016, S. 135):

---

[49] Gelegentlich wird auch der Bezeichner „Größenarten" verwendet (z.B. Greefrath 2010, S. 106).
[50] Stützpunktvorstellungen sind mental abrufbare Repräsentanten (bzw. Vorstellungen) zu Größen (Franke & Ruwisch 2010, S. 191; Hagena 2019, S. 49).

$$K(a) = \{x \in M \mid x \sim a\}$$

Zwischen den Elementen einer Äquivalenzklasse besteht eine Äquivalenzrelation $\sim$, die
1) reflexiv, 2) symmetrisch und 3) transitiv ist (Beutelspacher 2016, S. 76; Scheid und
Schwarz 2016, S. 135):

1) Reflexivität:
   Für $x \in M$ gilt: $x \sim x$
   Beispiel: Ein Stab hat die gleiche Länge wie er selbst.

2) Symmetrie:
   Für $x, y \in M$ gilt: Aus $x \sim y$ folgt $y \sim x$
   Beispiel: Wenn ein Stab die gleiche Länge wie ein zweiter Stab hat, dann hat der
   zweite Stab auch die gleiche Länge wie der erste Stab.

3) Transitivität:
   Für $x, y, z \in M$ gilt: Aus $x \sim y$ und $y \sim z$ folgt $x \sim z$
   Beispiel: Wenn ein Stab die gleiche Länge wie ein zweiter Stab und der zweite Stab
   die gleiche Länge wie ein dritter Stab hat, dann hat der erste Stab auch die gleiche
   Länge wie der dritte Stab.

Ein Größenbereich kann über unendlich viele Äquivalenzklassen verfügen, zum Beispiel
können verschiedene Stäbe 1 m, 1.5 m oder 2 m lang sein (Greefrath 2010, S. 109). Ein
Objekt hingegen kann hinsichtlich eines Größenbereiches lediglich zu einer Äquivalenzklasse zugeordnet werden, zum Beispiel kann ein Stab mit der Länge 1 m nicht zugleich
eine Länge von 2 m haben (Greefrath 2010, S. 109).

Objekte, die hinsichtlich eines Größenbereiches nicht äquivalent sind, können nach ihrer
Größe geordnet werden. Zwischen den Objekten besteht dann eine (strenge) Ordnungsrelation $<$, die 1) irreflexiv und 2) transitiv ist (Arens et al. 2013, S. 51; Scheid & Schwarz
2016, S. 137):

1) Irreflexivität:
   Für $x \in M$ gilt: $x \not< x$
   Beispiel: Ein Stab kann nicht kürzer als er selbst sein.

2) Transitivität:
   Für $x, y, z \in M$ gilt: Aus $x < y$ und $y < z$ folgt $x < z$
   Beispiel: Wenn ein Stab kürzer als ein zweiter Stab ist und der zweite Stab kürzer als
   ein dritter Stab ist, dann ist der erste Stab auch kürzer als der dritte Stab.

4.1.2 Größenbereiche und ihre Maßeinheiten

In der Regel wird zwischen grundlegenden und abgeleiteten Größenbereichen unterschieden (Greefrath 2010, S. 101).[51] Um ein einheitliches Einheitensystem zu gewährleisten, wurde 1960 das SI-System (Système International) mit sieben grundlegenden Größenbereichen und entsprechenden SI-Maßeinheiten aufgestellt (Kersten et al. 2019, S. 5). Die grundlegenden Größenbereiche sind Länge, Masse, Zeit, Stromstärke, Temperatur, Stoffmenge und Lichtstärke (Kersten et al. 2019, S. 5ff.). Abgeleitete Größenbereiche hingegen setzen sich aus einem oder mehreren grundlegenden Größenbereichen (bzw. anderen abgeleiteten Größenbereichen) zusammen (z.b. der Flächeninhalt als *Länge mal Breite*[52] oder die Geschwindigkeit als *Weg durch Zeit*[53]) (Greefrath 2010, S. 102). Im Mathematikunterricht werden sowohl grundlegende Größenbereiche als auch abgeleitete Größenbereiche thematisiert (Greefrath 2010, S. 102).[54] Tabelle 2 stellt einen Ausschnitt der Größenbereiche dar, die im Mathematikunterricht in der Sekundarstufe I behandelt werden (Franke 2003, S. 198; Franke & Reinhold 2016, S. 310; Greefrath 2010, S. 106; Kuntze 2018, S. 158). Neben den entsprechenden Repräsentanten umfasst Tabelle 2 auch exemplarische Maßeinheiten sowie die Äquivalenz- und Ordnungsrelationen (vgl. Abschnitt 4.1.1).[55]

Tabelle 2: Größenbereiche (in Anlehnung an Franke 2003, S. 198)

Größen-bereich	Repräsen-tanten	Einhei-ten	Äquivalenzrelation	Ordnungsrelation
Länge	Strecken, Stäbe,...	m, cm, dm, …	deckungsgleich ...ist gleich lang wie...	...ist kürzer als... ...ist länger als...
Flächeninhalt	Fläche, Fliese, ...	m^2, cm^2, km^2,...	zerlegungsgleich ...hat den gleichen Flächeninhalt wie...	...hat weniger Flächeninhalt als... ...hat mehr Flächeninhalt als...
Rauminhalt	Gefäße, Würfel,...	m^3, cm^3, l,...	inhaltsgleich ...hat den gleichen Rauminhalt wie...	...hat weniger Rauminhalt als... ...hat mehr Rauminhalt als...
Masse	Steine, Personen,...	t, kg, g,...	gleichschwer ...ist genauso schwer wie...	...ist schwerer als... ...ist leichter als...
Zeit	Schulstunde, 100 m-Lauf,...	s, min, h,...	gleiche Zeitdauer ...benötigt die gleiche Zeit wie...	...dauert weniger lang als... ...braucht länger als...

---

[51] Greefrath (2010) verwendet den Bezeichner „Grundgrößen" bzw. „abgeleitete Größen" (S. 101). Nach den bereits genannten Definitionen und Erläuterungen sollten diese jedoch als *Größenbereiche* bezeichnet werden. Daher werden an dieser Stelle die Begriffe *grundlegende Größenbereiche* und *abgeleitete Größenbereiche* verwendet.

[52] Die Breite gehört zum Größenbereich Länge, weshalb beim Flächeninhalt eigentlich zwei Längen miteinander multipliziert werden. Dieser Sachverhalt wird in Abschnitt 4.2.1 genauer erläutert.

[53] Im alltäglichen Sprachgebrauch wird die Geschwindigkeit auch anders beschrieben, z.B. als *Strecke durch Zeit*. Der Weg oder die Strecke wird dem Größenbereich Länge zugeordnet. Mit Berücksichtigung des Größenbereiches kann die Geschwindigkeit daher auch als *Länge durch Zeit* beschrieben werden.

[54] Weitere Größen, die im Mathematikunterricht behandelt werden, wie zum Beispiel Geld, haben keine eindeutige und reproduzierbare Messvorschrift. Der Größenbereich Geld wird den ökonomischen Größen zugeordnet (Greefrath 2010, S. 107).

[55] Die Tabelle bildet nur einen Ausschnitt möglicher Repräsentanten, Maßeinheiten, Äquivalenz- und Ordnungsrelationen ab. Für den Größenbereiche Flächeninhalt kann beispielsweise auch die Äquivalenzrelation *deckungsgleich* oder *ergänzungsgleich* verwendet werden.

Die Maßeinheiten der grundlegenden Größenbereiche können durch die Multiplikation oder Division mit Zehnerpotenzen umgerechnet werden.[56] Beispielsweise kann die Länge 1 m auch in Zentimetern (100 cm) oder Kilometern (0.001 km) angegeben werden (Franke & Ruwisch 2010, S. 180). Die Umrechnung in eine kleinere Einheit wird als *Verfeinern*, die Umrechnung in eine größere Einheit als *Vergröbern* bezeichnet (Franke und Ruwisch 2010, S. 196; vgl. Abbildung 12).

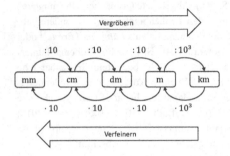

Abbildung 12. Verfeinern und Vergröbern von Maßeinheiten am Beispiel Länge (in Anlehnung an Franke und Ruwisch 2010, S. 196)

Diese Erkenntnis wird durch das Umwandeln von Maßeinheiten gestützt (Franke & Ruwisch 2010, S. 193). Schülerinnen und Schüler müssen dafür die Beziehungen verschiedener Maßeinheiten kennen und verknüpfen sowie über Kenntnisse der Umwandlungszahlen verfügen (Franke & Ruwisch 2010, S. 194). Anhand der Vorsilben der Maßeinheiten kann abgeleitet werden welche Umwandlungszahlen verwendet werden müssen. Einen Ausschnitt der Vorsilben, Vorsilbenzeichen (Abkürzungen) und Umwandlungszahlen bietet Tabelle 3 (siehe auch Franke 2003, S. 207; Kersten et al. 2019, S. 8):

Tabelle 3: Umwandlungszahlen

Vorsilbe	Vorsilbenzeichen	Umwandlungszahl
Mega	M	10^6
Kilo	k	10^3
Hekto	h	10^2
Deka	da	10^1
Dezi	d	10^{-1}
Zenti	c	10^{-2}
Milli	m	10^{-3}
Mikro	µ	10^{-6}

---

[56] Eine Ausnahme bildet hierbei der Größenbereich *Zeit*.

Im Alltag ergibt sich die Schwierigkeit, dass nicht für jeden Größenbereich alle Vorsilben sinnvoll belegt bzw. geläufig sind, wodurch auch häufig Erwachsene noch Schwierigkeiten bei der Umrechnung von Maßeinheiten haben (Franke & Ruwisch 2010, S. 195f.; Schuppar & Humenberger 2015, S. 67ff.). Beispielsweise wird für den Größenbereich Masse für die Größe 1000000 Gramm die Bezeichnung „1 Tonne" verwendet und nicht „1 Megagramm" (Schuppar & Humenberger 2015, S. 68). Weitere Schwierigkeiten ergeben sich durch das inverse Verhältnis der Maßzahl und Maßeinheit beim Umrechnen von Größen. Durch die Umrechnung in eine größere Einheit verringert sich die Maßzahl, durch die Umrechnung in eine kleinere Einheit vergrößert sich die Maßzahl (Hiebert 1981, S. 39). Oftmals orientieren sich Schülerinnen und Schüler ausschließlich an der Maßzahl, um Aussagen hinsichtlich der Ordnungsrelation zwischen zwei Größen zu treffen, was zu falschen Ergebnissen führen kann, wenn die Maßeinheiten nicht identisch sind (Hiebert 1981, S 39, Peter-Koop & Nührenbörger 2016, S. 103).

Bei der Umrechnung der Maßeinheiten von Flächen- und Rauminhalten müssen die Umwandlungszahlen, abhängig von der jeweiligen Dimension, zusätzlich potenziert werden, was die Thematik für Schülerinnen und Schüler zusätzlich erschwert, zum Beispiel für die Umrechnung von Quadratmeter in Quadratzentimeter:

$$45 \text{ m}^2 = 45 \cdot (100 \text{ cm})^2 = 45 \cdot 100^2 \text{ cm}^2 = 45 \cdot 10000 \text{ cm}^2 = 450000 \text{ cm}^2$$

Um ein grundlegendes Verständnis für die Umwandlung verschiedener Maßeinheiten bei Schülerinnen und Schülern zu fördern, sollten Verfeinerungen anhand von konkreten Objekten vorgenommen werden (Franke & Ruwisch 2010, S. 193). Durch die Erfahrungen an realen Objekten können so für verschiedene Größenbereiche Umwandlungstabellen erstellt (Franke & Ruwisch 2010, S. 193f.) und miteinander verglichen werden. Beispielsweise kann für den Größenbereich Länge ein Papierstreifen der Länge 1 m in 100 Papierstreifen der Länge 1 cm zerlegt werden (Franke & Ruwisch 2010, S. 193). Für die Herleitung der Umrechnungszahlen der Maßeinheiten von Flächeninhalten eignet sich beispielsweise das Auslegen eines Quadrates mit dem Flächeninhalt von 1 dm² mit kleineren Quadraten mit dem Flächeninhalt von 1 cm² (Kuntze 2018, S. 163). Franke und Ruwisch (2010) weisen jedoch darauf hin, dass haptische Erfahrungen für die Herleitung von großen Umwandlungszahlen nicht immer sinnvoll sind, da in diesen Fällen die Messungenauigkeiten zu hoch sind (S. 194). In solchen Fällen kann auf gröbere Einteilungen zurückgegriffen werden. Beispielsweise kann ein 1 kg-Gewicht mit zehn 100 g-Gewichten aufgewogen werden (siehe auch Franke & Ruwisch 2010, S. 194). Eine gute Alternative bieten Simulationen, mit denen die entsprechenden Umrechnungen veranschaulicht und die Umrechnungszahlen direkt abgeleitet werden können.

4.1.3 Stufenmodell zur Behandlung von Größen im Unterricht

Für die Erarbeitung von Größen im Mathematikunterricht wird häufig auf didaktische Stufenmodelle verwiesen (z.B. Franke 2003, S. 262; Radatz & Schipper 2007; S. 125; Griesel 1996, S. 15). Das Rechnen mit Größen wird dabei in mehreren, kleinen Schritten erarbeitet (Greefrath 2010, S. 111) und durch eine allgemeine Abfolge bestimmt (vgl. Abbildung 13).

Abbildung 13. Stufenmodell zur Behandlung von Größen (in Anlehnung an Franke 2003, S. 201)[57]

Den Ausgangpunkt bilden in den meisten Fällen die Alltagserfahrungen der Schülerinnen und Schüler. Bisherige Studien konnten zeigen, dass Kinder bereits vor dem Schulanfang Vorwissen über Messgeräte (z.b. Lineal) und Maßeinheiten sowie Möglichkeiten zum qualitativen Vergleichen von Repräsentanten besitzen (z.b. Lafrentz & Eichler 2004; S. 46, Ruwisch 2003, S. 216). Die individuellen Erfahrungen sollten im Unterricht gesammelt und aufgegriffen werden, um darauf aufbauend den Unterricht zu planen (Franke & Ruwisch 2010, S. 185). In den nächsten Schritten lernen die Schülerinnen und Schüler verschiedene Strategien kennen, um Repräsentanten miteinander zu vergleichen: Durch einen direkten Vergleich können die Kinder Repräsentanten unmittelbar miteinander vergleichen, beispielsweise durch das Aneinanderlegen von zwei Stiften. Dabei verwenden die Kinder Äquivalenz- und Ordnungsrelationen, um Aussage über die Größen zu machen (z.b. „Der rote Stift *ist genauso lang wie* der blaue Stift" oder „Der rote Stift *ist länger als* der blaue Stift"). Die anschließenden indirekten Vergleiche werden erst mithilfe von selbstgewählten und anschließend mit standardisierten Maßeinheiten vollzogen. Franke und Ruwisch (2010) unterscheiden bei dem indirekten Vergleich mithilfe von selbstgewählten Maßeinheiten zwischen zwei Möglichkeiten (S. 189): Zum einem können zwei Repräsentanten mithilfe eines dritten Objektes als „[...] beweglicher Vergleichsrepräsentant [...]" (Franke & Ruwisch 2010, S. 189) miteinander verglichen werden. So kann beispielsweise mithilfe einer Schnur überprüft werden, ob ein Schrank durch die Tür passt, indem die Höhe des ersten Repräsentanten – des Schranks – auf die Schnur abgetragen wird und die abgetragene Höhe mit dem zweiten Repräsentanten – der Tür – verglichen wird (Franke & Ruwisch 2010, S. 189). Alternativ kann der indirekte Vergleich zweier Repräsentanten auch mithilfe eines dritten Objektes als „[…] ausmessender Vergleichsrepräsentant […]" (Franke & Ruwisch 2010, S. 189) vollzogen werden, was dann Vorteile mit sich bringt, wenn die zu vergleichenden Repräsentanten besonders lang oder groß sind. So können beispielsweise die Längen zweier Klassenzimmer durch die Anzahl der Schritte eines Schülers oder einer Schülerin ausgemessen und die Anzahl der Schritte verglichen werden (Franke & Ruwisch 2010, S. 189f.). Die Schrittlänge fungiert in diesem Fall als Objekt zum Aus-

---

[57]   In einigen Varianten der Stufenmodelle (z.B. Radatz & Schipper 2007, S. 127) zur Erarbeitung von Größen wird der *Aufbau von Größenvorstellungen* als eigenständige Stufe aufgeführt, oftmals nach dem *Indirekten Vergleich mit standardisierten Maßeinheiten*. Da der indirekte Vergleich mit standardisierten Maßeinheiten den Aufbau der Größenvorstellung fördert und der Aufbau adäquater Stützpunktvorstellungen vermutlich simultan stattfindet, wird dies an dieser Stelle nicht explizit als eigenständige Stufe aufgeführt.

messen. Die zweite Strategie kann aufgrund der Vorgehensweise bereits dem *Messen* zugeordnet werden, da eine Maßeinheit gewählt wird, die wiederholt ausgelegt und gezählt wird, was den Kernideen des Messens entspricht (vgl. Abschnitt 4.2.2). Durch die Verwendung von selbstgewählten Maßeinheiten zum Messen erkennen die Schülerinnen und Schüler in der Regel die Notwendigkeit von standardisierten Maßeinheiten, da die Messergebnisse, abhängig von der gewählten Maßeinheit, unterschiedlich ausfallen können (Franke 2003, S. 201). Daher wird im nächsten Schritt der indirekte Vergleich mithilfe von standardisierten Maßeinheiten durchgeführt. Die Länge eines Klassenzimmers kann dabei durch einen Zollstock oder durch das Aneinanderlegen von 1 m-Stäben ausgemessen werden. Durch das Hantieren mit standardisierten Maßeinheiten wird der Umgang mit verschiedenen Messinstrumenten geübt. Darüber hinaus fördern die Messerfahrungen mit standardisierten Maßeinheiten die Entwicklung adäquater Stützpunktvorstellungen der Schülerinnen und Schüler (Franke & Ruwisch 2010, S. 191). Franke und Ruwisch (2010) bezeichnen das indirekte Vergleichen mithilfe von standardisierten Maßeinheiten als „Messen" und verweisen dazu auf die zentralen Kernideen des Messens von Peter-Koop und Nührenbörger (2016, S. 92), die in Abschnitt 4.2.2 beschrieben werden. Da jedoch auch mit selbstgewählten Maßeinheiten gemessen werden kann, wird das Messen in dieser Arbeit weiter gefasst, indem es sowohl für standardisierte als auch für selbstgewählte Maßeinheiten dargelegt wird (vgl. Abschnitt 4.2.2).

Durch das Messen stellen Schülerinnen und Schüler häufig fest, dass Repräsentanten nur selten mit genau einer Maßeinheit bestimmt werden können und die genutzte Maßeinheit umgewandelt werden muss, um genauere Messergebnisse zu erhalten (Radatz & Schipper 2007, S. 127). Dies wird im fünften Schritt erarbeitet, indem Schülerinnen und Schüler Repräsentanten in kleinere Maßeinheiten zerlegen und die Skalierungen an Messinstrumenten erkunden (Franke & Ruwisch 2010, S. 193). Im letzten Schritt sollen Schülerinnen und Schüler dann lernen mit den Größen in konkreten mathematischen Situationen zu arbeiten und zu rechnen. Dabei kann das Addieren, Subtrahieren, Multiplizieren und Dividieren von Größen in komplexeren Situationen geübt werden (Franke & Ruwisch 2010, S. 201ff., vgl. Abschnitt 4.3). Durch das Rechnen mit Größen wird der Umgang mit Größen geschult, Rechenoperationen mit natürlichen und rationalen Zahlen geübt und dazu beigetragen, dass damit im Rahmen von praktischen Problemstellungen gearbeitet werden kann (Frenzel & Grund 1991b, S. 13).

Obwohl die Stufenmodelle zur Behandlung von Größen teilweise abgewandelt wurden (z.B. Greefrath 2010, S. 115f.; Griesel 1996, S. 15; Radatz & Schipper 2007, S. 125) und daher andere Aspekte beinhalten, zeigen sich in der groben Abfolge dennoch große Ähnlichkeiten. Die Stufenmodelle stehen jedoch häufig in Kritik, da eine sukzessive Abfolge der Schritte nicht immer sinnvoll und auch nicht immer möglich ist (Krauthausen 2018,

S. 156).[58] Da Kinder bereits vor Schulbeginn über Erfahrungen mit standardisierten Maßeinheiten verfügen, scheint das Messen mit selbstgewählten Maßeinheiten oftmals künstlich (Peter-Koop 2001, S. 9). Viel wichtiger erscheint die Entwicklung eines umfangreichen Messverständnisses und die sinnvolle Verwendung von Maßeinheiten (Clements
1999, S. 8; Krauthausen 2017, S. 156). Einige Autoren wie Clements (1999, S. 8), Franke
und Ruwisch (2010, S. 191) oder Krauthausen (2017, S. 156) empfehlen daher, Schülerinnen und Schüler selbst entscheiden zu lassen, welche Einheiten sie in welchem Kontext
verwenden möchten. Eine ähnliche Argumentation ergibt sich auch für die Strategien, die
Schülerinnen und Schüler für das Vergleichen und Messen von Größen verwenden. Abhängig von der jeweiligen Situation bzw. von dem jeweiligen Ziel kann es durchaus sinnvoll sein, einen direkten Vergleich anzuwenden, auch wenn die Schülerinnen und Schüler
bereits mit standardisierten Maßeinheiten messen können. Es erscheint weitaus zielführender, dass Schülerinnen und Schüler selbstständig erkennen in welchen Situationen welche
Strategien zum Vergleichen und Messen von Repräsentanten sinnvoll sind. Jede Strategie
fördert einen eigenen Erkenntniswert und trägt zu einem umfassenden Verständnis der
Größenbereiche bei (siehe auch Schmidt 2014, S. 11f.). Dafür ist es jedoch notwendig, dass
die Schülerinnen und Schüler vielfältige Erfahrungen mit verschiedenen Strategien gemacht und die jeweiligen Vor- und Nachteile erkannt haben. In dem folgenden Abschnitt
werden Strategien erläutert, um Längen, Flächen- und Rauminhalte zu bestimmen.

4.2   Vergleichen, Messen und Berechnen von Längen, Flächen- und Raum-
inhalten

Längen, Flächen- und Rauminhalte sind Größenbereiche, denen man im Alltag häufig be-
gegnet. Diese Größenbereiche werden daher schon in der Primarstufe behandelt. Dort sammeln Schülerinnen und Schüler erste Erfahrungen mit Strategien zur Bestimmung von Längen, Flächen- und Rauminhalten von Objekten. In den weiteren Klassenstufen werden
diese Strategien dann erweitert. Durch das Anwenden der Strategien können Schülerinnen
und Schüler ein grundlegendes Verständnis der Größenbereiche entwickeln und bilden darüber hinaus auch weitere Fähigkeiten aus, die für die Behandlung des Themas notwendig
sind.

---

[58] Neben den beschriebenen Kritikpunkten soll an dieser Stelle erwähnt werden, dass das Stufenmodell zur
Behandlung von Größen nicht für alle Größenbereiche sinnvoll gestaltet werden kann. So findet sich
beispielsweise für den physikalischen Größenbereich *Temperatur* oder den ökonomischen Größenbereich
Geld keine nichtstandardisierte (selbstgewählte) Einheit, um Größen indirekt miteinander zu vergleichen.
Darüber hinaus kann das Messen im eigentlichen Sinne (vgl. Abschnitt 4.2.2) hier nicht sinnvoll durch-
geführt werden, weshalb hier Limitationen zu treffen sind.

4.2.1 Längen, Flächen- und Rauminhalte

Längen, Flächen- und Rauminhalte sind Maßbegriffe der Geometrie (Holland 1996, S. 188). Im Unterricht fungieren meist geometrische Figuren der Ebene und des Raumes[59] als Repräsentanten der jeweiligen Größenbereiche (Holland 1996, S. 188).

Aus mathematischer Perspektive können Längen, Flächen- und Rauminhalte als Maßfunktion definiert werden (Holland 1996, S. 188; Krauter & Bescherer 2013, S. 105). Die Maßfunktion φ ordnet jedem Repräsentanten aus der Menge R (für Längen, Flächen- und Rauminhalte sind dies entsprechende geometrische Figuren der Ebene und des Raumes) eine Maßzahl aus $\mathbb{R}^+$ zu: $\varphi: R \to \mathbb{R}^+$ (Klotzek 2001, S. 149; Krauter & Bescherer 2013, S. 105f.; Kuntze 2018, S. 161; Scheid & Schwarz 2017, S. 85; Schmidt & Weiser 1986, S. 122f.). Für die Maßfunktion φ gelten folgende Axiome:[60]

1) Nichtnegativität
Für alle $r \in R$ gilt: $\varphi(r) \geq 0$
Längen bzw. Flächeninhalte bzw. Rauminhalte sind immer größer oder gleich null.

2) Kongruenz
Für alle $r, s \in R$ gilt: Wenn r kongruent zu s ist, dann gilt: $\varphi(r) = \varphi(s)$
Wenn zwei geometrische Figuren kongruent sind, dann sind auch ihre Längen bzw. Flächeninhalte bzw. Rauminhalte gleich.

3) Additivität
Für $r, s \in R$ und $r \cap s = \emptyset$ gilt: $\varphi(r \cup s) = \varphi(r) + \varphi(s)$
Wenn zwei geometrische Figuren keine inneren Punkte gemeinsam haben (höchstens Randpunkte), dann ist das Maß der Vereinigung der beiden Teilfiguren gleich der Summe ihrer Längen bzw. Flächeninhalte bzw. Rauminhalte.

4) Normierung
Für den Einheitsrepräsentanten $r_0 \in R$ gilt: $\varphi(r_0) = 1$
Für den Einheitsrepräsentanten der Länge (die Einheitsstrecke) gilt 1 LE; für den Einheitsrepräsentanten des Flächeninhalts (das Einheitsquadrat) gilt 1 LE²; für den Einheitsrepräsentanten des Rauminhalts (den Einheitswürfel) gilt 1 LE³.

Länge

Die *Länge* eines Objektes wird beschrieben als "[...] characteristics of an object found by quantifying how far it is between the end points of the object." (Cross et al. 2009, S. 197). Diese allgemeine Beschreibung zeigt mit der mathematischen Definition der Länge große

---

[59] Die Ebene und der Raum können als Punktmenge aufgefasst werden. Die Figuren der Ebene bzw. des Raumes bilden dann eine Teilmenge der Punktmenge (Holland 1996, S. 163; Roth & Wittmann 2018, S. 108). Die Definition von Figuren als Punktmenge hat den Vorteil, dass Aussagen durch Mengen dargestellt werden können (Holland 1996, S. 163).

[60] Für weiterführende Erläuterungen zu *Axiome* siehe Beutelspacher (2010, S. 22).

Ähnlichkeiten auf, die über die Strecke[61] expliziert wird. Demnach ist der Abstand d zweier Punkte P und P' gleich der Länge der Strecke $\overline{PP'}$ mit den Endpunkten P und P' (Klotzek 2001, S. 35; Scheid & Schwarz 2017, S. 10). Bei der Länge ergibt sich die Schwierigkeit der begrifflichen Unterscheidung zwischen der Länge als Eigenschaft und der Länge als Größenbereich (siehe auch Zöllner 2020, S. 15). Als Eigenschaft von Objekten kann der Begriff *Länge* synonym zur *Breite*, *Höhe* oder *Tiefe* genutzt werden (Freudenthal 1983, S. 1). Dieser Sachverhalt wird besonders dann deutlich, wenn die Position oder die Ausrichtung von zwei- oder dreidimensionalen Objekten verändert wird. Wird beispielsweise ein Quader gedreht, kann die Kantenlänge, die vorher als *Länge des Quaders* bezeichnet wurde den Bezeichner *Höhe des Quaders* oder *Tiefe des Quaders* annehmen. Abhängig von der Form des Objektes können für die Beschreibung der Kanten auch nur die Bezeichner *Breite*, *Tiefe* und *Höhe* genutzt werden (Freudenthal 1983, S. 1; Zöllner 2020, S. 15f.). Die synonyme Verwendung der Bezeichner und die nicht eindeutige Definition kann die Kommunikation im Alltag erschweren (Zöllner 2020, S. 15). Die Kantenlängen von zwei- oder dreidimensionalen Objekten werden jedoch, unabhängig von deren Ausrichtung bzw. Position, dem Größenbereich *Länge* zugewiesen.

Flächeninhalt

Jedem Vieleck bzw. jedem Polygon kann als Maß ein *Flächeninhalt* zugeordnet werden (Krauter & Bescherer 2013, S. 105). Die Fläche eines Polygons setzt sich aus dem Vieleck selbst (bzw. aus dem Polygon) und seinem Inneren zusammen (Klotzek 2001, S. 119; Schupp 1998, S. 110). Franke und Reinhold (2016) weisen auf Schwierigkeiten hin und erläutern, dass eine Fläche irrtümlicherweise auch häufig mit dem Streckenzug zur Begrenzung eines Polygons sowie auch mit der Fläche innerhalb dieses Streckenzugs (das Innere des Polygons) gleichgesetzt wird (S. 309). Die Frage nach der Zuordnung bzw. nach der Zugehörigkeit der Begrenzung einer Fläche kommt besonders dann auf, wenn Flächen zerlegt werden oder die Flächenzerlegung durch eingezeichnete Linien angedeutet wird. Das kann zu Verständnisproblemen bei Schülerinnen und Schülern führen (Kuntze 2018, S. 162). Neben Polygonen kann auch jedem Vielflächner bzw. jedem Polyeder ein Flächeninhalt zugeordnet werden (Krauter & Bescherer 2013, S. 131). Der Flächeninhalt von Polyedern wird durch das Aufsummieren der Flächeninhalte der Begrenzungsflächen (bzw. Begrenzungspolygonen) bestimmt (siehe auch Helmerich & Lengnink 2016, S. 175) und als *Oberflächeninhalt* bezeichnet. Die Oberfläche eines Polyeders ergibt sich somit durch die Gesamtheit seiner Begrenzungsflächen.

---

[61] Eine Strecke kann als gerade Linie beschrieben werden, die durch zwei (End-)Punkte begrenzt wird (Kemnitz 2019, S. 135).

Rauminhalt

Die Begriffe *Rauminhalt* und *Volumen* werden überwiegend synonym verwendet (z.B. Franke 2007, S. 279; Krauter & Bescherer 2013, S. 131; Kuntze 2018, S. 158). In Anlehnung an Freudenthal (1983, S. 393) beschreibt Heid (2018) das Volumen von Hohlkörpern als Rauminhalt und das Volumen von massiven Körpern bzw. Vollkörpern als das eigentliche Volumen, das einen Raum beansprucht (S. 55) „So content as creating space, volume as claiming space shall be understood [sic] identified, and if need be distinguished." (Freudenthal 1983, S. 393). Im Gegensatz zu Hohlkörpern sind Vollkörper (bzw. Vollmodelle) nicht hohl (Helmerich & Lengnink 2016, S. 171). Vollkörper sind Prototypen von geometrischen Körpern und werden oftmals herangezogen, um charakterisierende Eigenschaften von geometrischen Körpern zu entdecken (Helmerich & Lengnink 2016, S. 124; Roth & Wittmann 2018, S. 134). Werden die charakterisierenden Eigenschaften korrekt erfasst, können die Erkenntnisse genutzt werden, um beispielsweise den Oberflächeninhalt von Polyedern zu berechnen. Hohlkörper hingegen eignen sich zum Ausfüllen mit (Einheits)-Würfeln und zum Befüllen bzw. Umschütten von Flüssigkeiten zum Bestimmen und Vergleichen von Rauminhalten (Helmerich & Lengnink 2016, S. 167). Durch die Möglichkeit des aktiven Befüllens können die Hohlkörper genutzt werden, um ein grundlegendes Verständnis zu Rauminhalten zu unterstützen, was bei Vollkörpern aufgrund ihrer Beschaffenheit nur bedingt möglich ist. So kann beispielsweise auch der Zusammenhang zwischen den Maßeinheiten Kubikdezimeter (dm^3) und der im Alltag eher gebräuchlichen Maßeinheit Liter (l) veranschaulicht werden (Helmerich & Lengnink 2016, S. 168). Für die Erarbeitung der Eigenschaften der Oberfläche bzw. für die Bestimmung des Oberflächeninhalts eines Polyeders eignen sich Flächenmodelle (Helmerich & Lengnink 2016, S. 117). Flächenmodelle sind spezielle Hohlkörper (Helmerich & Lengnink 2016, S. 117) und erlauben eine Abwicklung der Begrenzungsflächen zum Netz des Körpers. Helmerich und Lengnink (2016) beschreiben die Abwicklung wie folgt: „[...] als ob man ein [sic] Schachtel an einigen Kanten auftrennt, sodass man sie flach auslegen kann." (Helmerich und Lengnink 2016, S. 117). Durch die Abwicklung können räumliche Objekte mit der ebenen Geometrie verknüpft werden, wodurch einer isolierten Bearbeitung entgegengewirkt wird (Roth & Wittmann 2018, S. 134).

4.2.2 Strategienraum

Um Längen, Flächen- und Rauminhalte von Repräsentanten jeweils (miteinander) zu vergleichen und zu messen, kann auf Verfahren bzw. Strategien zurückgegriffen werden, die bereits im Stufenmodell zur Behandlung von Größen im Unterricht erläutert wurden (vgl. Abschnitt 4.1.3). Darüber hinaus existieren aber auch weitere Möglichkeiten, die bisher noch nicht beschrieben wurden. Daher werden im Folgenden mögliche Strategien zur Längen-, Flächeninhalts- und Rauminhaltsbestimmung zusammengestellt und kategorisiert (vgl. Abbildung 14). Zusammen spannen sie einen zugehörigen Strategieraum auf. Da die Wahl und Nutzung der Strategien in einem hohen Maß von der Lern- bzw. Messsituation abhängt (wie beispielsweise verfügbare Materialien oder die Aufgabenstellung), kann es hier keine aufeinander aufbauende Stufenfolge geben. Die Kenntnis des Strategieraums zur Bestimmung von Längen, Flächen- und Rauminhalten kann (angehenden) Lehrkräften dabei helfen, Fähigkeiten und Fertigkeiten sowie auch Schwierigkeiten von Schülerinnen und Schülern in diesem Bereich zu identifizieren.

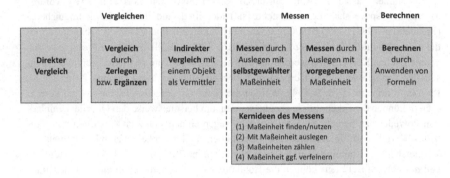

Abbildung 14. Strategien zur Bestimmung von Längen, Flächen- und Rauminhalten

Vergleichen

Die einfachste Strategie, die genutzt werden kann, um geometrische Figuren hinsichtlich ihrer Größe miteinander zu vergleichen, ist der *direkte Vergleich*. Diese Strategie findet auch im Alltag oftmals Verwendung. So kann bei Kindern häufig beobachtet werden, dass sie sich Rücken an Rücken stellen, um Aussagen darüber zu treffen, wer größer ist. Hinsichtlich der Flächen- und Rauminhalte sind direkte Vergleiche ebenfalls möglich. Durch das Aufeinanderlegen eines Fotos und eines Bilderrahmens kann überprüft werden, ob der Bilderrahmen hinsichtlich der Größe passend ist. Ebenso können Objekte ineinander gestellt werden, um sie hinsichtlich ihres Rauminhaltes miteinander zu vergleichen. So ist in Gartenmärkten häufig zu beobachten, dass Pflanzen in Übertöpfe gestellt werden, um den passenden Blumentopf zu finden. Durch die direkten Vergleiche machen Schülerinnen und Schüler die Erfahrung, dass Figuren gleichgroß sind, wenn sie in im Fall von Längen und Flächeninhalten deckungsgleich oder im Fall von Rauminhalten inhaltsgleich sind (Franke & Reinhold 2016, S. 310 und S. 319).

Können geometrische Figuren aufgrund ihrer Form nicht mehr direkt miteinander verglichen werden, können diese zunächst zerlegt oder ergänzt werden. Der *Vergleich durch Zerlegen oder Ergänzen* findet sich primär bei ebenen Figuren, kann aber gegebenenfalls auch bei räumlichen Figuren durchgeführt werden (siehe auch Franke 2007, S. 269; Kuntze 2018, S. 164). Durch das Zerlegen in zueinander kongruente Teilfiguren oder das Andeuten des Zerlegens durch Linien, können die Figuren hinsichtlich ihrer Größe miteinander verglichen werden. Ein Beispiel ist in Abbildung 15 dargestellt. Durch die gestrichelten Linien werden die ebenen Figuren in paarweise kongruente Teilfiguren zerlegt. In diesem Beispiel können beide Figuren in die gleichen paarweise kongruenten Teilfiguren zerlegt werden, weshalb die Figuren zerlegungsgleich und somit – aufgrund des Kongruenz- und des Additivitätaxioms der Maßfunktionen (vgl. Abschnitt 4.2.1) – flächeninhaltsgleich sind.

Abbildung 15. Vergleich durch Zerlegen am Beispiel Flächeninhalte

Alternativ können Figuren auch mit paarweise kongruenten Teilfiguren ergänzt werden und die ergänzten Figuren hinsichtlich ihrer Relation miteinander verglichen werden. Ein Beispiel kann Abbildung 16 entnommen werden. Das Trapez und das Rechteck werden mit jeweils paarweise kongruenten Dreiecken ergänzt. Die so entstandenen Figuren sind deckungsgleich und somit flächeninhaltsgleich. Aufgrund des Kongruenz- und des Additivitätaxioms der Maßfunktionen (vgl. Abschnitt 4.2.1) ergibt sich, dass auch die Ausgangsfiguren flächeninhaltsgleich sein müssen.

Abbildung 16. Vergleich durch Ergänzen am Beispiel Flächeninhalte

Das aktive Zerlegen und Ergänzen kann bei Schülerinnen und Schülern die Einsicht ermöglichen, dass geometrische Figuren über den gleichen Inhalt verfügen, wenn sie zerlegungs- oder ergänzungsgleich sind (Franke & Reinhold 2016, S. 310 und S. 319). Darüber hinaus fördert die Zerlegung das Verständnis für die Invarianz geometrischer Figuren (Franke & Reinhold 2016, S. 312). Demnach bleibt die Größe eines Objektes auch dann erhalten, wenn sich seine Lage oder Ausrichtung im Raum ändert (Benz et al. 2016, S. 243; Franke & Ruwisch 2010, S. 180; Hasemann & Gasteiger 2014, S. 48).

Es herrscht Dissens darüber, ob der Vergleich durch Zerlegen oder Ergänzen den direkten oder indirekten Vergleichen zugeordnet werden sollte. In einem früheren Werk von Franke (2007) wird die Strategie beim direkten Vergleich verortet (S. 269), in weiteren Werken von Franke und Reinhold (2016) wird die Strategie als indirekter Vergleich bezeichnet (S. 311). Da die Teilfiguren nach dem Zerlegen (bzw. die entstandenen Figuren nach dem Ergänzen von Teilfiguren) direkt miteinander verglichen werden, erscheint es plausibel die Strategie als direkten Vergleich zu bezeichnen. Das Zerlegen bzw. Ergänzen ist jedoch ein Zwischenschritt, der notwendig ist, da die geometrischen Figuren (aufgrund ihrer Form) hinsichtlich ihrer Relation nicht direkt in Verbindung gesetzt werden können. Die Figuren werden somit nicht direkt, sondern indirekt durch entsprechende Zwischenschritte miteinander verglichen. Da das Vergleichen bzw. Zerlegen sowohl dem direkten als auch indirekten Vergleich zugeordnet werden kann, wird in dieser Arbeit auf eine Zuweisung verzichtet und die Bezeichnung *Vergleich durch Zerlegen* bzw. *Vergleich durch Ergänzen* verwendet.

Ein Vergleich bei räumlichen Figuren durch Zerlegen bzw. Ergänzen ist zwar möglich, kann aber oftmals nur unspezifisch und nicht immer sinnvoll durchgeführt werden. So muss beispielsweise die Zerlegung bei Rauminhalten so durchgeführt werden, dass die zerlegten Teilfiguren vergleichbar sind oder ineinander gestapelt werden können, um Aussagen über Größenverhältnisse treffen zu können (vgl. Abbildung 17).

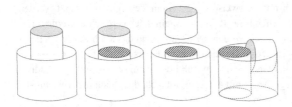

Abbildung 17. Vergleich durch Zerlegen am Beispiel Rauminhalte

Die Zerlegungs- und Ergänzungsgleichheit für räumliche Figuren lässt sich analog zu ebenen Figuren definieren (siehe auch Müller 2004, S. 76), welche bereits oben erläutert wurden. Demnach haben Polyeder den gleichen Rauminhalt, wenn sie zerlegungsgleich bzw. ergänzungsgleich sind (Müller 2004, S. 76).[62]

Für einige geometrische Figuren ist ein *indirekter Vergleich mit einem Objekt als Vermittler* sinnvoller.[63] Bei dieser Strategie werden Figuren mit einem dritten Objekt miteinander verglichen. Bei Rauminhalten können beispielsweise Hohlkörper mit Wasser oder Sand aufgefüllt werden und somit miteinander verglichen werden. Durch das Umfüllen des Inhalts des einen Gefäßes in das Andere können Aussagen hinsichtlich der Ordnungsrelation getroffen werden. Bei Längen kann eine Schnur oder ein Stab als Vermittler fungieren.

---

[62] Im Gegensatz zu Polygonen (Krauter & Bescherer 2013, S. 109; Wittmann 1987, S. 326) gilt die Umkehrung jedoch nicht. Das wurde 1990 von Max Dehn gezeigt, der darlegen konnte, dass die Bedingung für einen Würfel und einen volumengleichen regulären Tetraeder nicht gilt (Wittmann 1987, S. 335). Zwei rauminhaltsgleiche Polyeder sind somit im Allgemeinen weder zerlegungs- noch ergänzungsgleich (Wittmann 1987, S. 324).

[63] Die Strategie ist im Stufenmodell zur Behandlung von Größen, das im Abschnitt 4.1.3 beschrieben wurde, unter der Strategie *Indirekter Vergleich mithilfe selbstgewählter Maßeinheiten* aufgeführt. Da Franke und Ruwisch (2010) den indirekten Vergleich mithilfe selbstgewählter Maßeinheiten selbst in die Teilstrategien *Vergleichen* und *Messen* untergliedern, wird der *Indirekte Vergleich* an dieser Stelle als eigenständige Strategie aufgeführt.

Beispielsweise kann die Kantenlänge eines Schrankes auf eine Schnur abgetragen werden und die abgetragene Länge mit der Höhe der Tür verglichen werden, um zu überprüfen, ob der Schrank durch die Tür passt (vgl. Abschnitt 4.1.3 *Indirekter Vergleich mithilfe von selbstgewählten Maßeinheiten*). Um Flächeninhalte miteinander zu vergleichen, kann von der Fläche der einen Figur eine „Kopie" erstellt und diese mit der Fläche der anderen Figur verglichen werden. Die Kopie fungiert dann als Vermittler zwischen den beiden Figuren. Für Flächeninhalte ist diese Strategie zwar möglich, aber umständlich umzusetzen. Daher wird bei Flächeninhalten wohl vorzugsweise auf andere Strategien zurückgegriffen.

Messen

Beim *Messen* werden den Objekten erstmals Maße bzw. Zahlenwerte zugeordnet. Das Messen ist durch einen Messvorgang charakterisiert, der die folgenden Kernideen beinhaltet (Benz et al. 2015, S. 234; Peter-Koop & Nührenbörger 2016, S. 92):

1) Maßeinheit finden/ nutzen

2) Mit der Maßeinheit auslegen bzw. ausfüllen

3) Maßeinheiten zählen

4) Gegebenenfalls Maßeinheit verfeinern

Im ersten Schritt muss eine geeignete Maßeinheit gefunden werden, mit der die Größe des zu messenden Objektes bestimmt werden kann (Benz et al. 2015, S. 234). Diese Maßeinheit sollte über den Messvorgang hinweg ihre Größe beibehalten, also konstant bleiben. Wenn die Maßeinheit vorgegeben ist (den Lernenden also vorgegeben wird mit welcher Maßeinheit sie arbeiten sollen), muss die Maßeinheit nicht eigenständig gefunden werden. In diesem Fall muss die vorgegebene Maßeinheit genutzt werden. Im zweiten Schritt muss das zu messende Objekt (bei Längen und Flächeninhalten) mit der Maßeinheit ausgelegt bzw. (bei Rauminhalten) ausgefüllt werden. Dabei ist darauf zu achten, dass die ausgewählte Einheit „[...] ohne Zwischenräume und Überlappungen hintereinander abgetragen [...]" wird (Benz et al. 2015, S. 234). Alternativ kann das Auslegen bzw. Ausfüllen auch angedeutet werden, indem die Maßeinheiten eingezeichnet werden oder das Objekt gedanklich ausgelegt wird. Im dritten Schritt werden die abgetragenen Maßeinheiten gezählt (Benz et al. 2015, S. 234). Die Anzahl der Maßeinheiten gibt dabei die Maßzahl wieder, die einen Vergleich zwischen dem zu messenden Objekt und der gewählten Maßeinheit erlaubt (vgl. Franke 2007, S. 263). Der vierte Schritt wird durchgeführt, wenn das zu messende Objekt nicht ganzzahlig mit der ausgewählten Maßeinheit ausgelegt werden kann. Die Einheit muss dann verfeinert werden, um eine präzise Aussage über die Größe des zu messenden Objekts treffen zu können. Für die Angabe der Größe des zu messenden Objektes existieren dann verschiedene Möglichkeiten. So kann die Größe in der gewählten Einheit (in Dezimalschreibweise), in zwei Einheiten (gewählte und verfeinerte Einheit)

oder vollständig in der verfeinerten Einheit angegeben werden (vgl. Abschnitt 4.3).
Abbildung 18 soll die Kernideen des Messens erläutern. Um den Rauminhalt eines Quaders zu bestimmen, wird dieser mit identischen blauen Würfeln (deren Volumen als Maßeinheit dient) ausgefüllt. Da der Quader nicht ganzzahlig mit der gewählten Maßeinheit –
den blauen Würfeln – ausgefüllt werden kann (vgl. Abbildung 18 links), wird die Einheit
in Untereinheiten – den orangenen Würfeln – verfeinert (vgl. Abbildung 18 rechts). In diesem Beispiel kann ein blauer Würfel in 8 orangene Würfel unterteilt werden. Der Rauminhalt des Quaders kann dann durch die Anzahl der blauen Würfel, die vollständig in den
Quader passen, und die Anzahl der orangen Würfel, die noch ergänzt werden müssen um
den ganzen Quader auszufüllen, angegeben werden. Um den Rauminhalt des Quaders
durch die Anzahl der blauen Würfel anzugeben, müssen die acht orangenen Würfel wieder
zu einem blauen Würfel zusammengefasst werden. Alternativ kann das Quadervolumen
aber auch ausschließlich durch die Anzahl der orangenen Würfel bestimmt werden, die
benötigt werden um den Quader auszufüllen.

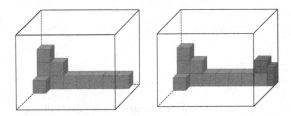

Abbildung 18. Verfeinern von Maßeinheiten

Wie bereits in Abschnitt 4.1.3 erläutert wurde, kann das Messen mit selbstgewählten oder
standardisierten Maßeinheiten erfolgen. Franke und Ruwisch (2010, S. 188ff.) beschreiben
selbstgewählte Maßeinheiten als Maßeinheiten, die nicht standardisiert sind (beispielsweise die Schrittlänge zur Messung einer Länge). Durch die Verwendung einer selbstgewählten bzw. nichtstandardisierten Maßeinheit können Messerfahrungen gesammelt werden, da die Beziehung zwischen der Maßzahl und der gewählten Maßeinheit ersichtlich
wird sowie die Notwendigkeit von standardisierten Maßeinheiten verdeutlicht werden kann
(Franke & Ruwisch 2010, S. 190). Die Angabe einer Größe in einer standardisierten Maßeinheit hingegen gewährleistet ein Messergebnis, das unabhängig von der zu messenden
Person ist (Benz et al. 2015, S. 235). Durch die Messerfahrungen mit standardisierten Maßeinheiten entwickeln Schülerinnen und Schüler darüber hinaus Stützpunktvorstellungen,
die helfen können realistische Schätzungen vorzunehmen sowie Messergebnisse zu reflektieren (Peter-Koop & Nührenbörger 2016, S. 106).
Die Unterscheidung zwischen selbstgewählten und standardisierten Maßeinheiten ist jedoch nicht immer eindeutig. So kann eine selbstgewählte Maßeinheit durchaus standardisiert sein, weshalb eine klare Trennung nicht immer möglich ist. Daher wird oftmals auch

zwischen standardisierten und nichtstandardisierten[64] Maßeinheiten unterschieden (z.B. Benz et al. 2015, S. 234; Peter-Koop & Nührenbörger 2016, S. 93). Die Definition von standardisierten und nichtstandardisierten Einheiten hängt jedoch oftmals von der jeweiligen Lernumgebung ab, beispielsweise vom Standort. So können in Deutschland standardisierte Maßeinheiten in anderen Ländern eine nicht standardisierte Maßeinheit darstellen. Beispielsweise wird in der USA oder in Großbritannien das *Imperiale Maßsystem* verwendet, zum Beispiel „foot" für 30.48 cm (Windisch 2014, S. 319f.). Um eine einheitliche Unterscheidung zu gewährleisten, wird in dieser Arbeit auf die Unterscheidung zwischen selbstgewählten und standardisierten bzw. standardisierten und nichtstandardisierten Maßeinheiten verzichtet und stattdessen zwischen vorgegebenen und selbstgewählten Maßeinheiten unterschieden, wodurch eine klare Zuordnung möglich wird.[65] Vorgegebene Maßeinheiten sind demnach Einheiten, die den Schülerinnen und Schülern in der Lernumgebung bereitgestellt werden um Messvorgänge durchzuführen. Selbstgewählte Maßeinheiten sind hingegen Einheiten, die von der Lernumgebung nicht explizit vorgegeben sind. Stattdessen können die Schülerinnen und Schüler eigenständig entscheiden in welcher Maßeinheit sie die Größe des zu messenden Objektes angeben möchten.

Das Messen wird im Alltag häufig mit dem Verwenden von Messinstrumenten[66] gleichgesetzt. Für das Messen von Längen kann beispielsweise ein Zollstock oder ein Lineal verwendet werden. Für das Messen von Rauminhalten eignen sich Messbecher. Für Flächeninhalte hingegen existiert kein standardisiertes Messinstrument (Dürrschnabel 2004, S. 471). Messinstrumente wurden konzipiert, um standardisierte Maßeinheiten zu repräsentieren, die auf einer Skala abgebildet werden (Nührenbörger 2002, S. 32f.). Größen können dadurch auf der Messskala direkt abgelesen werden, wodurch der Messvorgang erheblich vereinfacht wird (Heid 2018, S. 68). Die Messskala stellt dabei die Verbindung zwischen dem zu messenden Objekt und den mathematischen Zeichen her (Nührenbörger 2002, S. 34). Kuntze (2018) beschreibt das Ablesen an einer Messskala als eine Variante des Messens durch Auslegen mit einer standardisierten Einheit (S. 60). Aufgrund der funktionalen-mechanischen Verwendung von Messinstrumenten besitzen Lernende jedoch häufig nur wenig Verständnis für den Aufbau einer Messskala und nur oberflächliche Kenntnisse über den eigentlichen Messvorgang (Nührenbörger 2002, S. 82). Da die Messvorgänge an realen Objekten das Verständnis von Einheiten und Untereinheiten fördern (vgl. Abschnitt 4.1.2), sollten Schülerinnen und Schüler folglich auch mit den Kernideen des Messens vertraut gemacht werden und Objekte durch das Auslegen mit und Zählen der Maßeinheiten eigenständig messen. Darüber hinaus fördert das strukturierte Auslegen und

---

[64] In der deutschsprachigen Literatur werden verschiedene Bezeichner verwendet. So werden standardisierte (bzw. nichtstandardisierte) Maßeinheiten auch als normierte (bzw. nichtnormierte) oder als konventionelle (bzw. nichtkonventionelle) Maßeinheiten bezeichnet (z.B. Krauthausen 2018, S. 156; Peter-Koop & Nührenbörger 2016, S. 93).

[65] Für das Ziel dieser Arbeit ist es notwendig, dass die Strategien bestmöglich zugeordnet werden können, um Aussagen über die Richtigkeit der Antworten der Studierenden zu geben. Daher wurde versucht mehrdeutige Aussagen zu vermeiden.

[66] Messinstrumente werden häufig auch als „Messgeräte" oder „Messwerkzeuge" bezeichnet (z.B. Nührenbörger 2002, S.33; Kuntze 2018, S. 160).

Zählen von Maßeinheiten die Herleitung entsprechender Formeln, mit denen Längen, Flächen und Rauminhalte berechnet werden können.

Berechnen

Kuntze (2018) führt neben dem Vergleichen und Messen auch das *Berechnen* von Größen auf (S. 152), eine Strategie, die in dem Stufenmodell in Abschnitt 4.1.3 nicht explizit dargestellt wird. So können Längen, Flächen- und Rauminhalte auch mit Hilfe von Formeln bestimmt werden. Mit Hinblick auf weiterführende Themenbereiche, wie beispielsweise die Erarbeitung der Integralrechnung in der Oberstufe über den Grenzwert der Unter- und Obersumme, ist das Berechnen von Größen sehr relevant.

Durch das strukturierte Auslegen bzw. Ausfüllen von Maßeinheiten können sich die Schülerinnen und Schüler Flächen- und Rauminhaltsformeln erarbeiten. Die Herleitung entsprechender Formeln über das Auslegen bzw. Ausfüllen von Objekten mit Maßeinheiten hat den Vorteil, dass Zusammenhänge zwischen Längen, Flächen- und Rauminhalten deutlich gemacht werden können (Kuntze 2018, S. 163), wodurch auch übertragbare und stabile Wissenskomponenten bei Schülerinnen und Schülern entstehen (Kuntze 2018, S. 159).

In Abbildung 19 ist die Herleitung der Flächeninhaltsformel für ein Rechteck exemplarisch dargestellt. Durch die Verwendung verschiedenfarbiger Maßeinheiten kann das Rechteck strukturiert ausgelegt werden, wodurch ein logisches Muster erkennbar wird.

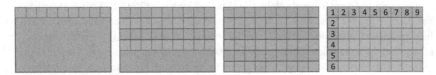

Abbildung 19. Herleitung der Flächeninhaltsformel für ein Rechteck

In diesem Beispiel stellen die Maßeinheiten, mit denen das Rechteck ausgelegt wird, Einheitsquadrate mit dem Flächeninhalt von 1 LE² dar. Durch das strukturierte Zählen, das in dem rechten Rechteck der Abbildung 19 durch die Zahlen dargestellt wird, wird die Flächeninhaltsformel ersichtlich: Der Flächeninhalt des Rechtecks setzt sich aus 6 Reihen zu je 9 Quadraten zusammen, wodurch sich ein Flächeninhalt von $6 \cdot 9$ Quadraten, mit der Normierung für den Einheitsrepräsentanten des Flächeninhalts (1 LE²) also $6 \cdot 9$ LE² ergibt (vgl. viertes Axiom der Maßfunktion in Abschnitt 4.2.1). Da die Anzahl der Quadrate und die Anzahl der Reihen die Kantenlängen des Rechtecks in der jeweiligen Maßeinheit darstellen, wird häufig die allgemeine Flächeninhaltsformel $A = a \cdot b$ (mit a und b als Kantenlänge) verwendet, also in diesem Beispiel $A = 6$ LE $\cdot$ 9 LE $= 54$ LE². Obwohl diese formale Sprechweise zur Berechnung des Flächeninhalts eines Rechtecks („Länge mal Breite") sehr geläufig ist, ist dieses Vorgehen mathematisch nicht unproblematisch. Die Multiplikation ist nämlich im Gegensatz zur Addition für keinen Größenbereich definiert

(Greefrath 2010, S. 122; Krauter & Bescherer 2013, S. 106). Das Ergebnis der Multiplikation von zwei Elementen des gleichen Größenbereiches ist nicht Element des gleichen Größenbereiches und führt aus dem Größenbereich heraus (Greefrath 2010, S. 123). Durch die Multiplikation von zwei Kantenlängen (wie in diesem Beispiel 6 LE · 9 LE) erhält man als Ergebnis keine Länge, sondern das Ergebnis des Flächeninhalts des Rechtecks, das von den Strecken mit der Länge 6 LE bzw. 9 LE umschlossen wird. Das Vervielfachen einer Größe als iterative Addition (wie in diesem Beispiel 6 · 9 LE²) hingegen ist für alle Größenbereiche definiert (Krauter & Bescherer 2013, S. 106). Um die Flächeninhaltsformel über die Multiplikation der Kantenlängen zu definieren, muss also aus mathematischer Perspektive die Multiplikation von zwei Längen als Flächeninhalt explizit eingeführt werden (Krauter & Bescherer 2013, S. 108).

Zur Herleitung der Rauminhaltsformel für Quader kann analog vorgegangen werden. Dies wird in Abbildung 20 dargestellt. Mithilfe von Würfeln mit einem Volumen von 1 LE³ als Maßeinheit (vgl. viertes Axiom der Maßfunktion in Abschnitt 4.2.1) wird der Quader strukturiert ausgefüllt. Überträgt man die Erkenntnisse der Herleitung der Flächeninhaltsformel auf die Rauminhaltsformel kann die Anzahl der Würfel berechnet werden, die benötigt werden, um die Grundfläche des Quaders zu bedecken – in diesem Beispiel 5 · 7 Würfel = 35 Würfel (vgl. linke Darstellung in Abbildung 20). Um den Rauminhalt des Quaders auszufüllen, muss die so entstandene „Schicht" in die Höhe gestapelt werden (vgl. mittige Darstellung in Abbildung 20) – in diesem Beispiel 5 Mal. Dadurch ergibt sich ein Rauminhalt von $V = 35$ Würfel · 5 = 175 Würfel (vgl. rechte Darstellung in Abbildung 20). Wird zusätzlich die Normierung des Einheitsrepräsentanten für Rauminhalte (für den Einheitswürfel gilt 1 LE³) berücksichtigt (vgl. viertes Axiom in Abschnitt 4.2.1), ergibt sich für den Rauminhalt des Quaders 175 LE³. Die Anzahl der Würfel, die benötigt werden, um die Länge, die Breite und die Höhe des Quaders auszufüllen, bilden die jeweiligen Kantenlängen ab, weshalb die Rauminhaltsformel auch häufig als $V = a \cdot b \cdot c$ (mit a, b und c als Kantenlängen) dargestellt wird. Wie es bereits für die Flächeninhaltsformel eines Rechtecks erläutert wurde, muss auch hier berücksichtigt werden, dass die Volumenformel eines Quaders über die Multiplikation der Kantenlängen a, b und c zusätzlich definiert werden muss, da die Multiplikation im Größenbereich Rauminhalt, wie auch für alle anderen Größenbereiche mathematisch nicht definiert ist.

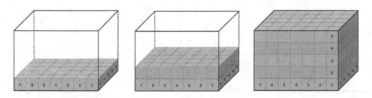

Abbildung 20. Herleitung der Rauminhaltsformel für einen Quader

An dieser Stelle sei angemerkt, dass die Strategie *Berechnen*, wie sie hier dargestellt wurde, für Rechtecke und Quader mit natürlichen Zahlen als Kantenlängen gilt. Für Kantenlängen mit rationalen bzw. reellen Zahlen hingegen muss die Strategie eigens erklärt werden. Die Herleitung der Flächen- bzw. Rauminhaltsformel für Rechtecke bzw. Quader mit rationalen Kantenlängen kann, ähnlich wie es auch in den Kernideen des Messens unter Punkt 4) *Gegebenfalls Maßeinheit verfeinern* beschrieben wird (vgl. *Messen* in diesem Abschnitt), über die Zerlegung des Einheitsquadrates bzw. des Einheitwürfels erfolgen (Büchter & Henn 2010, S. 124; Krauter & Bescherer 2013, S. 107f.). Für Rechtecke und Quader mit reellen Kantenlängen kann auf die Intervallschachtelung zurückgegriffen werden, die an dieser Stelle nicht weiter ausgeführt werden soll (siehe dafür Büchter & Henn 2010, S. 124f.).

Die dargestellten Strategien lassen sich zum Teil auch auf andere Größenbereiche übertragen (beispielsweise auf die Geschwindigkeit, siehe dafür Greefrath 2010, S. 116ff. oder auf die Zeit, siehe dafür Griesel 1996, S. 18)[67], stützen sich aber primär auf geometrische Figuren.[68]

Da Kinder oftmals bereits Vorerfahrungen zu Größenbereichen und entsprechenden Maßeinheiten besitzen, wird das Thema bereits in der Primarstufe thematisiert (siehe Benz et al. 2015, S. 227; Franke 2003, S. 202) und in den weiterführenden Schuljahren vertieft (siehe Greefrath 2010, S. 115; Kuntze 2018; S. 151). In der Primarstufe werden Repräsentanten bezüglich ihrer Größe primär qualitativ miteinander verglichen. Schülerinnen und Schüler machen aber auch hier bereits erste Messerfahrungen mit Längen, Flächen- und Rauminhalten und verwenden Maßeinheiten, um ihre Messergebnisse anzugeben (Rahmenlehrplan für die Grundschule 2014, S. 29f.; Kultusministerkonferenz 2004, S. 10f.). In der Sekundarstufe I werden entsprechende Formeln für die Berechnung von Längen, Flächen- und Rauminhalten verschiedener geometrischer Figuren hergeleitet und die Ergebnisse in verschiedenen Maßeinheiten angeben und umgewandelt (Rahmenlehrplan für die Sekundarstufe I 2007, S. 27ff.; Kultusministerkonferenz 2003, S. 10f.; siehe auch Greefrath 2010, S. 106; Franke & Ruwisch 2010, S. 181). Die Vorerfahrungen der Schülerinnen und Schüler werden schließlich in der Sekundarstufe II aufgegriffen, um die Integralrechnung zu erarbeiten (Greefrath & Laakman 2014, S. 2; Rahmenlehrplan für die Sekundarstufe II 1998 S. 28; Kultusministerkonferenz 2012, S. 19; siehe auch Neubert & Thies 2012, S. 15).

·

---

[67]   Eine Ausnahme bildet das Vergleichen durch Zerlegen bzw. Ergänzen. Diese Strategie kann nicht sinnvoll auf die Geschwindigkeit übertragen werden. Diese Strategie wird überwiegend für Flächeninhalte angewendet (siehe Franke & Reinhold 2016, S. 311)

[68]   In dieser Arbeit liegt der Fokus auf Längen, Flächen- und Rauminhalten von Rechtecken und Quadern, weshalb an dieser Stelle auf andere geometrische Figuren nicht weiter eingegangen werden soll.

4.3 Verknüpfung der Themenbereiche

Die Strategien zum Vergleichen, Messen und Berechnen (vgl. Abschnitt 4.2.2) erfordern zum Teil Kenntnisse über Rechenoperationen, aber auch Kenntnisse über geometrische Figuren, weshalb das Themenfeld in der Schnittmenge der Arithmetik (Zahlen und Operationen) und der Geometrie (Raum und Form) eingeordnet werden kann.[69]

Das Bestimmen von Längen, Flächen- und Rauminhalten sollte daher nicht isoliert von anderen Themenbereichen erarbeitet werden. Auch im Rahmenlehrplan der Mathematik für die Sekundarstufe I wird explizit empfohlen, Leitideen und Themenbereiche miteinander zu verknüpfen (Rahmenlehrplan für die Sekundarstufe I 2007, S 27ff.).

Der arithmetische Anteil wurde bereits in Abschnitt 4.1.2 kurz beschrieben und soll an dieser Stelle nochmals vertieft werden. Besonders beim Rechnen mit Größen sind arithmetische Fähigkeiten notwendig (Merschmeyer-Brüwer & Schipper 2011, S. 479). Bei der Bearbeitung von Aufgaben, die spezifische Größenangaben fordern, werden Zahlen zu Maßzahlen (Peter-Koop & Nührenbörger 2016, S. 91). Wenn Größen miteinander verrechnet werden, müssen die Maßeinheiten, in denen die Größen angegeben werden, berücksichtigt werden (Benz et al. 2015, S. 233; Peter-Koop & Nührenbörger 2016, S. 91).

Das Addieren und Subtrahieren von Größen mit gleicher Maßeinheit kann durch einfache Rechenoperationen durchgeführt werden und entspricht dem Aneinanderfügen bzw. Abtrennen zugehöriger Repräsentanten (Krauthausen 2018, S. 151; Radatz & Schipper 2007, S. 49). Größen, die verschiedene Maßeinheiten aus dem selben Größenbereich besitzen, können ebenfalls addiert oder subtrahiert werden. Dafür ist jedoch notwendig, dass Schülerinnen und Schüler die Beziehungen zwischen den Maßeinheiten innerhalb eines Größenbereiches kennen und Umwandlungen der Maßeinheiten vornehmen können. Größen aus verschiedenen Größenbereichen können hingegen nicht addiert und subtrahiert werden (Frenzel & Grund 1991b, S. 13).

Beim Multiplizieren und Dividieren von Größen mit gleicher Maßeinheit ergibt sich die Besonderheit, dass sich die Größenbereiche mit der Rechenoperation verändern (Greefrath 2010, S. 122; Peter-Koop & Nührenbörger 2016, S. 91).[70] Ein Beispiel bildet die Berechnung des Flächeninhalts durch die Multiplikation der Kantenlängen (vgl. Abschnitt 4.2.2 *Berechnen*). Die Multiplikation oder Division von Größen verschiedener Größenbereiche ist nur bei „verträglichen" Maßeinheiten durchführbar (Frenzel & Grund 1991b, S. 13). So können Maßeinheiten nur miteinander verrechnet werden, wenn die resultierende Maßeinheit einen realen Größenbereich abbildet, wie beispielsweise die Geschwindigkeit als Länge durch Zeit (Frenzel & Grund 1991a, S. 8). Durch die Multiplikation oder Division von Größen mit Zahlen bleiben die Größenbereiche hingegen erhalten. Die Multiplikation entspricht dann dem Vervielfachen von Repräsentanten, was

---

[69] Die zahlreichen Fähigkeiten und Fertigkeiten, die für den sinnstiftenden Umgang mit Größen benötigt werden, wurden auch von Hamich (2019) zusammengefasst.

[70] Hier sei noch einmal anzumerken, dass die Multiplikation bzw. Division für Größenbereiche nicht definiert ist und als Operation explizit eingeführt werden muss.

auch als iterative Addition gedeutet werden kann (Ziegenbalg 2015, S. 324). Da die
Addition für alle Größenbereiche definiert ist, ist das Vervielfachen eine zulässige
Operation für Größenbereiche (Greefrath 2010, S. 122f.; Krauter & Bescherer 2013,
S. 106f.). Die Division einer Größe mit einer Zahl ist eine Umkehrung des Vervielfachens
und für Größenbereiche ebenfalls zulässig (Krauter & Bescherer 2013, S. 106f.). Die
Division entspricht dann dem Teilen des entsprechenden Repräsentanten in gleich große
Stücke (Krauthausen 2018, S. 151).

Wie bereits in Abschnitt 4.1.2 erläutert wurde, kann eine Größe in verschiedenen Maßeinheiten angegeben werden. Sollen beispielsweise 525 cm (Zentimeter) in m (Meter) angegeben werden, kann die Angabe in zwei Einheiten (5 m 25 cm) oder auch in dezimaler
Schreibweise (5.25 m) erfolgen. In einigen Fällen (wie auch in diesem Beispiel) steht hinter
dem Komma jedoch nicht die Maßzahl der nächstkleineren Einheit (wie hier Zentimeter
statt Dezimeter), was die Thematik für Schülerinnen und Schüler erschwert (Franke & Ruwisch 2010, S. 196f.). Auch das Weglassen von Endnullen kann zu Falschinterpretationen
führen. So kann bei 2.500 kg das Weglassen der Endnullen (2.5 kg) zu der Sprechweise „2
Kilogramm und 5 Gramm" führen (Franke & Ruwisch 2010, S. 197). Dem kann beispielsweise mit der Darstellung der Unterteilungen an Messgeräten oder dem Einsatz von Stel-
lenwerttafeln entgegengewirkt werden (Franke & Ruwisch 2010, S. 197; Peter-Koop &
Nührenbörger 2016, S. 103). Wichtig ist, dass sich die Schülerinnen und Schüler über die
Beziehungen der Maßeinheiten innerhalb eines Größenbereichs bewusst sind und das
Komma nicht als Trennung zwischen zwei Größen auffassen (Peter-Koop & Nührenbörger
2016, S. 103).

Neben den arithmetischen Fähigkeiten erfordert das Bestimmen von Längen, Flächen-
und Rauminhalten auch Kenntnisse über geometrische Figuren und entsprechende Größenbereiche (siehe auch Kuntze 2018, S. 159). Werden Größenbereiche oder geometrische Figuren verwechselt, können Aufgaben nicht adäquat gelöst werden. Das gilt insbesondere
dann, wenn Größen durch Formeln berechnet werden sollen (Krauter 2008, S. 10). Sind
keine ausreichenden Kenntnisse über Maßbegriffe vorhanden (z.B. Flächeninhalt) oder
fehlt die Kenntnis der Eigenschaften von geometrischen Figuren (z.B. Rechteck), werden
Lernende Probleme haben, adäquate Formeln aufzustellen, um Längen, Flächen- oder
Rauminhalte zu berechnen. Lafrentz und Eichler (2004) betonen die Notwendigkeit der
Kenntnisse über entsprechende Begriffe sogar für das Vergleichen von Repräsentanten
(S. 47). So folgern sie aus einer Interviewstudie mit Schulanfängern, dass Kinder keine
Vorstellung von dem Flächeninhalt haben und daher auch keine Flächenvergleiche durch-
führen können (Lafrentz & Eichler 2004, S. 47). Neubert und Thies (2012) führen ebenfalls
aus, dass Schülerinnen und Schüler häufig Probleme haben, den Flächeninhalt und den
Umfang zu unterscheiden (S 18). Die mangelnden Kenntnisse zu Maßbegriffen zeigen sich
auch in einer qualitativen Studie von Ulfig (2013). Im Rahmen einer Aufgabe zum Umfang
und Flächeninhalt zeigten die Schülerinnen und Schüler aus der achten Klasse zwar überwiegend richtige Vorstellungen zum Begriff Umfang, verwechselten jedoch häufig Flächeninhalt und Rauminhalt miteinander (Ulfig 2013, S. 222ff.).

Auf der anderen Seite erfordert die Ausbildung eines umfassenden Begriffsverständnisses[71] auch explizite Wahrnehmungen an Gegenständen, Handlungen an realen Objekten sowie Beschreibungen und Verbalisierungen von geometrischen Figuren (Weigand 2018, S. 91). Das aktive Vergleichen und Messen von Repräsentanten kann demnach dazu beitragen, dass Lernende tragfähige Vorstellungen von Figurenbegriffen ausbilden (Kuntze 2018, S. 159ff.). Darüber hinaus entwickeln Lernende durch das Vergleichen, Messen und Berechnen von Längen, Flächen- und Rauminhalten Stützpunktvorstellungen, die dazu beitragen können, dass Lernende einerseits adäquate Schätzungen vornehmen können und andererseits Ergebnisse selbstständig auf ihre Sinnhaftigkeit hin überprüfen bzw. hinterfragen können (siehe auch Peter-Koop & Nührenbörger 2016, S. 105f.).

Wie bereits beschrieben wurde, ist auch die Vernetzung und simultane Bearbeitung von Längen, (Ober-)Flächen- und Rauminhalten für eine umfassende Ausbildung des Flächen- und Rauminhaltbegriffs von Lernenden förderlich (Kuntze 2018, S. 159). Analog kann das Aufzeigen der Beziehungen zwischen geometrischen Figuren zur Folge haben, dass umfassende Vorstellungen zu einem Begriff ausgebildet werden. So können Lernende durch das Ändern der Kantenlängen erfahren, dass ein Würfel ein spezieller Quader ist, bei dem die Kantenlängen gleich lang sind.

Viele Studien weisen auf erhebliche Defizite bei Lernenden im Umgang mit Größen hin, die sich teilweise auch in höheren Klassenstufen zeigen. So identifizieren Frenzel und Grund (1991a) beispielsweise mehrere Fehler, die Schülerinnen und Schüler bei Aufgabenbearbeitungen zum Umgang mit Größen zeigen und klassifizieren diese mit den folgenden Kategorien (S. 8):

1) Falsches Operieren mit Einheiten

   Verwechseln die Lernenden verschiedene Größenbereiche, werden den Größen sowie den Ergebnissen falsche Einheiten zugeordnet, zum Beispiel „Der Oberflächeninhalt eines Quaders beträgt 60 cm^3" (Frenzel & Grund 1991a, S. 7). Möglicherweise haben Lernende auch Schwierigkeiten mit dem Begriff *Oberflächeninhalt* und können daher keine passende Einheit zuordnen. Das Rechnen mit unverträglichen Einheiten, beispielsweise das Addieren und Subtrahieren von Größen verschiedener Größenbereiche wird ebenfalls unter dieser Kategorie gefasst. Werden die Rechnungen mit unverträglichen Einheiten dennoch durchgeführt, werden sinnlose Einheiten erzeugt, wie auch das folgende Beispiel zeigt. Für den Flächeninhalt eines Rechtecks gibt ein Schüler folgende Lösung an: „$A = 100$ cm^4" (siehe Frenzel & Grund 1991a, S.7).

---

[71] Nach Weigand (2018) liegt ein Begriffsverständnis vor, wenn Lernende über Verständnis zum Begriffsinhalt, Begriffsumfang und Begriffsnetz verfügen (S. 85). Hinsichtlich des Begriffsinhalts besitzen Lernende Vorstellungen über Eigenschaften eines Begriffs und deren Beziehungen untereinander. Haben Lernende einen Überblick über die Gesamtheit der Objekte, die unter einen Begriff zusammengefasst werden, besitzen sie einen ausreichenden Begriffsumfang. Können Lernende Beziehungen zwischen dem Begriff und anderen Begriffen aufzeigen, ist das Begriffsnetz ausgebildet (Weigand 2018, S. 85).

2) Fehler beim Umrechnen
    Eine häufige Schwierigkeit, die bei Lernenden auftritt, ist das Verwenden falscher
    Umrechnungszahlen beim Umrechnen von Einheiten wie beispielsweise
    „40 cm² = 4000 dm²" (Frenzel & Grund 1991a, S. 7). Möglichweise verwechselt der
    Schüler oder die Schülerin hier jedoch auch die Maßeinheiten, was zum falschen Er-
    gebnis führt. Auch das Verwenden falscher Rechenoperationen um Einheiten umzu-
    rechnen wird unter dieser Kategorie gefasst.

3) Falsches Umgehen mit Gleichungen (Formeln)
    Diese Kategorie umfasst das falsche Aufstellen von Formeln, um gesuchte Größen zu
    berechnen (Frenzel & Grund 1991a, S. 8). Wie bereits beschrieben wurde, brauchen
    Lernende Kenntnisse über Eigenschaften geometrischer Figuren, um passende For-
    meln zur Berechnung von Längen, Flächen- und Rauminhalten zu generieren.

4) Nichtbeachten sinnvoller Resultate
    Das Verwenden unzweckmäßiger Einheiten wurde bereits unter Punkt 1) erläutert und
    kann ebenfalls in dieser Kategorie aufgeführt werden. Verwenden Lernende für die
    Rechnung falsche Einheiten, resultiert eine Maßeinheit, die nicht sinnvoll zu interpre-
    tieren ist. An dieser Stelle wird auch die Problematik angeführt, dass Lernende ihre
    Ergebnisse häufig nicht hinterfragen (Frenzel & Grund 1991a, S. 8). Insbesondere
    Sachaufgaben, die in einen konkreten Kontext eingebunden sind, geben Lernenden die
    Möglichkeit einer kritischen Reflexion der Ergebnisse. So können Lernende ihre Er-
    gebnisse reflektieren, indem sie die Maßzahl und die Maßeinheit auf ihre Gültigkeit
    überprüfen oder die berechnete Größe mit dem Kontext bzw. mit den angegebenen
    Größenangaben in der Aufgabenstellung vergleichen.

Neben den aufgeführten Kategorien führen Frenzel und Grund (1991a) auch fehlende Größenvorstellungen[72] auf, die über alle Kategorien hinweg zu Schwierigkeiten führen können
(S. 8). Ruwisch (2003) konnte in einer Interviewstudie mit Grundschulkindern feststellen,
dass Schülerinnen und Schüler teilweise nur unzureichend über passende Stützpunktvorstellungen verfügen. So berichtet beispielsweise ein Schüler aus der zweiten Klasse, dass
er in einer Sekunde seine Hausaufgaben machen kann (Ruwisch 2003, S. 224). Auch Winter (2000) stellte bereits 1976 in einer Befragung von Schülerinnen und Schüler der vierten
Klasse fest, dass Kinder zum Teil unrealistische Größenangaben zum Größenbereich *Längen* machen (S. 19). Demnach konnten nur 60 % der befragten Schülerinnen und Schülern
die Körpergröße eines erwachsenen Mannes korrekt einschätzen (Winter 2000, S.19). Die
Schülerinnen und Schüler, die über ungenügende Stützpunktvorstellungen verfügten, gaben Schätzungen zwischen 26 cm und 1840 cm an (Winter 2000, S.19).

---

[72] Als Größenvorstellungen subsummieren Franke und Ruwisch (2010) folgende Aspekte (S. 235):
    –   Zu Größenangaben passende Repräsentanten kennen;
    –   Zu alltäglichen Repräsentanten die passende Größenangabe kennen;
    –   Stützpunktwissen beim Schätzen, Problemlösen und im Alltag flexibel nutzen können.

5 Ableitung der Forschungsfragen

In diesem Kapitel sollen aus den bisher dargestellten theoretischen Grundlagen Forschungsfragen abgeleitet werden. Dazu werden zunächst die relevanten Theorieaspekte aus den vorherigen Kapiteln, die für diese Arbeit von Bedeutung sind, dargestellt und zusammengefügt (Abschnitt 5.1). Anschließend werden ausgehend von dem übergeordneten Ziel dieser Arbeit Forschungsfragen formuliert (Abschnitt 5.2), die dann im weiteren Verlauf der Arbeit untersucht werden.

5.1 Zusammenführung der relevanten Theorieaspekte

Um der Theorie-Praxis-Kluft im Lehramtsstudium entgegenzuwirken, sollten Lehramtsstudierende bereits im Studium die Möglichkeit erhalten, Praxiserfahrungen zu sammeln. Idealerweise absolvieren Lehramtsstudierende dafür im Studium längere Schulpraktika wie beispielsweise Praxissemester, die bereits in 11 von 16 deutschen Bundesländern eingeführt wurden (Ulrich et al. 2020, S. 2). Die mehrwöchigen Praktika sollen Lehramtsstudierenden die Gelegenheit geben, Theorie und Praxis zu verknüpfen, Kompetenzen zu entwickeln und ihren Berufswunsch zu evaluieren (Ulrich et al. 2020, S. 6). Hinsichtlich der Kompetenzentwicklung eignen sich die Praxissemester jedoch eher für die spätere Phase des Lehramtsstudiums, da Studierende dafür über umfangreiches fachliches und fachdidaktisches Wissen verfügen sollten (Ulrich et al. 2020, S. 6). Um Lehramtsstudierende bereits in der frühen Phase des Lehramtsstudiums in ihrer Kompetenzentwicklung zu fördern und ihnen die Möglichkeit zu geben ihr im Studium erworbenes Wissen praxisnah anzuwenden, sollten alternative Lernarrangements angeboten werden. In den letzten Jahren wurden dafür vermehrt Unterrichtsvideos eingesetzt (S. von Aufschnaiter & Welzel 2001, S. 8; Welzel & Stadler 2005, S. 7). Unterrichtsvideos sind durch ihre Authentizität zwar kognitiv belastend, reduzieren jedoch durch die Möglichkeit des Anhaltens, Vor- und Zurückspulens sowie mehrmaligen Anschauens die Komplexität von Unterrichtsprozessen, wie sie im Schulalltag einer Lehrkraft vorkommen. Da Novizinnen und Novizen bzw. Lehramtsstudierende Schwierigkeiten haben relevante Unterrichtsaspekte wahrzunehmen, zu interpretieren und adäquate Konsequenzen für den weiteren Lehr-Lernprozess abzuleiten (vgl. Abschnitt 2.3.2), stellen Analysen von videografierten Unterrichtsprozessen eine gute Möglichkeit dar, diagnostische Fähigkeiten bereits im Lehramtsstudium praxisnah zu fördern (vgl. Abschnitt 2.6). Der Diagnoseprozess (vgl. Abbildung 21) stellt eine wichtige Grundlage dar, um Merkmale von Lernenden zutreffend zu diagnostizieren und entsprechende Fördermaßnahmen für die Schülerinnen und Schüler zu entwickeln. Lehrkräfte können den Diagnoseprozess aufgrund des hohen Handlungsdrucks in Unterrichtssituationen, die nicht planbar sind, vermutlich nicht vollständig durchlaufen, und werden daher in solchen Situationen eher auf eine informelle Diagnostik zurückgreifen. Insbesondere angehende Lehrerinnen und Lehrer kann diese Art der Diagnostik zu Beginn des Berufseinstiegs vor

© Der/die Autor(en), exklusiv lizenziert durch
Springer Fachmedien Wiesbaden GmbH, ein Teil von Springer Nature 2022
P. Enenkiel, *Diagnostische Fähigkeiten mit Videovignetten und Feedback fördern*, Landauer Beiträge zur mathematikdidaktischen Forschung,
https://doi.org/10.1007/978-3-658-36529-5_5

große Herausforderungen stellen. Der Diagnoseprozess kann Lehramtsstudierenden jedoch helfen zu lernen den Fokus auf relevante Aspekte zu richten und Merkmale von Lernenden angemessen zu interpretieren. Dafür sollte die Perspektive der Videos auf die Schülerinnen und Schüler gerichtet sein, um individuelles Diagnostizieren zu ermöglichen.

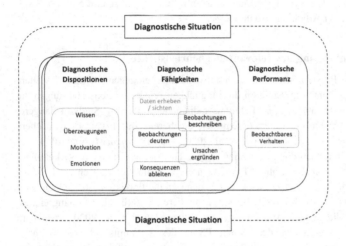

Abbildung 21. Diagnostische Kompetenz – Schwerpunkt 1

Um eine aktive Auseinandersetzung mit den Videos anzuregen und Studierende im Lernprozess (das Lernen zu diagnostizieren) zu unterstützen, sollten geeignete Instruktions- und Unterstützungsmaßnahmen zur Verfügung gestellt werden (vgl. Abschnitt 2.6). Für Lehrveranstaltungen, die von mehr als 200 Studierenden besucht werden, eignet sich eine videobasierte Lernumgebung, in der Lehramtsstudierende die Möglichkeit haben, ihre diagnostischen Fähigkeiten *selbstständig* zu entwickeln. Durch eine videobasierte Lernumgebung, wie beispielsweise ViviAn (vgl. Kapitel 6), können Studierende darüber hinaus auf Informationen zurückgreifen, über die auch eine Lehrkraft im Unterrichtsalltag verfügt. Durch die zusätzlichen Informationen haben Studierenden die Möglichkeit, sowohl die Lernergebnisse der Schülerinnen und Schüler (z.B. Ergebnisse von Aufgaben) als auch die Lernprozesse der Schülerinnen und Schüler (z.B. Dialoge zwischen den Schülerinnen und Schülern) zu analysieren, also sowohl Status- als auch Prozessdiagnostik zu betreiben.

Diagnoseaufträge, die von Studierenden bearbeitet werden, sollen durch die Videoanalyse leiten. Der Diagnoseprozess von Beretz et al. (2017a; 2017b) und C. von Aufschnaiter et al. (2018) ist sehr differenziert und erlaubt ein strukturiertes und schrittweises Diagnostizieren (vgl. die Komponenten in der Kompetenzfacette *Diagnostische Fähigkeiten* in Abbildung 21). Die Diagnoseaufträge, die in dieser Studie zum Tragen kommen, werden daher nach den Komponenten von Beretz et al. (2017a; 2017b) und C. von Aufschnaiter et al. (2018) erstellt (vgl. Abschnitt 6.7). Der Gegenstand der Diagnostik umfasst in dieser Arbeit überwiegend kognitive und themenspezifische Schülermerkmale. Der Umgang mit Größen ist ein wichtiger Bestandteil im Alltag und wird über die Schullaufbahn hinweg – von der Primarstufe bis hin zur Oberstufe – mehrmals thematisiert. Didaktische Stufenmodelle, die im Unterricht oftmals verwendet werden, um den Umgang mit Größen zu erarbeiten, stehen jedoch häufig in Kritik (vgl. Abschnitt 4.1.3). Eine sukzessive Abfolge der Schritte ist nämlich nicht immer sinnvoll und erscheint oftmals künstlich. Ziel hingegen sollte es sein, dass Schülerinnen und Schüler selbstständig erkennen in welchen Situationen welche Strategie sinnvoll anzuwenden ist. Vor diesem Hintergrund wurde ein Strategienraum (vgl. Abbildung 22) entwickelt, um Strategien zur Bestimmung von Längen, Flächen- und Rauminhalten zusammenzustellen und zu kategorisieren (vgl. Abschnitt 4.2.2.).

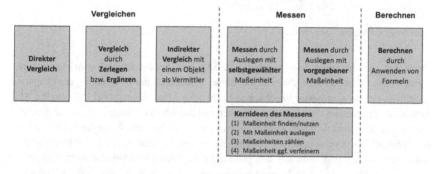

Abbildung 22. Strategienraum – Schwerpunkt 2

Der Strategienraum bildet Grundlage, um Fähigkeiten und Fertigkeiten von Schülerinnen und Schülern, sowie auch Schwierigkeiten, die mit den Strategien einhergehen (vgl. Abschnitt 4.3), zu identifizieren. Die Videovignetten in dieser Arbeit zeigen somit Arbeitsprozesse von Schülerinnen und Schülern aus verschiedenen Klassenstufen, die Strategien anwenden, um Längen, Flächen- und Rauminhalte zu bestimmen (vgl. Abschnitt 6.5). Um den Fokus der Studierenden auf die Fähigkeiten und Schwierigkeiten der videografierten Schülerinnen und Schüler zu lenken, beinhalten auch die Diagnoseaufträge spezifische Fragen zum Diagnosegegenstand *Bestimmung von Längen, Flächen- und Rauminhalten* (vgl. Abschnitt 6.7) und bilden damit fokussierte Arbeitsaufträge ab (vgl. Abschnitt 2.6).

Ein wichtiger Bestandteil des Lernens ist das Feedback. Feedback ist eine multidimensionale Instruktionsmaßnahme (vgl. Abbildung 23) und gilt als einer der größten Einflussfaktoren für erfolgreiches Lernen. Bereits in Abschnitt 2.6 wurde erläutert, dass Studierende eine Art von Rückmeldung bekommen sollten, um sich im Diagnostizieren zu verbessern. Aufgrund zeitlicher und organisatorischer Restriktionen ist es nicht möglich, allen

Studierenden ein persönliches und individualisiertes Feedback (elaboriertes Feedback) zu geben. Bisher konnten auch viele Studien zeigen, dass Feedback in Form von Musterlösungen (einfache Feedbackform) lernwirksam sein kann (vgl. Abschnitt 3.3.2).

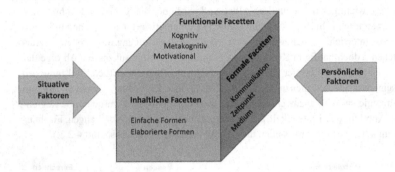

Abbildung 23. Feedback – Schwerpunkt 3

Da in der videobasierten Lernumgebung ViviAn eine Feedbackfunktion implementiert werden kann, erhalten die Studierenden in dieser Studie nach der Bearbeitung der Diagnoseaufträge ein automatisiertes Feedback in Form einer Musterlösung (vgl. Abschnitt 6.8). Durch das Vergleichen der eigenen Antworten mit den Musterlösungen sollen die Studierenden ihre diagnostischen Fähigkeiten entwickeln und verbessern. Wann die Studierenden das Feedback in der videobasierten Lernumgebung ViviAn erhalten sollten, ist bisher nicht untersucht worden und kann aus den bisherigen Forschungsergebnissen nicht deduziert werden (vgl. Abschnitt 3.3.1). Es wird angenommen, dass die Wirksamkeit des Feedbackzeitpunkts von situativen Aspekten und persönlichen Faktoren des Feedbackempfängers abhängig ist (vgl. Abbildung 23). So scheint insbesondere das Vorwissen des Feedbackempfängers einen Einfluss darauf zu haben, welcher Feedbackzeitpunkt lernwirksamer ist.

5.2   Formulierung der Ziele und Forschungsfragen

Das übergeordnete Ziel dieser Arbeit besteht darin, eine videobasierte Lernumgebung zu erstellen, mit der Mathematiklehramtsstudierende die Möglichkeit haben, ihre diagnostischen Fähigkeiten im Bereich *Bestimmung von Längen, Flächen- und Rauminhalten* zu entwickeln. Dazu soll die videobasierte Lernumgebung ViviAn (vgl. Bartel in Vorb., Kapitel 6) adaptiert werden. Um zu überprüfen, ob die Arbeit mit der videobasierten Lernumgebung zu einer Lernentwicklung diagnostischer Fähigkeiten im Bereich *Bestimmung von Längen, Flächen- und Rauminhalten* beitragen kann, wird eine Interventionsstudie durchgeführt, in der die Studierenden in der Interventionsphase Trainingsvignetten mit Feedback bearbeiten.

Die Überprüfung der Lernentwicklung erfordert ein Testinstrument, das die diagnostischen Fähigkeiten im Bereich *Bestimmung von Längen, Flächen- und Rauminhalten* abbilden kann.[73] Daher wird im Rahmen dieser Arbeit ein videobasiertes Testinstrument entwickelt und validiert, um mögliche Veränderungen bezüglich der diagnostischen Fähigkeiten der Studierenden im Bereich *Bestimmung von Längen, Flächen- und Rauminhalten* sichtbar zu machen. Dieses Testinstrument wird als Vor- und Nachtest eingesetzt.

Um die diagnostischen Fähigkeiten zu fördern, erhalten die Studierenden in der videobasierten Lernumgebung Feedback in Form einer Musterlösung. Die Frage, *wann* die Studierenden die Musterlösungen in der videobasierten Lernumgebung erhalten sollen, ist bisher noch unbeantwortet. So können die Musterlösungen sofort, also direkt nach der Bearbeitung eines jeden Diagnoseauftrages, oder verzögert, also nach der Bearbeitung mehrerer Diagnoseaufträge, dargeboten werden. Im Rahmen dieser Arbeit wird daher untersucht, ob das sofortige bzw. das verzögerte Feedback in Form einer Musterlösung unterschiedliche Effekte bei der Lernentwicklung diagnostischer Fähigkeiten erzeugt.[74] So soll die Frage geklärt werden, welcher Zeitpunkt der Feedbackgabe in der videobasierten Lernumgebung lernwirksamer ist.

Da die Wirksamkeit des Feedbackzeitpunktes möglicherweise auch von dem Vorwissen der Lernenden abhängig ist, soll des Weiteren untersucht werden, ob das fachliche und fachdidaktische Wissen der Studierenden möglicherweise einen Einfluss darauf hat, ob die Studierenden das Feedback in der videobasierten Lernumgebung sofort oder verzögert erhalten sollten. Um dies zu untersuchen, wurde ein fachdidaktischer Test entwickelt und validiert, der das fachdidaktische Vorwissen im Bereich *Bestimmung von Längen, Flächen- und Rauminhalten* erfassen soll (vgl. Abschnitt 8.4.2). Um Hinweise auf die Ausprägung des fachlichen Wissens der Studierenden zu erhalten, wurden die Mathematiklehramtsstudierende vor der Videoanalyse aufgefordert, die Arbeitsaufträge der videografierten Schülerinnen und Schüler selbst zu lösen. Die Analyse dieser Bearbeitungen soll Anhaltspunkte für die Ausprägung des fachlichen Vorwissens der Mathematiklehramtsstudierenden geben (vgl. Abschnitt 8.4.1).

Um weiter zu analysieren, wie die Mathematiklehramtsstudierenden das Feedback in Form der Musterlösungen in der videobasierten Lernumgebung wahrnehmen und für ihren Lernprozess nutzen, wurde ein Fragebogen entwickelt und validiert (vgl. Abschnitt 7.2, Abschnitt 7.3.2, Abschnitt 8.4.4 und Abschnitt 8.9). Die Ergebnisse sollen Aufschluss darüber geben, ob sich die Studierenden, die sofortiges bzw. verzögertes Feedback erhalten haben, in den dargestellten Aspekten unterscheiden. So können durch die eingesetzten Skalen zusätzliche Informationen eingeholt werden, um die Frage zu beantworten, welche

---

[73] Die Diagnosen, die die Studierenden bei der Bearbeitung der Diagnoseaufträge tätigen, stellen eigentlich eine diagnostische Performanz dar (vgl. Abbildung 21). In Anlehnung an das Arbeitsmodell zur diagnostischen Kompetenz von Herppich et al. (2017) können über die Performanz jedoch Rückschlüsse auf die Ausprägung diagnostischer Fähigkeiten geschlossen werden.

[74] Im Rahmen dieser Arbeit erhalten Studierende das sofortige Feedback in Form einer Musterlösung nach jedem einzelnen Diagnoseauftrag, den sie im Rahmen einer Videovignette bearbeiten. Studierende, die verzögertes Feedback bekommen, erhalten erst dann die Musterlösung, wenn sie alle Diagnoseaufträge zu einer Videovignette beantwortet haben. Dieser Aspekt wird in Abschnitt 6.8.3 ausführlich erläutert.

Feedbackform in Zukunft in ViviAn eingesetzt werden soll. Außerdem kann über die videobasierte Lernumgebung ViviAn die Zeitdauer erfasst werden, die die Studierenden auf den Musterlösungen verbringen, was einen möglichen Anhaltspunkt dafür darstellt, wie lange sich die Studierenden mit dem Feedback befassen.

Im Folgenden werden die Forschungsfragen dargestellt, die im Rahmen dieser Arbeit untersucht werden sollen. Auf die Formulierung konkreter Hypothesen wird verzichtet, da aus den dargestellten empirischen, teilweise widersprüchlichen, Befunden keine fundierten Forschungshypothesen aufgestellt werden können.[75]

Die Forschungsfragen beziehen sich auf die diagnostischen Fähigkeiten hinsichtlich der *Bestimmung von Längen, Flächen- und Rauminhalten* und werden im Folgenden zur besseren Lesbarkeit als *diagnostische Fähigkeiten* bezeichnet. Darüber hinaus beziehen sich die Forschungsfragen auf das Feedback *in Form einer Musterlösung*. Zur besseren Lesbarkeit wird diese Feedbackform in den Forschungsfragen als *Feedback* bezeichnet.

1) Förderung diagnostischer Fähigkeiten

Forschungsfrage 1: Können diagnostische Fähigkeiten von Mathematiklehramtsstudierenden mithilfe der videobasierten Lernumgebung ViviAn gefördert werden?

2) Wirksamkeit des Feedbackzeitpunktes

Forschungsfrage 2: Bewirkt das sofortige bzw. das verzögerte Feedback in der videobasierten Lernumgebung ViviAn unterschiedliche Effekte bei der Entwicklung diagnostischer Fähigkeiten von Mathematiklehramtsstudierenden?

3) Fachdidaktisches Wissen und Fachwissen als Einflussfaktoren

Forschungsfrage 3: Hat das Vorwissen (Fachdidaktisches Wissen und Fachwissen) der Mathematiklehramtsstudierenden einen Einfluss darauf, ob sofortiges bzw. verzögertes Feedback zu einem größeren Lerneffekt in den diagnostischen Fähigkeiten führt?

4) Gruppenunterschiede

Forschungsfrage 4: Existieren zwischen den Mathematiklehramtsstudierenden, die verzögertes Feedback erhalten haben, und denen, die sofortiges Feedback erhalten haben, Unterschiede im Umgang mit dem Feedback und im wahrgenommenen Nutzen dessen?

---

[75] Döring und Bortz (2016, S. 145) sowie Aeppli et al. (2011, S. 95) beschreiben, dass Hypothesen nur dann formuliert werden sollten, wenn sie sich auf eindeutige und etablierte Theorien oder gesicherte empirische Forschungsergebnissen stützen.

Für die Beantwortung der Forschungsfragen wurden unter anderem Videovignetten erstellt, Diagnoseaufträge formuliert und Feedback in Form von Musterlösungen entwickelt, mit denen die Studierenden ihre Antworten evaluieren konnten. Die Videovignetten, Diagnoseaufträge und Musterlösungen wurden anschließend in die videobasierte Lernumgebung ViviAn implementiert. Dieser Prozess wird im folgenden Kapitel detailliert dargestellt.

6 Das Videotool ViviAn

Das Videotool ViviAn (**Video**vignetten zur **An**alyse von Unterrichtsprozessen) ist eine computerbasierte Lernumgebung, die konzipiert wurde, um diagnostische Fähigkeiten von Lehramtsstudierenden zu fördern (Bartel in Vorb.; Bartel & Roth 2017a; https://vivian.unilandau.de/). Die Basis des Videotools bilden Videoaufnahmen aus dem Mathematik-Labor „Mathe ist mehr" der Universität Koblenz-Landau am Campus Landau, in dem Schülerinnen und Schüler in Gruppenarbeit mathematische Fragestellungen bearbeiten. Das Mathematik-Labor „Mathe ist mehr" ist 1) ein Schülerlabor (vgl. Abschnitt 6.1) aber auch 2) ein Lehr-Lern-Labor, das unter anderem zur Theorie-Praxis-Verknüpfung in der Lehramtsausbildung in Landau beiträgt (vgl. Abschnitt 6.2), sowie 3) ein Forschungslabor für die Unterrichtsforschung und die hochschuldidaktische Forschung der Arbeitsgruppe Didaktik der Mathematik (Sekundarstufen) (Roth 2017, S. 1277, vgl. Abschnitt 6.3). Das Videotool ViviAn (vgl. Abschnitt 6.4) ist dabei ein Bindeglied, da es sowohl als Trainingstool für Lehramtsstudierende zur Analyse von Lernprozessen eingesetzt wird als auch genutzt wird, um die diagnostischen Fähigkeiten von Studierenden zu erforschen.

6.1 Das Mathematik-Labor „Mathe ist mehr"

Das Mathematik-Labor „Mathe ist mehr" am Campus Landau der Universität Koblenz-Landau ist ein Schülerlabor, in dem Schülerinnen und Schüler anhand von gegenständlichen Materialien, Simulationen und adäquaten Arbeitsaufträgen mathematischen Fragestellungen selbstständig sowie problem- und handlungsorientiert nachgehen. Durch das forschende Lernen soll sowohl das Verständnis von Phänomenen aus dem Alltag und der Mathematik als auch das mathematische Grundlagenwissen verbessert werden (Roth 2013, S. 12). Die Themen der Laborstationen orientieren sich am Mathematiklehrplan von Rheinland-Pfalz, wodurch ein Besuch einen direkten Unterrichtsbezug hat und der schulische Unterricht eng mit der Arbeit im Mathematik-Labor verknüpft ist. Durch den direkten Lehrplanbezug wird das Mathematik-Labor nicht nur von speziellen Schülergruppen (wie etwa besonders interessierten Schülerinnen und Schülern), sondern von ganzen Klassen besucht (Roth 2013, S. 17). Das Mathematik-Labor bietet verschiedene mathematische Themen zur Bearbeitung an, die im Vorfeld von den betreuenden Lehrkräften ausgesucht werden. Die Laborstationen sind sowohl für das Gymnasium als auch für die Realschule plus[76] mit entsprechenden Vereinfachungen aufbereitet (vgl. https://www.mathe-labor.de/). Die Schwierigkeit einer Laborstation wird überwiegend über die Länge und Offenheit der Arbeitsaufträge variiert. Während die Arbeitsaufträge der Laborstationen für das Gymnasium möglichst offen gestaltet sind, sind die Arbeitsaufträge für die Realschule

---

[76] Die Realschule plus ist aus einer Zusammenlegung der Hauptschulen und Realschulen entstanden. Mit dieser Schulart werden den Schülerinnen und Schülern die Möglichkeiten hinsichtlich des angestrebten Schulabschlusses möglichst lange offengehalten (siehe auch https://realschuleplus.bildung-rp.de/).

Ergänzende Information Die elektronische Version dieses Kapitels enthält Zusatzmaterial, auf das über folgenden Link zugegriffen werden kann https://doi.org/10.1007/978-3-658-36529-5_6.

plus etwas geschlossener formuliert und bei besonders komplexen Aufgaben in mehrere Teilaufgaben untergliedert.

Die jeweiligen Laborstationen sind in drei Stationsteile gegliedert, an denen die Schülerinnen und Schüler jeweils 90 Minuten arbeiten. Schulen mit einer weiten Anreise haben die Möglichkeit die Station an einem Tag zu bearbeiten (Roth 2013, S. 18). Die Schülerinnen und Schüler arbeiten in Vierergruppen. Durch die Gruppenarbeit sollen Diskussionen angeregt, kooperatives Lernen gefördert und die Kommunikation geschult werden. Jeder Schüler und jede Schülerin erhält für den jeweiligen Stationsteil ein Arbeitsheft mit Arbeitsaufträgen, die sie durch die Station leiten. Diese Arbeitshefte dienen auch zur Dokumentation von Lösungswegen und Ergebnissen (Roth 2013, S. 16). Um die Gruppenarbeit zu fördern, arbeitet je eine Gruppe gemeinsam an Materialien bzw. Simulationen. Durch den Umgang mit den aufbereiteten Materialien erforschen die Schülerinnen und Schüler mathematische Sachverhalte und lernen ihre Bedeutung für den Alltag kennen. Die Simulationen fördern die Vernetzung von Erkenntnissen und helfen bei der Formalisierung mathematischer Inhalte. Bei Schwierigkeiten, die von der Gruppe nicht selbst gelöst werden können, haben die Schülerinnen und Schüler die Möglichkeit auf ein Hilfeheft mit gestuften Hilfen zurückzugreifen. Entsprechende Logos im Arbeitsheft (vgl. Abbildung 24) weisen auf das Hilfeheft oder auf die Verwendung von Simulationen und Materialien hin (Roth 2013, S. 16).

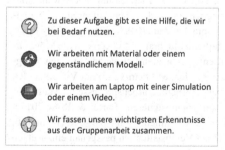

Abbildung 24. Logos zur Arbeit im Mathematik-Labor „Mathe ist mehr"

Wenn ein inhaltlicher Sinnabschnitt beendet wurde, werden die Schülerinnen und Schüler aufgefordert ihre Erkenntnisse in einem Gruppenergebnis zusammenzufassen und festzuhalten (Roth 2013, S. 17).

Während eines Stationsdurchlaufs bearbeitet eine Gruppe in einem separaten Raum die Arbeitsaufträge, die für die jeweilige Laborstation konzipiert wurden. Der Bearbeitungsprozess wird mit dem Einverständnis der Schülerinnen und Schüler (und gegebenenfalls der Eltern) von schräg oben videografiert. Diese Kameraperspektive ermöglicht „[...] sowohl die Betrachtung der gesamten Lerngruppe als auch die Fokussierung auf einzelne Lernende" (Bartel & Roth 2017a, S. 48). Spezielle Mikrofone zeichnen die Kommunikationen zwischen den Lernenden auf. Mit geeigneter Computersoftware kann darüber hinaus

auch die Arbeit der Schülerinnen und Schüler an dem Bildschirm des Laptops, beispielsweise die Arbeit mit den Simulationen, aufgezeichnet werden. Durch die Perspektive auf
die Gruppe und einzelne Lernenden eignen sich die Videoaufnahmen gut für die Förderung
diagnostischer Fähigkeiten, da sie Möglichkeit bieten, lernrelevante Merkmale individuell
hinsichtlich der Förderdiagnostik zu diagnostizieren (siehe auch C. von Aufschnaiter et al.
2017, S. 97).

6.2 Theorie-Praxis-Verknüpfung in der Lehramtsausbildung am Campus Landau

Neben dem Schülerlabor ist das Mathematik-Labor auch ein Lehr-Lern-Labor für Studierende in der Lehramtsausbildung in Landau (Roth 2015, S. 748; Roth 2017, S. 1277), das
in mehreren didaktischen Veranstaltungen in verschiedenen Formen involviert ist (für eine
Übersicht siehe Roth 2020). Die didaktischen Lehrveranstaltungen der Universität Koblenz-Landau am Campus Landau verteilen sich über das Bachelor- und Masterstudium und
bauen aufeinander auf (Bartel & Roth 2017a, S. 47). Im ersten Semester des Bachelorstu-
diums fungiert die Veranstaltung *Fachdidaktische Grundlagen* als Einführungsveranstaltung in die Didaktik der Mathematik. Darauf aufbauend besuchen die Mathematiklehramtsstudierenden die Veranstaltungen *Didaktik der Algebra*, *Didaktik der Geometrie* und *Didaktik der Zahlbereichserweiterungen*, in denen die entsprechenden Inhalte des Mathematikunterrichts, insbesondere auch die Möglichkeiten zur didaktischen Aufbereitung, behandelt werden (Modulhandbuch Mathematik Campus Landau 2019, S. 32).

Bereits im Bachelorstudium erhalten die Mathematiklehramtsstudierenden die Möglichkeit, das theoretische Wissen, das sie sich in entsprechenden Lehrveranstaltungen aneignen, in praxisnahen Lehr-Lernsituationen anzuwenden. Mit dem Videotool ViviAn sollen
die Studierenden ihr erworbenes Wissen nutzen, um Schülerarbeitsprozesse im Mathematik-Labor zu analysieren und Lernprozesse zu diagnostizieren (Bartel & Roth 2017a,
S. 47). Die Inhalte der Videovignetten decken unterschiedliche mathematische Themen ab,
wodurch es möglich ist, ViviAn in verschiedenen Veranstaltungen passgenau einzusetzen
(Roth 2017, S. 1279).

Im Masterstudium werden die Didaktikveranstaltungen durch die *Didaktik der Stochastik* sowie durch eine der beiden Veranstaltungen *Didaktik der Analysis* bzw. *Didaktik der
Linearen Algebra und Analytischen Geometrie* ergänzt (Modulhandbuch Mathematik
Campus Landau 2019, S. 43). Eine Vernetzung findet am Ende des Studiums in einer
Wahlpflichtsveranstaltung statt (Bartel & Roth 2017a, S. 48). Die Mathematiklehramtsstudierenden können zwischen dem *Fachdidaktischen Forschungsseminar* und dem *Didakti-
schen Seminar* wählen (Modulhandbuch Mathematik Campus Landau 2019, S. 20). Im
fachdidaktischen Forschungsseminar werden theoretische Grundlagen für qualitative und
quantitative Forschungsmethoden gelegt und anschließend an praktischen Bespielen der
Mathematikdidaktik angewendet. Im didaktischen Seminar konzipieren die Studierenden
Laborstationen für das Mathematik-Labor oder überarbeiten bestehende Lernumgebungen
(Modulhandbuch Mathematik Campus Landau 2019, S. 43f.). In diesem Prozess erhalten

die Studierenden kontinuierlich Unterstützung und Rückmeldung von Lehrpersonen und Mitarbeitern des Mathematik-Labors „Mathe ist mehr". Nach der Konzeption der Laborstation wird die Lernumgebung mit einer Schulklasse erprobt, reflektiert und gegebenenfalls erneut überarbeitet (Walz & Roth 2018, S. 1916). Während eines Labordurchlaufs haben die Studierenden die Möglichkeit die Gruppenarbeitsprozesse der Lernenden in einem separaten Raum per Videoübertragung in Echtzeit mitzuverfolgen und zu analysieren. Bei Schülerschwierigkeiten werden sie dazu angehalten, in den Lernprozess der Schülerinnen und Schüler zu intervenieren, falls sie das als notwendig empfinden (Walz & Roth 2017, S. 1369). So sollen die Studierenden bereits in ihrem Lehramtsstudium lernen, Schülerarbeitsprozesse zu analysieren, Interventionsentscheidungen zu treffen und Fördermaßnahmen adäquat zu gestalten. In anschließenden Reflexionsgesprächen tauschen sich die Studierenden über den Labordurchlauf aus und reflektieren über ihre getätigten Unterstützungsmaßnahmen (Walz & Roth 2017, S. 1369).

6.3 Forschung am Campus Landau

Die Videoaufnahmen des Mathematik-Labors werden auch zu Forschungszwecken in verschiedenen Bereichen der Arbeitsgruppe Didaktik der Mathematik (Sekundarstufen) in Landau genutzt: Oechsler und Roth (2017) analysieren anhand der Videoaufnahmen, welche fachlichen bzw. fachsprachlichen Aspekte in mündlichen Interaktionsprozessen von Schülerinnen und Schülern auftreten und von welchen Faktoren diese abhängen. Der Forschungsschwerpunkt liegt dabei auf der Schüler-Schüler-Interaktion und lässt sich somit in die Unterrichtsforschung einbetten.

Im Rahmen des didaktischen Seminars im Masterstudium wurde in einem Forschungsprojekt untersucht, welchen Einfluss diagnostische Fähigkeiten von Mathematiklehramtsstudierenden auf ihre Interventionen hat, die sie bei der Betreuung des Mathematik-Labors tätigen und ob zwischen der Ausprägung diagnostischer Fähigkeiten und dem Reflexionsverhalten der Studierenden Zusammenhänge feststellbar sind (vgl. Walz 2020).

In weiteren Forschungsprojekten der Arbeitsgruppe Didaktik der Mathematik (Sekundarstufen) der Universität Landau wird untersucht, inwiefern sich diagnostische Fähigkeiten von Studierenden mithilfe von Videovignetten fördern lassen (vgl. Bartel & Roth 2017b; Enenkiel & Roth 2017; Hofmann & Roth 2017). In den jeweiligen Studien wird auf das Videotool ViviAn zurückgegriffen, das im Hinblick auf die Lehramtsausbildung viele Vorteile mit sich bringt (vgl. Abschnitt 6.9). Das Mathematik-Labor ist somit auch ein Forschungslabor, da Lernaktivitäten sowohl von Schülerinnen und Schülern als auch von Studierenden analysiert werden (Roth 2017, S. 1277)

6.4 Die Benutzeroberfläche von ViviAn

Die Vorteile des Einsatzes von Videos in der Lehramtsausbildung wurden bereits in Abschnitt 2.6 beschrieben. Das Videotool ViviAn wurde entwickelt, um Studierenden die

Möglichkeit zu geben, ihr theoretisches Wissen zur Diagnose von unterrichtsnahen Schülerarbeitsprozessen zu nutzen (vgl. https://vivian.uni-landau.de, Bartel & Roth 2017a, S. 44). Insbesondere bei Großveranstaltungen, die von mehr als 200 Studierenden besucht werden, ist der Rückgriff auf ein Videotool sinnvoll, das auch online genutzt werden kann.

In der Mitte der Benutzeroberfläche von ViviAn (vgl. Abbildung 25) befindet sich eine Videosequenz, die authentische Gruppenarbeitsphasen eines Stationsdurchlaufes des Mathematik-Labors „Mathe ist mehr" zeigt. Die Videosequenzen können von den Studierenden gestartet, angehalten sowie vor- und zurückgespult werden[77] (Bartel & Roth 2017a, S. 49). Da die Studierenden den Stationsdurchlauf nicht mitbetreut haben, handelt es sich für die Studierenden um fremde Videosequenzen.

Abbildung 25. Benutzeroberfläche von ViviAn

In Abschnitt 2.6 wurde erläutert, dass bei der Analyse von fremden Videos oftmals entsprechende Kontextinformationen zur videografierten Unterrichtssituation fehlen. Neben der Videosequenz stehen den Studierenden daher weitere Informationen zur Verfügung, über die eine Lehrkraft im Schulalltag ebenfalls verfügt (Bartel et al. 2018, S. 379). Die Informationen können über die Buttons, die um die Videosequenz angeordnet sind, eingeholt werden. Durch das Klicken der jeweiligen Buttons öffnen sich entsprechende Pop-up-

---

[77] Wird das Maß der Ausprägung diagnostischer Fähigkeiten der Studierenden erfasst, können die Videosequenzen nur einmal angeschaut, nicht gestoppt sowie nicht vor- und zurückgespult werden, um den Unterrichtsalltag einer Lehrkraft praxisnah abzubilden. In Phasen, in denen die Studierenden mit den Videosequenzen ihre diagnostischen Fähigkeiten trainieren sollen, ist es zwingend notwendig, dass die Studierende die Videosequenz anhalten, vor- und zurückspulen, sowie mehrmals anschauen können, damit sie ihre getätigten Diagnosen (anhand des Feedbacks) reflektieren können.

Fenster, die einzeln bewegt, angeordnet und wieder geschlossen werden können (vgl. Bartel & Roth 2017a, S. 48ff.): Über den Button *Lernumgebung: Thema und Ziele* erhalten die Studierenden Informationen über die Inhalte der Laborstation, die Ziele, die mit der Laborstation erreicht werden sollen, sowie auch Informationen über das Vorwissen, das die Lernenden benötigen, um die Laborstation bearbeiten zu können. Informationen über den Lernprozess der Schülerinnen und Schüler, die in dem Video zu sehen sind, können über die *Schülerebene* auf der linken Seite der Benutzeroberfläche eingeholt werden. Über den Button *Arbeitsauftrag* können die Studierenden den Arbeitsauftrag einsehen, an dem die Schülerinnen und Schüler in der Videosequenz arbeiten. Der Button *Material* öffnet Fotos der gegenständlichen Materialien, mit denen die Schülerinnen und Schüler arbeiten. Wenn die Schülergruppe mit einer Simulation arbeitet, kann diese ebenfalls über diesen Button aufgerufen werden. Die Studierenden haben dann die Möglichkeit, die Simulation zu bedienen, die die Lernenden in der Videosequenz nutzen. Durch den Button *Schülerdokumente* können die Studierenden die Mitschriften der einzelnen Schülerinnen und Schüler in den jeweiligen Arbeitsheften einsehen. Die Mitschriften können innerhalb des Pop-up-Fensters miteinander verglichen werden (vgl. linkes Pop-up-Fenster in Abbildung 26).

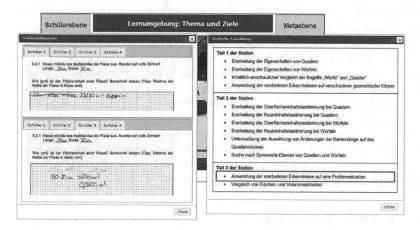

Abbildung 26. Pop-up-Fenster in ViviAn

Über die Buttons der Metaebene, die auf der rechten Seite des Videos angeordnet sind, erhalten die Studierenden Hintergrundinformationen zu den Lernenden in der Videosequenz. Das Betätigen des Buttons *Schülerprofile* öffnet eine Tabelle, aus der Informationen über die Schulart und die Klassenstufe der jeweiligen Schülerinnen und Schüler eingeholt werden können. Der Sitzplan unterhalb dieses Buttons zeigt die Sitzordnung der Lernenden innerhalb der Videosequenz. Um die Anonymität der Lernenden zu wahren und dennoch eine Zuordnung zu den Schülerinnen und Schülern innerhalb von ViviAn zu ermöglichen, werden diese mit „S1", „S2", „S3" und „S4" bezeichnet[78]. Die Bezeichnungen finden sich auch als Marker in der Videosequenz (vgl. Abschnitt 6.5.3) und in den entsprechenden Diagnoseaufträgen (vgl. Abschnitt 6.7.2) wieder. Der Button *Zeitliche Einordnung* öffnet eine Tabelle, in der die Inhalte der einzelnen Stationsteile aufgelistet sind. Durch einen roten Rahmen wird hervorgehoben, an welchem inhaltlichen Thema die Lernenden gerade arbeiten. So können die Studierenden auch einsehen, an welchen Themen die Lernenden vor bzw. nach der Videosequenz gearbeitet haben bzw. arbeiten werden (vgl. rechtes Pop-up-Fenster in Abbildung 26).

Durch das Betätigen des Buttons *Diagnoseauftrag* öffnet sich unterhalb von ViviAn ein Fenster mit den entsprechenden Diagnoseaufträgen, die für die jeweilige Videovignette zu bearbeiten sind. Die Diagnoseaufträge fokussieren spezifische inhaltliche Aspekte der Videosequenz und variieren nach den jeweiligen Themengebieten (Bartel & Roth 2017a, S. 50).

In bisherigen Forschungsprojekten wurden für die Themengebiete *Bruchzahlen* (vgl. Bartel & Roth 2017b), *Funktionen* (vgl. Hofmann & Roth 2017) und *Terme* (vgl. Walz & Roth 2017; 2018) Videovignetten und dazugehörige Diagnoseaufträge erstellt und in ViviAn eingebettet. Aus Kapitel 4 geht hervor, dass das Vergleichen, Messen und Berechnen von Längen, Flächen- und Rauminhalten ein relevantes Themengebiet der Geometrie darstellt und auch für den Alltag von großer Bedeutung ist. Mit der *Bestimmung von Längen, Flächen- und Rauminhalten* gehen häufig Schülerschwierigkeiten einher (vgl. Abschnitt 4.3), insbesondere dann, wenn das Bestimmen von Größen vorschnell auf die Nutzung von Formeln reduziert wird (Kuntze 2018, S. 159). Um Studierende für die Diagnose in diesem Themengebiet zu sensibilisieren, wurden in dieser Studie Lernprozesse fokussiert, in denen sich Schülerinnen und Schüler mit Aufgaben zur Bestimmung von Größen auseinandersetzen. Der Diagnosegegenstand ist in dieser Studie somit auf kognitive Schülermerkmale bei der Anwendung von Strategien zum Vergleichen, Messen und Berechnen von Längen, Flächen- und Rauminhalten bezogen. Dafür wurden Videosequenzen mit Zusatzmaterialien, Diagnoseaufträge und entsprechende Musterlösungen erstellt, die anschließend in das Videotool ViviAn eingebettet wurden.

6.5   Erstellung der Videosequenzen

Aufgrund den Rahmenbedingungen im Mathematik-Labor „Mathe ist mehr" (vgl. Abschnitt 6.1) sind die Videoaufnahmen der Gruppenarbeiten jeweils etwa 90 Minuten lang. Das Analysieren der vollständigen Videoaufnahmen würde die Studierenden kognitiv stark beanspruchen. Darüber hinaus bieten die Videoaufnahmen zu viele Informationen, als dass adäquate und genaue Diagnosen getroffen werden könnten. Auch aus Abschnitt 2.6 geht hervor, dass die Fokussierung auf bestimmte Inhalte sowie die Darbietung kürzerer Videosequenzen, also modifizierte Videosequenzen, für die Lehramtsausbildung weitaus

---

[78] Das „S" steht für Schülerin bzw. Schüler.

zielführender ist. Im Rahmen der vorliegenden Studie erfolgte die Erstellung dieser Videosequenzen in einem mehrstufigen Prozess, der in den folgenden Abschnitten dargestellt wird.

6.5.1 Sichtung des bisherigen Videomaterials

Im ersten Schritt wurden Videoaufnahmen aus Laborstationen ausgewählt, in denen gefordert wurde, dass Schülerinnen und Schüler Längen, Flächen- und Rauminhalte bestimmen. Dies war primär eine Laborstation aus der Geometrie für Schülerinnen und Schüler der fünften und sechsten Klassenstufe (Station *Von Zuckerwürfeln und Schwimmbecken*), in der sich Lernende die Begriffe Würfel und Quader erarbeiten und die entsprechenden Flächen- und Rauminhaltsformeln anhand von Materialien und Simulationen herleiten sollen. Des Weiteren wurden auch Videoaufnahmen aus Laborstationen zur Sichtung herangezogen, die keinen direkten Bezug zu dem Strategienraum haben. In der Station *Mathematik auf dem Maimarkt* beispielsweise, die für Schülerinnen und Schüler der siebten und achten Klassenstufe konzipiert ist, liegt der Fokus auf dem Aufstellen und Umwandeln von einfachen Termen. In einem der drei Stationsteile haben die Lernenden jedoch die Aufgabe, entsprechende Formeln für den Flächeninhalt und den Umfang von zusammengesetzten Figuren aufzustellen. Dieser Stationsteil diente als Grundlage für die Sichtung des Videomaterials. In der Station *USA – ein Land der unbegrenzten Möglichkeiten?* bearbeiten Schülerinnen und Schüler der Oberstufe das Thema *Integralrechnung*. Als Einstieg in die Thematik dient die näherungsweise Bestimmung der Fläche der USA durch das Auslegen mit Quadraten und Rechtecken. Daher wurden auch die Videoaufnahmen dieser Stationsbearbeitung für die erste Sichtung herangezogen.

Im nächsten Schritt wurden Sequenzen ausgewählt, in denen Strategien zum Vergleichen, Messen und Berechnen von Längen, Flächen- und Rauminhalten angewendet werden. Darüber hinaus wurde analysiert, welche Fähigkeiten und Schwierigkeiten einzelne Schülerinnen und Schüler im Lernprozess zeigen und welche möglichen Ursachen diesen zugrunde liegen. Als weiteres Auswahlkriterium wurde die Ton- und Bildqualität der Videosequenzen herangezogen. Teilweise wiesen die Videos auditives „Rauschen", Verpixelungen oder „Ruckeln" im Video auf, das die Wahrnehmung der Gruppengespräche sowie das Beobachten der haptischen Vorgehensweisen der Lernenden erschweren kann. Neuere Videoaufnahmen verfügen seltener über solche Mängel und eignen sich daher besser zur Erstellung von Videovignetten.

Mithilfe eines Videobearbeitungsprogramms wurden die ausgewählten Videosequenzen geschnitten. Dabei wurde darauf geachtet, dass diese eine Laufzeit von vier Minuten nicht überschreiten, um einer kognitiven Überforderung auf Seiten der Studierenden entgegenzuwirken.

6.5.2 Generierung neuer Videosequenzen

Da das Lösen der Arbeitsaufträge in den vorhandenen Laborstationen im Mathematik-Labor „Mathe ist mehr" nur einen kleinen Teil der Strategien zum Vergleichen, Messen und Berechnen von Längen, Flächen- und Rauminhalten voraussetzte, beschränkten sich die bisher ausgewählten Videoinhalte auf wenige Strategien. Daher wurde eine Kurzstation[79] mit entsprechenden Arbeitsaufträgen entwickelt, um Videosequenzen zu erhalten, die über eine gewisse Strategienvielfalt verfügen. Die Generierung neuer Videosequenzen erfolgte in mehreren Schritten:

1) Die Laborstation „Wir bauen einen Zoo" als Basis der Kurzstation

Im Rahmen einer Bachelorarbeit von Tobias Gab wurde eine Laborstation zum Thema Umfang und Flächeninhalt für die Primarstufe entwickelt. In dieser Laborstation sollen Schülerinnen und Schüler die Begriffe *Umfang* und *Flächeninhalt* erarbeiten sowie den Flächeninhalt und den Umfang von einfachen Figuren bestimmen. Einzuordnen ist das Thema in den Bildungsstandards der Primarstufe unter den Leitideen *Raum und Form* und *Größen und Messen* (Kultusministerkonferenz 2004, S. 10f.): Schülerinnen und Schüler sollen Flächeninhalte ebener Figuren durch Zerlegen, Vergleichen bzw. Auslegen mit Einheitsflächen messen sowie Umfang und Flächeninhalte von ebenen Figuren untersuchen. Die Aufgabenstellungen in dieser Station fördern zum Teil das Anwenden entsprechender Strategien und wurden daher als Grundlage für das Erstellen einer Kurzstation herangezogen. Um Interesse und Motivation der Schülerinnen und Schüler altersgerecht zu fördern, ist die Laborstation in eine Geschichte eingebettet, in der ein Geschwisterpaar seinem Vater hilft, einen Zoo aufzubauen.

2) Entwicklung der Aufgaben für die Kurzstation

Die Kurzstation, die aus der Laborstation entwickelt wurde, gliedert sich in vier Aufgaben, die das Anwenden von Strategien zum Bestimmen von Längen, Flächen- und Rauminhalten fordern und fördern sollen. Die Aufgabenstellungen sind offen formuliert, sodass die Schülerinnen und Schüler selbst entscheiden können, mit welcher Strategie sie die Aufgaben lösen wollen. Die Aufgaben werden im Folgenden kurz dargestellt.[80]

Aufgabe 1

Im ersten Aufgabenteil (*„Findet heraus, in welchem Gehege die Tiere mehr Platz haben. Vergleicht dafür immer die Gehege, die für die gleiche Tierart gedacht sind."*) sollen die Schülerinnen und Schüler Repräsentanten hinsichtlich ihrer Flächeninhalte miteinander vergleichen. Für jedes Tier stehen zwei Gehege (rot und blau) zur Verfügung, die hinsichtlich des Flächeninhalts miteinander verglichen werden sollen (vgl. Abbildung 27).

---

[79] Eine Kurzstation ist so konzipiert, dass sie in 90 Minuten erarbeitet werden kann.
[80] Die vollständige Kurzstation ist im Anhang A im elektronischen Zusatzmaterial beigefügt.

Abbildung 27. Materialien für Aufgabe 1 aus der Station „Wir bauen einen Zoo"

Durch entsprechende Lückentexte (z.B. *„Die Löwen haben mehr Platz im* _____ *Ge-hege. "*) sollen die Schülerinnen und Schüler die Flächeninhalte in Relation zueinander set-zen. Als Materialien stehen ihnen die Gehege, Stift und Schere zur Verfügung. Den Ler-nenden ist somit selbst überlassen, ob sie die Flächeninhalte durch Augenmaß vergleichen, einen direkten Vergleich durch das Aufeinanderlegen der Gehege durchführen oder die Gehege in geeignete Teilfiguren zerschneiden und diese miteinander vergleichen, also ei-nen *Vergleich durch Zerlegen* durchführen. Im Anschluss sollen die Schülerinnen und Schüler ihre Ergebnisse in einem Gruppenergebnis zusammenfassen sowie über ihre Vor-gehensweise diskutieren und reflektieren.

Aufgabe 2

In der zweiten Aufgabe sollen die Schülerinnen und Schüler ebenfalls den Flächeninhalt verschiedener Gehege miteinander vergleichen. Die Gehege sind jedoch so gestaltet, dass ihre Flächen nicht durch einen *direkten Vergleich* miteinander verglichen werden können. Sinnvoll wäre hier die Flächen zu zerlegen und die einzelnen Teilflächen miteinander zu vergleichen. Daher sind auf den Flächen Linien eingezeichnet, die die Idee des Zerlegens anregen sollen (vgl. Abbildung 28).

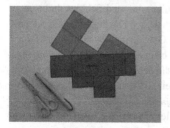

Abbildung 28. Materialien für Aufgabe 2 aus der Station „Wir bauen einen Zoo"

Auch hier ist die Aufgabenstellung („Diskutiert in der Gruppe, wie Tina herausfinden kann, ob das rote oder das blaue Gehege größer ist. Schreibt eure Lösungsidee hier auf.") offen formuliert, um eine Diskussion zwischen den Schülerinnen und Schülern anzuregen. Als Materialien stehen den Schülerinnen und Schülern die Gehege sowie Stift und Schere zur Verfügung. Die Antworten der Schülerinnen und Schüler werden wieder in einem Lückentext („Die Affen haben mehr Platz im _____ Gehege") festgehalten. Auf einen Arbeitsauftrag, bei dem die Schülerinnen und Schüler ihre Antwort begründen sollen, wird an dieser Stelle verzichtet, da zum einen bereits zu Beginn der Aufgabe Lösungsideen notiert werden sollten und zum anderen darauf geachtet wurde, dass der Zeitaufwand für das schriftliche Festhalten der Ergebnisse für Schülerinnen und Schüler der Primarstufe geringgehalten wird.

Aufgabe 3
Die dritte Aufgabe („*Messt den Flächeninhalt der folgenden Gehege aus. Legt dafür die Gehege mit Einheitsquadraten aus und bestimmt die Anzahl der Einheitsquadrate, die ihr für die Fläche benötigt*") dient der Einführung in das *Messen durch Auslegen mit Einheitsquadraten*. Den Schülerinnen und Schülern stehen dazu verschiedene Gehege als Flächen zur Verfügung, die ganzzahlig mit den vorgegebenen Einheitsquadraten ausgelegt werden können (vgl. Abbildung 29).

Abbildung 29. Materialien für Aufgabe 3 aus der Station „Wir bauen einen Zoo"

Eine Fläche hat eine rechteckige Form, sodass die Schülerinnen und Schüler durch geschicktes Auslegen und Zählen erkennen können, dass sich dessen Flächeninhalt aus 5 Reihen zu je 6 Einheitsquadraten zusammensetzt. Da dieses Gehege im weiteren Verlauf der Aufgabe in einer Simulation erneut aufgegriffen wird, erscheint es sinnvoll, es bereits vorab zu behandeln. Entsprechende Lückentexte fordern die Schülerinnen und Schüler auf, den Flächeninhalt der verschiedenen Gehege in der Einheit „Einheitsquadrate" anzugeben (z.B. „*Für das Robbengehege werden _____ Einheitsquadrate benötigt.*"). Auf Grundlage ihrer Ergebnisse sollen die Schülerinnen und Schüler entscheiden, welches Gehege den größten Flächeninhalt hat.

Eine Simulation am Ende der Aufgabe (aufrufbar unter https://www.geogebra.org/m/Sj2wagKe), die mithilfe der dynamischen Geometrie-Software GeoGebra erstellt wurde, soll die Schülerinnen und Schüler dazu anregen, eine Flächeninhaltsformel für das rechteckige Gehege zu generieren („*Nutzt Simulation 1. Wie kann die Anzahl der*

Einheitsquadrate für das Schildkrötengehege bestimmt werden, ohne alle Einheitsquadrate zu zählen? Schreibt eure Idee hier auf."). In der Simulation ist das rechteckige Gehege, das die Schülerinnen und Schüler bereits von der vorherigen Teilaufgabe kennen, eingebettet (vgl. Abbildung 30). Durch das Betätigen des Schiebereglers füllt sich die erste Reihe des Geheges einzeln mit Einheitsquadraten. Wenn die erste Reihe mit Einheitsquadraten ausgefüllt ist, werden nacheinander weitere vier Reihen zu je sechs Einheitsquadraten ausgelegt, um zu veranschaulichen, dass sich der Flächeninhalt des Rechtecks aus fünf Reihen zu je sechs Einheitsquadraten zusammensetzt. Durch Betätigung der Hilfekästchen in der Simulation werden den Schülerinnen und Schülern gestufte Hilfen angeboten, um eine passende Flächeninhaltsformel zu generieren. Beim Aktivieren des ersten Hilfekästchens (vgl. mittlere Darstellung in Abbildung 30) werden die Lernenden aufgefordert anzugeben, wie viele Einheitsquadrate in eine Reihe passen. Die zweite Hilfe regt Schülerinnen und Schüler dazu an, die Anzahl der Reihen zu zählen (vgl. rechte Darstellung in Abbildung 30). Durch die Hilfen sollen die Schülerinnen und Schüler die Idee generieren, dass die rechteckige Fläche durch fünf Reihen zu je sechs Einheitsquadraten (EQ) ausgelegt werden kann, also 6 EQ + 6 EQ + 6 EQ + 6 EQ + 6 EQ = 5 · 6 EQ = 30 EQ.

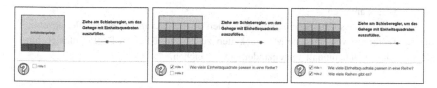

Abbildung 30. Simulation aus Aufgabe 3 aus der Station „Wir bauen einen Zoo"

Aufgabe 4

In der vierten Aufgabe sollen die Schülerinnen und Schüler aus kariertem, farbigen Papier ein eigenes Gehege gestalten und ausschneiden. Anschließend sollen sie die Gehege hinsichtlich ihrer Flächeninhalte miteinander vergleichen. Dazu stehen ihnen die Einheitsquadrate, die sie bereits aus Aufgabe 3 kennen, zur Verfügung (vgl. Abbildung 31).

Abbildung 31. Materialien für Aufgabe 4 aus der Station „Wir bauen einen Zoo"

Die Kästchen auf dem Papier können ebenfalls zur Messung herangezogen werden. Die Aufgabenstellung ist offen gestaltet, sodass die Schülerinnen und Schüler selbst entscheiden können, welche Strategie sie verwenden, um die Flächeninhalte ihrer Gehege zu vergleichen (*"Vergleicht jetzt eure Gehege miteinander. Welche Tierart hat die größte Fläche zum Leben? Welche Tierart hat die kleinste Fläche zum Leben?"*). In entsprechenden Lückentexten können die Schülerinnen und Schüler ihre Antwort festhalten.

Durch die Gestaltung des Materials und die Formulierung der Aufgabenstellung soll die Problematik erzeugt werden, dass die Schülerinnen und Schüler ihre Gehege nicht ganzzahlig auslegen können. So sollen die Lernenden die Idee entwickeln, die Einheit (hier die Einheitsquadrate) zu verfeinern, was eine der Kernideen des Messens darstellt (vgl. Abschnitt 4.2.2). Daher wurde die Größe der Kästchen auf dem Papier so gestaltet, dass eine Kante des Einheitsquadrates durch drei Kantenlängen der Kästchen ganzzahlig ausgefüllt werden kann; ein Einheitsquadrat wird also durch neun Kästchen des Papiers ausgefüllt. So ist den Schülerinnen und Schülern selbst überlassen, ob sie den Flächeninhalt ihrer Gehege durch die Anzahl der Kästchen, durch die Anzahl der Einheitsquadrate (gegebenenfalls durch die Angabe in einer dezimalen Schreibweise) oder durch zwei Einheiten (Anzahl der Einheitsquadrate und die Anzahl der Kästchen, die kein ganzes Einheitsquadrat mehr ergeben) angeben.

Im Rahmen eines Gruppenergebnisses werden die Schülerinnen und Schüler anschließend aufgefordert verschiedene Möglichkeiten zu beschreiben, um Repräsentanten hinsichtlich ihrer Flächeninhalte miteinander zu vergleichen.

3)   Durchführung der Kurzstation mit Schülerinnen und Schülern aus der Primarstufe

Die Kurzstation wurde im Sommer 2017 mit vier Schülerinnen und Schülern (zwei männlich, zwei weiblich) aus der dritten und vierten Klassenstufe durchgeführt. Die Stationsbearbeitung erfolgte außerhalb eines gängigen Mathematik-Labor-Durchlaufs, weshalb sich die Schülerinnen und Schüler nicht kannten. Für die Bearbeitung der Station benötigten die Schülerinnen und Schüler etwa 90 Minuten. Inhaltliche Probleme traten nur vereinzelt auf und konnten von den Schülerinnen und Schülern überwiegend eigenständig gelöst werden. Dennoch arbeitete die Gruppe eher unkonzentriert und lies sich häufig ablenken.

4)   Sichtung des Videomaterials der Kurzstation

Im Anschluss wurde das Videomaterial der Durchführung gesichtet. Einige Störfaktoren, wie etwa ein unterschiedliches Leistungsniveau, führten dazu, dass lediglich eine Videosequenz aus dem Videomaterial generiert werden konnte. Diese Videosequenz beinhaltet die Bearbeitung von Aufgabe 4. Wie vorab vermutet wurde, konnten die Schülerinnen und Schüler ihre selbst erstellten Gehege nicht direkt miteinander vergleichen und auch nicht ganzzahlig mit den Einheitsquadraten auslegen, wodurch zwischen den Gruppenmitgliedern eine intensive Diskussion entstand. Diese Videosequenz wurde mithilfe einer Computersoftware geschnitten. Störfaktoren (beispielsweise Gespräche über private Themen), die den gewünschten Diagnosefokus auf den Lernprozess der Schülerinnen und Schüler beeinträchtigte, wurden herausgeschnitten.

Aus dem vorliegenden Videomaterial der verschiedenen Laborstationen konnten insgesamt 15 Videosequenzen generiert werden. Da die Videovignetten im Rahmen des Selbststudiums parallel zur Veranstaltung bearbeitet werden sollten, konnten nicht alle 15 Videosequenzen für ViviAn verwendet werden. Um den im Modulhandbuch vorgesehenen Arbeitsaufwand für die Veranstaltung nicht zu überschreiten und dennoch einen Trainingseffekt zu erzielen, wurden aus den 15 Videosequenzen sechs Videosequenzen für die Intervention und zwei Videosequenzen für den Vor- und Nachtest ausgewählt.[81] Die Auswahl der Videosequenzen erfolgte aufgrund inhaltlicher und qualitativer Aspekte. So wurde darauf geachtet, dass in den Videosequenzen verschiedene Strategien eingesetzt wurden, Fähigkeiten und Schwierigkeiten der Lernenden gut zu erkennen waren und ausreichend miteinander kommuniziert und diskutiert wurde. Darüber hinaus sollte die Analyse der Lernprozesse der Schülerinnen und Schüler nicht maßgeblich durch Störfaktoren beeinträchtigt werden, weshalb Videosequenzen ausgeschlossen wurden, die viele Störungen (z.B. private Gespräche) beinhalteten. Videosequenzen mit einer unzureichenden Video- und Audioqualität wurden ebenfalls nicht weiter berücksichtigt.

6.5.3 Aufbereitung der Videosequenzen

Um die Verbalisierungen den einzelnen Schülerinnen und Schülern besser zuordnen zu können, wurden die Lernenden in der Videosequenz mit Markern versehen: Über die jeweilige Sprechdauer des Lernenden erscheint in dem Video bei dem Schüler oder bei der Schülerin ein gelbes Rechteck mit der jeweils passenden Bezeichnung „S1", „S2", „S3" oder „S4" (vgl. Abbildung 32).

Abbildung 32. Sprechmarker in den Videosequenzen

---

[81] Eine kurze Beschreibung der Videovignetten sowie die Transkripte sind im Anhang B1 im elektronischen Zusatzmaterial beigefügt. Darüber hinaus ist im Anhang B2 im elektronischen Zusatzmaterial eine Anleitung beigefügt, wie auf die Videovignetten in ViviAn zugegriffen werden kann.

Diese Benennungen werden an verschiedenen Stellen in ViviAn (auf der Benutzeroberflä-che und in den Diagnoseaufträgen) wieder aufgegriffen, um eine einheitliche Gestaltung zu gewährleisten.

Wenn in den einzelnen Videosequenzen Schnitte gemacht wurden, um Störfaktoren zu eliminieren, wurden die einzelnen Abschnitte mit einem Übergang versehen. Diese Ab-schnitte wurden mit den Bezeichnungen „Situation 1", „Situation 2" etc. versehen, die in den Übergängen angezeigt werden. In den Diagnoseaufträgen (vgl. Abschnitt 6.7) und im Feedback (vgl. Abschnitt 6.8) wird dann gegebenenfalls auf einzelne Situationen verwie-sen, wenn der Fokus auf den Inhalten der jeweiligen Abschnitte lag. Arbeitet die Lern-gruppe mit einer Simulation, wechselt die Perspektive im Video von der Kamera auf die Bildschirmaufnahme des Laptops, mit dem die Schülerinnen und Schüler arbeiten. So kann die Arbeit der Schülerinnen und Schüler mit der Simulation beobachtet werden. Damit die Studierenden auch weiterhin die Möglichkeit haben, die Interaktionen innerhalb der Gruppe zu beobachten, wird die verkleinerte Kameraperspektive weiterhin in der rechten unteren Ecke der Bildschirmaufnahme angezeigt (vgl. Abbildung 33).

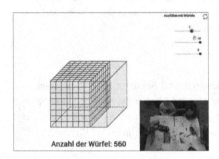

Abbildung 33. Arbeit mit Simulationen in den Videosequenzen

6.6   Erstellung der zusätzlichen Materialien

Lehrkräfte verfügen im Klassenraum im Allgemeinen über vielfältige Informationen. Durch die Aufbereitung ihres eigenen Unterrichts kennen sie die Inhalte und Lernziele, wissen an welchen Inhalten vor und nach der Unterrichtsstunde gearbeitet wurde bzw. wird und verfügen über ausreichendes Wissen über ihre Schülerinnen und Schüler. Wie in Ab-schnitt 6.4 beschrieben, können sich Studierende in ViviAn zusätzliche Informationen ein-holen, über die in der Regel auch eine Lehrkraft im Unterricht verfügt. Damit soll den Studierenden eine möglichst praxisnahe Lernumgebung bereitgestellt werden, in der sie ihre diagnostischen Fähigkeiten entwickeln können. Für die acht verschiedenen Videose-quenzen wurden daher zusätzliche Informationen für ViviAn aufbereitet. Diese umfassten 1) die Informationen über das Thema und die Ziele der Laborstation sowie das Vorwissen, das von den Lernenden für die Bearbeitung vorausgesetzt wurde, 2) die Lerninhalte, die vor und nach der Videosequenz erarbeitet wurden, 3) den Arbeitsauftrag, an dem die Schülerinnen und Schüler in der Videosequenz arbeiteten, 4) die Materialien oder Simulationen, die den Schülerinnen und Schülern in der gezeigten Videosequenz zur Verfügung standen, 5) die Mitschriften, die von den Schülerinnen und Schülern während der Videosequenz verfasst wurden und 6) Informationen über die Schülerinnen und Schüler der gezeigten Videosequenz, wie das Geschlecht, die Schulart und die Klassenstufe (vgl. Abschnitt 6.4). Die Informationen wurden nach den Kriterien des ViviAn-Layouts gestaltet und anschließend zusammen mit der Videosequenz in ViviAn eingebettet.

6.7 Erstellung der Diagnoseaufträge

Um eine aktive Auseinandersetzung mit den Videos zu fördern und die Studierenden durch die Videoanalyse zu führen, wurden Diagnoseaufträge entwickelt und in ViviAn eingebettet. In den folgenden Abschnitten wird erläutert, wie die Diagnoseaufträge in ViviAn eingebettet wurden (Abschnitt 6.7.1) und nach welchen inhaltlichen Kriterien sie entwickelt wurden (Abschnitt 6.7.2).

6.7.1 Einbettung in ViviAn

Durch das Betätigen des Buttons *Diagnoseauftrag* (vgl. Abbildung 25 in Abschnitt 6.4) öffnet sich unter ViviAn ein zusätzliches Fenster mit den entsprechenden Diagnoseaufträgen für die jeweilige Videovignette. Die Diagnoseaufträge sind in LimeSurvey (https://www.limesurvey.org/de) eingebettet, einer Open-Source-Software, die es ermöglicht, Onlineumfragen zu erstellen. Für jede Videovignette wurde eine eigene Umfrage mit entsprechender URL erstellt. Diese URLs, auf die durch das Klicken des Buttons *Diagnoseauftrag* zugegriffen wird, sind in ViviAn eingebettet. Die Umfragen wurden an das ViviAn-Layout angepasst.

6.7.2 Inhaltliche Komponenten der Diagnoseaufträge

Die Diagnoseaufträge für die acht Videovignetten wurden jeweils in Anlehnung an den Prozess des Diagnostizierens von Beretz et al. (2017a; 2017b) und C. von Aufschnaiter et al. (2018) (vgl. Abschnitt 2.3.2) entwickelt.[82] Da die Daten (im Rahmen dieser Studie sind das Videodaten) bereits erhoben und gesichtet sowie auf inhaltlich relevante Sequenzen reduziert und geschnitten wurden, fällt in der vorliegenden Studie die erste Komponente (geeignete Daten sichten/ selbst erheben) weg. So beschränkt sich der Diagnoseprozess im Rahmen der vorliegenden Studie auf die Komponenten, die in Abbildung 34 dargestellt sind.

---

[82] Die Diagnoseaufträge für die Videovignetten sind im Anhang C1 im elektronischen Zusatzmaterial beigefügt.

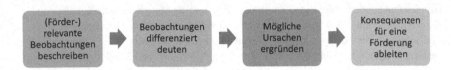

Abbildung 34. Diagnoseprozess im Verständnis dieser Arbeit (in Anlehnung an Beretz et al. 2017b und C. von Aufschnaiter et al. 2018)

Beretz et al. (2017b) deuten darauf hin, dass das Bilden von Fördermaßnahmen Ausgangspunkt für eine erneute Diagnose darstellen kann, da neue Daten generiert werden können, um zu überprüfen, ob die Fördermaßnahme wirksam war (S. 151). In der vorliegenden Studie sind die Lernprozesse bereits abgeschlossen. Eine Förderung durch eine Intervention, wie sie im Diagnoseprozess von Beretz et al. (2017b) beschrieben wird, ist somit nicht mehr möglich. Daher handelt es sich in dieser Studie um keinen zyklischen, sondern um einen sequentiellen Prozess. Das Bilden der Fördermaßnahmen ist somit nur das Ziel der Diagnose und stellt keinen Ausgangspunkt einer erneuten Diagnose dar.

Wie bei Beretz et al. (2017b) dienen die Komponenten (vgl. Abbildung 34) in den Diagnoseaufträgen als Strukturierung der diagnostischen Tätigkeiten (S. 166). Durch die Verwendung geeigneter Operatoren sollen die Studierenden durch die Videoanalyse geführt werden (siehe auch Beretz et al. 2017b, S. 166). Die Diagnoseaufträge, die im Rahmen dieser Arbeit erstellt wurden, sind überwiegend fokussierte Aufgaben (vgl. Abschnitt 2.6). Studierende können ihre Antwort zwar frei formulieren, ihre Aufmerksamkeit wird jedoch durch spezifische Aufgabenformulierungen auf inhaltliche Aspekte im Video gerichtet. Die Diagnoseaufträge werden im Folgenden erläutert:

(Förder-)relevante Beobachtungen beschreiben

In jeder Videovignette sollen die Studierenden im ersten Schritt ihre Beobachtungen beschreiben. Da das Beschreiben der Beobachtungen unabhängig von den spezifischen Inhalten der jeweiligen Videosequenzen erfolgt, wurde bei jeder Videovignette der selbe Diagnoseauftrag eingesetzt: *„Beschreiben Sie aus mathematikdidaktischer Perspektive die Situation die in der Videovignette zu sehen ist".*

Dieser Schritt dient der Zusammenführung relevanter Informationen, die aus den Beobachtungen gezogen werden können, und sollte neutral vollzogen werden. Um den Fokus auf fachdidaktische Aspekte zu lenken, werden die Studierenden aufgefordert, ihre Beobachtungen aus *mathematikdidaktischer Perspektive* zu beschreiben. Mit dem Diagnoseauftrag soll initiiert werden, dass die Studierenden ihre Beobachtungen erst einmal zusammenfassen, um auf dieser Grundlage im nächsten Schritt Deutungen vornehmen. Darüber hinaus kann man bereits an dieser Stelle erkennen, ob Studierende in der Lage sind, relevante Aspekte in der Lernsituation wahrzunehmen. Der Diagnoseauftrag hat ein offenes

Antwortformat, um Studierenden den Freiraum zu lassen, ihre Beobachtungen eigenständig zu formulieren (vgl. Abbildung 35).

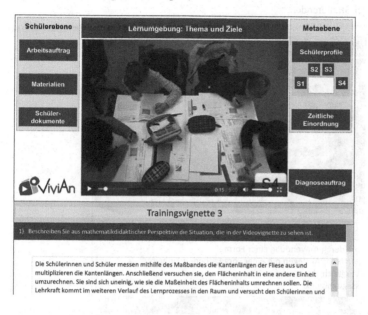

Abbildung 35. Diagnoseauftrag für die Komponente Beschreiben in ViviAn

Beobachtungen differenziert deuten

Im nächsten Schritt werden die Studierenden aufgefordert, ihre Beobachtungen unter Einbezug ihres fachlichen und fachdidaktischen Wissens einzuordnen. Anhand ihrer Beobachtungen sollen sie Fähigkeiten und Schwierigkeiten der einzelnen Schülerinnen und Schüler in der gezeigten Videosequenz erkennen und benennen. Da die Diagnoseaufträge für die Komponente Deuten von den Inhalten der jeweiligen Videosequenz abhängen, sind die Arbeitsaufträge für jede Videovignette anders. Exemplarische Diagnoseaufträge für diese Komponente lauten: *„Welche Vergleichs-, Mess- und Berechnungsstrategien wendet S1 an, um Aufgabe 1.2 zu lösen? Begründen Sie Ihre Aussage."* oder *„Welche Schwierigkeiten treten bei der Bearbeitung der Aufgabe auf? Begründen Sie Ihre Aussagen anhand Ihrer Beobachtungen aus der Videosequenz.".* Die Studierenden sollen an dieser Stelle Fähigkeiten, aber auch Schwierigkeiten der videografierten Schülerinnen und Schüler identifizieren, benennen und anhand ihrer Beobachtungen begründen können. Diagnoseaufträge für die Komponente *Deuten* können ein fokussiertes, offenes Antwortformat haben oder Multiple-Choice-Aufgaben sein. Nach dem Auswählen einer Antwort bei Multiple-Choice-Aufgaben werden die Studierenden jedoch aufgefordert, ihre Auswahl in einem freien Textfeld zu begründen (vgl. Abbildung 36). Zum einen soll dabei die Ratewahrscheinlichkeit minimiert werden, zum anderen erhält man so einen tieferen Einblick in die Denkprozesse der Studierenden.

Abbildung 36. Diagnoseauftrag für die Komponente Deuten in ViviAn

Mögliche Ursachen ergründen

Anschließend folgt die Suche nach möglichen Ursachen und Erklärungen für das gedeutete Verhalten. Die Studierenden sollen an dieser Stelle unter Einbezug ihres fachlichen und fachdidaktischen Wissens beispielsweise ergründen, welche Ursachen für einen Schülerfehler, der in der Videosequenz zu beobachten war, vorliegen könnten. Auch hier sind die Arbeitsaufträge von dem Inhalt der jeweiligen Videosequenz (sowie von dem vorherigen Diagnoseauftrag zu der Komponente Deuten) abhängig. Ein exemplarischer Diagnoseauftrag lautet: *„Welche Ursachen könnten diesen Schwierigkeiten zugrunde liegen?"*. Aus dem Verhalten, den Aussagen und dem Handeln der videografierten Schülerinnen und Schüler sollen die Studierenden Ideen für mögliche Ursachen generieren. Beispielsweise könnte den Schülerinnen und Schülern beim fehlerhaften Aufstellen einer Rauminhaltsformel für ein Quadermodell das Grundverständnis fehlen, dass sich der Rauminhalt eines Quaders durch das „Aufeinanderstapeln" der Grundfläche des Quadermodells ergibt und somit die Höhe des Quadermodells mit der Grundfläche des Quadermodells multipliziert werden muss. Eine weitere Ursache könnte ein fehlendes Verständnis zum Begriff *Rauminhalt* sein. Fehlt den Schülerinnen und Schülern Wissen über die Bedeutung des Begriffs *Rauminhalt* können sie folglich auch keine adäquate Formel aufstellen. Die möglichen Ursachen ergeben sich überwiegend aus den Aussagen, Diskussionen und Handlungen der videografierten Schülerinnen und Schüler. Darüber hinaus können die Studierenden aber auch auf die Informationen zurückgreifen, die ihnen in ViviAn zur Verfügung stehen. So können beispielsweise durch die Analyse der Zusatzinformationen mögliche Ursachen tendenziell ausgeschlossen werden. Die Diagnoseaufträge zu dieser Komponente haben über alle Vignetten hinweg ein offenes Antwortformat, um den Studierenden die Möglichkeit einer freien Antwort zu geben (vgl. das Aufgabenformat in Abbildung 35). Darüber hinaus ist die Formulierung geeigneter Distraktoren für eine Multiple-Choice-Aufgabe bei einem Test, der noch nicht validiert wurde, schwierig.

Konsequenzen für eine Fördermaßnahme ableiten

Im letzten Schritt sollen die Studierenden anhand ihrer Beschreibungen, ihren Deutungen und den, von ihnen gefundenen, möglichen Ursachen für das gedeutete Verhalten der Schülerinnen und Schüler entscheiden, ob sie als betreuende Lehrkraft in die Lernsituation eingreifen würden.[83] Dabei haben die Studierenden einerseits zu entscheiden, ob sie *während* der videografierten Lernsituation eingreifen würden und andererseits, ob sie *nach* der videografierten Lernsituation intervenieren würden. Die Diagnoseaufträge, die diese Komponente abdecken, haben ein Multiple-Choice-Format. Die Studierenden haben also die Möglichkeit, sich für oder gegen eine Intervention während bzw. nach der Lernsituation zu entscheiden. Auch hier müssen die Studierenden ihre Auswahl begründen, damit bewertet werden kann, ob sich die Studierenden aus nachvollziehbaren Gründen für bzw. gegen eine Intervention entschieden haben (vgl. das Aufgabenformat in Abbildung 36).

Falls sich die Studierenden für eine Intervention entscheiden und entsprechend *Ja* anklicken, öffnet sich ein weiteres Textfeld, in dem die Studierenden beschreiben sollen, wie sie die Intervention gestalten würden. Diese Aufgabe deckt den Aspekt *Fördermaßnahmen gestalten* ab, der nicht explizit im Diagnoseprozess aufgeführt wird, jedoch das Ziel einer Diagnose darstellen kann. Es wird angenommen, dass das Bilden einer Fördermaßnahme in solchen diagnostischen Situationen zwar eng mit der Diagnose verknüpft ist, jedoch eine

---

[83] In zwei Videovignetten ist zu sehen, dass die betreuenden Lehrkräfte in die Lernprozesse der Schülerinnen und Schüler eingreifen. Die Interventionen der Lehrkräfte und die Reaktionen der Schülerinnen und Schülern sind in den Videosequenzen enthalten. In diesen Videovignetten werden die Studierenden mittels Multiple-Choice-Aufgaben zum einem aufgefordert zu entscheiden, ob sie zu diesem Zeitpunkt ebenfalls in den Lernprozess eingegriffen hätten und zum anderen ob sie zu einem anderen Zeitpunkt interveniert hätten. Die Studierenden sollen anschließend ihre Auswahl mithilfe eines Freitextformats begründen. Anschließend werden die Studierenden aufgefordert zu beschreiben, wie sie die Intervention gestaltet hätten.

andere Kompetenz abbildet, die durch die Analyse von Videosequenzen nicht adäquat abgebildet werden kann. Das Beschreiben einer möglichen Fördermaßnahme diente hier somit primär der Darstellung einer authentischen Unterrichtssituation für die Studierenden.

6.8 Gestaltung des Feedbacks

Um die diagnostischen Fähigkeiten der Studierenden zu fördern, scheint es zwingend notwendig zu sein, den Studierenden eine Art Rückmeldung zu den Diagnoseaufträgen zu geben. Wie bereits beschrieben wurde, wird in dieser Studie, aufgrund organisatorischer Gründe, ein Feedback in Form von einer Musterlösung gegeben. In den folgenden Abschnitten wird erläutert, wie die Musterlösungen inhaltlich erstellt und für die Studie aufgebreitet wurden (Abschnitt 6.8.1 und Abschnitt 6.8.2). Um zu untersuchen, wann die Studierenden das Feedback erhalten sollten (sofort oder verzögert), muss die Feedbackfunktion innerhalb von ViviAn entsprechend des Zeitpunktes angepasst werden. Dieser Aspekt wird in Abschnitt 6.8.3 erläutert.

6.8.1 Inhaltliche Facetten

Für die Erstellung der Musterlösungen, die die Studierenden nach der Bearbeitung der Trainingsvignetten erhalten, wurde vorab ein Expertenrating mit acht Expertinnen und Experten durchgeführt. Als Expertinnen und Experten wurden wissenschaftliche Mitarbeiterinnen und Mitarbeiter, Professoren sowie Lehrkräfte aus der Didaktik der Mathematik der Universität Koblenz-Landau am Campus Landau herangezogen, die bereits Erfahrungen mit dem Diagnostizieren von Unterrichtssituationen hatten. Durch die feste Etablierung von ViviAn in Projekten der Arbeitsgruppe Didaktik der Mathematik (Sekundarstufen) der Universität Koblenz-Landau können die Mitarbeiter der Arbeitsgruppe bereits einige Erfahrungen in der Videoanalyse aufweisen. Die Antworten der Expertinnen und Experten zu den Diagnoseaufträgen dienten neben der Erstellung der Musterlösungen auch als Vergleichsmaß, um die Antworten der Studierenden zu den Diagnoseaufträgen mithilfe der qualitativen Inhaltsanalyse zu bewerten (vgl. Abschnitt 8.6.1).

Die Musterlösungen wurden in mehreren Schritten erstellt, die im Folgenden dargestellt werden und in Abbildung 37 visualisiert sind:

1) Die Diagnoseaufträge für die Videovignetten wurden jeweils von zwei Expertinnen und Experten beantwortet. Jede Expertin bzw. jeder Experte, der für das Expertenrating herangezogen wurde, beantworte dabei die Diagnoseaufträge zu je zwei Videovignetten.

2) Im nächsten Schritt folgte die Auswertung der Expertenantworten. Dabei wurden die Antworten der zwei Expertinnen und Experten, die die selben Diagnoseaufträge bearbeitet haben, inhaltlich miteinander verglichen. Unterschiedliche Antworten wurden

farblich kenntlich gemacht. Verständnisprobleme der Expertenantworten wurden in einem persönlichen Gespräch mit den jeweiligen Expertinnen und Experten geklärt.

3) Auf Basis der Antworten wurde ein Feedback in Form einer Musterlösung erstellt. Bei Multiple-Choice-Aufgaben wurden die richtigen Antworten durch ein Kreuz kenntlich gemacht. Bei offenen Antwortformaten wurde auf eine einfache Formulierung und auf einen kurzen Satzbau geachtet. Wurden unterschiedliche Antworten von den Expertinnen und Experten gegeben, wurden beide Aussagen in das Feedback mitaufgenommen und farblich kenntlich gemacht.

4) In einem Forschungsworkshop der Arbeitsgruppe Didaktik der Mathematik (Sekundarstufen) wurden die erstellten Musterlösungen von den Mitarbeitern, die als Expertinnen und Experten fungierten, überprüft. Dabei erhielten die Experten die anonymisierten Musterlösungen für die Diagnoseaufträge von zwei Videovignetten, die sie bisher noch nicht bearbeitet hatten. Anhand der Analyse der entsprechenden Videovignetten konnten sie so unvoreingenommen die Musterlösungen bewerten, überprüfen und gegebenenfalls überarbeiten.

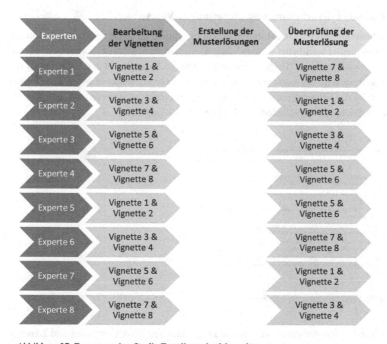

Abbildung 37. Expertenrating für die Erstellung der Musterlösungen

Anhand eines Beispiels soll das Expertenrating erläutert werden: Experte 1 bearbeitete die Diagnoseaufträge zu Vignette 1 und Vignette 2. Anhand der Antworten der Expertinnen und Experten wurden für die jeweiligen Vignetten Musterlösungen erstellt. In einer anschließenden Validierung überprüfte Experte 1 die Musterlösungen der Diagnoseaufträge zu Vignette 7 und Vignette 8, die von Experte 4 und Experte 8 beantwortet wurden. In diesem Prozess wurde darauf geachtet, dass die Experten die Musterlösungen von Vignetten überprüften, die sie nicht selbst bearbeitet hatten. Die Antworten von Experte 1 zu den Diagnoseaufträgen zu Vignette 1 und Vignette 2 wurden hingegen von Experte 2 und Experte 7 überprüft.

In einer abschließenden Gruppendiskussion mit allen Expertinnen und Experten wurden unterschiedliche Lösungen, die vorab farblich kenntlich gemacht wurden (vgl. Schritt 3), gemeinsam analysiert. Konnte keine einheitliche Lösung gefunden werden, wurden beide Lösungen in die Musterlösung aufgenommen und ihre Richtigkeit erläutert. Darüber hinaus wurden auch weitere Unstimmigkeiten, sowohl auf inhaltlicher als auch auf formaler Ebene, gemeinsam diskutiert und reflektiert. Die so entstandenen Musterlösungen wurden daraufhin überarbeitet und in ViviAn eingebettet.

6.8.2 Formale Überarbeitung und Einbettung in ViviAn

Um die Musterlösungen zu strukturieren und übersichtlich zu gestalten, damit sie von den Studierenden besser verarbeitet werden können, wurden verschiedene, inhaltliche Facetten durch Stichpunkte getrennt. Beispielsweise nannten die Expertinnen und Experten zu den Diagnoseaufträgen für die Komponente *Beschreiben* mehrere Beobachtungen. Durch einen Fließtext wäre die Erfassung der Aspekte womöglich erschwert gewesen, weshalb die Aspekte durch Stichpunkte gegliedert wurden (vgl. Abbildung 38).

1. *Beschreiben Sie aus mathematikdidaktischer Perspektive die Situation, die in der Videovignette zu sehen ist.*

- Die Videosequenz zeigt eine Schülergruppe, die sich mit mehreren Teilaufgaben beschäftigt.
- Die Schüler sollen zuerst den Rauminhalt eines Quadermodells mithilfe von Einheitswürfeln bestimmen.
- S4 kommt in den Raum und sagt, dass das Ergebnis der Aufgabe 1000 ist. Die Schüler übernehmen dieses Ergebnis.
- Die Schüler sollen anschließend angeben, wie sie vorgegangen sind, um die Anzahl der Einheitswürfel zu bestimmen, die in das Quadermodell passen.
- Die Schüler diskutieren daraufhin über die Antwort und überlegen sich Lösungswege, um das Ergebnis zu begründen.
- Im letzten Teil der Aufgabe überprüft S1 das Ergebnis mit einer Simulation und bemerkt, dass nur 800 Würfel in das Quadermodell passen.

Abbildung 38. Strukturierung des Feedbacks

Bei Multiple-Choice-Aufgaben wurden die Begründungen der Expertinnen und Experten für die Antwortauswahl durch klare Überschriften strukturiert. So konnten die Begründungen bei einer Mehrfachauswahl leichter zugeordnet werden. Darüber hinaus wurde bei der

Überarbeitung der Musterlösungen auf kurze und verständliche Sätze geachtet (vgl. *Hamburger Verständlichkeitskonzept* in Abschnitt 3.3.1).
Die Musterlösungen wurden daraufhin ebenfalls in LimeSurvey eingebunden. Die Seiten, auf denen die Musterlösungen eingebettet wurden, wurden dabei so erstellt, dass die Studierenden die Musterlösungen erst dann erhielten, wenn sie *einen* Diagnoseauftrag (für die Studierenden der sofortigen Feedbackgruppe) bzw. *alle* Diagnoseaufträge der jeweiligen Videovignetten (für die Studierenden der verzögerten Feedbackgruppe) beantwortet und gegebenenfalls selbst intensiv über die Lösung nachgedacht hatten. So sollte der *presearch availability* Effekt kontrolliert werden (vgl. Abschnitt 3.4), bei dem Lernende auf das Feedback zugreifen können, noch bevor sie über eine Lösung nachgedacht haben. Um den Studierenden einen Vergleich ihrer eigenen Antworten mit den Expertenantworten zu ermöglichen und die Reflexion ihrer Antworten anzuregen, bekamen die Studierenden auf der Feedbackseite 1) den Diagnoseauftrag, der zu bearbeiten war, 2) ihre eigenen Antworten, die sie zu den Diagnoseaufträgen gegeben haben und 3) die Antworten der Experten, angezeigt (vgl. Abbildung 39). Aus technischen Gründen war dies jedoch nur für die offenen Antworten möglich und konnte nicht für die Antworten der Multiple-Choice-Aufgaben umgesetzt werden. Um die Studierenden dazu anzuhalten, ihre Antworten mithilfe der Musterlösungen zu überprüfen, wurden sie vor jedem Feedbackerhalt aufgefordert, ihre Antworten mit den Lösungen der Experten zu vergleichen.

Abbildung 39. Ausgabe der Musterlösungen in ViviAn

6.8.3 Verzögertes und sofortiges Feedback in ViviAn

Um den Zeitpunkt des Erhalts der Musterlösungen (verzögertes und sofortiges Feedback) innerhalb von ViviAn zu variieren, wurden verschiedene Formate verwendet: Die Studierenden der verzögerten Feedbackgruppe bearbeiteten zunächst alle Diagnoseaufträge für die jeweilige Videovignette und wurden am Ende, nach der Beantwortung aller Diagnoseaufträge für die eine Vignette, auf eine Seite weitergeleitet. Auf dieser konnten sie alle Diagnoseaufträge, ihre dazugehörigen Antworten und die Einschätzungen der Expertinnen und Experten, die als Musterlösungen fungierten, für die entsprechende Vignette einsehen (vgl. blaue Darstellung in Abbildung 40). Die Studierenden, die sofortiges Feedback erhielten, wurden nach jedem Diagnoseauftrag, den sie für die jeweilige Videovignette bearbeiteten, direkt auf eine einzelne Feedbackseite weitergeleitet. Dort konnten sie den Diagnoseauftrag, den sie gerade bearbeitet hatten, die Antwort, die sie zu dem Diagnoseauftrag gegeben hatten und die Einschätzung der Expertinnen und Experten für den einen Diagnoseauftrag einsehen (vgl. rote Darstellung in Abbildung 40). Anschließend bearbeiteten die Studierenden, die sofortiges Feedback erhielten, fortlaufend die weiteren Diagnoseaufträge für die Vignette.

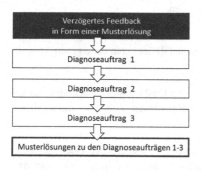
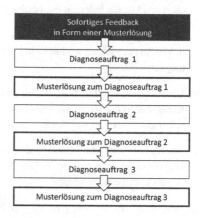

Abbildung 40. Variation des Feedbackzeitpunktes in dieser Studie

Die Zuordnung der Studierenden in die verschiedenen Gruppen (verzögertes bzw. sofortiges Feedback) ist durch eine intuitive Benutzerverwaltung innerhalb von ViviAn möglich. Dozierende, die den ViviAn-Kurs betreuen, haben die Möglichkeit, einzelne Studierende zu dem ViviAn-Kurs zuzulassen und sie gegebenenfalls in verschiedene Gruppen zuzuordnen (Roth 2020, S. 70).

6.9 Vorteile von ViviAn

Aus den vorherigen Abschnitten geht hervor, dass bei der Konzeption des Videotools ViviAn viele Aspekte berücksichtigt wurden, um es in die Lehramtsausbildung im Sinne des *blended learning*[84] einzubinden (Roth 2020, S. 69). Das Videotool ViviAn erfüllt mehrere Anforderungen, die von Roth (2020, S. 70) erläutert wurden und im Folgenden kurz beschrieben werden:

1) ViviAn bietet Lehramtsstudierenden eine praxisnahe Lernumgebung, um Unterrichtsprozesse zu analysieren. Die Videovignetten beinhalten reale Gruppenarbeitsprozesse aus dem Mathematik-Labor „Mathe ist mehr". Durch die Buttons in ViviAn verfügen

---

[84] Das *blended learning* ist eine Methode, die Präsenzveranstaltungen und E-Learning kombiniert (Freyer 2006, S. 107) und formelle sowie selbstgesteuerte Lernprozesse ermöglicht (Erpenbeck et al. 2015, S. 30).

Studierende im Wesentlichen über dieselben Informationen, wie eine Lehrperson im Unterricht.

2) Die Diagnoseaufträge sind in das Online-Umfragetool LimeSurvey eingebettet. Die Antworten der Studierenden zu den Diagnoseaufträgen werden dadurch direkt gespeichert und können jederzeit online abgerufen werden.

3) Das Feedback in Form einer Musterlösung auf Basis des Expertenratings ist ebenfalls in ViviAn eingebettet, wodurch ein Vergleichen und Reflektieren der eigenen Antwort möglich wird.

4) ViviAn ist ein Online-Tool, das zu einer gewissen Unabhängigkeit beiträgt. Studierende können die Videovignetten zu einem selbst gewählten Zeitpunkt und an einem selbst gewählten Ort bearbeiten.

5) Innerhalb von ViviAn existiert ein thematisches Übersichtsmenü der Videovignetten. Die Videovignetten können, je nach Auswahl des thematischen Inhalts, über die Menüpunkte aufgerufen werden.

6) Dozierende können über eine intuitive Benutzerverwaltung Studierende zulassen und gegebenenfalls verschiedenen Gruppen zuordnen.

7) Durch die Benutzerverwaltung können die Dozierenden entscheiden, welche Videovignetten sie zur Bearbeitung freigeben und durch ein einstellbares Zeitintervall entscheiden, für welchen Zeitraum sie freigegeben werden.

8) Die Videodaten liegen auf einem Server der Universität Koblenz-Landau, auf den nur zwei Administratoren Zugriff haben. Dadurch sind die Daten der abgebildeten Personen geschützt.

7 Vorstudie

Die Vorstudie diente einerseits zur Erprobung der videobasierten Lernumgebung ViviAn und anderseits zur Validierung des Fragebogens zum Feedback, der konzipiert wurde, um Forschungsfrage 4 (vgl. Abschnitt 5.2) zu beantworten.[85] Da ViviAn ein Online-Tool ist, das von vielen technischen Faktoren abhängig ist, erschien eine Vorstudie zur Erprobung zwingend notwendig, um mögliche Fehlerquellen zu identifizieren und für die Hauptstudie zu beheben. Um einen tieferen Einblick in die Verarbeitung des Feedbacks in Form einer Musterlösung auf Seiten der Studierenden zu erhalten, wurde ein Fragebogen entwickelt. Dieser sollte unter anderem erfassen, wie die Studierenden das Feedback empfinden und wie sie damit umgehen. Die Ergebnisse sollten Anhaltspunkte für die Weiterentwicklung und Validierung von ViviAn liefern und Aufschluss darüber geben, ob die Studierenden das Feedback sofort (nach der Bearbeitung eines Diagnoseauftrages für die jeweilige Vignette) oder verzögert (nach der Bearbeitung aller Diagnoseaufträge der jeweiligen Vignette) erhalten sollten. Da der Fragebogen explorativ entwickelt wurde, musste dieser im Rahmen einer Vorstudie validiert werden, um ihn der Hauptstudie einsetzen zu können.

Im Folgenden werden zunächst die Rahmenbedingungen erläutert, die in der Vorstudie vorlagen (Abschnitt 7.1). Anschließend wird die Konstruktion (Abschnitt 7.2) und Validierung des Feedbackfragebogens (Abschnitt 7.3) beschrieben. Im letzten Abschnitt werden aus den technischen Problemen, die in der Vorstudie auftraten, und den persönlichen Rückmeldungen der Studierenden Konsequenzen für die Hauptstudie gezogen (Abschnitt 7.4).

7.1 Rahmenbedingungen und Studiendesign

Die Vorstudie fand im Rahmen der Lehrveranstaltung *Didaktik der Geometrie* im Wintersemester 2016/2017 in Form einer Interventionsstudie statt. Die *Didaktik der Geometrie* ist ein Teilmodul des Gesamtmoduls *Fachdidaktische Bereiche* im Mathematiklehramtsstudium der Universität Koblenz-Landau, Campus Landau und zudem eine Pflichtveranstaltung. In der *Didaktik der Geometrie* werden grundlegende Themen der Geometrie fachdidaktisch behandelt. Dies impliziert unter anderem die didaktische Aufbereitung von geometrischen Themen, schulgerechte Herleitungen und Beweise von Formeln und Sätzen sowie die Thematisierung von typischen Schülerschwierigkeiten im Geometrieunterricht (Modulhandbuch Mathematik Campus Landau 2019, S. 32). Die Lehrveranstaltung wurde zum Zeitpunkt der Vorstudie für Mathematiklehramtsstudierende aller Schularten im Bachelor angeboten. Laut Studienverlaufsplan wird die Veranstaltung von den Mathematiklehramtsstudierenden des fünften und sechsten Semesters besucht.

---

[85] Forschungsfrage 4: Existieren zwischen den Mathematiklehramtsstudierenden, die verzögertes Feedback erhalten haben, und denen, die sofortiges Feedback erhalten haben, Unterschiede im Umgang mit dem Feedback und im wahrgenommenen Nutzen dessen?

Ergänzende Information Die elektronische Version dieses Kapitels enthält Zusatzmaterial, auf das über folgenden Link zugegriffen werden kann https://doi.org/10.1007/978-3-658-36529-5_7.

Die Studierenden hatten im Rahmen der Lehrveranstaltung *Didaktik der Geometrie* die Möglichkeit, mit der videobasierten Lernumgebung ViviAn zu arbeiten. Die Studierenden konnten dies auf freiwilliger Basis tun, bekamen jedoch für die vollständige Bearbeitung der Videovignetten und Fragebögen einen Bonus für die Modulabschlussprüfung.

In der Vorstudie beinhaltete die videobasierte Lernumgebung ViviAn eine Testvignette für den Vor- und Nachtest und drei Trainingsvignetten für die Intervention (vgl. Abbildung 41).[86] Die Studierenden, die mit der Lernumgebung arbeiteten, wurden zu Beginn zufällig auf die verschiedenen Feedbackgruppen bzw. Experimentalgruppen verteilt.[87] Die Studierenden der Experimentalgruppe 1 (EG1) erhielten die Musterlösungen auf Basis des Expertenratings nach der Bearbeitung aller Diagnoseaufträge für eine Trainingsvignette (verzögertes Feedback). Nachdem sie die Musterlösung für die Diagnoseaufträge erhalten haben, war die Bearbeitung der jeweiligen Trainingsvignetten also beendet. Die Studierenden der Experimentalgruppe 2 (EG2) hingegen erhielten die Musterlösungen auf Basis von Expertenratings nach der Bearbeitung eines Diagnoseauftrages für eine Trainingsvignette (sofortiges Feedback). Nach dem Erhalt der Musterlösung mussten sie die weiteren Diagnoseaufträge für die jeweilige Trainingsvignette bearbeiten, bis die Bearbeitung der Diagnoseaufträge für die jeweilige Trainingsvignette abgeschlossen war. Da der Vor- und Nachtest aus der gleichen Testvignette bestand und eine Rückmeldung nach der Bearbeitung der Testvignette im Vortest den Nachtest maßgeblich beeinflussen hätte können, erhielten die Studierenden nach Bearbeitung der Testvignette im Vortest keine Musterlösung.

Die Bearbeitung der Vignetten erfolgte online über das Videotool ViviAn und dauerte insgesamt neun Wochen, in denen die Studierenden in der Regel eine Vignette pro Woche bearbeiten sollten. In der dreiwöchigen, vorlesungsfreien Zeit mussten die Studierenden nur eine Trainingsvignette bearbeiten. Für den Vor- und Nachtest bekamen die Studierenden eine längere Bearbeitungszeit von zwei Wochen, unter anderem aufgrund von technischen Problemen (vgl. Abschnitt 7.4.1). Nach Bearbeitung der drei Trainingsvignetten erhielten die Studierenden einen Feedbackfragebogen, der im Rahmen der Vorstudie validiert werden sollte.

Um die Arbeit mit ViviAn thematisch in die didaktische Lehrveranstaltung einzubetten, begann die Bearbeitung der Vignetten parallel zu den passenden mathematischen Inhalten der Vorlesung *Didaktik der Geometrie* (Thema: Bestimmung von Längen, Flächen- und Rauminhalten). Neben den mathematischen Inhalten erhielten die Studierenden in der Vorlesung auch eine Einführung in das Diagnostizieren. Dabei wurden den Studierenden die Komponenten des Diagnoseprozesses von Beretz et al. (2017a; 2017b) und C. von Auf-

---

[86] In der Hauptstudie wurden hingegen fünf Trainingsvignetten und zwei Testvignetten eingesetzt. Darüber hinaus wurde nach der Vorstudie der Strategienraum (vgl. Abschnitt 4.2.2) überarbeitet sowie neue Videos erstellt (vgl. Abschnitt 6.5.2), die dann in der Hauptstudie (vgl. Kapitel 8) eingesetzt wurden.

[87] Die Studierenden müssen sich für ViviAn auf einer Online-Plattform anmelden. Sobald sich eine Studentin oder ein Student für ViviAn anmeldet, erscheint diese bzw. dieser im Administratorenbereich, in dem die Studierenden zugelassen und in verschiedene Gruppen eingeteilt werden können. Die Studierenden wurden nacheinander (abhängig vom Anmeldezeitpunkt) abwechselnd in die beiden Feedbackgruppen aufgeteilt.

schnaiter et al. (2018) (vgl. Abschnitt 2.3.2) vorgestellt und erläutert. So sollte gewährleistet werden, dass die Studierenden 1) die Strategien zum Vergleichen, Messen und Berechnen von Längen, Flächen- und Rauminhalten sowie mögliche damit verbundene Schülerschwierigkeiten kennen und 2) auch wissen, welche Komponenten für das Diagnostizieren relevant sind und welche Anforderungen mit diesen verbunden sind. Auch C. von Aufschnaiter et al. (2017) weisen darauf hin, dass die fachlichen und fachdidaktischen Inhalte, die in den Videovignetten zu sehen sind, von den Studierenden beherrscht werden sollten, damit die Videos interpretiert werden können und zur Aktivierung beitragen (S. 98). Nachdem die relevanten thematischen Inhalte behandelt wurden, bekamen die Studierenden in der Vorlesung eine Einführung in ViviAn.[88] Dabei wurden den Studierenden die Funktionen von ViviAn erläutert und die Bearbeitung einer Beispielvignette vorgeführt. Das Studiendesign ist in Abbildung 41 dargestellt.

Abbildung 41. Studiendesign der Vorstudie

Am Vortest nahmen insgesamt 107 Studierende teil. Den Nachtest bearbeiteten 84 Studierende; 23 Studierende brachen demnach die Arbeit mit ViviAn vor Bearbeitung des Nachtests ab. Nur 2 der 84 Teilnehmerinnen und Teilnehmer waren Studierende des Lehramts für Realschule Plus bzw. für Gymnasiallehramt. Der Großteil der Studierenden (66 Studierende) befand sich im 3. Fachsemester und absolvierte vorab die erste didaktische Großveranstaltung *Fachdidaktische Grundlagen*, die im ersten und zweiten Semester angeboten

---

[88] Für Studierende, die die Veranstaltung nicht besuchten, wurde innerhalb der Lernumgebung ViviAn ein Einführungsvideo hochgeladen, das sie sich jederzeit anschauen konnten.

wird. Insgesamt bearbeiteten 39 Studierende der Experimentalgruppe 1 (verzögertes Feedback) und 45 Studierende der Experimentalgruppe 2 (sofortiges Feedback) alle Fragebögen und Vignetten in der Lernumgebung ViviAn, wodurch sich eine Gesamtstichprobe von $N = 84$ ergibt.

7.2 Konstruktion des Feedbackfragebogens

Aus Kapitel 3 geht hervor, dass die Feedbackrezeption des Feedbackempfängers einen bedeutsamen Einfluss darauf hat, wie wirksam das Feedback ist. In bisherigen Forschungsansätzen wurden viele Modelle entwickelt, um die Feedbackrezeption zu konkretisieren. Im Modell zur *mindful reception* von Bangert-Drowns und Kollegen (1991), das bereits im Abschnitt 3.4 erläutert wurde, wird hervorgehoben, dass Feedback am wirksamsten ist, wenn es bewusst wahrgenommen und verarbeitet wird. Der *Umgang mit dem Feedback* als bedeutsamer Einflussfaktor für das Lernen wird auch von anderen Autoren hervorgehoben (z.B. Butler und Winne 1995; Lipowsky 2015; Narciss 2013). Um den *Umgang mit dem Feedback* zu analysieren, wäre es am transparentesten, die Studierenden zu interviewen oder beim Erhalt des Feedbacks zu filmen, das gegebenenfalls mit der Methode des *lauten Denkens* unterstützt werden könnte. Aufgrund der hohen Stichprobenzahl und dem großen Umfang des Datenmaterials erschien eine zusätzliche qualitative Analyse von Videoaufnahmen oder Interviews nicht umsetzbar. Daher wurde entschieden den Umgang mit dem Feedback mithilfe eines Fragebogens abzubilden. Die Recherchen zu bisher entwickelten und validierten Skalen, die den *Umgang mit dem Feedback* in dieser Studie valide abbilden könnten, führten zu keinen passenden Ergebnissen. Daher wurden explorativ sieben Items formuliert, die den Umgang mit dem Feedback abbilden sollten. Die Items basieren auf Vorüberlegungen, inwiefern die Studierenden die Musterlösungen in ViviAn nutzen sollten, um einen Lerneffekt zu erzielen. Demnach sollen Studierende die Musterlösungen aufmerksam durchlesen, verarbeiten, reflektieren und mit den eigenen Antworten vergleichen. Ein Beispielitem lautet *„Ich habe die Musterlösungen mit meinen eigenen Antworten verglichen."* (UgM3).[89]

Neben dem bewussten Umgang mit dem Feedback gelten die persönlichen Faktoren des Feedbackempfängers als bedeutsame Einflussfaktoren für die Wirksamkeit des Feedbacks (vgl. Abschnitt 3.4). Auch Mory (2004) empfiehlt, kognitive und affektive Faktoren von Lernenden mitzuerheben, die möglicherweise einen Einfluss darauf haben, wie das Feedback wahrgenommen und genutzt wird (S. 777). Bisherige Forschungsergebnisse zeigen, dass die wahrgenommene Zufriedenheit mit dem Feedback mit einer höheren Performanz der Feedbackempfänger einhergeht (z.B. Jawahar 2010, S. 515). Es scheint plausibel, dass Feedback insbesondere dann genutzt wird, wenn es für die eigene Lernentwicklung als nützlich wahrgenommen wird. Um zu analysieren, ob die Studierenden die Musterlösungen, die sie in ViviAn zu den Diagnoseaufträgen erhalten, als nützlich wahrnehmen, wurden mehrere Items entwickelt, in denen die Studierenden das Feedback evaluieren sollten.

---

[89] Der vollständige Fragebogen ist im Anhang C2 im elektronischen Zusatzmaterial beigefügt.

Die Ergebnisse sollen auch Aufschluss darüber geben, ob die Studierenden aus den beiden Experimentalgruppen die Musterlösungen gleichermaßen als nützlich empfinden, um infolgedessen die Feedbackfunktion in ViviAn gegebenenfalls anzupassen. In einer Studie von Jawahar (2010) wurde mithilfe eines Fragebogens unter anderem der wahrgenommene Nutzen von Feedback („perceived utility") mit sechs Items erfasst (S. 509). Die Studie wurde in einem Unternehmen durchgeführt, indem 275 Mitarbeiter anonym einen Fragenbogen ausfüllten, nachdem sie eine persönliche Rückmeldung ihres Vorgesetzten erhalten haben (vgl. Abschnitt 3.4). Die in der Studie eingesetzten Items orientierten sich daher stark an dem Umfeld, in dem die Umfrage durchgeführt wurde (z.b. "[Feedback] Helped me learn how I can do a better job", Jawahar 2010, S. 509). Aufgrund des stark wirtschaftlichen Kontextes der Studie konnten die Items nicht vollständig übernommen werden, gaben jedoch Anregungen, um Items für den wahrgenommenen Nutzen der Musterlösungen in ViviAn zu entwickeln. In Anlehnung an Jawahar (2010) wurden acht Items entwickelt, mit denen der wahrgenommene Nutzen der Musterlösungen der Studierenden abgebildet werden sollte, z.B.: *„Durch die Musterlösungen wusste ich, in welchem Bereich ich mich noch verbessern kann. "* (NM6).

Darüber hinaus wurden 17 Items entwickelt, in denen die Studierenden die Musterlösungen hinsichtlich des Umfangs (z.b. UM4: *„Ich hätte gerne noch ausführlichere Rückmeldung erhalten. "*), der Verständlichkeit (z.b. VM5: *„Die Musterlösungen waren klar und verständlich formuliert. "*) und der Feedbackform (z.b. FM2: *„Die Rückmeldung in Form einer Musterlösung hat mir gut gefallen. "*) bewerten sollten.

Da angenommen wurde, dass sich die Musterlösungen auch auf die motivationalen, volitionalen und affektiven Merkmale der Studierenden auswirken, wurden weitere sieben Items formuliert. Diese Items sollten erfassen, ob die Studierenden nach dem Erhalt der Musterlösungen motiviert waren, weitere Vignetten zu erarbeiten (z.b. MaZM5: *„Nachdem ich Musterlösungen erhalten habe, wollte ich weitere Vignetten bearbeiten, um mein Wissen anzuwenden. "*). Mit den Ergebnissen sollten auch Einsichten gewonnen werden, ob die Feedbackform in ViviAn beibehalten werden sollte.

Die Items enthielten sowohl positiv als auch negativ formulierte Aussagen, um eine zustimmende Tendenz bei den Studierenden zu vermeiden (Bühner 2011, S. 134). Die Studierenden sollten die Items auf einer fünftstufigen Likert-Skala von *„Stimmt genau "* bis *„Stimmt nicht "* beantworten. Die Likert-Skala beinhaltete also eine neutrale Mittelkategorie (*„Stimmt teils-teils "*), um den Studierenden die Möglichkeit zu geben, sich in die mittlere Position einzuordnen (Porst 2009, S. 82). Ein Instruktionstext sollte die Studierenden dazu animieren, ehrlich zu antworten: *„Liebe Studierende, Sie haben in den letzten Wochen die Trainingsvignetten bearbeitet, in denen Sie Feedback in Form einer Musterlösung erhalten haben. Uns würde es nun interessieren, wie Sie dieses Feedback empfunden habe. Beantworten Sie daher bitte die folgenden Fragen wahrheitsgetreu, damit wir ViviAn verbessern können. Kreuzen Sie die Antwortmöglichkeit an, die am meisten auf Sie zutrifft. "*

7.3   Validierung des Feedbackfragebogens

Da der Fragebogen explorativ entwickelt wurde, musste er im Rahmen einer Vorstudie validiert werden, um ihn in der Hauptstudie I einsetzen zu können. In den folgenden Abschnitten wird zunächst die exploratorische Faktorenanalyse beschrieben, mit der der Fragebogen validiert wurde (Abschnitt 7.3.1) und anschließend die Ergebnisse dieser Validierung vorgestellt (Abschnitt 7.3.2).

7.3.1 Auswertungsmethode

Der Fragebogen zum Feedback, den die Studierenden in der Vorstudie bearbeiteten, wurde explorativ entwickelt. Über die Zuordnung der Items zu möglichen Faktoren sowie über die Anzahl der Faktoren, die durch die Items abgebildet werden, liegen somit keine klaren Hypothesen vor (Moosbrugger & Schermelleh-Engel 2007, S. 308; Eid et al. 2015, S. 919). Durch eine exploratorische Faktorenanalyse (Exploratory Factor Analysis – EFA) sollen die Zusammenhänge der eingesetzten Items miteinander und die Zuordnung zu möglichen latenten Variablen (den Faktoren) aufgeklärt werden. Die Grundidee der exploratorischen Faktorenanalyse besteht darin, dass Unterschiede in der Ausprägung der latenten Variablen durch die Unterschiede in den Antworten der Items erklärt werden (Bühner 2011, S. 296). In Abbildung 42 ist eine exploratorische Faktorenanalyse exemplarisch dargestellt. Die gerichteten Pfeile stellen die Zuordnungen dar, die gebogenen ungerichteten Pfeile symbolisieren die Korrelationen zwischen den Items bzw. zwischen den Faktoren (Moosbrugger & Schermelleh-Engel 2007, S. 317).

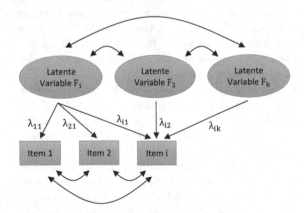

Abbildung 42. Darstellung einer exploratorischen Faktorenanalyse

Da in der exploratorischen Faktorenanalyse vorab keine feste Item- bzw. Faktorenstruktur vorliegt, wird angenommen, dass sich der standardisierte Wert[90] eines Items i durch eine Linearkombination von Faktorladungen λ_{ik} auf den Faktoren F_k und einem nicht erklärten Varianzanteil, dem Fehler ε_i, darstellen lässt (Moosbrugger & Schermelleh-Engel 2007, S. 310):

$$z_i = \lambda_{i1} \cdot F_1 + \lambda_{i2} \cdot F_2 + \ldots + \lambda_{ik} \cdot F_k + \ldots + \lambda_{iq} \cdot F_q + \varepsilon_i = \sum_{k=1}^{q}(\lambda_{ik} \cdot F_k) + \varepsilon_i \quad (1)$$

Anhand der Korrelationsmatrix der Items können die Items in gleiche bzw. verschiedene Faktoren klassifiziert werden (Bortz & Schuster 2010, S. 386). Korrelieren mehrere Items hoch miteinander, kann angenommen werden, dass diese ein ähnliches Konstrukt (bzw. eine ähnliche latente Variable) erfassen (Bortz & Döring 2006, S. 377f.). Die Faktorladungen der Items stellen dabei die Beziehung zwischen dem jeweiligen Item und dem Faktor dar (wie verändert sich die Ausprägung im Item i, wenn sich die Ausprägung im Faktor k verändert?). Bei unkorrelierten Faktoren kann die Faktorladung als Korrelation zwischen Faktor und Item interpretiert werden (Moosbrugger & Schermelleh-Engel 2007, S. 310; Bühner 2011, S. 300).[91] Die Ladungen werden mithilfe der Korrelationsmatrix der Items geschätzt (Bühner 2011, S. 310).

Die Kommunalität (h^2) eines Items i stellt dessen Varianz dar, die durch die extrahierten Faktoren $k = 1,...,q$ erklärt werden kann (wie gut kann ein Item i durch die q Faktoren repräsentiert werden?). Die Kommunalität eines Items i wird bei unkorrelierten Faktoren durch die Summe der quadrierten Faktorladungen des Items auf den extrahierten Faktoren berechnet (Bühner 2011, S. 301; Moosbrugger & Schermelleh-Engel 2007, S. 311):[92]

$$h_i^2 = \lambda_{i1}^2 + \lambda_{i2}^2 + \lambda_{i3}^2 + \ldots + \lambda_{ik}^2 + \ldots + \lambda_{iq}^2 \quad (2)$$

Die Kommunalität stellt eine Mindestschätzung der Reliabilität für das jeweilige Item dar (Bühner 2011, S. 319).

Im Gegensatz dazu bezeichnet der Eigenwert Λ eines Faktors k die Varianz des Faktors, die durch die Items $i = 1,...,m$ erklärt werden kann und wird durch die Summe der quadrierten Faktorladungen der Items, die auf diesen Faktor laden, berechnet (Moosbrugger & Schermelleh-Engel 2007, S. 311):

---

[90] Der Wert auf einem Item wird in der Faktorenanalyse aus methodischen Gründen standardisiert. Die Standardisierung hat zur Folge, dass das Item i einen Mittelwert von 0 und eine Standardabweichung von 1 aufzeigt. Durch die Standardisierung können Variablen, die beispielsweise durch unterschiedliche Skalen erhoben wurden, besser miteinander verglichen werden (Bühner 2011, S. 263; Goldhammer & Hartig, 2007, S. 171; Kopp & Lois 2012, S. 85).

[91] Bei korrelierten Faktoren stellt die Faktorladung das semipartielle, standardisierte Regressionsgewicht dar, da der Varianzanteil der anderen Faktoren kontrolliert wird (siehe auch Bühner 2011, S. 300f.).

[92] Bei korrelierten Faktoren wird die Kommunalität eines Items durch die Summe der quadrierten, semipartiellen und standardisierten Regressionsgewichte berechnet (siehe auch Bühner 2011, S. 302).

$$\Lambda_{F_k} = \lambda_{1k}^2 + \lambda_{2k}^2 + \lambda_{3k}^2 + \ldots + \lambda_{ik}^2 + \ldots + \lambda_{mk}^2 \qquad (3)$$

Für die Faktorenextraktion können verschiedene Methoden angewendet werden. Man unterscheidet zwischen der Hauptkomponentenanalyse (Principle Component Analysis, PCA) und der Hauptachsenanalyse (Principle Axis Factor Analysis, PFA) (Bühner 2011, S. 298). Das übergeordnete Ziel der Hauptkomponentenanalyse ist die Datenreduktion. Die Annahme besteht darin, dass die gesamte Varianz der Items durch die extrahierten Faktoren erklärt werden kann. In der Praxis ist dies jedoch unwahrscheinlich, da die Messungen der Items mit Messfehlern behaftet sind. Die Hauptachsenanalyse analysiert hingegen nur die gemeinsame Varianz, die die Items mit den extrahierten Faktoren teilen (die Kommunalitäten). Das Ziel der Hauptachsenanalyse ist das Erklären der Korrelationen durch die Extraktion von wenigen, homogen Faktoren und wird in der Praxis häufig verwendet (Bühner 2011, S. 313f.).

Die Anzahl der zu extrahierenden Faktoren kann durch einen Screeplot bestimmt werden (Bühner 2011, S. 322; Moosbrugger & Schermelleh-Engel 2007, S. 312). Diese vornehmlich subjektive Methode basiert auf dem Eigenwertverlauf der Faktoren anhand eines Graphen. Die Faktoren werden nach der Größe ihrer Eigenwerte geordnet und durch eine Linie verbunden. Dabei wird anhand des Graphen entschieden, wie viele Faktoren extrahiert werden sollen. Ein bedeutsamer Abfall der Eigenwerte (zu sehen an einem Knick im Graphen, ab dem sich der Graph asymptotisch der x-Achse nähert) suggeriert die Extraktion der Faktoren, die vor dem Abfall des Eigenwertes dargestellt sind (Bühner 2011, S. 322; Moosbrugger & Schermelleh-Engel 2007, S. 312). Ein Abfall der Eigenwerte geht mit einer geringen Varianz des Faktors einher, der durch die Items erklärt werden kann (Bühner 2011, S. 322). In Abbildung 43 ist ein exemplarischer Eigenwertverlauf dargestellt. Bei Faktor 4 ist ein Knick im Graphen zu erkennen (durch den Pfeil dargestellt). Daraus resultiert eine mögliche Extraktion von drei Faktoren.

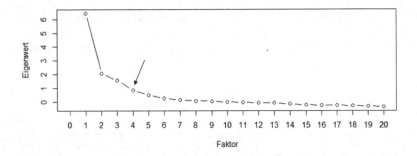

Abbildung 43. Exemplarischer Screeplot

Die Extraktion der Faktoren führt in den seltensten Fällen unmittelbar zu einem inhaltlich sinnvollen Ergebnis (Janssen & Laatz, 2010, S. 566). Grund dafür ist die sukzessive Extraktion der Faktoren, bei der die erklärte Varianz der Faktoren nacheinander über alle Items hinweg möglichst maximal wird, um möglichst große Eigenwerte zu produzieren (Janssen & Laatz, 2010, S. 566).[93] Daraus resultiert, dass die Faktoren mit möglichst allen Items hoch korrelieren, was eine Interpretation erschwert. In der Praxis ist es hingegen wünschenswert, dass die Items durch möglichst aussagekräftige, inhaltlich sinnvolle Faktoren abgebildet werden (Bühner 2011, S. 333; Janssen & Laatz, 2010, S. 566).

Eine Rotation der Faktoren bzw. der Faktorachsen kann die Interpretation der Faktorenanalyse vereinfachen. Das Ziel einer Rotation ist die Abbildung einer Einfachstruktur. Bei einer Einfachstruktur weist jedes Item eine hohe Ladung auf einem Faktor (Primärladung) und niedrige Ladungen auf den anderen Faktoren (Sekundärladungen) auf (Moosbrugger & Schermelleh-Engel 2007, S. 314). Unterschieden wird dabei zwischen *orthogonalen* und *obliquen* Rotationsverfahren (Moosbrugger & Schermelleh-Engel 2007, S. 314).

Die orthogonale Faktorrotation wird angewendet, wenn angenommen wird, dass die Faktoren nicht miteinander korrelieren (Bühner 2011, S. 334). Nicht korrelierende Faktoren stehen senkrecht zueinander. Bei der orthogonalen Rotation werden die Faktoren (bzw. Faktorachsen) so gedreht, dass eine möglichst gute Einfachstruktur in den Items abgebildet werden kann und der 90° Winkel zwischen den Faktoren weiterhin erhalten bleibt (Bühner 2011, S. 334; Moosbrugger & Schermelleh-Engel 2007, S. 314).

Bei der obliquen Rotation hingegen können die Faktoren miteinander korrelieren. Sie wird angewendet, wenn theoretisch oder inhaltlich angenommen werden kann, dass die Faktoren miteinander in Verbindung stehen (Moosbrugger & Schermelleh-Engel 2007, S. 314). Abhängig von der Höhe des Zusammenhangs der Faktoren, werden die Achsen rotiert, wodurch auch Winkel entstehen können, die nicht orthogonal sind (Bühner 2011, S. 334). Abbildung 44 soll den komplexen Sachverhalt veranschaulichen.

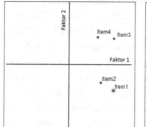 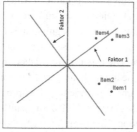 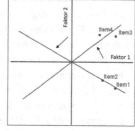

Abbildung 44. Rotationstechniken bei der exploratorischen Faktorenanalyse (links: unrotiert, mittig: orthogonale Rotation, rechts: oblique Rotation)

---

[93] Daher nehmen im Screeplot die Eigenwerte pro extrahiertem Faktor schrittweise ab.

In der linken Darstellung der Abbildung 44 sind die unrotierten Faktoren dargestellt. Die Faktorachsen sind so positioniert, dass sie die Varianz der Items bestmöglich erklären und jedes Item eine hohe Ladung auf Faktor 1 und Faktor 2 aufweist. Aufgrund der unrotierten Faktorachsen beschreibt jedoch keine der Faktoren die Items eindeutig, wodurch die Interpretation der extrahierten Faktoren erschwert wird. In der Darstellung wird dies dadurch deutlich, dass keines der Items direkt an einer der Faktorachsen liegt. Durch eine orthogonale Rotation der Faktoren kann diese Problematik ausgebessert werden (vgl. die mittlere Darstellung in Abbildung 44). Die Faktorachsen werden so gedreht (gegen den Uhrzeigersinn), dass sie sich den Items annähern (als rote Achsen dargestellt). Dadurch ändert sich nicht die Position der Items, sondern lediglich „[…] die Art und Weise, wie die Items durch die Achsen beschrieben werden." (Bühner 2011, S. 334). Die Faktoren korrelieren in diesem Fall nicht, was durch die orthogonale Lage der rotierten Achsen dargestellt ist. Durch die orthogonale Rotation können Item 3 und Item 4 gut beschrieben werden. Item 1 und Item 2 hingegen werden nicht eindeutig von einem Faktor abgebildet. Durch eine oblique Rotation (rechte Darstellung in Abbildung 44) erhält man eine Lösung, in der die Items durch die Faktoren eindeutig beschrieben werden. Alle Items liegen nah an den Faktorachsen und können dadurch gut zugeordnet werden. In diesem Fall korrelieren die Faktoren und weisen daher keine orthogonale Lagebeziehung mehr auf (Bühner 2011, S. 333f.; Janssen & Laatz 2010, S. 566f.; Moosbrugger & Schermelleh-Engel 2007, S. 313f.). Ob eine orthogonale oder oblique Rotation durchgeführt wird, hängt von den theoretischen und inhaltlichen Vorannahmen der Faktorenstruktur ab (Moosbrugger & Schermelleh-Engel 2007, S. 314).

Um eine exploratorische Faktorenanalyse durchführen zu können, müssen folgende Voraussetzungen erfüllt sein (Bühner 2011, S. 342ff.; Field et al. 2014, S. 769f.): Zum einen müssen die Items ausreichend hoch miteinander korrelieren. Der Kaiser-Meyer-Olkin-Koeffizient (KMO-Koeffizient) überprüft diese Annahme. Besitzen die Items Varianzanteile, die sie mit keinem der anderen Items teilen, ist der KMO-Koeffizient klein. KMO-Koeffizienten ab 0.80 gelten als gut. Darüber hinaus kann zur Überprüfung der Korrelationen der Bartlett-Test herangezogen werden. Dieser überprüft die Nullhypothese, dass die Korrelationen in der Korrelationsmatrix null sind. Ein signifikantes Ergebnis weist also darauf hin, dass die Korrelationen signifikant von null abweichen. Korrelationen können durch Ausreißerwerte stark verzerrt werden. Die Daten sollten daher im Vorfeld deskriptiv analysiert werden. Darüber hinaus sollte eine ausreichend große Stichprobenzahl vorliegen. Die Stabilität der Faktorenlösungen nimmt mit steigender Stichprobe und steigenden Kommunalitäten der Items zu. Dabei gilt: Je geringer die Kommunalität der Items, desto höher sollte die Stichprobenzahl sein. Als grober Richtwert kann angenommen werden, dass die Kommunalität von $h^2 > 0.60$ ausreichend ist, wenn die Stichprobenzahl $N = 100$ beträgt (Bühner 2011, S. 345). Um relevante Faktorladungen zu identifizieren, sollten Ladungen ab $\lambda > 0.30$ berücksichtigt werden (Eid et al. 2015, S. 932; Kline 1994, S. 53).

7.3.2 Ergebnisse

Die exploratorische Faktorenanalyse wurde mit der Software R und dem Package „psych"
(Revelle 2020) durchgeführt. Im ersten Schritt wurden die negativ gepolten Items umko-
diert, damit die Richtung der Ausprägung auf den negativ formulierten Items die gleiche
Richtung wie die positiv formulierten Items aufweisen. Durch diesen Schritt können die
Ergebnisse einfacher interpretiert werden. Anschließend wurden die 39 Items deskriptiv
analysiert. Da die Items mit einer mehrstufigen Likert-Skala erhoben wurden und Varianzen sowie Boden- und Deckeneffekte leichter interpretiert werden können, wenn sie zwischen 0 und 1 liegen, wurden die Variablen entsprechend transformiert.

Die deskriptive Analyse führte aufgrund geringer Varianzen ($Var < 0.05$) zum Ausschluss von 11 Items.[94] Die Kennwerte dieser Items sind in Tabelle 4 dargestellt.[95]

Tabelle 4: Ausgeschlossene Items aufgrund von Bodeneffekten und mangelnder Varianz – Feedback

Item	Konstrukt	M	SD	Var
VM1	Verständlichkeit der Musterlösungen	0.79	0.21	0.04
VM4	Verständlichkeit der Musterlösungen	0.80	0.18	0.03
VM5	Verständlichkeit der Musterlösungen	0.81	0.18	0.03
VM6	Verständlichkeit der Musterlösungen	0.80	0.19	0.04
VM7	Verständlichkeit der Musterlösungen	0.72	0.20	0.04
NM4	Wahrgenommener Nutzen der Musterlösungen	0.62	0.18	0.03
NM8	Wahrgenommener Nutzen der Musterlösungen	0.79	0.20	0.04
UgM2	Umgang mit den Musterlösungen	0.74	0.20	0.04
UgM7	Umgang mit den Musterlösungen	0.67	0.21	0.04
MaZM3	Motivationales und affektives Empfinden	0.77	0.19	0.03
MaZM6	Motivationales und affektives Empfinden	0.53	0.19	0.04

Anmerkung: M: Mittelwert der Items, SD: Standardabweichung der Items, Var: Varianz der Items

Im nächsten Schritt wurde überprüft, ob die Daten geeignet sind, um eine exploratorische
Faktorenanalyse durchzuführen. Der statistische Kennwert des Bartlett-Tests von
$\chi^2 (406) = 1279.17, p < 0.001$ weist darauf hin, dass die Korrelationen signifikant von null
abweichen. Darüber hinaus wurde der Kaiser-Meyer-Olkin-Koeffizient bestimmt. Mit einem Wert von $KMO = 0.81$ ist die Itemauswahl für eine Faktorenanalyse geeignet. Die

---

[94] Die Varianz eines Items stellt seine Differenzierungsfähigkeit dar (Pospechill 2010, S. 78). Items mit
geringen Varianzen können demnach nicht zwischen den Probanden differenzieren und sollten daher aus
dem Datensatz entfernt werden.
[95] Die Kennwerte aller Items sind im Anhang D1 im elektronischen Zusatzmaterial beigefügt.

Voraussetzungen, um eine exploratorische Faktorenanalyse durchführen zu können, sind somit erfüllt.

Der Eigenwertverlauf des Screeplots suggeriert in der ersten Analyse eine Extraktion von drei oder sechs Faktoren (vgl. Abbildung 45). Die Ergebnisse der Extraktion von sechs Faktoren ergab, dass nur wenige Items auf zwei von sechs Faktoren luden. Dies hat negative Auswirkungen auf die Reliabilität, insbesondere da diese Items über keine hohe Kommunalitäten verfügen. Darüber hinaus ergab die inhaltliche Analyse der Extraktion von sechs Faktoren keine sinnvollen Ergebnisse. Die Extraktion von drei Faktoren konnte hingegen inhaltlich besser interpretiert werden (F_1: *Nutzen der Musterlösungen*, F_2: *Bewertung der Musterlösungen* und F_3: *Affektiver und motivationaler Zustand nach Erhalt der Musterlösungen*). Aufgrund dessen wurde die exploratorische Faktorenanalyse mit der dreifaktoriellen Lösung fortgeführt.

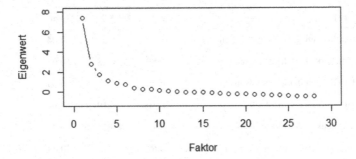

Abbildung 45. Screeplot der ersten exploratorischen Faktorenanalyse – Feedback

In Tabelle 5 sind die Faktorladungen und Kommunalitäten der Items aus der dreifaktoriellen Extraktion dargestellt. Da angenommen wurde, dass die Faktoren miteinander korrelieren, wurde eine oblique Rotationsmethode (Promax) angewendet. Aus Gründen der Übersichtlichkeit werden Faktorladungen, die kleiner als 0.3 sind, nicht angezeigt.[96]

---

[96] Die exploratorische Faktorenanalyse ist ein iterativer Prozess. Nach der Selektion von Items wird die Faktorenanalyse erneut berechnet, wodurch sich neue Werte ergeben können. Aus Gründen der Übersichtlichkeit wird an dieser Stelle nur die Selektion der Items, die sich aus der ersten Faktorenanalyse ergab, dargestellt.

Tabelle 5: Item-Kennwerte der exploratorischen Faktorenanalyse (Promax-Rotation) – Feedback

Item	Konstrukt	F_1	F_2	F_3	h^2
UM1*	Umfang der Musterlösungen			**0.48**	**0.20**
UM2	Umfang der Musterlösungen		0.87		0.77
UM3	Umfang der Musterlösungen			0.48	0.35
UM4	Umfang der Musterlösungen		0.83		0.68
UM5	Umfang der Musterlösungen		0.62		0.36
UM6	Umfang der Musterlösungen			0.70	0.53
VM2	Verständlichkeit der Musterlösungen			0.64	0.56
VM3	Verständlichkeit der Musterlösungen			0.73	0.48
NM1*	Wahrgenommener Nutzen der Musterlösungen				**0.07**
NM2	Wahrgenommener Nutzen der Musterlösungen	0.65			0.48
NM3	Wahrgenommener Nutzen der Musterlösungen	0.51			0.42
NM5	Wahrgenommener Nutzen der Musterlösungen	0.62			0.53
NM6	Wahrgenommener Nutzen der Musterlösungen	0.62			0.36
NM7	Wahrgenommener Nutzen der Musterlösungen	0.48			0.41
FM1*	Form der Musterlösungen		**0.48**	**0.30**	**0.45**
FM2	Form der Musterlösungen			0.37	0.33
FM3*	Form der Musterlösungen				**0.15**
FM4*	Form der Musterlösungen		**0.44**	**0.39**	**0.39**
UgM1	Umgang mit den Musterlösungen	0.81			0.63
UgM3	Umgang mit den Musterlösungen	0.71			0.51
UgM4	Umgang mit den Musterlösungen	0.82			0.53
UgM5	Umgang mit den Musterlösungen	0.74			0.48
UgM6	Umgang mit den Musterlösungen	0.82			0.61
MaZM1	Motivationales und affektives Empfinden	0.51			0.46
MaZM2	Motivationales und affektives Empfinden			0.54	0.32
MaZM4	Motivationales und affektives Empfinden			0.62	0.28
MaZM5*	Motivationales und affektives Empfinden	**0.53**			**0.23**
MaZM7	Motivationales und affektives Empfinden	0.67			0.38

Anmerkungen: F: Faktor, h^2: Kommunalität der Items, mit * markierte Items: für die weitere Analyse ausgeschlossene Items, fett markierte Werte: problematische Werte

Die Items *UM1*, *NM1*, *FM3* und *MaZM5* weisen Kommunalitäten kleiner als 0.25 auf. Darüber hinaus kann der Tabelle 5 entnommen werden, dass Item *NM1* und Item *FM3* auf keinem der extrahierten Faktoren hoch laden ($\lambda < 0.30$). *NM1* (*„Die Musterlösungen haben sich an den Inhalten der Vorlesung orientiert."*) soll eine Einschätzung über die Theorie-Praxis-Verknüpfung in der Vorlesung geben. Das Item kann jedoch nur beantwortet werden, wenn die Vorlesung regelmäßig besucht wurde. Möglicherweise gibt das Item somit nur wieder, wie oft ein Studierender die Vorlesung besucht hat, was die geringe Faktorladung erklären könnte. Das Item *FM3* (*„Mir hätte es durchaus gereicht, wenn ich erfahren hätte, ob meine Antworten richtig oder falsch sind."*) ist hypothetisch formuliert und soll erfassen, ob die Studierenden eine andere Feedbackform präferiert hätten. Es ist fraglich, ob Studierende entscheiden können, welche Feedbackform sie gerne gehabt hätten, wenn sie eine bestimme Feedbackform erhalten haben und andere mögliche Feedbackformen nicht kennen. Ähnliche Sachverhalte findet man bei den Items *FM1* (*„Ich hätte lieber eine auf meine Antworten abgestimmte Rückmeldung erhalten"*) und *FM4* (*„Mir wäre es lieber gewesen, wenn ich eine persönliche Rückmeldung erhalten hätte."*). Bei diesen Items liegen Doppelladungen vor. Bei der inhaltlichen Betrachtung dieser Items fällt ebenfalls auf, dass diese hypothetisch formuliert sind und nur adäquat beantwortet werden können, wenn man mit den Feedbackformen, die in den Items thematisiert werden, vertraut ist. Das Item *UM1* (*„Ich fand die Musterlösung zu umfangreich"*) hat mit dem Adjektiv *umfangreich* einen großen Interpretationsspielraum, was die schlechte Kommunalität von $h^2 = 0.20$ erklären könnte. Item *MaZM5* (*„Nachdem ich Musterlösungen erhalten habe, wollte ich weitere Vignetten bearbeiten, um mein Wissen anzuwenden"*) verfügt ebenfalls über eine schlechte Kommunalität. Darüber hinaus hängt die Zustimmung oder Ablehnung dieser Aussage vermutlich davon ab, wie sehr die eigenen Antworten mit den Musterlösungen übereinstimmen. Es kann daher vermutet werden, dass dieses Item nicht nur die motivationale Auswirkung des Feedbacks misst, sondern auch weitere Konstrukte, wie zum Beispiel die Selbstwirksamkeit oder die Frustrationstoleranz der Studierenden. Aufgrund der schlechten Kommunalität und der inhaltlichen Analyse, die keine eindeutige Zuordnung ermöglicht, wurde dieses Item ebenfalls aus dem Datensatz entfernt.

Im Anschluss an die Itemselektion wurden sieben weitere Faktorenanalysen durchgeführt, die aufgrund schlechter Item-Werte, Doppelladungen und bzw. oder inhaltlichen Gründen zum Ausschluss von weiteren 12 Items führten. Aufgrund der Übersichtlichkeit werden die weiteren Faktorenanalysen hier nicht dargestellt. Aus den exploratorischen Faktorenanalysen konnten letztendlich zwei Faktoren mit je fünf Items extrahiert werden, die in Tabelle 6 dargestellt sind.

Tabelle 6: Extrahierte Faktoren der exploratorischen Faktorenanalyse – Feedback

F_1 – Wahrgenommener Nutzen der Musterlösungen

Item		Faktorladung	h^2
NM2	Durch die Musterlösungen habe ich viel dazu gelernt.	0.73	0.61
NM5	Ich fand die Musterlösungen für die Bearbeitung weiterer Vignetten hilfreich.	0.68	0.45
NM6	Durch die Musterlösungen wusste ich, in welchem Bereich ich mich noch verbessern kann.	0.69	0.55
NM7	Die Musterlösungen halfen mir Lernprozesse von Schülerinnen und Schüler besser zu verstehen.	0.86	0.58
MaZM1	Die Musterlösungen haben mir gezeigt, was ich schon kann.	0.45	0.44

F_2 – Umgang mit den Musterlösungen

Item		Faktorladung	h^2
UgM1	Ich habe mir die Musterlösungen immer aufmerksam durchgelesen.	0.94	0.80
UgM3	Ich habe die Musterlösungen mit meinen eigenen Antworten verglichen.	0.69	0.54
UgM5	Die Musterlösungen habe ich meistens nur überflogen.	0.90	0.65
UgM6	Ich habe versucht, die Musterlösungen gezielt zu nutzen, um mich zu verbessern.	0.53	0.57
MaZM7	Nach der Bearbeitung der Diagnoseaufträge war ich neugierig auf die Musterlösungen.	0.56	0.34

Anmerkungen: h^2: Kommunalität

Aus Tabelle 6 kann entnommen werden, dass alle Items über hohe Faktorladungen und akzeptablen Kommunalitäten verfügen. Bei einer inhaltlichen Analyse der Items können die Faktoren F_1 als *Wahrgenommener Nutzen der Musterlösungen* und F_2 als *Umgang mit den Musterlösungen* interpretiert werden. Mit Cronbachs α von $\alpha_{F_1} = 0.83$ und $\alpha_{F_2} = 0.86$ verfügen beide Subskalen über eine gute interne Konsistenz.

7.4 Konsequenzen für die Hauptstudie

In diesem Abschnitt werden unter anderem Aspekte der Vorstudie dargestellt, die die adäquate Durchführung der Datenerhebung beeinträchtigten und die für die Hauptstudie entsprechend angepasst werden mussten (Abschnitt 7.4.1). Darüber hinaus wurden die Studierenden am Ende der Arbeit mit ViviAn gefragt, wie sie die Musterlösungen wahrgenommen haben und wie sie die Arbeit mit ViviAn empfanden. Die Aussagen wurden zusammengefasst (Abschnitt 7.4.2), um Konsequenzen für die Hauptstudie zu ziehen.

7.4.1 Technische Überarbeitung

Die Diagnoseaufträge und Fragebögen, die die Studierenden innerhalb von ViviAn bearbeiten, sind in LimeSurvey, einem Online-Umfragetool, eingebettet. Aus Sicherheitsgründen ist die Bearbeitungsdauer der Umfragen auf 30 Minuten beschränkt. Die Bearbeitungsdauer kann nur für alle Umfragen, die über LimeSurvey erstellt werden und nicht für einzelne Umfragen geändert werden, was zur Folge hat, dass die Änderung der Bearbeitungsdauer nur von den Administratoren des Rechenzentrums der Universität Koblenz-Landau vorgenommen werden kann. Da die Studierenden für die Bearbeitung der Diagnoseaufträge in der Vorstudie teilweise über 30 Minuten benötigten, wurde die Umfrage innerhalb von ViviAn automatisch geschlossen, was zur Folge hatte, dass die Antworten der Studierenden nicht gespeichert wurden. Der Grund für diesen Fehler (die zeitlich limitierte Bearbeitungsdauer) wurde erst eine Woche nach Beginn der Vorstudie gefunden, wodurch einige Studierende die Testvignette für den Vortest mehrmals oder gar nicht bearbeiteten. Für die Hauptstudie musste daher vorab sichergestellt werden, dass die Bearbeitungsdauer für die Umfragen von LimeSurvey auf 90 Minuten hochgesetzt wird.

Darüber hinaus trat im Nachtest ein technischer Fehler in der Programmierung von ViviAn auf, weshalb die Testvignette im Nachtest von den Studierenden gestoppt, vor- und zurückgespult sowie mehrmals angeschaut werden konnte. Durch die ungleichen Bedingungen im Vor- und Nachtest konnten die Ergebnisse der Studierenden hinsichtlich ihrer diagnostischen Fähigkeiten nicht weiter analysiert werden. Für die Hauptstudie mussten daher zwingend Änderungen in der Programmierung von ViviAn vorgenommen werden, um diesen technischen Fehler zu beheben. Individuelle Schwierigkeiten bei Studierenden, wie beispielsweise Probleme beim Abspielen der Videos, traten vereinzelt auf, konnten aber zumeist schnell gelöst werden.

7.4.2 Rückmeldung der Studierenden

Um einen Einblick zu erhalten, wie die Studierenden das Feedback in Form einer Musterlösung wahrgenommen haben und wie sie die Arbeit mit ViviAn empfanden, wurden den Studierenden am Ende der Vorstudie zwei offene Fragen gestellt, die sie im Rahmen einer LimeSurvey-Umfrage beantworten konnten. Die Antworten der Studierenden wurden zusammengefasst und werden im Folgenden dargestellt.

Rückmeldung zum Feedback

Die erste Frage, die die Studierenden beantworten sollten, bezog sich auf das Feedback in Form einer Musterlösung:

> *„In meiner Studie möchte ich genauer untersuchen, welchen Einfluss die Mus-*
> *terlösungen, die Sie in den Vignetten 2, 3 und 4 erhalten haben, auf die Ent-*
> *wicklung Ihrer diagnostischen Fähigkeiten hat. Mich interessiert daher, wie*
> *Sie die Musterlösungen wahrgenommen haben. Bitte schreiben Sie Ihre Mei-*
> *nung zu den Musterlösungen in das folgende freie Feld. "*

Da die Beantwortung der Frage auf freiwilliger Basis war, gaben nur 54 der 84 Studierenden, die die Umfrage bearbeiteten, Rückmeldungen zu den Musterlösungen (etwa 65 %). Die folgenden Ergebnisse beziehen sich auf die Grundgesamtheit der Studierenden $(N = 84)$.[97]

Etwa 60 % der Studierenden aus der Vorstudie gaben an, dass sie es hilfreich fanden, eine Rückmeldung in Form einer Musterlösung zu erhalten. Das bestätigt die Annahme, dass den Studierenden in der Lernumgebung eine Form von Feedback gegeben werden sollte. Jedoch äußerten einige Studierende (etwa 14 %) den Wunsch nach einer individuellen Rückmeldung auf ihre Antworten (z.B. ID45, EG2: *„Ich fand die Musterlösungen gut, jedoch hätte ich mir auch zusätzlich noch eine persönliche Rückmeldung gewünscht. "* oder ID2, EG1: *„Ich hätte mir eine direkte Rückmeldung gewünscht, und auch eine Bewertung meiner Antworten. ")*.[98] Dieser Aspekt lässt sich gut nachvollziehen, da die Studierenden durch die Musterlösungen selbst einschätzen müssen, ob ihre Antworten richtig waren oder nicht. Gerade bei einer stark abweichenden Antwort kann eine Bewertung der eigenen Lösung schwerfallen. Da eine persönliche Rückmeldung in dieser Art des Settings nicht möglich ist, kann dieser Aspekt für die Hauptstudie leider nicht umgesetzt werden. Alternativ könnten in Zukunft im Rahmen der Lehramtsausbildung Seminare angeboten werden, die von weitaus weniger Studierenden besucht werden. In den Sitzungen könnten die Videos dann gemeinsam analysiert und diskutiert werden, wodurch die Studierenden dann die Möglichkeit einer direkten Rückmeldung bekämen.

Jedoch berichteten auch 16 % der Studierenden, dass sie die Musterlösungen zur Selbstreflexion genutzt haben, indem sie diese mit ihren eigenen Antworten verglichen haben (z.B. ID34, EG1: *„Mir hat es gut gefallen, dass es Musterlösungen gab. Diese habe ich dann mit meinen Lösungen verglichen"*). Dieser Aspekt ist sehr relevant, da das Vergleichen und Reflektieren der eigenen Antworten mit der Musterlösung für die Lernentwicklung als notwendig erscheint.

---

[97] Es wurde beschlossen, die Ergebnisse auf Basis der Grundgesamtheit der Studierenden zu betrachten, da alle Studierenden der Vorstudie die Möglichkeit hatten auf die Fragen zu antworten.

[98] Die Studierenden wurden mithilfe von ID-Nummer anonymisiert. Anhand der ID-Nummern können die Antworten aller Diagnoseaufträge und Fragebögen der Studierenden miteinander verglichen werden.

Dissens besteht über den Umfang und die Ausführlichkeit der Rückmeldung. So gaben einige Studierende an (etwa 17 %), dass sie die Musterlösungen als zu umfangreich und ausführlich empfanden (z.B. ID9, EG1: „*Einerseits empfand ich es schon als hilfreich eine Musterlösung erhalten zu haben, da man eine andere Sichtweise als die Eigene erfahren konnte. Andererseits waren die Musterlösungen oftmals zu umfangreich, was dazu geführt hat, dass ich sie teilweise nur überflogen habe.*"). Obwohl man annehmen könnte, dass dieses Empfinden vorwiegend bei den Studierenden auftrat, die die Musterlösungen nach allen Diagnoseaufträgen einer Vignette erhielten (EG1) - wodurch das Feedback sehr lang war - gaben dies auch Studierende an (etwa 13 %), die die Musterlösungen nach jedem Diagnoseauftrag erhielten (EG2). Hingegen bewerteten einige Studierende (etwa 14 %) den Umfang und die Ausführlichkeit der Musterlösungen auch positiv (z.B. ID15, EG1: „*Ich fand es gut, dass die Musterlösungen sehr umfangreich und detailliert waren. Ohne die Musterlösungen hätte ich vieles nicht erfahren.*"). Ein Studierender, der sofortiges Feedback erhielt, gab sogar an, dass die Musterlösungen umfangreicher hätten sein können. Für die Hauptstudie ergab sich die Konsequenz, dass die Musterlösungen durch Überschriften, Stichpunkte und kurze, verständliche Sätze strukturierter dargestellt werden sollten. Der Umfang und die Ausführlichkeit der Musterlösungen sollte hingegen nicht geändert werden, da angenommen werden kann, dass die Studierenden selbst entscheiden, welche Aspekte der Musterlösungen sie als relevant empfinden.

Etwa 14 % der Studierenden bewerteten es positiv, dass die Musterlösungen relevante Aspekte hervorhoben, die in den Videosequenzen zu sehen waren (z.B. ID31, EG1: „*Dadurch [durch die Musterlösungen] habe ich bei den folgenden Vignetten auf andere Details wertgelegt oder den Blick geändert.*" oder ID55, EG2: „*Die Musterlösungen haben einem geholfen zu merken auf welche Punkte man genauer eingehen sollte und welche Punkte eher überflüssig sind oder nicht so stark gewichtet werden sollten.*"). Dies unterstützt auch die Annahme, dass Studierende (bzw. Novizinnen und Novizen) andere Aspekte in Videos wahrnehmen, als Expertinnen und Experten. Möglichweise zeigen die Musterlösungen dadurch auf, welche Aspekte, die für den Lernprozess der videografierten Schülerinnen und Schüler als relevant erscheinen, in den Videos wahrgenommen und interpretiert werden sollten.

Etwa 12 % der Studierenden gaben an, dass die Musterlösungen ein schlechtes und frustrierendes Gefühl ausgelöst haben, da die Musterlösungen von den eigenen Antworten stark abwichen (z.B. ID22, EG2: „*Allerdings muss ich sagen, dass die Musterlösungen häufig weit entfernt von dem waren, was ich geschrieben und empfunden habe. Das hat mich ein Stück weit frustriert und ich habe mich eher nicht gefreut noch mehr Vignetten zu bearbeiten.*"). Dieser Aspekt wurde von 16 % der Studierenden der EG1 und von 9 % der Studierenden der EG2 aufgeführt.

Rückmeldung zu ViviAn

Bei der zweiten Frage konnten die Studierenden allgemeine Anmerkungen zu ViviAn machen:

„Haben Sie sonstige Anmerkungen zu der Arbeit mit ViviAn?"

Auch diese Frage konnte auf freiwilliger Basis beantwortet werden. Wie bereits bei Frage 1 beantworteten nur 54 der 84 Studierenden diese Frage (etwa 65 %). Die folgenden Ergebnisse beziehen sich auf die Grundgesamtheit der Studierenden ($N = 84$).

45 % der Studierenden aus der Vorstudie bewerteten ViviAn als gutes Konzept für die Veranstaltung. 24 % der Studierenden gaben an, dass ViviAn eine gute Möglichkeit darstelle, das theoretische Wissen in der Praxis anzuwenden und dass die Analyse der Lernprozesse eine gute Vorbereitung für den späteren Unterricht biete (z.B. ID13, EG2: *„Außerdem regt ViviAn dazu an, meine gelernten Inhalte auch in der "Praxis" anzuwenden."* oder ID19, EG2: *„Die Arbeit hat einen guten Einblick dazu geliefert, wie vielschichtig die Beobachtungsarbeit in der Schule ist. Und man konnte dadurch schon mal ein bisschen üben - was man so im Studium nicht so oft bekommt."*). Die Studierenden bestätigen somit zum Teil die Annahme, dass ViviAn eine gute Möglichkeit darstellt, um eine Theorie-Praxis-Verknüpfung im Studium herzustellen.

Etwa 8 % der Studierenden bemängelten die Qualität der Videos und betonten dabei insbesondere, dass die videografierten Schülerinnen und Schüler schlecht zu verstehen waren (z.B. ID18, EG1: *„Die Videos waren oftmals kaum zu verstehen. Die Geräuschkulisse war oft sehr laut. Ich habe manchmal die Videos drei/ viermal schauen müssen um zu hören, was die Kinder sagten."*). Für die Trainingsvignetten, die mehrmals angeschaut werden können, stellt dies kein gravierendes Problem dar. Die Testvignetten hingegen, die nur einmal angeschaut werden können, sollten gut verständlich sein und eine gute Qualität aufweisen. Da für die Hauptstudie auch neue Vignetten erstellt wurden, musste dabei insbesondere auf die Video- und Tonqualität geachtet werden. Alternativ könnten auch parallel zum Video Trankskripte der Schülerinnen und Schüler eingeblendet werden. Das Einblenden der Transkripte würde jedoch möglicherweise die Arbeit der Schülerinnen und Schüler mit den Materialien, die für das Diagnostizieren von großer Bedeutung ist, in den Hintergrund drängen. Darüber hinaus wurde angenommen, dass die zusätzliche Darstellung des Transkripts im Video die Studierenden kognitiv überfordern würde.

Ein paar Studierende gaben an, dass Sie nach der Bearbeitung einzelner Vignetten gerne eine Rückmeldung bekommen hätten, dass ihre Bearbeitung gespeichert wurde (z.B. ID23, EG2: *„Ich hätte es hilfreich gefunden, wenn man nach jeder Bearbeitung eine Bestätigungsemail erhalten hätte, dass die Daten gespeichert wurden."*). Auch im Hinblick auf die technischen Probleme in der Durchführung, die teilweise dazu führten, dass die Antworten der Studierenden nicht gespeichert wurden, scheint eine Bestätigung für die Studierenden hilfreich und notwendig. Da eine Bestätigungsfunktion innerhalb von ViviAn bereits in Planung war, konnte dieser Aspekt in der Hauptstudie umgesetzt werden. Darüber hinaus wurde beschlossen, die Studierenden in der Hauptstudie durch E-Mails an die Bearbeitung der Vignetten zu erinnern, was auch eine gewisse Rückmeldung darstellt, ob die Bearbeitungen eingegangen sind.

Weitere Studierende bemängelten das Layout von LimeSurvey, das in ViviAn eingebettet wurde, insbesondere die Größe der Textfelder, die oftmals nicht ausreichte, um die eigene Antwort nochmals durchzulesen (z.B. ID3, EG1: *„Ich finde die Antwortfelder viel zu klein gestaltet teilweise, sodass man seine Antwort gar nicht im Gesamten sehen kann"*). Für die Hauptstudie wurde daher das Layout von LimeSurvey an ViviAn angepasst, wodurch unter anderem auch die Textfelder vergrößert wurden.

Die Erkenntnisse der Vorstudie fließen (teilweise) in die Hauptstudie mit ein. Neben der Validierung des Fragebogens wurden insbesondere auch die technischen Überarbeitungen von ViviAn sowie die Gestaltung des Layouts von ViviAn in der Hauptstudie berücksichtigt. Die Studierenden konnten in der Hauptstudie einsehen, welche Vignetten sie bereits bearbeitet haben. Auch die Textfelder wurden vergrößert, damit die Studierenden ihre Antwort vollständig sehen können.

8 Hauptstudie

Die Hauptstudie untergliedert sich in zwei Teile. Im ersten Teil wurden die diagnostischen Fähigkeiten von zwei Experimentalgruppen EG1 und EG2 erhoben, die verzögertes bzw. sofortiges Feedback in Form einer Musterlösung erhielten. Um mögliche Testeffekte aufgrund des Vortests zu kontrollieren, wurden im darauffolgenden Semester die diagnostischen Fähigkeiten einer Kontrollgruppe erhoben. Die Kontrollgruppe bearbeitete zwischen dem Vor- und Nachtest keine Trainingsvignetten.[99]

In den folgenden Abschnitten werden zunächst die Rahmenbedingungen (Abschnitt 8.1) und das Studiendesign (Abschnitt 8.2) beschrieben, das in der Hauptstudie zum Tragen kam. Anschließend wird erläutert, wie die diagnostischen Fähigkeiten der Studierenden erfasst wurden (Abschnitt 8.3). Weitere Prädiktoren, die im Rahmen der Hauptstudie erhoben wurden, werden in dem darauffolgenden Abschnitt vorgestellt (Abschnitt 8.4). Anschließend folgt ein Abschnitt, in dem die Auswertungsmethoden beschrieben werden, die im Rahmen der Hauptstudie verwendet wurden (Abschnitt 8.5). In den nachfolgenden Abschnitten (Abschnitt 8.6 – Abschnitt 8.9) werden die Ergebnisse der Validierungen der Erhebungsinstrumente dargestellt, die in der Hauptstudie angewendet wurden. Im vorletzten Abschnitt werden dann die Ergebnisse der Datenauswertung, die zur Beantwortung der Forschungsfragen durchgeführt wurde, vorgestellt und beschrieben (Abschnitt 8.10). Das Kapitel schließt mit einer Zusammenfassung und Interpretation der wichtigsten Erkenntnisse, die aus der Hauptstudie gezogen werden konnten (Abschnitt 8.11).

8.1 Rahmenbedingungen

Da sich die Rahmenbedingungen der Erhebungen (der Experimentalgruppen und der Kontrollgruppe) unter anderem aufgrund eines Dozentenwechsels unterschieden, werden in den folgenden Abschnitten die Rahmenbedingungen für die Experimentalgruppen (vgl. Abschnitt 8.1.1) und die Rahmenbedingungen für die Kontrollgruppe (vgl. Abschnitt 8.1.2) gesondert dargestellt.

8.1.1 Experimentalgruppen

Die Erhebung der Experimentalgruppen wurde im Wintersemester 2017/2018 in der fachdidaktischen Großveranstaltung *Fachdidaktische Grundlagen* und in der Veranstaltung *Didaktik der Geometrie* durchgeführt. Die Vorlesung *Fachdidaktische Grundlagen* ist eine Einführungsveranstaltung in die Didaktik der Mathematik und eine Pflichtveranstaltung

---

[99] Da sich die Stichprobe der beiden Experimentalgruppen im Vortest aus 119 Probanden zusammensetzte, wäre die Teststärke durch die zusätzliche Implementierung einer Kontrollgruppe stark beeinträchtigt gewesen. Darüber hinaus erschien es aus ethischen Gründen nicht vertretbar, einem Teil der Studierenden aus der gleichen Veranstaltung keine Trainingsgelegenheit zu geben, weshalb die Erhebung der Kontrollgruppe ein Semester später separat durchgeführt wurde.

Ergänzende Information Die elektronische Version dieses Kapitels enthält Zusatzmaterial, auf das über folgenden Link zugegriffen werden kann https://doi.org/10.1007/978-3-658-36529-5_8.

P. Enenkiel, *Diagnostische Fähigkeiten mit Videovignetten und Feedback fördern*, Landauer Beiträge zur mathematikdidaktischen Forschung, https://doi.org/10.1007/978-3-658-36529-5_8

für die Mathematiklehramtsstudierenden aller Schularten. Die Vorlesung ist ein Teilmodul des Gesamtmoduls *Fachwissenschaftliche und fachdidaktische Voraussetzungen* und wird von den Mathematiklehramtsstudierenden in der Regel im ersten oder zweiten Semester besucht. Die Inhalte der fachdidaktischen Grundlagen beziehen sich auf die allgemeinen Ziele und Komponenten des Mathematikunterrichts, auf die Unterrichtsplanung und die Unterrichtsdurchführung im Fach Mathematik sowie auf die Bedeutung des Medieneinsatzes für den Mathematikunterricht (Modulhandbuch im Fach Mathematik des Campus Landau 2019, S. 23).

Die *Didaktik der Geometrie* ist ein Teilmodul des Gesamtmoduls *Fachdidaktische Bereiche* (Modulhandbuch Mathematik Campus Landau 2019, S. 32) und wird seit dem Wintersemester 2017/2018 für Mathematiklehramtsstudierende der Grund- und Förderschule und für Mathematiklehramtsstudierende der Realschule Plus und Gymnasium separat angeboten. Die *Didaktik der Geometrie* wird in der Regel von Mathematiklehramtsstudierenden des fünften und sechsten Semesters besucht. In der *Didaktik der Geometrie* werden Themen der Geometrie fachdidaktisch behandelt, was unter anderem die didaktische Aufbereitung von geometrischen Themen, die schulgerechten Herleitungen und Beweise von Formeln und Sätzen der Geometrie sowie die Behandlung von typischen Schülerschwierigkeiten im Geometrieunterricht umfasst (Modulhandbuch Mathematik Campus Landau 2019, S. 32; vgl. Abschnitt 7.1).

Die Studierenden hatten in beiden Veranstaltungen die Möglichkeit, mit der videobasierten Lernumgebung ViviAn zu arbeiten. Die Arbeit mit ViviAn war freiwillig, die Studierenden bekamen jedoch für die Bearbeitung der Vignetten und Fragebögen einen Bonus für die jeweiligen Modulabschlussprüfungen. Darüber hinaus beinhaltet eine Aufgabe der als E-Klausur stattfindenden Modulabschlussprüfung die Bearbeitung einer Vignette, weshalb die Studierenden die Vignetten in der Regel auch als Vorbereitung für die Prüfung bearbeiteten.

An dem Vortest nahmen insgesamt 119 Studierende teil, davon 99 Studierende aus der Veranstaltung Fachdidaktische Grundlagen und 20 Studierende aus der Veranstaltung Didaktik der Geometrie. Am Nachtest nahmen insgesamt 103 Studierende teil; 83 Studierende aus der Veranstaltung Fachdidaktische Grundlagen und 20 Studierende aus der Veranstaltung Didaktik der Geometrie. Aus der Didaktik der Geometrie brach demnach niemand die Arbeit mit ViviAn ab. Von den 103 Studierenden befanden sich 59 Studierende im ersten und zweiten Semester. 76 Studierende studierten Grund- bzw. Förderschulamt, 27 Studierende Realschule Plus- bzw. Gymnasiallehramt.

8.1.2 Kontrollgruppe

Die Erhebung der Kontrollgruppe fand ein Semester später im Sommersemester 2018 in der Veranstaltung *Fachdidaktische Grundlagen* statt. Die Veranstaltung im Sommersemester 2018 wurde aus organisatorischen Gründen von einem anderen Dozenten durchgeführt. Eine Einführungsveranstaltung, die vor beiden Studien stattfand und in der jeweils die gleichen Themen behandelt wurden, sollte gewährleisten, dass die Rahmenbedingungen der beiden Studien vergleichbar sind (vgl. Abschnitt 8.2). Am Vortest nahmen 96 Studierende teil, den Nachtest absolvierten 81 Studierende. Somit bearbeiteten 15 Studierende, die den Vortest absolvierten, den Nachtest nicht. Von den 81 Studierenden, die am Nachtest teilnahmen, studierten 73 Studierende Grund- bzw. Förderschullehramt und 8 Studierende auf Realschule Plus- bzw. Gymnasiallehramt. 71 der Studierenden aus der Kontrollgruppe befanden sich im ersten und zweiten Semester.

8.2 Studiendesign

Für beide Erhebungen wurden das Videotool ViviAn verwendet. Wie bereits in der Vorstudie konnten sich die Studierenden für die Arbeit mit ViviAn vorab über die Online-Plattform anmelden. Über den Anmeldezeitraum hinweg wurden die Studierenden der Hauptstudie zufällig auf die beiden Experimentalgruppen aufgeteilt.[100]

Der Vor- und Nachtest bestand für die Studierenden der Experimentalgruppen und der Kontrollgruppe aus zwei Testvignetten, in denen die Studierenden kein Feedback erhielten. Dieses Vorgehen erschien notwendig, um eine Lernentwicklung vom Vor- zum Nachtest bestmöglich durch die Bearbeitung der Trainingsvignetten abzubilden. Um eine möglichst authentische Unterrichtssituation zu simulieren, konnten die Studierenden die Videosequenzen in den Testvignetten nur einmal anschauen, nicht vor- und zurückspulen und nicht anhalten. Den Nachtest bearbeiteten 54 Studierende der Experimentalgruppe 1 (EG1), 49 Studierende der Experimentalgruppe 2 (EG2) und 81 Studierende der Kontrollgruppe (KG). Die Stichprobe für die Analyse der Lernentwicklung setzt sich somit aus insgesamt 184 Studierenden zusammen.

Die Arbeit mit ViviAn dauerte in beiden Erhebungen insgesamt 10 Wochen. Für den Vor- und Nachtest hatten die Studierenden jeweils zwei Wochen Zeit. EG1 und EG2 bearbeiteten nach dem Vortest jede Woche eine Trainingsvignette. Über die vorlesungsfreie Zeit von zwei Wochen mussten sie nur eine Trainingsvignette bearbeiten. Die KG hingegen bearbeitete nur den Vor- und Nachtest. In dem Interventionszeitraum bearbeiteten diese Studierenden somit keine Trainingsvignetten. Neben den diagnostischen Fähigkeiten wurden mithilfe von Fragebögen und Tests noch weitere Variablen erhoben (vgl. Abschnitt 8.4). Das Studiendesign der Hauptstudie ist in Abbildung 46 dargestellt.

---

[100] Sobald sich eine Studentin oder ein Student für den ViviAn-Kurs anmeldet, erscheint diese bzw. dieser im Administratorenbereich in ViviAn, in dem die Studierenden zugelassen und in verschiedene Gruppen eingeteilt werden können. Die Studierenden werden erst dann zugelassen, wenn sie die notwendige Datenschutzerklärung ausgefüllt und abgegeben haben. Die Studierenden wurden nacheinander (abhängig vom Anmeldezeitpunkt) abwechselnd auf die beiden Experimentalgruppen aufgeteilt.

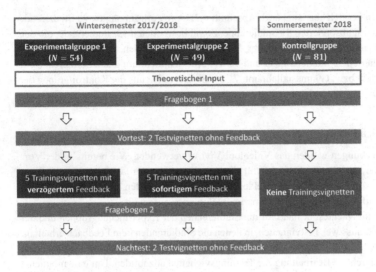

Abbildung 46. Studiendesign der Hauptstudie

Wie bereits in der Vorstudie (vgl. Kapitel 7), wurde der ViviAn-Kurs in den Erhebungen
der Hauptstudie auf die Thematik der Lehrveranstaltungen abgestimmt. Die Studierenden
der Experimentalgruppen und der Kontrollgruppe erhielten in der Veranstaltung in jedem
Semester einen theoretischen Input zu den *Diagnostischen Fähigkeiten* und den fachdidaktischen Grundlagen zur *Bestimmung von Längen, Flächen- und Rauminhalten*. Dabei wurden den Studierenden auch die Komponenten des Diagnoseprozesses von Beretz et al.
(2017a; 2017b) und C. von Aufschnaiter et al. (2018; vgl. Abschnitt 2.3.2) vorgestellt und
die Anforderungen, die mit diesen Komponenten einhergehen, erläutert. Darüber hinaus
wurde den Studierenden der Experimentalgruppen und der Kontrollgruppe in der jeweiligen Veranstaltung das Videotool ViviAn vorgeführt und anhand einer Beispielvignette, die
für die Vorlesungen erstellt wurde, erläutert.[101] Studierende, die an der entsprechenden
Vorlesung nicht teilnahmen und dennoch mit ViviAn arbeiten wollten, hatten die Möglichkeit auf ein Einführungsvideo zurückzugreifen, das in ViviAn eingebettet wurde. In diesem
Video wurde zum einen die Oberfläche von ViviAn, insbesondere die Buttons, über die
man sich Zusatzinformationen einholen konnte, erläutert und erklärt, wie auf die Diagnoseaufträge zugegriffen werden kann. Die Experimentalgruppen EG1 und EG2 erhielten im
Rahmen des Einführungsvideos zusätzlich eine Erläuterung, wie sie in den Trainingsvignetten auf das Feedback zugreifen können und wie sie dieses nutzen sollen. Da die beiden
Experimentalgruppen die Musterlösungen zu unterschiedlichen Zeitpunkten erhielten,

---

[101] Hier sei noch einmal erwähnt, dass die Einführung im Sommersemester 2018 aufgrund eines Dozentenwechsels von einem anderen Dozenten durchgeführt wurde. Es wurde aber darauf geachtet, dass sich die
Inhalte über die Veranstaltungen hinweg sehr ähnelten, um eine Vergleichbarkeit zu ermöglichen.

wurden für beide Gruppen separate Einführungsvideos erstellt und in ViviAn zur Verfügung gestellt. Die fachdidaktischen Grundlagen zu dem Thema *Bestimmung von Längen, Flächen- und Rauminhalten* wurden in einem Dokument zusammengefasst und den Studierenden vorab zur Verfügung gestellt. So sollte gewährleistet werden, dass alle Studierenden über die notwendigen Grundlagen verfügen, um die Videovignetten zu bearbeiten. Dieses Vorgehen wird auch von einigen Autoren empfohlen (z.B. C. von Aufschnaiter et al. 2017, S. 98).

Vor dem Vortest bearbeiteten alle Studierende einen Fragebogen (Fragebogen 1), in dem unter anderem soziodemographische Merkmale, die praktischen Vorerfahrungen (vgl. Abschnitt 8.4.3) sowie das fachdidaktische Wissen der Studierenden erhoben wurde (vgl. Abschnitt 8.4.2). Den Fragebogen bearbeiteten die Studierenden in der Regel unmittelbar vor dem Vortest. Darüber hinaus wurden die Studierenden vor der Bearbeitung der Vignetten aufgefordert, die Aufgaben, an denen die Schülerinnen und Schüler in den Videovignetten arbeiten, selbst zu lösen. Die Ergebnisse dieser Bearbeitung sollten mögliche Anhaltspunkte für das fachliche Wissen der Studierenden geben (vgl. Abschnitt 8.4.1). Nach der Bearbeitung des Vortests folgte die Interventionsphase, in der die Experimentalgruppen über einen Zeitraum von sechs Wochen fünf Trainingsvignetten bearbeiteten, in denen sie verzögertes bzw. sofortiges Feedback in Form einer Musterlösung erhielten. Die Trainingsvignetten konnten pausiert, vor- und zurückgespult und erneut angeschaut werden, um den Studierenden die Möglichkeit zu geben, ihre Antworten anhand der Musterlösungen zu reflektieren. Die Studierenden der EG1 bearbeiteten die Diagnoseaufträge einer Trainingsvignette und erhielten anschließend Feedback in Form einer Musterlösung. Die Studierenden der EG2 hingegen erhielten das Feedback nach jedem einzelnen Diagnoseauftrag. Die Musterlösungen, die die Studierenden erhielten, unterschieden sich demnach nur im Zeitpunkt. Die Studierenden der KG bearbeiteten in dem Interventionszeitraum eine Übung zum Problemlösen der Stochastik, die in keinerlei Verbindung zu dem ViviAn-Kurs stand.

Nach der letzten Trainingsvignette bearbeiteten die Studierenden der Experimentalgruppen einen Fragebogen (Fragebogen 2), indem der validierte Feedbackfragebogen der Vorstudie eingesetzt wurde (vgl. 8.4.4). Da die Studierenden der Kontrollgruppe keine Trainingsvignetten bearbeiteten und somit kein Feedback erhielten, wurde der Fragebogen nur von EG1 und EG2 bearbeitet. Im Anschluss bearbeiteten die Studierenden den Nachtest, der aus den gleichen Testvignetten bestand, die auch im Vortest eingesetzt wurden.

8.3   Erfassung der diagnostischen Fähigkeiten

Um die diagnostischen Fähigkeiten der Studierenden zu erfassen, wurden zwei Testvignetten erstellt, die im Vor- und Nachtest eingesetzt wurden.[102] Da die Videosequenzen in den

---

[102] Im Anhang B1 im elektronischen Zusatzmaterial sind die Beschreibungen sowie die Transkripte der Vignetten dargestellt.

beiden Testvignetten nur einmal angeschaut werden konnten, wurde bei der Auswahl insbesondere auf die Ton- und Bildqualität, die Länge der Videosequenz sowie die zu sehenden Inhalte geachtet. Im Folgenden werden die jeweiligen Aspekte kurz erläutert.

1) Ton- und Bildqualität
    Die Videosequenzen für die Testvignetten sollten über eine vergleichsweise hohe Ton- und Bildqualität verfügen. Um die Schülerarbeitsprozesse analysieren und diagnostizieren zu können, erschien es notwendig, dass die Aussagen der Schülerinnen und Schüler in der Videosequenz gut verständlich sind. Darüber hinaus sollten die Handlungen der Schülerinnen und Schüler und die Arbeit mit dem Material gut zu erkennen sein, weshalb auf eine ausreichende Bildqualität geachtet wurde.

2) Länge der Videosequenz
    Die Videosequenzen der Testvignetten sollten eine sinnvolle Länge haben; somit nicht zu kurz aber insbesondere nicht zu lang sein. Durch eine lange Videosequenz können aufgrund den vielen Informationen, die in der Videosequenz enthalten sind, inhaltliche Aspekte nicht richtig erfasst werden. Da eine lange Videosequenz auch eine hohe Konzentration erfordert, wurde darauf geachtet, dass die Testvignetten nicht länger als 3.5 Minuten sind. Eine zu kurze Videosequenz wäre hingegen inhaltlich nicht ergiebig genug, um im Anschluss mehrere sinnvolle Diagnoseaufträge formulieren zu können.

3) Inhaltliche Aspekte
    Um die Antworten der Studierenden im weiteren Verlauf adäquat bewerten zu können, wurde bei der Auswahl und Erstellung der Videosequenzen für die Testvignetten darauf geachtet, dass die Handlungen und Aussagen der Schülerinnen und Schüler eindeutige Diagnosen ermöglichen. Insbesondere für den Einsatz von Testvignetten kann die Eindeutigkeit der Interpretierbarkeit die Auswertung erleichtern (C. von Aufschnaiter et al. 2017, S. 98).[103] So sollten beispielsweise die Strategien, die die Schülerinnen und Schüler anwendeten, in der Videosequenz deutlich zu erkennen sein. Darüber hinaus wurden Störfaktoren, die eine Diagnose möglicherweise beeinträchtigen könnten, aus der Videosequenz herausgeschnitten (z.B. private Kommunikationen zwischen den Schülerinnen und Schülern).[104]

Die Videosequenz der ersten Testvignette zeigt eine Schülergruppe von vier Schülern der 6. Klasse bei der Bearbeitung einer Aufgabe zur Bestimmung des Oberflächeninhalts eines Quadermodells. Um den Oberflächeninhalt des Quadermodells zu bestimmen, standen den Schülern Einheitsquadrate, Stift und Lineal zur Verfügung. Da der Arbeitsauftrag für die

---

[103] Für Trainingsvignetten hingegen kann es hingegen hilfreich sein, wenn die Analysen nicht immer zu eindeutigen Interpretationen führen, da so die Relevanz der Begründungen hervorgehoben wird (C. von Aufschnaiter et al. 2017, S. 98). Darüber hinaus kann es auch vorkommen, dass Diagnosen nicht immer eindeutig sind und oftmals von verschiedenen Perspektiven profitiert, die durch entsprechende Begründungen gestützt werden.

[104] Bei der Erstellung der Trainingsvignetten wurde ebenfalls darauf geachtet, dass das Diagnostizieren nicht durch Störfaktoren beeinträchtigt wird.

Schüler offen gestaltet wurde ("*Findet heraus, wie viele rote Einheitsquadrate ihr benöti-gen würdet, um die gesamte Oberfläche des Quadermodells auszulegen. Verwendet dazu das rote Einheitsquadrat, den Folienstift und das Lineal.*") wendeten sie in der Videose-quenz verschiedene Strategien an, wodurch eine intensive Diskussion zwischen den Grup-penmitgliedern entstand.

Die Videosequenz der zweiten Testvignette zeigt eine Gruppenarbeit von vier Schüle-rinnen und Schülern der 3. und 4. Klasse bei der Bestimmung und dem Vergleich der Flä-cheninhalte von selbst konstruierten ebenen Figuren. Der Arbeitsauftrag ("*Jeder von euch nimmt ein farbiges Blatt Papier, zeichnet ein Gehege auf und schneidet es aus. Schreibt die Namen der Tierarten, die in euren Gehegen leben, auf das Papier. Vergleicht jetzt eure Gehege miteinander. Welche Tierart hat die größte Fläche zum Leben? Welche Tierart hat die kleinste Fläche zum Leben?*") ließ den Schülerinnen und Schülern offen, welche Stra-tegie sie zum Lösen der Aufgabe verwenden. So konnten die Schülerinnen und Schüler die Aufgabe durch einen direkten Vergleich, einen Vergleich durch Zerlegen oder durch das Messen oder Berechnen lösen. Zum Messen standen den Schülerinnen und Schülern Ein-heitsquadrate als auch Kästchen zur Verfügung, die zuvor auf dem Blatt Papier aufgedruckt wurden (vgl. *Aufgabe 4* in Abschnitt 6.5.2). Auch in dieser Videosequenz wendeten die Schülerinnen und Schüler verschiedene Strategien an, um die Aufgabe zu lösen.

Die Testvignetten wurden wie die Trainingsvignetten in das Videotool ViviAn einge-bunden und dort mit Zusatzinformationen (z.B. Schülerdokumenten, Arbeitsaufträgen und verfügbaren Materialien) ergänzt (vgl. Abschnitt 6.6). Die Diagnoseaufträge, die für die jeweilige Testvignette erstellt wurden, sind ebenfalls in ViviAn integriert. Vor Bearbeitung der Diagnoseaufträge wurden die Studierenden aufgefordert, die Aufgabe, die die Schüle-rinnen und Schüler in der Videosequenz bearbeiteten, selbst zu lösen. Die Studierenden konnten dafür in ViviAn über den Button *Arbeitsauftrag* auf die entsprechende Aufgabe zugreifen.

Die Diagnoseaufträge beinhalteten für jede Testvignette einen Diagnoseauftrag, in dem die Studierenden die jeweilige Situation aus mathematikdidaktischer Perspektive *beschrei-ben* sollten (Freitext). Anschließend wurden die Studierenden aufgefordert, für jeden Schü-ler bzw. für jede Schülerin die Strategien zu identifizieren und auszuwählen (Multiple-Choice-Aufgabe), die für die Bearbeitung der Aufgabe angewendet wurden. Die Auswahl sollten die Studierenden anschließend begründen (Freitext). Die nächsten Diagnoseauf-träge enthielten die Identifikation und Benennung der Fehler bzw. Schwierigkeiten, die bei der Bearbeitung der Aufgabe auftraten (Freitext). Diese Diagnoseaufträge deckten die Komponente *Deuten* ab. Anschließend folgten für beide Testvignetten Diagnoseaufträge, in denen die Studierenden mögliche *Ursachen* für die Fehler (bei Testvignette 1) und für die Vorgehensweise beim Lösen der Aufgabe (bei Testvignette 2)[105] ergründen und erläu-tern sollten (Freitext). Am Ende sollten die Studierenden dann *Konsequenzen* für den wei-teren Lernprozess *ableiten*. Dabei sollten sie entscheiden, ob sie während bzw. nach der videografierten Situation in den Lernprozess eingreifen würden (Single-Choice) und ihre

---

[105] Bei der Testvignette 2 traten bei den Schülerinnen und Schülern keine Fehler auf.

entsprechende Auswahl begründen (Freitext). Falls sich die Studierenden für eine Intervention entschieden, wurden sie aufgefordert mögliche *Fördermaßnahmen* zu beschreiben. Somit ergaben sich für die beiden Testvignetten insgesamt 23 Diagnoseaufträge. In Tabelle 7 ist die Anzahl der Diagnoseaufträge für die jeweilige Vignette dargestellt.[106]

Tabelle 7: Anzahl der Diagnoseaufträge für Testvignette 1 und Testvignette 2[107]

Komponenten	Antwortformat	Testvignette 1	Testvignette 2
Beschreiben	Freitext	1	1
Deuten	Antwortwahl + Freitext	5	5
Ursachen finden	Freitext	2	1
Konsequenzen ableiten	Antwortwahl + Freitext	2	2
Fördermaßnahmen gestalten	Freitext	2	2

Wie aus der Tabelle 7 zu entnehmen ist, variiert die Anzahl der Diagnoseaufträge für die jeweiligen Komponenten. Die Diagnoseaufträge zum *Beschreiben* sind im Vergleich zu den Diagnoseaufträgen zum *Deuten* weniger fokussiert. Dadurch ergeben sich viele Aspekte, die von den Studierenden beschrieben werden können, wodurch sich eine Fülle an Antwortmöglichkeiten ergibt. Die Diagnoseaufträge zum Deuten beziehen sich hingegen auf die Fähigkeiten und Schwierigkeiten einzelner Schülerinnen und Schüler und sind dadurch deutlich fokussierter. Dadurch ergeben sich zwar tendenziell mehr Diagnoseaufträge (fünf für jede Vignette), durch den gesetzten Fokus jedoch deutlich weniger Antwortmöglichkeiten.

Die Diagnoseaufträge für die einzelnen Testvignetten wurden den Studierenden, bevor sie die jeweilige Videosequenz starten konnten, einmal vollständig ohne Antwortwahl- und Textfelder angezeigt. Dabei erhielten sie eine schriftliche Aufforderung, sich diese aufmerksam durchzulesen. Da die Studierenden die Videosequenz der jeweiligen Testvignette nur einmal anschauen konnten, sollten sie so die Möglichkeit erhalten, ihren Fokus auf relevante Aspekte der Videosequenz zu legen. Um zu gewährleisten, dass die Studierenden die jeweilige Videosequenz nicht vorab anschauen konnten, wurde diese mit einem Passwort geschützt. Die Studierenden erhielten das Passwort erst dann, wenn sie die Aufgaben der videografierten Schülerinnen und Schüler selbstständig bearbeitet hatten.

Die Diagnoseaufträge für die jeweilige Testvignette, die die Studierenden beantworten sollten, wurden auf verschiedene Seiten aufgeteilt. Beispielsweise bearbeiteten die Studierenden zunächst den Diagnoseauftrag zum *Beschreiben* und konnten erst dann den nächsten Diagnoseauftrag zum *Deuten* bearbeiten, wenn sie in der Umfrage auf *Weiter* geklickt

---

[106] Die Diagnoseaufträge sind im Anhang C1 im elektronischen Zusatzmaterial beigefügt.
[107] Die Komponente *Fördermaßnahmen gestalten* ist ausgegraut, da angenommen wurde, dass das Gestalten von Fördermaßnahmen zwar das Ziel einer Förderdiagnostik, aber keinen Teil der *Diagnostischen Fähigkeiten* darstellt.

hatten. Zum einen sollte dieses Vorgehen die Diagnoseaufträge strukturieren, zum anderen sollte so die Möglichkeit ausgeschlossen werden, dass die Studierenden bereits beantwortete Diagnoseaufträge überarbeiten können. Eine Revidierung erschien besonders dann problematisch, wenn in einem Diagnoseauftrag auf eine richtige Antwort vorheriger Diagnoseaufträge verwiesen wurde, wie beispielsweise bei dem Diagnoseauftrag, in dem die Studierenden aufgefordert wurden, mögliche Ursachen für bestimmte Schülerschwierigkeiten zu nennen. Um die Antworten der Studierenden zu den Diagnoseaufträgen für die Dimension *Ursachen finden* konsistent bewerten zu können, musste der entsprechende Schülerfehler, für den die Ursache angegeben werden sollte, vorgegeben werden (z.B. Diagnoseauftrag für das *Ursachen finden* für Testvignette 1: *„Die Schüler in der gezeigten Videosequenz geben als Ergebnis den Flächeninhalt von nur einer Fläche an. Welche Ursachen könnten diesem Fehler zugrunde liegen."*). Wenn der entsprechende Schülerfehler nicht vorgegeben gewesen wäre und sich die Studierenden auf ihre eigene Angabe bezüglich des Schülerfehlers bezogen hätten, würde zwischen den Diagnoseaufträgen eine lokale stochastische Abhängigkeit bestehen, die für die spätere Auswertung mit der Item-Response-Theory nicht zulässig gewesen wäre (vgl. Abschnitt 8.5.2). Da der Schülerfehler somit vorgegeben wurde, erschien es zwingend notwendig, dass die Studierenden ihre vorabgenannten Schülerfehler nicht verbessern konnten.

Aus der Angabe des richtigen Schülerfehlers im Vortest folgt jedoch auch, dass sich die Studierenden im Nachtest möglicherweise an die richtige Antwort erinnern können. Dieser Erinnerungseffekt kann jedoch mithilfe der Ergebnisse der Kontrollgruppe kontrolliert werden. Falls ein Erinnerungseffekt bei der Kontrollgruppe auftritt, kann dieser in den Ergebnissen der beiden Experimentalgruppen berücksichtigt werden.

8.4 Erfassung weiterer Variablen

Neben dem Test zur Erfassung der diagnostischen Fähigkeiten wurden in der Hauptstudie weitere Fragenbögen und Skalen eingesetzt, um zum einen mögliche Prädiktoren für die Ausprägung der diagnostischen Fähigkeiten der Studierenden zu identifizieren und zum anderen Information zu erhalten, wie nützlich die Studierenden die Musterlösungen empfinden und wie sie mit diesen umgehen. Die eingesetzten Messinstrumente werden in den folgenden Abschnitten beschrieben.

8.4.1 Fachliches Wissen

Vor Bearbeitung jeder Videovignette wurden die Studierenden aufgefordert, die Aufgabe, die von den Schülerinnen und Schülern in der Videosequenz bearbeitet wurde, eigenständig zu lösen. Der zugehörige Arbeitsauftrag lautete: *„Beschreiben Sie, wie Sie selbst die Aufgabe, die von den Schülerinnen und Schülern zu bearbeiten war, mit den vorgegebenen Materialien lösen würden."* und hatte ein offenes Antwortformat. Das eigenständige Lösen der Aufgabe hatte zwei Funktionen: Zum einen sollten sich die Studierenden vor der Videoanalyse intensiv mit der Aufgabe, die von den videografierten Schülerinnen und Schülern zu bearbeiten war, auseinandersetzen, damit sie Lösungsstrategien und Schülerschwierigkeiten erkennen, interpretieren sowie mögliche Ursachen für die Schülerfehler identifizieren können. Dies geht insbesondere aus den Ergebnissen einer Studie von J. Leuders und T. Leuders (2013) hervor, die zeigen konnten, dass das selbstständige Lösen der Aufgabe im Vorfeld einen positiven Effekt auf die Analysefähigkeit von Studierenden hat (vgl. Abschnitt 2.6). Zum anderen lassen sich aus den Forschungsergebnissen hinsichtlich der diagnostischen Dispositionen und diagnostischen Fähigkeiten schließen, dass das fachliche Wissen eine notwendige Voraussetzung für adäquate Diagnosen darstellt (vgl. Abschnitt 2.3.2). Daher soll im Rahmen dieser Studie überprüft werden, ob das fachliche Wissen der Studierenden zur Vorhersage ihrer diagnostischen Fähigkeiten beiträgt. Die Aufgabenbearbeitungen können zwar das Fachwissen der Studierenden in dem Bereich *Bestimmung von Längen, Flächen- und Rauminhalten* nicht vollständig erfassen, jedoch mögliche Anhaltspunkte für das fachliche Vorwissen geben. Bezogen auf die COACTIV-Studie entspricht die Bearbeitung der Aufgaben der videografierten Schülerinnen und Schüler der Ebene 2, dem Wissen auf dem Niveau eines durchschnittlichen bis guten Schülers.

8.4.2 Fachdidaktisches Wissen

Vor der Bearbeitung des Vortests wurde im Rahmen des ersten Fragebogens (Fragebogen 1) das fachdidaktische Wissen der Studierenden zur *Bestimmung von Längen, Flächen- und Rauminhalten* erhoben. Das fachdidaktische Wissen gilt als wichtige Voraussetzung für das Diagnostizieren (vgl. Abschnitt 2.3.1 und Abschnitt 2.3.2) und soll daher im Rahmen der Hauptstudie als Prädiktor für die Vortestergebnisse der Studierenden genutzt werden. Der fachdidaktische Wissenstest wurde nach den Komponenten der Konzeptualisierung von COACTIV (Krauss et al. 2011, S. 138f.) entwickelt und beinhaltet die drei Bereiche *Wissen über das multiple Lösungspotential von Mathematikaufgaben, Wissen über typische Schülerfehler und -schwierigkeiten* und *Wissen über Erklären und Repräsentieren* (vgl. Abschnitt 2.3.1). COACTIV misst das fachdidaktische Wissen nicht themenspezifisch, weshalb in dieser Studie auf keine dieser Items zurückgegriffen werden konnte. Daher wurden für diese Studie acht Aufgaben entwickelt, um das fachdidaktische Wissen der Studierenden im Bereich *Bestimmung von Längen, Flächen- und Rauminhalten* zu erfassen. Die Aufgaben haben ein offenes Antwortformat. Die Konstruktion des fachdidaktischen Wissenstests wird im Folgenden beschrieben.[108]

Im fachdidaktischen Wissensbereich *Wissen über das multiple Lösungspotential von Mathematikaufgaben* sollen potentielle Lösungswege von Mathematikaufgaben angegeben werden. Für diesen Wissensbereich wurden im Rahmen dieser Studie zwei Aufgaben entwickelt. In beiden Aufgaben war jeweils eine Schüleraufgabe aus Stationen des Mathematik-Labors „Mathe ist mehr" abgebildet. Ein Beispiel kann Abbildung 47

---

[108] Der vollständige fachdidaktische Wissenstest ist im Anhang C3 im elektronischen Zusatzmaterial beigefügt.

entnommen werden: In der abgebildeten Schüleraufgabe soll der Flächeninhalt einer Fliese mithilfe eines Maßbandes bestimmt und in Quadratmetern angegeben werden.

> Ihre Schülerinnen und Schüler sollen den Flächeninhalt der folgenden Fliese mithilfe eines Maßbandes bestimmen und den Flächeninhalt in Quadratmeter angeben. 
>
> Beschreiben Sie verschiedene Lösungsmöglichkeiten, die Ihre Schülerinnen und Schüler anwenden können, um die Aufgabe zu lösen.

Abbildung 47. Aufgabe F1 des fachdidaktischen Wissenstests – Lösungspotential von Aufgaben

Die Studierenden sollten für diese Schüleraufgabe verschiedene Lösungs-möglichkeiten beschreiben: So wäre es beispielsweise denkbar, dass Schülerinnen und Schüler die Kantenlängen in der Einheit *Zentimeter* messen, die Kantenlängen multiplizieren, woraus ein Ergebnis in der Einheit *Quadratzentimeter* resultiert und dieses Ergebnis anschließend in *Quadratmeter* umrechnen. Die Schülerinnen und Schüler könnten aber auch die Kantenlängen in der Einheit *Zentimeter* messen, die Kantenlängen in *Meter* umrechnen und erst anschließend die Kantenlängen miteinander multiplizieren, woraus ein Ergebnis in der Einheit *Quadratmeter* resultiert. Insbesondere die zweite Variante ist weniger fehleranfällig, da Schülerinnen und Schüler oftmals Schwierigkeiten haben, Maßeinheiten von Flächeninhalten umzurechnen. In der anderen Schüleraufgabe soll der Oberflächeninhalt eines Quadernetzes mit Einheitsquadraten bestimmt werden. Auch hier sollten die Studierenden verschiedene Lösungsmöglichkeiten von Schülerinnen und Schülern angeben.

Der fachdidaktische Wissensbereich *Wissen über typische Schülerfehler und -schwie-rigkeiten* beinhaltet das Wissen über mögliche Schülerfehler und Schülerschwierigkeiten, die bei der Bearbeitung von Mathematikaufgaben auftreten können. Für diesen Wissensbereich wurden in dieser Studie insgesamt vier Aufgaben entwickelt. In zwei Aufgaben sollten die Studierenden zu den Schüleraufgaben, die im vorherigen Abschnitt zum fachdidaktischen Wissensbereich *Wissen über das multiple Lösungspotential von Mathematikaufgaben* beschrieben wurden, angeben, welche Schülerschwierigkeiten bei der Bearbeitung der entsprechenden Aufgabe auftreten könnten. Bei den weiteren zwei Aufgaben wurden den Studierenden fehlerhafte Schülerlösungen zu den entsprechenden Aufgaben vorgegeben. Die Studierenden sollten anhand dieser Schülerlösungen die Fehler identifizieren, die bei der Aufgabenbearbeitung aufgetreten sind.[109] Ein Beispiel kann Abbildung 48 entnommen werden.

Einer Ihrer Schüler gibt folgende Lösung an:

Länge = 30 cm   Breite = 20 cm

Rechnung: 20 cm · 30 cm = 600 cm² = 6 m²

Womit hat dieser Schüler noch Probleme?

Abbildung 48. Aufgabe F3 des fachdidaktischen Wissenstests – Typische Schülerschwierigkeiten

Der abgebildete Schülerfehler stammt aus dem Arbeitsheft eines Schülers, der die Aufgabe zur Bestimmung des Flächeninhalts einer Fliese aus Abbildung 47 bearbeitet hatte. In diesem Beispiel hat der Schüler Probleme von der Maßeinheit *Quadratzentimeter* in die Maßeinheit *Quadratmeter* umzurechnen. Darüber hinaus besitzt der Schüler vermutlich keine adäquate Größenvorstellung, da er anderenfalls anhand seines Ergebnisses erkannt hätte, dass ein Flächeninhalt von 6 m^2 keine realistische Größenangabe für eine Fliese darstellt.

Der Bereich *Wissen über Erklären und Repräsentieren* beinhaltet das Wissen über das Erklären und das Repräsentieren mathematischer Sachverhalte, also das Wissen über spezifische Instruktionen für die Wissenskonstruktion von Schülerinnen und Schülern. Für diesen Wissensbereich wurden zwei Aufgaben entwickelt. In der ersten Aufgabe sollten die Studierenden angeben, wie sie auf den Schülerfehler, der in Abbildung 48 dargestellt ist, reagieren würden. Die Studierenden sollten hierfür eine Interventionsmöglichkeit vorschlagen, um den Schüler beim Überwinden der Schwierigkeit zu unterstützen. In der zweiten Aufgabe sollten die Studierenden beschreiben, wie sie die Rauminhaltsformel eines Quaders mit Schülerinnen und Schülern erarbeiten würden (vgl. Abbildung 49).

---

[109] Da sich die Aufgaben gegenseitig bedingen können, wurden die Aufgaben in LimeSurvey so eingebettet, dass die Studierenden ihre bisher getätigten Antworten nicht verändern können.

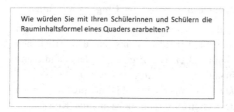

Wie würden Sie mit Ihren Schülerinnen und Schülern die
Rauminhaltsformel eines Quaders erarbeiten?

Abbildung 49. Aufgabe V des fachdidaktischen Wissenstests – Erklären und Repräsentieren

So wäre es beispielsweise denkbar Schülerinnen und Schüler durch das Aufeinanderstapeln von Platten bzw. Schichten in Form der Grundfläche des Quaders aufzuzeigen, dass sich die Rauminhaltsformel eines Quaders durch die Multiplikation seiner Grundfläche und Höhe ergibt (vgl. auch Abschnitt 4.2.2).

8.4.3 Praktische Vorerfahrungen der Studierenden im Diagnostizieren

Im Rahmen von Fragebogen 1 wurde erhoben, ob die Studierenden bereits über praktische Vorerfahrungen im Diagnostizieren verfügen. Es wurde angenommen, dass Studierende, die bereits mathematische Fähigkeiten und Schwierigkeiten von Schülerinnen und Schülern diagnostiziert haben, im Vortest eine höhere Performanz zeigen als Studierende, die keine praktischen Vorerfahrungen vorweisen können. Besonders bedeutsam erschienen dabei die Vorerfahrungen als Nachhilfekraft bzw. als PES-Kraft[110] (Personalmanagement im Rahmen Erweiterter Selbstständigkeit von Schulen) sowie die bisherigen Erfahrungen mit Videoanalysen. Die Studierenden wurden daher mithilfe eines Fragebogens darum gebeten anzugeben, ob sie 1) vor dem Studium bereits Nachhilfe gegeben haben, 2) während des Studiums Nachhilfe geben, 3) als PES-Kraft arbeiten und 4) schon einmal Unterrichtsvideos analysiert haben. Falls die Studierenden die Fragen mit *Ja* beantwortet haben, wurden sie gebeten, den Bereich anzugeben, in dem sie die Vorerfahrungen gesammelt haben. Dies erschien wichtig, da angenommen wurde, dass die diagnostischen Kompetenzfacetten unter anderem von dem Gegenstand der Diagnostik bedingt werden (vgl. Abschnitt 2.4). So sollten die Studierenden identifiziert werden, die praktische Vorerfahrungen in der *Mathematik*didaktik vorweisen können. Mithilfe einer Regressionsanalyse (vgl. Abschnitt 8.10.1) sollte so überprüft werden, ob die praktischen Vorerfahrungen zur Vorhersage der diagnostischen Fähigkeiten der Studierenden im Vortest beitragen können.

---

[110] Eine PES-Kraft ist eine Vertretungskraft, um temporären Unterrichtsausfall an Schulen zu verhindern, siehe auch https://pes.bildung-rp.de/.

8.4.4 Wahrgenommener Nutzen der Musterlösungen und der Umgang mit ihnen

Im Rahmen der Vorstudie wurde mit der exploratorischen Faktorenanalyse ein Feedbackfragebogen validiert, in dem die Studierenden Items zu den erhaltenen Musterlösungen beantworteten (vgl. Abschnitt 7.3.2). Die Ergebnisse der Validierung deuteten auf zwei Faktoren hin, die inhaltlich als *Wahrgenommener Nutzen der Musterlösungen* (NM) und *Umgang mit den Musterlösungen* (UM) interpretiert werden konnten. In der Vorstudie verfügten beide Skalen über eine hohe interne Konsistenz, $\alpha_{NM} = 0.83$ und $\alpha_{UM} = 0.86$. Die Skalen beinhalten je fünf Items, die mit einer fünfstufigen Likert-Skala von *„stimmt genau"* bis *„stimmt nicht"* erfasst werden. Die Skalen wurden in der Hauptstudie im Fragebogen 2 eingesetzt (vgl. Abschnitt 8.2), unmittelbar nachdem die Studierenden der Experimentalgruppen die letzte Trainingsvignette mit Feedback in Form einer Musterlösung bearbeitet hatten. Durch eine spätere Beantwortung hätte nicht sichergestellt werden können, dass sich die Studierenden an den Erhalt des Feedbacks erinnern und die Musterlösungen adäquat beurteilen können. Da bisher nicht untersucht wurde, wie nützlich die Studierenden die Musterlösungen für den weiteren Lernprozess empfinden und ob diese überhaupt zum Abgleichen der eigenen Antworten genutzt werden, erschien es notwendig, diese Aspekte mitzuerheben. Darüber hinaus sollten die Ergebnisse genutzt werden, um zu untersuchen, welche Feedbackform in ViviAn für die Entwicklung diagnostischer Fähigkeiten praktikabler ist.

8.5 Auswertungsmethoden

Die Datenauswertung zur Beantwortung der Forschungsfragen aus Abschnitt 5.2 erfolgte in mehreren Schritten und erforderte den Einsatz von mehreren Auswertungsmethoden sowie die Umsetzung entsprechender Überlegungen.

In den folgenden Abschnitten werden zunächst die qualitativen (Abschnitt 8.5.1) und quantitativen Auswertungsmethoden (Abschnitt 8.5.2 bis 8.5.7) beschrieben, die verwendet wurden, um die Tests und Fragebögen zu validieren und auszuwerten. Danach werden die Maßnahmen beschrieben, die getroffen wurden um die entsprechenden Gütekriterien bei der Datenerhebung und Datenauswertung bestmöglich zu berücksichtigen (Abschnitt 8.5.8). Abschließend wird erläutert, wie in dieser Studie mit fehlenden Werten umgegangen wurde (Abschnitt 8.5.9).

8.5.1 Qualitative Inhaltsanalyse

Da die Antworten der Studierenden zu den Diagnoseaufträgen und dem Fachwissens- und fachdidaktischen Test im offenen Antwortformat vorlagen, mussten diese im ersten Schritt kodiert werden. Dazu wurde auf die qualitative Inhaltsanalyse zurückgegriffen.

Die qualitative Inhaltsanalyse ist eine Auswertungsmethode, mit der Texte analysiert werden, die durch eine Datenerhebung im Rahmen von Forschungsprojekten entstanden sind (Mayring & Fenzl 2019, S. 633). Die qualitative Inhaltsanalyse stellt dabei ein Verfahren dar, mit dem große textbasierte Materialmengen qualitativ-interpretativ bewältigt werden können. Das Vorgehen ist regelgeleitet und damit intersubjektiv überprüfbar. Es wird zwischen verschiedenen Techniken unterschieden (siehe Mayring 2015, S. 66; Mayring & Fenzl 2019, S. 637f.):

Zusammenfassende Inhaltsanalyse/ induktive Kategorienbildung

Ziel der zusammenfassenden Inhaltsanalyse ist eine Reduzierung des Datenmaterials, sodass die wesentlichen Inhalte erhalten bleiben (Mayring 2015, S. 65). Die zusammenfassende Inhaltsanalyse beinhaltet die Umformulierung, Vereinfachung und Reduzierung des gesamten Datenmaterials. Dadurch werden nicht inhaltstragende (ausschmückende) Textpassagen entfernt bzw. umformuliert. Ziel dieses Schrittes ist eine einheitliche Sprachebene (Mayring 2015, S. 69). Werden nur Textbestandteile berücksichtigt, die vorab durch ein Selektionskriterium bestimmt wurden, wird dies als *induktive Kategorienbildung* bezeichnet Mayring 2015, S. 66). Innerhalb der induktiven Kategorienbildung muss die Kategoriendefinition („Über welche Aspekte sollen Kategorien formuliert werden?") und das Abstraktionsniveau („Wie allgemein sollen die Kategorien formuliert werden?") festgelegt werden. Während der Durcharbeitung des Materials wird dann entschieden, ob Textstellen unter bereits vorhandene Kategorien fallen oder neue Kategorien zu bilden sind. Anhand der Kodierung des Datenmaterials können dann Hauptkategorien gebildet und als Zusammenfassung generalisiert werden (Mayring & Fenzl 2019, S. 637).

Explikation/ Kontextanalyse

Ziel der Explikation ist die Erweiterung des Verständnisses von interpretationsbedürftigen Textpassagen durch die Einbettung von zusätzlichem Material (Mayring 2015, S. 65). Während die zusammenfassende Inhaltsanalyse zur Reduktion des Datenmaterials herangezogen wird, werden bei der Explikation weitere Informationen aus der Datenerhebung und des Kontextes für die Analyse miteinbezogen. Dabei wird zwischen engen und weiten Kontextanalysen unterschieden (Mayring & Fenzl 2019, S. 637). Bei der engen Kontextanalyse greift der Rater[111] auf bisher getätigte Ausdrücke bzw. verfasste Textpassagen zurück. Im Rahmen der weiten Kontextanalyse werden Informationen aus Verhalten, nonverbalen Merkmalen oder dem Situationskontext gezogen (Mayring 2015, S. 86f.). Das Material soll dabei im ersten Schritt aus der engen Kontextanalyse stammen. Führt dies jedoch nicht zur Aufklärung, werden Informationen aus der weiten Kontextanalyse herangezogen (Mayring 2015, S. 88).

---

[111] Ein Rater ordnet Aussagen oder Handlungen bestimmten Kategorien zu (z.B. „fachlich korrekt" - „fachlichen falsch", Hammann et al. 2014, Einleitung, Abschnitt 1). Häufig wird dafür auch die Bezeichnung „Kodierer" oder „Beurteiler" verwendet (Hammann et al. 2014, Einleitung, Abschnitt 1).

Strukturierende Inhaltsanalyse/ deduktive Kategorienbildung

Ziel der strukturierenden Inhaltsanalyse ist das Herausfiltern von Aspekten aus dem Datenmaterial mit *vorab* festgelegten Ordnungskriterien (Mayring 2015, S. 65). Bei der strukturierenden Inhaltsanalyse werden zunächst anhand der Theorie Kategorien gebildet, die dann anschließend am Datenmaterial eingesetzt werden (Mayring & Fenzl 2019, S. 638). Die Strukturierung muss also theoretisch begründet werden. Mit der Formulierung von Kategoriendefinitionen sowie die Bestimmung von Kodierregeln und Ankerbeispielen wird ein Kodierleitfaden entwickelt, mit dem das Material kodiert wird (Mayring & Fenzl 2019, S. 638). Anhand der Durcharbeitung des Datenmaterials wird erprobt, ob eine Kodierung durch die Kategorien möglich ist. Anschließend folgt eine Überarbeitung der Kategorien und des Kodierleitfadens, gegebenenfalls durch die Erstellung von neuen Kategorien (Mayring 2015, S. 92). Ziel der strukturierenden Inhaltsanalyse können formale Aspekte (beinhalten die innere, formale Strukturierung des Datenmaterials), inhaltliche Aspekte (beinhalten die themenspezifische Strukturierung des Datenmaterials), typisierende Aspekte (beinhalten die Strukturierung des Datenmaterials nach markanten Ausprägungen) und skalierende Aspekte (beinhalten die Strukturierung des Datenmaterials nach einzelnen Ausprägungen durch Skalenpunkte) sein (Mayring 2015, S. 94).

Eine reine Form der induktiven oder deduktiven Kategorienbildung ist in der Praxis nur selten vorzufinden (Kuckartz 2016, S. 97). Das Sammelwerk von Mayring (2008a) beinhaltet einige Praxisbespiele, in denen Mischformen angewandt wurden. In den meisten Fällen folgt die Kategorienbildung im ersten Schritt deduktiv. In einem weiteren Schritt wird diese dann anhand des Datenmaterials induktiv überarbeitet oder ergänzt. Daher wird diese Mischform häufig auch als deduktiv-induktive Kategorienbildung bezeichnet (Kuckartz 2016, S. 95).

Alle Techniken folgen einem entsprechenden Ablaufmodell. Die Ablaufmodelle werden jedoch im Allgemeinen an das jeweilige Material und an die jeweilige Fragestellung angepasst (Mayring 2008b, S. 53). In Abbildung 50 ist das Ablaufmodell der strukturierenden Inhaltsanalyse, wie sie in der vorliegenden Studie angewendet wurde, dargestellt (zum Vergleich mit dem zugrundeliegenden Modell siehe Mayring 2008b, S. 84).

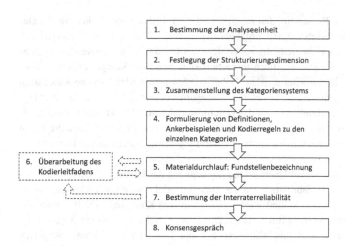

Abbildung 50. Ablaufmodell der qualitativen, strukturierenden Inhaltsanalyse

Im ersten Schritt muss die Analyseeinheit bestimmt werden. Eine Analyseeinheit besteht aus den Fällen, die in die Analyse mit aufgenommen werden und basiert auf der jeweiligen Fragestellung (Kuckartz 2016, S. 32f.). Im nächsten Schritt folgt die Auswahl der Strukturierungsdimension. Wie bereits oben beschrieben wurde, kann eine strukturierende Inhaltsanalyse unterschiedliche Strukturierungsformen beinhalten (formal, inhaltlich, typisierend und skalierend). In diesem Schritt wird nun festgelegt, nach welcher Form das Datenmaterial strukturiert wird. Die Entscheidung erfolgt im Allgemeinen aufgrund des Forschungsinteresses und der Forschungsfrage der jeweiligen Studie und ist theoretisch begründet. Anschließend wird dann das Kategoriensystem erstellt. Aufgrund theoretischer Recherchen oder Voruntersuchungen werden in diesem Schritt die Kategorien gebildet. Dann folgt eine Ausdifferenzierung der Kategorien (Mayring 2008b, S. 83). Ulich (1985) schlägt dafür ein bestimmtes Verfahren vor (S. 88): Zuerst wird die Kategorie definiert. Dabei wird festgelegt, welche Textbestandteile unter eine Kategorie fallen. Im weiteren Verlauf werden Ankerbeispiele hinzugefügt, also konkrete Textstellen aus dem Datenmaterial, die unter diese Kategorie fallen und als Kategorienbeispiele fungieren. Um Abgrenzungsproblemen zu anderen Kategorien entgegenzuwirken und eindeutige Zuordnungen zu Kategorien zu ermöglichen, werden Kodierregeln formuliert. Dafür eignet sich auch das Aufführen von Beispielen, die nicht dieser Kategorie zugeordnet werden, sogenannte Gegenbeispiele. Der so entstandene Kodierleitfaden beinhaltet ein fundiertes Kategoriensystem mit ausführlichen Beschreibungen, Beispielen und Gegenbeispielen.

Der Kodierleitfaden wird daraufhin am Material erprobt. Dabei werden Textstellen analysiert und den Kategorien zugeordnet (sogenannte Fundstellen). So soll überprüft werden, ob die entwickelten Kategorien eine eindeutige Zuordnung ermöglichen. Ist eine eindeutige

Zuordnung durch den Kodierleitfaden möglich, folgt die vollständige Kodierung des Datenmaterials und die anschließende Ergebnisaufbereitung. Kann das Datenmaterial mit dem Kategoriensystem nicht eindeutig zugeordnet werden, da die entsprechenden Kategorien nicht greifen oder zu unspezifisch formuliert sind, muss das Kategoriensystem bzw. der Kodierleitfaden überarbeitet werden. Dabei werden gegebenenfalls neue Kategorien oder Subkategorien gebildet oder bestehende Kategorien ergänzt bzw. neu definiert (Mayring 2008b, S. 83). Anschließend wird das Datenmaterial erneut kodiert und überprüft, ob der überarbeitete Kodierleitfaden das Datenmaterial besser erfassen kann. Wenn die Daten den Kategorien zugeordnet werden können, kann das gesamte Datenmaterial kodiert werden.

Ein notwendiger Aspekt zur Überprüfung der Eignung des Kodierleitfadens ist die Bestimmung der Interraterreliabilität.[112] Da das Datenmaterial häufig von mehreren, voneinander unabhängigen Ratern kodiert wird, muss die interne Konsistenz (die Interraterreliabilität) der Kodierungen überprüft werden. Die Interraterreliabilität ist ein Maß für die Rater-Übereinstimmung und gibt Hinweise auf die Güte der gebildeten Kategorien (Kuckartz 2016, S. 206f.). Bei einer geringen Rater-Übereinstimmung sollten die Fehlerquellen gesucht und analysiert werden. Ein geringes Maß der Übereinstimmung bietet auch Anlass dazu, bestehende Kategorien zu überarbeiten, zusammenzuführen oder neue Kategorien zu bilden. Der Koeffizient dieser Rater-Übereinstimmung wird mit Cohens Kappa κ bezeichnet. Zur Beurteilung der Cohens Kappa-Werte existieren unterschiedliche Interpretationsmöglichkeiten. Kuckartz (2016) bezeichnet Werte zwischen 0.6 und 0.8 als gut und Werte ab 0.8 als sehr gut (S. 210). Weitere Grenzwerte (sehr niedrige Werte) und entsprechende Bewertungen führt er jedoch nicht auf. Auch Mayring (2015) deklariert die Interraterreliabilität als ein wichtiges Gütekriterium, weist jedoch auch auf die Problematik ihrer Interpretation hin (S. 124): Insbesondere bei komplexen Kategoriensystemen sind unterschiedliche Interpretationen der Rater üblich, was zu einer Abnahme des Kappa-Wertes führt. Möglicherweise verzichtet Mayring aus diesem Grund auf eine interpretative Einteilung entsprechender Kappa-Werte. Auch Altman (1991) weist darauf hin, dass keine eindeutige Definition existiert, stellt jedoch eine mögliche Einordnung (leicht abgewandelt von Landis & Koch 1977, S. 165) als Interpretationshilfe zur Verfügung (S. 404), die in Tabelle 8 dargestellt sind:

---

[112] Die Interraterreliabilität wird häufig auch als „Interkoderreliabilität" bezeichnet (z.B. Kuckartz 2016, S. 206; Mayring 2008b, S. 111).

Tabelle 8: Interpretation der Interraterreliabilität

Kappa (κ)	Interpretation
< 0.20	schlecht
0.21 – 0.40	gering
0.41 – 0.60	moderat
0.61 – 0.80	gut
0.81 – 1.00	sehr gut

Falls nach der qualitativen Inhaltsanalyse weitere quantitative Analysen anschließen sollen, ist es notwendig, dass die offenen Antworten eindeutig zugeordnet werden. Da dies in der Praxis aufgrund verschiedener Interpretationsmöglichkeiten nicht immer möglich ist, findet nach dem Materialdurchlauf zwischen den Ratern ein Konsensgespräch bzw. eine Konsensbildung statt.[113] Ziel dieser Konsensbildung ist die Einigung bei unterschiedlicher Kodierung auf den gemeinsamen Bedeutungsgehalt des Datenmaterials (Bortz & Döring 2006, S. 328). Durch Diskussionen und Vergleiche mit anderen Kodierungen einigen sich die Rater, ob Aussagen entsprechenden Kategorien zugeordnet werden oder nicht.

8.5.2 Item-Response-Theory

Für die Validierung der Tests zur Erfassung der diagnostischen Fähigkeiten und des fachdidaktischen Wissens der Studierenden wurde die Item-Response-Theory angewendet. Die *Item-Response-Theory* (IRT) stellt Modelle zur Analyse von Antworten von Test- und Fragebogenitems zur Verfügung. Während in der klassischen Testtheorie Korrelations- bzw. Kovarianzstrukturen sowie der Fehleranteil von Testergebnissen analysiert werden, wird bei der IRT der Antwortprozess bei Bearbeitung der Testitems modelliert (Rost 2006, S. 261). Die IRT und die klassische Testtheorie ergänzen sich jedoch gegenseitig und sind nicht als separate Auswertungsmethoden anzusehen (Moosbrugger 2007, S. 216; Rost 2006, S. 261). In der Literatur wird die IRT häufig auch als *Probabilistische Testtheorie* bezeichnet, da in IRT-Modellen die Wahrscheinlichkeit einer Itemantwort als Funktion von Item- und Personenparametern dargestellt wird (Geiser & Eid 2010, S. 312). Bei bekannten Modellparametern können somit Vorhersagen getroffen werden, mit welcher Wahrscheinlichkeit eine Person ein Item löst (Bühner 2011, S. 494). Welche Modellparameter einbezogen werden (z.B. Itemschwierigkeit, Itemtrennschärfe oder Ratewahrscheinlichkeit) hängt von dem jeweiligen IRT-Modell ab. Im Folgenden werden die IRT-Modelle für den Fall dichotomer Daten erläutert. Dichotome Daten beinhalten zwei Antwortkategorien (z.B. „richtig - falsch", „ja - nein", „trifft zu - trifft nicht zu"; Rost 2006, S. 262).

---

[113] Dies wird auch als „konsensuelle Validierung" bezeichnet (Bortz & Döring 2006, S. 328).

1PL-Modell – Rasch-Modell

Im Rasch-Modell wird angenommen, dass die Lösungswahrscheinlichkeit eines Items zum einen von der Fähigkeits- oder Eigenschaftsausprägung einer Person und zum anderen von der Itemschwierigkeit abhängt.[114] Dieses Modell wird auch 1PL-Modell genannt, da neben dem Personenmerkmal ausschließlich die Itemschwierigkeit einen Einfluss darauf hat, ob ein Item gelöst wird (Bühner 2011, S. 495).

Die Personen- und Itemparameter haben die gleiche Einheit: die Logiteinheit. Der Logit berechnet sich durch den Logarithmus des Quotienten aus der Wahrscheinlichkeit, dass eine Person v ein Item i löst, und der Wahrscheinlichkeit, dass eine Person v ein Item i nicht löst. Der Logit kann Werte zwischen $-\infty$ und ∞ annehmen (Rost 2004, S. 117f.).

$$\text{Logit: } \quad ln\frac{P(X_{vi} = 1)}{P(X_{vi} = 0)} \qquad (4)$$

Der Quotient $\frac{P(X_{vi} = 1)}{P(X_{vi} = 0)}$ wird von Rost (2004) auch „Wettquotient" genannt, da er die Chance ausdrückt, dass eine Person das Item löst (S. 117). Ein Wettquotient von sechs würde bedeuten, dass eine Person sechsmal besser ist, als das Item schwer ist (Bühner 2011, S. 495).

Der Term lässt sich nun im Rasch-Modell mit den Item- und Personenmerkmalen in Verbindung setzen. Der Logarithmus des Wettquotienten entspricht dabei der Differenz zwischen Personenparameter (θ_v) und Itemparameter (σ_i) (Rost 2004, S. 118):

$$ln\frac{P(X_{vi} = 1)}{P(X_{vi} = 0)} = \theta_v - \sigma_i \qquad (5)$$

Aus der Gleichung ergibt sich: Ein Proband, der verglichen zum Item größere Fähigkeiten aufweist, als das Item schwer ist ($\theta_v - \sigma_i > 0$), hat bezogen auf das Item eine größere Lösungswahrscheinlichkeit, als ein Proband, der im Vergleich zum Item geringere Fähigkeiten ($\theta_v - \sigma_i < 0$) aufweist (Bühner 2011, S. 497). Sind der Itemparameter und der Personenparameter gleich groß ($\theta_v - \sigma_i = 0$), beträgt die Lösungswahrscheinlichkeit 50 % (Rost 2004, S. 119).

Durch Umformungen von Gleichung (5) erhält man die Kategorienfunktion, die die Wahrscheinlichkeit modelliert, mit der eine Person mit der Personenfähigkeit θ_v ein Item mit der Schwierigkeit σ_i löst. Dies kann formal ausgedrückt werden als:

$$P(X_{vi} = 1) = \frac{e^{(\theta_v - \sigma_i)}}{1 + e^{(\theta_v - \sigma_i)}} \qquad (6)$$

Analog erhält man die Kategorienfunktion für die Wahrscheinlichkeit, dass eine Person mit der Personenfähigkeit θ_v ein Item mit der Schwierigkeit σ_i nicht löst:

---

[114] In dieser Studie werden Fähigkeiten erhoben, weshalb im weiteren Verlauf der Arbeit beim Personenparameter von Personenfähigkeiten ausgegangen wird.

$$P(X_{vi} = 0) = \frac{1}{1 + e^{(\theta_v - \sigma_i)}} \qquad (7)$$

Aus den beiden Kategorienfunktionen lässt sich nun die allgemeine Itemfunktion ableiten, indem die Antwortvariable x (für dichotome Antworten gilt $x = \{0,1\}$) als Faktor in den Exponenten des Zählers aufgenommen wird (Rost 2004, S. 119):

$$P(X_{vi} = x) = \frac{e^{x \cdot (\theta_v - \sigma_i)}}{1 + e^{(\theta_v - \sigma_i)}} \qquad (8)$$

Im Folgenden werden drei Items mit den Kategorienfunktionen $P(X_i = 1)$ dargestellt, also für die *Wahrscheinlichkeit*, dass das Item gelöst wird (vgl. Abbildung 51). Die Schwierigkeiten der Items werden durch die jeweiligen x-Werte bestimmt, bei denen die entsprechende Kategorienfunktion eine Lösungswahrscheinlichkeit von 50 % annimmt ($y = 0.5$). Somit ergibt sich für das Item 3 eine Itemschwierigkeit von $\sigma_3 = 2$ (analog für das Item 1 eine Itemschwierigkeit von $\sigma_1 = 0$ und für das Item 2 eine Itemschwierigkeit von $\sigma_2 = 1$). Anders formuliert: eine Person v mit einer Fähigkeit von $\theta_v = 2$ hat für das Item 3 eine Lösungswahrscheinlichkeit von 50 % (analog für das Item 1 eine Lösungswahrscheinlichkeit von fast 90 % und für das Item 2 eine Lösungswahrscheinlichkeit von etwa 75 %). Daraus ergibt sich: Je weiter rechts das Item liegt, desto schwieriger ist dieses Item. Negative Itemparameter kennzeichnen dabei eher leichte Items, positive Itemparameter eher schwierige Items (Bühner 2011, S. 496).

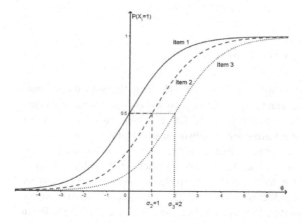

Abbildung 51. Rasch-Modell

Da die Lösungswahrscheinlichkeit neben der Personenfähigkeit nur von der Itemschwierigkeit abhängt, haben alle Items die gleiche Steigung und sind nur in Richtung der x-Achse verschoben (Rost 2004, S. 120).

Werden bei einem dichotomen Item beide Kategorienfunktionen (Gleichung (6) und Gleichung (7)) geplottet, stellt der Punkt, der die Lösungswahrscheinlichkeit von 50 % darstellt, gleichzeitig den Punkt dar, in dem sich die beiden Kategorienfunktionen schneiden, wie auch in Abbildung 52 zu erkennen ist. Dargestellt ist dann die Itemfunktion, die beide Antwortwahrscheinlichkeiten als Gesamtbild charakterisiert (Rost 2004, S. 203). Die Lage des Schnittpunktes auf dem latenten Kontinuum (der x-Achse) stellt die Schwierigkeit des Items dar (Rost 2004, S. 206).

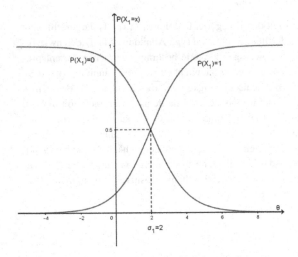

Abbildung 52. Kategorienfunktionen für ein dichotomes Item

Aus der Abbildung 52 geht hervor, dass die Wahrscheinlichkeit, in Kategorie 0 zu antworten, mit steigender Fähigkeit abnimmt und gleichzeitig die Wahrscheinlichkeit, in Kategorie 1 zu antworten, zunimmt. Beim Schnittpunkt der Kategorienfunktionen ist die Wahrscheinlichkeit, in einer der beiden Kategorien zu antworten, gleichgroß.

Die Personen- und Itemparameter (hier: Personenfähigkeiten und Aufgabenschwierigkeiten) werden durch die Maximum-Likelihood-Funktion geschätzt (Moosbrugger 2007, S. 226). Durch das Multiplizieren der Zeilen (N) und Spalten (k) (Personen und Items) der Datenmatrix ergibt sich aus der Wahrscheinlichkeit für eine einzelne Itemantwort die Wahrscheinlichkeit für die komplette Datenmatrix. Die Variable x_{vi} bildet dabei alle Daten der Datenmatrix ab (Rost 2004, S. 123):

$$L = \prod_{v=1}^{N} \prod_{i=1}^{k} P(X_{vi} = x) = \prod_{v=1}^{N} \prod_{i=1}^{k} \frac{e^{x \cdot (\theta_v - \sigma_i)}}{1 + e^{(\theta_v - \sigma_i)}} \quad (9)$$

Durch die Maximum-Likelihood-Funktion werden dann die Parameter so geschätzt, dass sie für die beobachtbare Datenmatrix die höchste Plausibilität aufzeigen (Bühner 2011,

S. 499). Je höher der Likelihood ausfällt, desto besser werden die Daten durch die Parameter beschrieben (Bühner 2011, S. 499; Moosbrugger 2007, S. 227).

Das Rasch-Modell hat aufgrund der Maximum-Likelihood-Schätzung die Eigenschaft der *suffizienten Statistik*. Die Anzahl der gelösten Aufgaben stellt damit einen effizienten Schätzer für die Personenfähigkeit dar, wodurch die jeweiligen Summenwerte als Personenfähigkeitswerte herangezogen werden können (Eid & Schmidt 2014, S. 161f.). Die Summenwerte enthalten bei Gültigkeit des Rasch-Modells alle notwendigen Informationen über die jeweiligen Probanden (Trendtel et al. 2016, S. 191). Es ist somit redundant, welche Items von welcher Person gelöst wurden. Relevant ist nur, wie viele Items eine Person gelöst hat (Rost 2004, S. 124). Für eine stabile Parameterschätzung im Rasch-Modell sollte eine Stichprobengröße von mindestens 100 Probanden herangezogen werden (Linacre 1994, S. 329; Linacre 2002, S. 89).

Neben dem Rasch-Modell gibt es auch das Birnbaum- und das Rate-Modell, in denen weitere Modellparameter geschätzt werden. Im Birnbaum-Modell unterscheiden sich die Items nicht nur hinsichtlich ihrer Schwierigkeit, sondern auch hinsichtlich ihrer Trennschärfe, weshalb das Birnbaum-Modell auch als „2PL"-Modell bezeichnet wird (Bühner 2011, S. 503; Moosbrugger 2007, S. 237). Durch die unterschiedlichen Trennschärfen der Items überschneiden sich die Itemfunktionen, was zu Folge hat, dass sich die Reihenfolge der Lösungswahrscheinlichkeiten für die jeweiligen Items ändert (Rost 2004, S. 133f.). Die Personenparameter werden in diesem Fall nicht mehr durch die einfachen Summenscores (wie im Rasch-Modell) bestimmt, sondern berechnen sich durch gewichtete Summenscores. Dabei werden die entsprechenden Trennschärfen der Items als Gewichte genutzt (Rost 2004, S. 135).

Wenn in dem 2PL-Modell zusätzlich noch ein weiterer Parameter berücksichtigt wird, der die Möglichkeit angibt, durch Raten eine richtige Lösung zu erhalten, wird das Modell als „3PL" oder auch „Rate-Modell" bezeichnet (Bühner 2011, S. 508). Durch den Rateparameter verschieben sich die Itemfunktionen auf der y-Achse. Für alle Personen wird dann eine konstante Ratewahrscheinlichkeit angenommen. Diese Annahme ist in der Praxis jedoch in der Regel nicht tragbar, da die Ratewahrscheinlichkeit mit dem Vorwissen und dem Fähigkeitswert der Personen variiert (Bühner 2011, S. 508f.).

Aufgrund der zusätzlichen Parameter, die im 2PL- und 3PL-Modell geschätzt werden müssen, wird eine hohe Stichprobengröße benötigt. Um die zusätzlichen Parameter im Birnbaum-Modell schätzen zu können, muss jedes Item von mindestens 500 Personen beantwortet worden sein (Hartig & Goldhammer 2010, S. 32). Im 3PL-Modell ist eine genaue Parameterschätzung aufgrund der vielen unbekannten Parametern kaum möglich, weshalb dieses in der Praxis wenig Verwendung findet (Bühner 2011, S. 508f.).

Partial-Credit-Modell – Ordinales Rasch-Model

Im Partial-Credit-Modell wird nicht mehr zwischen dichotomen Items (zwei Antwortkategorien), sondern zwischen mehr als zwei geordneten Antwortkategorien unterschieden, weshalb das Partial-Credit-Modell eine Verallgemeinerung des Rasch-Modells darstellt.

Das Partial-Credit-Modell wird beispielsweise angewendet, wenn neben richtigen und falschen Lösungen auch teilrichtige Lösungen berücksichtigt werden sollen. Eine höhere Antwortkategorie entspricht somit einer höheren Eigenschaftsausprägung (Bühner 2011, S. 515). Beispielsweise sinkt bei einem Item mit drei geordneten Antwortkategorien $k = 3$ (Kategorie 0, Kategorie 1 und Kategorie 2) mit zunehmenden Personenfähigkeiten die Wahrscheinlichkeit in Kategorie 0 zu antworten. Gleichzeitig nimmt die Wahrscheinlichkeit für eine Antwort in Kategorie 1 zu, die jedoch nach ihrem Hochpunkt wieder absinkt, da die Wahrscheinlichkeit in Kategorie 2 zu antworten, zeitgleich zunimmt (Rost 2004, S. 203). Die Zu-und Abnahme der Wahrscheinlichkeiten kann beispielhaft anhand eines Items (Item 1) visualisiert werden (vgl. Abbildung 53):

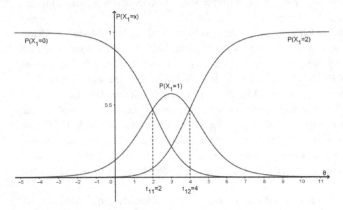

Abbildung 53. Partial-Credit-Modell

Die Schnittpunkte der Kategorienfunktionen werden als Schwellen bezeichnet. Die Wahrscheinlichkeit für eine Antwort in den beiden jeweiligen Kategorien ist an der jeweiligen Schwelle gleichwahrscheinlich (Bühner 2011, S. 516). Durch ein Lot der jeweiligen Schwellen s auf das latente Kontinuum (auf die x-Achse) ergeben sich die Schwellenparameter τ_{is} (Bühner 2011, S. 517).[115] In dem hier aufgeführten Beispiel existieren aufgrund des dreistufigen Antwortformats, zwei Schwellen und daher auch zwei Schwellenparameter. Für die Itemfunktion eines Partial-Credit-Modells ergibt sich daraus folgende Modellgleichung (Rost 2004, S. 209):

---

[115] Im dichotomen Rasch-Modell kennzeichnet die Schwelle ebenfalls den Schnittpunkt der Kategorienfunktionen. Jedoch gibt es nur eine Schwelle, da nur zwischen Kategorie 0 und Kategorie 1 unterschieden wird. Bei einem dichotomen Item ist der Schwellenparameter gleich der *Schwierigkeit* des Items (Rost 2004, S. 206). Im Partial-Credit-Modell stellen hingegen die Schwellenparameter die Schwierigkeit der jeweiligen Schwelle dar (Rost 2004, S. 210).

$$P(X_{vi} = x) = \frac{e^{\, x \cdot \theta_v - \sigma_{ix}}}{1 + \sum_{s=1}^{m} e^{\, s \cdot \theta_v - \sigma_{is}}} \qquad (10)$$

Gleichung (10) stellt die Wahrscheinlichkeit dar, mit der eine Person v in einem Item i in einer Kategorie x antwortet. Der Parameter σ_{ix} im Zähler ist der kumulierte Schwellenparameter mit $\sigma_{ix} = \sum_{s=1}^{x} \tau_{is}$ mit $\sigma_{i0} = 0$ und stellt die Schwierigkeit der x-ten Kategorie dar (Eid & Schmidt 2014, S. 234f.; Rost 2004, S. 210). Er ergibt sich durch die Summe der Schwellenparameter, die bis zur Antwortkategorie x überschritten wurden (Rost 2004, S. 210). Im Nenner werden hingegen *alle* Schwellenparameter des Items aufsummiert mit $m = k - 1$ als Anzahl der Schwellen (Bühner 2011, S. 522; Eid & Schmidt 2014, S. 235). Durch das Einsetzen der jeweiligen Kategorien (in diesem Beispiel $x = 0$, $x = 1$ bzw. $x = 2$) in Gleichung (10) können die Kategorienfunktionen geplottet werden (vgl. Abbildung 53). Die Schwierigkeit eines Items mit geordneten Antwortkategorien ergibt sich aus dem Mittelwert aller Schwellenparameter des Items i (in diesem Beispiel beträgt die Itemschwierigkeit des Items 1: $\sigma_1 = 3$; Bühner 2011, S. 517; Rost 2004, S. 221).

Zu den Möglichkeiten, wie die angenommene Kategorienordnung eines Partial-Credit-Items überprüft werden kann, existieren verschiedene Ansichten. Während Rost (2004, S. 210) empfiehlt die jeweiligen Schwierigkeiten der Schwellen τ_{is} zur Überprüfung der Kategorienordnung heranzuziehen, erläutern Autoren wie Wu et al. (2016, S. 164f.), dass ungeordnete Schwellenparameter lediglich darauf hinweisen, dass einzelne Kategorien unterbesetzt sind (erkennbar an der relativen Häufigkeit der jeweiligen Kategorie).[116] Adams et al. (2012) zeigen anhand eines Beispielitems der TIMSS Studie 2003, dass – trotz guten Fit-Indizes – ungeordnete Schwellenparameter aufgrund von Kategorienunterbesetzung auftreten können und erläutern, dass eine Selektion aufgrund ungeordneter Schwellenparameter zu Falschinterpretationen führen kann (S. 561ff.). Eine Alternative stellt die Analyse der mittleren Fähigkeitswerte der Kategorien dar (Wu et al. 2016, S. 178): „A second possible definition is one that requires that the expected score on an item be an increasing function of θ. In simple terms, if one respondent has a higher value of θ than another respondent, then, on average, the respondent with the higher θ will score more." (Adams et al. 2012, S. 560).

Wie das Rasch-Modell, hat auch das Partial-Credit-Modell die Eigenschaft der *suffizienten Statistik*. Die Summenscores der einzelnen Probanden beinhalten somit die gesamten Informationen über ihre Fähigkeitsausprägung (Masters 1982, S. 173). Die Analyse einzelner Antwortmuster liefert keine weiteren Informationen zur Fähigkeitsausprägung (Trendtel et al. 2016, S. 191), wodurch der Summenscore für weitere Analysen herangezogen werden kann (siehe auch Rost 2004, S. 213).

Linacre (2002) empfiehlt für ein Partial-Credit-Modell mit 3 Antwortkategorien eine Stichprobengröße von mindestens 150 Probanden (S. 89).

---

[116] Dieser Sachverhalt wird von Strobl (2015) ausführlich diskutiert (S. 63).

Mehrdimensionales Modell

Tests oder Fragebögen können mehrere Faktoren erfassen. Wenn die Items im Rahmen der probabilistischen Testtheorie nicht mehr einen gemeinsamen Faktor, sondern mehrere Faktoren abbilden, bezeichnet man dies als mehrdimensionales Modell. Ob ein mehrdimensionales Modell angewendet wird, hängt von den theoretischen Vorüberlegungen zu dem erfassenden Merkmal ab. Im Rahmen der probabilistischen Testtheorie werden, anders als in der klassischen Testtheorie, mehrdimensionale Modelle jedoch nicht explorativ überprüft. Die mehrdimensionalen Modelle in der IRT sind vorwiegend hypothesentestende Modelle. Die Zuordnung der Items sollte also vorab festgelegt sein (Rost 2004, S. 261). In den mehrdimensionalen Modellen wird zwischen zwei Strukturen unterschieden: Die Einfachstruktur geht davon aus, dass jedes Item nur eine Dimension erfasst. Wenn die Items mehrere Dimensionen erfassen können wird von einer komplexen Ladungsstruktur ausgegangen (Sälzer 2016, S. 60).

Modellvergleiche

Um sich für ein Modell zu entscheiden, können Modellvergleiche durchgeführt werden. Modellvergleiche können mithilfe von informationstheoretischen Kriterien erfolgen, durch die überprüft wird, welches Modell besser zu den Daten passt (Rost 2004, S. 339; Rost 2006, S. 271). In dieser Studie soll überprüft werden, welche Struktur sich in dem zu messenden Konstrukt diagnostischer Fähigkeiten abbilden lässt, weshalb im ersten Schritt Modellvergleiche durchgeführt werden müssen. Im Folgenden werden zwei gängige Informationskriterien genauer erläutert: das *Akaike Information Criterion* (AIC) und das *Bayes Information Criterion* (BIC). Sie geben an, wie wahrscheinlich der Datensatz zu dem angenommenen Modell passt (Rost 2004, S. 89). Sie basieren unter anderem auf der logarithmierten Maximum-Likelihood-Funktion L (vgl. Gleichung (9)) und auf der Anzahl der Modellparameter n_p (Bühner 2011, S. 542).

Der AIC-Index gewichtet die Modellparameter mit 2 und berechnet sich durch (Akaike 1987, S. 320):

$$AIC = -2 \cdot ln(L) + 2 \cdot n_p \qquad (11)$$

Der AIC-Index berücksichtigt jedoch nicht die Stichprobengröße. In der Praxis sollte daher auf den korrigierten AIC – den AICc – zurückgegriffen werden, der die Stichprobengröße N durch einen zusätzlichen Term miteinbezieht.

$$AICc = -2 \cdot ln(L) + 2 \cdot n_p + \frac{2 \cdot n_p \cdot (n_p + 1)}{N - n_p - 1} \qquad (12)$$

Bei einer großen Stichprobe nähert sich der AICc-Index aufgrund der Stichprobengröße N im Nenner dem AIC-Index an (Burnham & Anderson 2004, S. 270).

Der BIC-Index nimmt eine Gewichtung der Modellparameter mit dem Faktor ln(N) vor und berücksichtigt damit im Gegensatz zum AIC-Index die Stichprobengröße N. Er berechnet sich wie folgt (Rost 2004, S. 342; Schwarz 1978, S. 463):

$$BIC = -2 \cdot ln(L) + ln(N) \cdot n_p \qquad (13)$$

Der BIC-Index überschreitet ab einer Stichprobengröße von $N > 8$ den AIC-Index (Rost 2004, S. 343; Sclove 1987, S. 335; vgl. Gleichung 11) und nimmt bei komplexen Modellen (mit vielen Modellparametern) größere Werte an. Daher sollte bei Modellen mit einer großen Anzahl von Modellparametern der korrigierte BIC – der SABIC – verwendet werden (Sclove 1987, S. 334f.):

$$SABIC = -2 \cdot ln(L) + ln\left(\frac{N+2}{24}\right) \cdot n_p \qquad (14)$$

Um Modelle zu vergleichen, werden für die jeweiligen Modelle die entsprechenden Informationskriterien berechnet und miteinander verglichen. Eine bessere Passung des Modells geht dabei mit kleineren Informationskriterien einher. Burnham und Anderson (2004) schlagen dazu folgende Regeln vor: Eine Differenz von $\Delta \le 2$ weist auf keine bessere Passung, eine Differenz von $4 \le \Delta \le 7$ auf eine mittlere bessere Passung und eine Differenz von $\Delta > 10$ auf eine deutlich bessere Passung des Modells mit dem kleineren Informationskriteriumswert hin (Burnham & Anderson 2004, S. 271).

Bei dem Vergleich zwischen ein- und mehrdimensionalen Modellen kann zusätzlich die Höhe der Korrelation zwischen den Faktoren (bzw. den Dimensionen) der mehrdimensionalen Modelle herangezogen werden. Ist die Korrelation zwischen den Faktoren hoch ($r > 0.95$), kann von einem eindimensionalen Modell ausgegangen werden (Pohl & Carstensen 2012, S. 14).

Überprüfung der Voraussetzungen und der Modellpassung

Eine wichtige Grundannahme der probabilistischen Testtheorie ist die lokale stochastische Unabhängigkeit. Lokale stochastische Unabhängigkeit liegt dann vor, wenn bei konstanter Merkmalsausprägung die Beantwortung der Aufgaben bzw. Items unabhängig voneinander erfolgt, die Korrelationen zwischen den Items somit allein auf die latente Variable zurückgeführt werden können (Bühner 2011, S. 485; Rost 2004, S. 69). Die lokale stochastische Unabhängigkeit kann durch die Q3-Matrix überprüft werden (Yen 1984, S. 125). Die Q3-Matrix basiert auf den Differenzen zwischen beobachtbaren und geschätzten Werten, wodurch die Korrelationen zwischen den Residuen zwischen allen Items und über alle Personen berechnet werden kann (Wu et al. 2016, S. 139). Laut Little (2014) sollte die Korrelation der Residuen zwischen − 0.2 und + 0.2 liegen (S. 162). Die lokale stochastische Unabhängigkeit kann verletzt werden, wenn eine Aufgabe eines Fragebogens oder Tests nur beantwortet werden kann, wenn eine andere Frage beantwortet wurde, die Fragen also auf-

einander aufbauen. Solche Fragebögen werden häufig auch als verzweigte Fragebögen bezeichnet (Rost 2004, S. 69). Eine weitere Ursache für eine lokal stochastische Abhängigkeit könnte darin liegen, dass die Items weitere Merkmale (außer der zu messenden Perso-
neneigenschaft) erfassen (Bühner 2011, S. 486). Damit wäre auch die Annahme der Eindimensionalität verletzt, die eine zentrale Voraussetzung des Rasch-Modells darstellt (Rost
2006, S. 267). Hier sei erwähnt, dass bei einem mehrdimensionalen IRT-Modell die Annahme der Eindimensionalität aufgehoben wird (Sälzer 2016, S. 60).

Für eine gute Modellpassung sollten die Items über eine hohe Trennschärfe verfügen.
Adams (2002) empfiehlt Werte über 0.25 (S. 102). Bühner (2011) bezeichnen Trennschärfen zwischen 0.30 und 0.50 als moderat, und Trennschärfen über 0.50 als hoch (S. 81).
Items mit niedrigen und negativen Trennschärfen sollten aus dem Testinstrument entfernt
werden (Bühner 2011, S. 256). Dabei ist jedoch zu beachten, dass die Trennschärfe mit der
entsprechenden Schwierigkeit des Items zusammenhängt. Besonders leichte oder schwere
Items werden auch geringere Trennschärfen aufweisen (Bortz & Döring 2006, S. 220). Da
bei Tests, die Fähigkeiten erfassen sollen, häufig auch auf besonders leichte oder schwere
Items zurückgegriffen wird, um eine große Bandbreite von Fähigkeiten abzudecken, sollte
dieser Aspekt bei Leistungstests berücksichtigt werden. Bei einem Partial-Credit-Modell
sollten darüber hinaus die Trennschärfen geordnet sein. Niedrige Kategorien, die eine geringere Merkmalsausprägung erfassen sollen bzw. halbrichtig sind, sollten über eine geringere Trennschärfe verfügen als Kategorien, die eine höhere Merkmalsausprägung erfassen
sollen bzw. die richtig sind (Adams 2002, S. 102; Wu et al. 2016, S. 183). Die mittleren
Fähigkeitswerte auf den Kategorien geben ebenfalls Aufschluss darüber, ob die Kategorien
im Partial-Credit-Modell geordnet sind. Auch hier gilt, dass die mittleren Fähigkeitswerte
mit steigenden Kategorien zunehmen sollten (Adams et al. 2012, S. 560; Wu et al. 2016,
S. 183).

Zur Interpretation der Passung der IRT-Models können die Infit- und Outfit-Werte (Fit-
Werte) der Items herangezogen werden. Die Fit-Werte basieren auf den Residuen, also auf
den Abweichungen der beobachtbaren und theoretischen Werte (Bond & Fox 2015, S. 269;
Rost 2004, S. 371). Wenn die beobachtbaren und theoretischen Werte übereinstimmen,
nehmen die Fit-Werte einen Wert von 1 an (Wilson 2004, S. 128). Die Infit-Werte gewichten die Antworten von den Personen, die hinsichtlich ihrer Fähigkeiten zu den Schwierigkeiten der Items[117] passen. Die Outfit-Werte dagegen sind ungewichtet und daher anfälliger
für Ausreißer. Aus diesem Grund wird empfohlen, bei einer Datenanalyse über die IRT,
die Infit-Werte stärker zu berücksichtigen, als die Outfit-Werte (Bond & Fox 2015, S. 67).
Wilson (2004) empfiehlt für die Interpretation der Fit-Werte die Einordnung von Adams
und Khoo (Entwickler von Quest, einem Programm zur Analyse von Tests). Die Fit-Werte
sollten demnach zwischen 0.75 und 1.33 liegen. (Adams & Khoo 1996 zit. n. Wilson 2004,
S. 129).

---

[117] Im Partial-Credit-Modell werden die Infit- und Outfit-Werte für den jeweiligen Schwellenparameter aus-
gegeben (vgl. Wu et al. 2016, S. 178)

Die Reliabilität des Tests kann durch den EAP-Schätzer („expected a posteriori") bestimmt werden, der Schätzwerte für die Personenmerkmale darstellt (Rost 2004, S. 382; Wu et al. 2016, S. 268). Die Reliabilität berechnet sich durch die Varianz der Messwerte zwischen den Personen und die (Fehler-)Varianz innerhalb der Personen und kann analog zum Cronbachs α interpretiert werden (Rost 2004, S. 382). Bortz und Döring (2006) empfehlen Cronbachs α-Werte über 0.80 (S. 199). Schecker (2014) hingegen nimmt bewusst keine klare Einteilung vor, da das Cronbachs α immer vor dem Hintergrund der Testentwicklung betrachtet werden sollte. Sollen Konstrukte erfasst werden, die nur schwer zu operationalisieren sind, sollte auf strenge Grenzwerte verzichtet werden (Schecker 2014, S. 5).

Der Overall-Modell-Fit wird durch den Standardized-Root-Mean-Residual-Koeffizienten (SRMR) bestimmt, der angibt, wie groß die Differenz zwischen dem beobachtbaren und geschätzten Modell ist (vgl. Abschnitt 8.5.3). Je kleiner der Werte, desto besser passt das Modell zu den Daten. Als grober Richtwert sollte SRMR < 0.11 sein (Bühner 2011, S. 427).

8.5.3 Konfirmatorische Faktorenanalyse

Um die Struktur der Subskalen *Wahrgenommener Nutzen der Musterlösungen* und *Umgang mit den Musterlösungen*, die aus der Vorstudie mithilfe der exploratorischen Faktorenanalyse (EFA) extrahiert wurden, empirisch zu überprüfen, wurde eine konfirmatorische Faktorenanalyse (Confirmatory Factor Analysis – CFA) durchgeführt (Bühner 2011, S. 380). Die konfirmatorische Faktorenanalyse gehört zur Gruppe der Strukturgleichungsmodelle (Moosbrugger & Schermelleh-Engel 2007, S. 316) und ist Teil der klassischen Testtheorie. Ziel dieser Analyse ist es, theoretisch oder empirisch fundierte Modelle auf ihre Passung hin zu überprüfen (Bühner 2011, S. 380). Der Fragebogen wurde in der Vorstudie bereits auf die Faktoren- und Itemstruktur hin analysiert und auf die entsprechenden Faktoren (Subskalen) und Items reduziert (vgl. Abschnitt 7.3.2). Das zu überprüfende Modell für die konfirmatorische Faktorenanalyse ergibt sich somit aus den Ergebnissen der exploratorischen Faktorenanalyse aus der Vorstudie. Durch die konfirmatorische Faktorenanalyse soll geprüft werden, ob die Struktur der empirischen Daten mit der des theoretisch angenommenen Modells übereinstimmt (Moosbrugger & Schermelleh-Engel 2007, S. 316). In Abbildung 54 ist die Struktur des Modells, das aus der exploratorischen Faktorenanalyse extrahiert wurde, dargestellt:

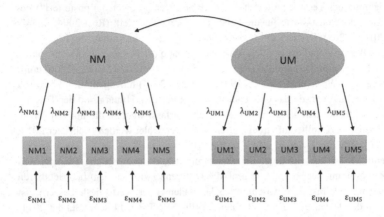

Abbildung 54. Darstellung der konfirmatorischen Faktorenanalyse

Die Variablen bzw. die Items (mit Rechtecken dargestellt) laden auf den Faktoren (mit Ellipsen dargestellt). Die Items sind beobachtbare Variablen und stellen Indikatoren für die Faktoren dar, die nicht direkt beobachtbar sind (Bühner 2011, S. 381). In diesem Modell laden je fünf Items auf den Faktoren *Wahrgenommener Nutzen der Musterlösung* (NM) und *Umgang mit der Musterlösung* (UM). Die geraden Pfeile stellen gerichtete Beziehungen dar, der Doppelpfeil zwischen den Faktoren symbolisiert die Korrelation zwischen den Faktoren (Moosbrugger & Schermelleh-Engel 2007, S. 317). Die Item-Werte lassen sich mithilfe des theoretischen Modells durch Gleichungen darstellen. So ergibt sich für den Wert des Items NM1 (*„Durch die Musterlösungen habe ich viel dazu gelernt."*) beispielsweise folgende Modellgleichung (Bühner 2011, S. 386; Moosbrugger & Schermelleh-Engel 2007, S. 318):[118]

$$NM1 = \lambda_{NM1} \cdot NM + 0 \cdot UM + \varepsilon_{NM1} \qquad (15)$$

Der Item-Wert auf NM1 ergibt sich somit aus der Ladung λ_{NM1} des Items auf den Faktor *Wahrgenommener Nutzen der Musterlösung* NM und dem Fehler ε_{NM1}, der durch die Modellspezifikation nicht erklärt werden kann. Für die weiteren Items ergeben sich analoge Modellgleichungen. Die Modellgleichungen werden also zum einem durch den Anteil des Faktors ($\lambda_{NM1} \cdot NM$) und zum anderen durch den Anteil der Fehlervariable (ε_{NM1}) dargestellt.

Mithilfe der Modellgleichungen werden nun die unbekannten Parameter (Faktorladungen und Fehlervarianzen) geschätzt, wodurch sich eine modellimplizierte Kovarianzmatrix

---

[118] Im Gegensetz zu der EFA (vgl. Abschnitt 7.3.1) werden die Variablen in der CFA nicht standardisiert. Daher wird nicht die Korrelationsmatrix, sondern die empirische Kovarianzmatrix zur Parameterschätzung herangezogen (Moosbrugger & Schermelleh-Engel 2007, S. 318).

ergibt. Die Parameter werden dabei so geschätzt, dass die Differenz zwischen der empirischen Kovarianzmatrix (die sich durch die Daten ergibt) und der modellimplizierten Kovarianzmatrix möglichst gering ist. Anhand der Größe der Diskrepanz zwischen empirischen
und implizierten Kovarianzen wird das Modell entweder verworfen oder beibehalten (Bühner 2011, S. 382f.).

Die Diskrepanz zwischen der empirischen Kovarianzmatrix und der implizierten Kovarianzmatrix lässt sich nicht direkt bestimmen. Stattdessen wird auf Modell-Fits zurückgegriffen, die die Passung des theoretisch angenommenen und empirischen Modells illustrie-
ren. Die Modell-Fit-Werte, die für die Beurteilung herangezogen werden, sind in Tabelle
9 dargestellt (Bühner 2011, S. 426; Moosbrugger & Schermelleh-Engel 2007, S. 319):

Tabelle 9: Interpretation der Modell-Fit-Werte für eine konfirmatorische Faktorenanalyse

Modell-Fit	Guter Fit	Akzeptabler Fit
$\frac{\chi^2}{DF}$ (und $p > 0.05$)	$0.00 - 2.00$	$2.01 - 3.00$
SRMR	$0.00 - 0.11$	-
RMSEA	$0.00 - 0.050$	$0.051 - 0.080$
CFI	$0.970 - 1.00$	$0.950 - 0.969$

Anmerkung: *DF*: Freiheitsgrade, χ^2: Testgröße des χ^2-Tests; *p*: Signifikanz; SRMR: Standardized-Root-
Mean-Residual; RMSEA: Root-Mean-Square-Error of Approximation; CFI: Comparative-Fit-Index

Der χ^2-Wert testet die Nullhypothese, dass die theoretische und empirisch beobachtbare
Kovarianzmatrix identisch ist und ist abhängig von der Stichprobengröße (Bühner 2011,
S. 407 und S. 382; Moosbrugger & Schermelleh-Engel 2007, S. 319). Ein signifikanter
Wert indiziert somit eine signifikante Abweichung zwischen dem theoretisch angenommenen Modell und dem empirisch getesteten Modell. Da der χ^2-Wert von der Stichprobengröße abhängig ist und bei großen Stichproben bereits bei geringer Abweichung zwischen
der theoretischen und empirischen Kovarianzmatrix zur Ablehnung des Modells führt, werden weitere Modell-Fits herangezogen (Bühner 2011, S. 423; Moosbrugger &
Schermelleh-Engel 2007, S. 319). Der SRMR (Standardized-Root-Mean-Residuals) kennzeichnet die durchschnittlich standardisierte Abweichung der beobachtbaren und der implizierten Kovarianzmatrix. Er ist von der Stichprobengröße unabhängig, berücksichtigt
jedoch nicht die Modellkomplexität (Bühner 2011, S. 427). Der SRMR sollte möglichst
klein sein und nimmt einen Wert von 0 an, wenn das Modell perfekt passt. Der RMSEA
(Root Mean Square Error of Approximation) ist ebenfalls ein Maß für die ungefähre Passung des Modells und sollte daher, wie der χ^2-Wert und der SRMR, möglichst klein sein
(Moosbrugger & Schermelleh-Engel 2007, S. 319). Der RMSEA berücksichtigt, im Gegensatz zum SRMR, die Komplexität des Modells und ist daher der vermutlich am häu-
figsten angegebener Fit-Index (Bühner 2011, S. 425).

Der CFI (Comparative-Fit-Index) vergleicht das empirisch getestete Modell mit einem
möglichst schlecht passenden Unabhängigkeitsmodell (einem restriktiveren Nullmodell, in

dem alle Items unkorreliert sind; Bühner 2011, S. 427 & Moosbrugger & Schermelleh-Engel 2007, S. 319). Der CFI-Wert kann Werte zwischen 0 und 1 annehmen (Bühner 2011, S. 427). Je größer die Differenz zwischen den beiden Modellen ist, desto größer wird der CFI-Wert. Der CFI-Wert sollte daher möglichst hoch sein (Moosbrugger & Schermelleh-Engel 2007, S. 319).

Um eine konfirmatorische Faktorenanalyse durchführen zu können, müssen entsprechende Voraussetzungen erfüllt sein. Die konfirmatorische Faktorenanalyse basiert auf der Kovarianzmatrix der Daten, weshalb diese im Intervallskalenniveau vorliegen müssen (Bühner 2011, S. 431). Darüber hinaus müssen die Items normalverteilt sein. Falls die Daten von einer Normalverteilung abweichen, kann der MLM-Schätzer (Maximum likelihood with robust standard errors) herangezogen werden (Bühner 2011, S. 432). Alternativ eignet sich auch ein Bootstrapping-Verfahren. Die Ergebnisse der konfirmatorischen Faktorenanalyse können durch große Ausreißer oder Multikollinearität zwischen den Items verzerrt werden (Bühner 2011, S. 432). Daher sollten die Daten im Vorfeld deskriptiv analysiert werden. Um Schätzproblemen entgegenzuwirken, sollte die Strichprobe bei vier Items pro latenter Variable mindestens $N = 100$ betragen (Bühner 2011, S. 433).

8.5.4 Multiple Regression

Die Multiple Regression stellt eine Erweiterung der linearen Regression dar. In der linearen Regression werden Unterschiede einer abhängigen Variable Y auf Unterschiede einer unabhängigen Variable X zurückgeführt (Eid et al. 2015, S. 629). Dadurch kann analysiert werden, welchen Einfluss eine Variable X, die auch als Prädiktor bezeichnet wird, auf eine abhängige Variable Y, die auch als Kriterium bezeichnet wird, hat. In der multiplen Regression wird die abhängige Variable nicht nur durch eine, sondern durch mehrere Prädiktoren vorhergesagt (Bühner & Ziegler 2009, S. 634). Die Zusammenhänge zwischen der abhängigen Variable und den unabhängigen Variablen sind linear und lassen sich durch folgende Gleichung darstellen:

$$Y = b_0 + b_1 \cdot X_1 + b_2 \cdot X_2 + \ldots + b_k \cdot X_k + \varepsilon \qquad (16)$$

Die Gleichung setzt sich aus den folgenden Komponenten zusammen: Die Variable Y stellt die abhängige Variable bzw. das Kriterium, dar. Die unabhängigen Variablen bzw. die Prädiktoren, die die abhängige Variable voraussagen, werden als $X_1, X_2, \ldots, X_k$ bezeichnet. Die spezifischen Regressionsgewichte der Prädiktoren, die das Maß des Zusammenhangs des Kriteriums und des jeweiligen Prädiktors darstellen, werden in der Gleichung als $b_1, b_2, \ldots, b_k$ gekennzeichnet. Der Achsenabschnitt wird in Gleichung (16) mit b_0 und die Residualvariable, die durch die Messfehler zustande kommt, mit ε dargestellt (Eid et al. 2015, S. 631).

Die Regressionsgewichte, auch als Steigungskoeffizienten bezeichnet, spiegeln die Stärke des Zusammenhangs zwischen den jeweiligen Prädiktoren und der abhängigen Variablen wider (Bortz & Schuster 2010, S. 343). Für die Interpretation muss jedoch folgender Aspekt berücksichtigt werden: Durch die multiple Regression wird der Einfluss von Drittvariablen kontrolliert. Das jeweilige Regressionsgewicht (z.B. b_1) einer Variable (z.B. X_1) stellt also die Veränderung der abhängigen Variablen Y dar, wenn die weiteren Prädiktoren ($X_2 - X_k$) konstant gehalten werden (Bortz & Schuster 2010, S. 343). Das bedeutet, dass alle Probanden auf den Prädiktoren $X_2 - X_k$ die gleichen Messwerte aufzeigen (Bühner & Ziegler 2009, S. 640). Durch das Kontrollieren der Störvariablen kann der „wahre" Einfluss eines Prädiktors auf eine abhängige Variable bestimmt werden, was ein großer Vorteil der multiplen Regression ist. Betrachtet man die Gleichung (16), gibt der Wert des Regressionsgewichts b_1 also Auskunft darüber, um welchen Wert sich die abhängige Variable Y ändert, wenn sich der Prädiktor X_1 um eine Einheit vergrößert und alle weiteren Prädiktoren konstant sind (Bühner & Ziegler 2009, S. 640).

Wenn analysiert werden soll, welche Prädiktoren einen größeren bzw. geringeren Einfluss auf die abhängige Variable haben, müssen die Regressionsgewichte mithilfe einer z-Transformation standardisiert werden. Grund dafür sind die verschiedenen Einheiten, mit denen die Prädiktoren erhoben wurden, die ein Vergleichen der Prädiktoren anhand der unstandardisierten Regressionsgewichten erschweren (Bortz & Schuster 2010, S. 345). Durch eine Standardisierung können die Stärken der Zusammenhänge miteinander verglichen werden. Die Umrechnung eines Regressionsgewichtes (b_i) in ein standardisiertes Regressionsgewicht (β_i) erfolgt über die Standardabweichung des Prädiktors (SD_{Xi}) und die Standardabweichung der abhängigen Variablen (SD_Y) mithilfe der folgenden Formel (Bortz & Schuster 2010, S. 346; Bühner & Ziegler 2009, S. 651):

$$\beta_i = b_i \cdot \frac{SD_{X_i}}{SD_Y} \qquad (17)$$

Das standardisierte Regressionsgewicht gibt die Standardabweichung an, um die sich die abhängige Variable ändert, wenn sich der Wert des Prädiktors um eine Standardabweichung erhöht und alle weiteren Prädiktoren kontrolliert werden (Bortz & Schuster 2010, S. 345f.).

Ob ein Prädiktor einen bedeutsamen Einfluss auf die abhängige Variable hat, kann mithilfe der t-Statistik überprüft werden. Ein signifikanter Wert deutet darauf hin, dass das Regressionsgewicht signifikant von 0 abweicht und die abhängige Variable signifikant vorhersagt (Field et al. 2014, S. 252).

Neben den Regressionsgewichten kann auch der Determinationskoeffizient (R^2) Aufschluss darüber geben, ob die aufgenommenen Prädiktoren zur Vorhersage der abhängigen Variable beitragen (Bühner & Ziegler 2009, S. 652). Der Determinationskoeffizient gibt den Anteil der Varianz der abhängigen Variable wieder, der durch die unabhängigen Variablen erklärt werden kann und nimmt Werte zwischen 0 und 1 an (Eid et al. 2015, S. 641). Der Determinationskoeffizient kann als Prozentangabe interpretiert werden. Eine R^2 von 0.40 bedeutet, dass 40 % der Varianz der abhängigen Variable durch die Prädiktoren erklärt werden kann. Ob das Maß des Determinationskoeffizienten statistisch bedeutsam ist, kann mit der F-Statistik überprüft werden. Ein signifikanter F-Wert deutet darauf hin, dass die Varianzaufklärung der abhängigen Variable sich in der Grundgesamtheit von null unterscheidet (Bühner & Ziegler 2009, S. 662; Eid et al. 2015, S. 646f.). Der Determinationskoeffizient eignet sich auch, um zu ermitteln, welche der aufgenommenen Prädiktoren zur Varianzaufklärung beitragen. Mit verschiedenen Methoden können Prädiktoren identifiziert werden, die für die Vorhersage der abhängigen Variable redundant sind (Eid et al. 2015, S. 655). Insbesondere wenn keine theoretischen Vorüberlegungen zur Relevanz der Prädiktoren bestehen, kann auf solche Methoden zurückgegriffen werden (Eid et al. 2015, S. 656; Field et al. 2014, S. 266). Man unterscheidet zwischen der Vorwärtsselektion, der Rückwärtsselektion und der schrittweisen Regression (Bühner & Ziegler 2009, S. 683f.; Eid et al. 2015, S. 656f.; Field et al. 2014, S. 264f.), die im Folgenden beschrieben werden:

Bei der *Vorwärtsselektion* wird zuerst der Prädiktor aufgenommen, der die höchste Korrelation mit der abhängigen Variablen aufzeigt. Trägt dieser Prädiktor signifikant zur Vorhersage der abhängigen Variable bei, folgt die Aufnahme des nächsten Prädiktors. Dabei wird der Prädiktor in das Regressionsmodell aufgenommen, der bei dem konstant gehaltenen ersten Prädiktor, die höchste Korrelation mit der abhängigen Variable aufzeigt. Erhöht sich durch die Aufnahme des Prädiktors die Varianzaufklärung signifikant, folgt die Aufnahme des nächsten Prädiktors. Das Vorgehen wird dann abgebrochen, wenn ein aufgenommener Prädiktor nicht mehr signifikant zur Vorhersage der abhängigen Variable beiträgt.

Bei der *Rückwärtsselektion* werden alle Prädiktoren, von denen angenommen wird, dass sie zur Vorhersage der abhängigen Variable beitragen, in das Regressionsmodell aufgenommen. Anschließend wird zunächst der Prädiktor entfernt, der den geringsten Anteil zur Vorhersage der abhängigen Variable beiträgt. Im nächsten Schritt wird die multiple Regression erneut durchgeführt und wieder der Prädiktor identifiziert und entfernt, der von den verbleibenden Prädiktoren am geringsten zur Varianzaufklärung beiträgt. Dieses Verfahren wird so lange durchgeführt, bis in dem Regressionsmodell nur noch die Prädiktoren vorhanden sind, die signifikant zur Vorhersage der abhängigen Variable beitragen.

Die *schrittweise Regression* vereint die Methoden der Vorwärts- und Rückwärtsselektion. Wie bereits bei der Vorwärtsselektion, werden Prädiktoren aufgenommen, die signifikant zur Vorhersage der abhängigen Variable beitragen. Wenn durch die Aufnahme eines neuen Prädiktors ein bereits aufgenommener signifikanter Prädiktor, nicht mehr signifikant zur Vorhersage beiträgt, wird der neue Prädiktor im nächsten Schritt wieder entfernt (Rückwärtsselektion).

Field et al. (2014) empfehlen auf die Vorwärtsselektion zu verzichten, da die Wahrscheinlichkeit einer „Suppression" durch das sukzessive Aufnehmen von Prädiktoren erhöht ist (S. 265). Dieser Effekt tritt auf, wenn Prädiktoren aufgenommen werden, die zwar keinen Beitrag zur Vorhersage der abhängigen Variablen leisten, aber aufgrund von hohen Korrelationen mit anderen Prädiktoren die Varianzaufklärung massiv verstärken oder verringern, da durch den gemeinsamen Varianzanteil Störgrößen und Fehler minimiert oder maximiert werden (für weitere Erläuterungen siehe auch Bortz & Schuster 2010, S. 352; Bühner und Ziegler 2009, S. 686; Eid et al. 2015, S. 660). Darüber hinaus können mit der

Vorwärtsselektion Prädiktoren, die signifikant zur Vorhersage der Kriteriumsvariable beitragen können, übergangen werden (Field et al. 2014, S. 265)

Die Methoden sind in Statistikprogrammen wie SPSS oder R implementiert und basieren auf den t-Werten (und Signifikanzniveaus) der standardisierten Regressionsgewichte und auf den F-Werten (und Signifikanzniveaus) des Determinationskoeffizienten (Eid et al. 2015, S. 656). Eine automatische Selektion mithilfe von statistischen Auswertungsprogrammen wird jedoch nicht empfohlen, da der alleinige Fokus auf die Signifikanzniveaus zu Fehlinterpretationen und Fehlschlüssen führen kann (Field 2014, S. 266). Daher wird bei den multiplen Regressionen, die in dieser Studie durchgeführt werden, auf eine automatische Selektion verzichtet. Die Regressionsmodelle, die vor bzw. nach der Selektion durchgeführt werden, werden hinsichtlich der Varianzaufklärung (R^2), der AIC- und BIC-Werten (vgl. Abschnitt 8.5.2), sowie inhaltlicher Abwägungen miteinander verglichen (vgl. Field et al. 2014, S 266). Vor der Durchführung einer multiplen Regression müssen folgende Voraussetzungen erfüllt sein:

1) Keine Autokorrelation
   Die Residuen der Variablen müssen unabhängig voneinander sein. Wenn die Residuen miteinander korrelieren wird dies als „Autokorrelation" bezeichnet (Bühner & Ziegler 2009, S. 674). Die Unabhängigkeit der Fehler wird mit dem Durbin-Watson-Test überprüft. Nicht signifikante Werte, die nahe an der 2 liegen, suggerieren eine Unabhängigkeit der Residuen (Field et al. 2014, S. 292).

2) Keine Multikollinearität
   Zwischen den Prädiktoren sollten keine hohen Korrelationen vorliegen, da diese Auswirkungen auf die standardisierten Regressionsgewichte haben können. Hohe Korrelationen können Suppressionen auslösen, die zu einer Fehlinterpretation führen können. Die Multikollinearität kann für jeden Prädiktor mit dem Varianz-Inflation-Factor (VIF) überprüft werden. VIF-Werte, die größer als 10 sind, sollten kritisch betrachtet werden (Bühner & Ziegler 2009, S. 677f.), da sie darauf hindeuten, dass zwei oder mehr Prädiktoren hoch miteinander korrelieren.

3) Homoskedastizität
   Homoskedastizität liegt vor, wenn die Residuen der Prädiktoren die gleiche Varianz aufzeigen (Field et al. 2014, S. 272). Heteroskedastizität führt zur Verzerrung der Schätzung der Regressionsgewichte (Bühner & Ziegler 2009, S. 671). Neben der graphischen Überprüfung kann der Breusch-Pagan-Test zur Überprüfung der Homoskedastizität angewendet werden. Ein nicht signifikantes Ergebnis deutet auf Homoskedastizität hin (Kleiber & Zeileis 2008, S. 101f.).

4) Linearer Zusammenhang
   Zwischen den Prädiktoren und dem Kriterium sollte ein linearer Zusammenhang bestehen. Mit Streudiagrammen kann diese Voraussetzung grafisch überprüft werden
   (Bühner & Ziegler 2009, S. 666). Liegt kein linearer Zusammenhang vor, hat dies negative Auswirkungen auf die Schätzung der Regressionsgewichte (Backhaus et al.
   2000, S. 43).

5) Normalverteilung der Residuen
   Die Residuen sollten eine Normalverteilung aufweisen. Liegt keine Normalverteilung
   vor, können die Ergebnisse der Signifikanztests verzerrt sein (Bühner & Ziegler 2009,
   S. 673). Die Voraussetzung wird mithilfe eines Q-Q-Plots über die Residuen überprüft
   (Field et al. 2014, S. 294). Liegt keine Normalverteilung vor, kann ein Bootstrapping
   durchgeführt werden (Field et al. 2014, S. 298).

8.5.5 Moderierte Regression

Die moderierte Regression ist eine multiple Regression mit einem oder mehreren Interak-
tionseffekten. Diese Auswertungsmethode wird verwendet, wenn angenommen wird, dass
die Höhe eines Zusammenhangs zwischen einer abhängigen und einer unabhängigen Variable von einer dritten Variable – einem Moderator – beeinflusst wird (Bühner & Ziegler
2009, S. 690). Die Gleichung (16) wird dann mit einem Interaktionsterm als Prädiktor ergänzt (Eid et al. 2015, S. 664).[119]

$$Y = b_0 + b_1 \cdot X_1 + b_2 \cdot X_2 + \underbrace{b_3 \cdot X_1 \cdot X_2}_{} + \varepsilon \qquad (18)$$

$$\text{Interaktionsterm}$$

Die moderierte Regression wird in dieser Studie angewendet um zu analysieren, ob Studierende mit niedrigem bzw. hohem Vorwissen von sofortigem Feedback bzw. verzögertem Feedback profitieren. Somit fungiert X_1 als *Vorwissen der Studierenden (Moderator)*
und X_2 als *Gruppenvariable* (EG1, verzögertes Feedback und EG2, sofortiges Feedback).
Da die Auswirkung der Prädiktoren auf den Lernzuwachs interpretiert werden soll, dient
die Differenz zwischen Vor- und Nachtest als abhängige Variable Y.

Da die moderierte Regression eine spezielle multiple Regression darstellt, gelten für die
Durchführung einer moderierten Regression die gleichen Voraussetzungen wie für die
multiple Regression, die bereits in Abschnitt 8.5.4 erläutert wurde. Die Prädiktoren müssen
jedoch vor der Durchführung der Moderatorenanalyse zentriert werden, da aufgrund des
Interaktionsterms zwangsläufig Multikollinearität zwischen dem Interaktionsterm als Prädiktor $X_1 \cdot X_2$ und den Prädiktoren X_1 und X_2 auftritt (Bühner & Ziegler 2009, S. 697). Dies
verletzt die Voraussetzung, dass die Prädiktoren untereinander unkorreliert sind (Bühner

---

[119] Aus Gründen der Übersichtlichkeit wird die Gleichung nur mit 2 Prädiktoren dargestellt.

& Ziegler 2009, S. 697). Bei der Zentrierung einer Variable wird von jedem Messwert der Mittelwert dieser Variable abgezogen. Für die Variable X_1 gilt somit (Bühner & Ziegler 2009, S. 697; Eid et al. 2015, S. 165):

$$X_{1\_zentriert} = X_1 - \overline{X_1} \qquad (19)$$

Durch die Zentrierung korreliert der Interaktionsterm mit den Prädiktoren nicht mehr, wodurch die Regressionsgewichte wieder interpretierbar werden (Bühner & Ziegler 2009, S. 697). Die Zentrierung vereinfacht auch die Interpretation der Regressionsgewichte: Im Fall von X_1 entspricht das Regressionsgewicht b_1 dann dem Einfluss des Prädiktors X_1 bei mittlerer Ausprägung von X_2 (Eid et al. 2015, S.666f.).

8.5.6 T-Test

T-Test für unabhängige Stichproben

Mit dem T-Test für unabhängige Stichproben wird untersucht, ob zwei Stichproben sich hinsichtlich eines statistischen Kennwertes unterscheiden (Eid et al. 2015, S. 331). Die Stichproben sind dabei unabhängig, was bedeutet, dass die Merkmalsausprägung einer Person in der Stichprobe 1 nicht von der Merkmalsausprägung einer Person in der Stichprobe 2 abhängt (Eid et al. 2015, S. 331). Der T-Test analysiert, ob sich die beobachtbaren Mittelwerte der beiden Stichproben signifikant unterscheiden. Dabei wird angenommen, dass die Mittelwerte der Stichproben (M_1 und M_2) aus zwei Populationen mit den Mittelwerten (μ_1 und μ_2) stammen (Eid et al. 2015, S. 331). Daraus lassen sich folgende Hypothesen ableiten (Bühner & Ziegler 2009, S. 251; Eid et al. 2015, S. 331):

Die ungerichtete Nullhypothese nimmt an, dass die Mittelwerte der beiden Populationen gleich sind bzw. die Differenz der beiden Mittelwerte gleich 0 ist. Die Alternativhypothese dagegen besagt, dass sich die Mittelwerte der beiden Populationen unterscheiden bzw. die Differenz der beiden Mittelwerte ungleich 0 ist (Bühner & Ziegler 2009, S. 251; Eid et al. 2015, S. 331):

H_0: $\mu_1 = \mu_2$ bzw. $\mu_1 - \mu_2 = 0$

H_1: $\mu_1 \neq \mu_2$ bzw. $\mu_1 - \mu_2 \neq 0$

Wenn eine gerichtete Fragestellung untersucht werden soll, besagt die Nullhypothese, dass der Mittelwert der einen Population größer bzw. kleiner gleich des Mittelwerts der anderen Population ist. Daraus folgt die Alternativhypothese, dass der Mittelwert der einen Population kleiner bzw. größer als der Mittelwert der anderen Population ist (Bühner & Ziegler 2009, S. 251; Eid et al. 2015, S. 331).

H_0: $\mu_1 \geq \mu_2$ bzw. $\mu_1 \leq \mu_2$

H_1: $\mu_1 < \mu_2$ bzw. $\mu_1 > \mu_2$

Der T-Test für unabhängige Stichproben wird in dieser Studie verwendet, um zu analysieren, ob sich die Experimentalgruppen EG1 und EG2 hinsichtlich verschiedener statistischer Kennwerte (Verweildauer auf dem Feedback, Wahrgenommener Nutzen des Feedbacks und Umgang mit dem Feedback) unterscheiden.

Um einen unabhängigen T-Test durchführen zu können, müssen folgende Voraussetzungen erfüllt sein (Bühner & Ziegler 2009, S. 256ff.):

1) Unabhängige Messwerte zwischen den Stichproben
   Die Messwerte in der einen Stichprobe dürfen keine Vorhersage auf die Messwerte in der anderen Stichprobe erlauben (Sedlmeier & Renkewitz 2011, S. 404).

2) Intervallskalierte Messwerte
   Die Messwerte des Merkmals, das erfasst wurde, müssen intervallskaliert sein.

3) Normalverteilte Messwerte
   Die Merkmalsausprägung muss normalverteilt sein. Einige Autoren (z.B. Eid et al. 2015, S. 336; Luhmann 2011, S. 175) weisen auf den zentralen Grenzwertsatz hin: Die Verteilung des Mittelwerts eines Merkmals nähert sich bei großen Stichproben approximativ einer Normalverteilung an. Als Faustregel kann bei einer jeweiligen Stichprobe von $N_{1/2} > 30$ davon ausgegangen werden, dass der Test robust ist (Eid et al. 2015, S. 336; Luhmann 2011, S. 175). Dennoch sollten die Daten im Vorfeld auf ihre Verteilung hin analysiert werden. Dazu eignet sich zum einen der Shapiro-Wilk-Test, der die Nullhypothese überprüft, dass die Verteilung einer Merkmalsausprägung von einer Stichprobe normalverteilt ist. Der Shapiro-Wilk-Test hat den Nachteil bei großen Stichproben und geringen Abweichungen zur Normalverteilung signifikant zu werden. Neben dem statistischen Test sollten die Daten daher auch immer grafisch analysiert werden, um die Ergebnisse des Shapiro-Wilk-Tests zu überprüfen (Field et al. 2014, S. 182).

4) Varianzhomogenität in den Stichproben
   Die Varianzen in den beiden Stichproben sollten gleich sein. Simulationsstudien zeigen, dass der T-Test robust gegenüber der Verletzung der Varianzhomogenität ist, wenn die Stichproben normalverteilt und gleichgroß sind (für eine Übersicht siehe Diehl & Arbinger 2001, S. 145). Bei ungleichen Stichprobengrößen führt die Verletzung der Varianzhomogenität zur Verzerrung der Testergebnisse (Eid et al. 2015, S. 336; Field et al. 2014, S. 186). Die Varianzhomogenität wird mit dem Levene-Test überprüft. Ein signifikantes Ergebnis deutet darauf hin, dass die Varianzen der beiden Gruppen nicht gleich sind, also Varianzheterogenität vorliegt (Field et al. 2014, S. 186).

Bei der Verletzung der Voraussetzungen kann auf alternative Auswertungsmethoden zurückgegriffen werden. Wenn keine Normalverteilung vorliegt, kann der nicht-parametrische Mann-Whitney-U-Test angewendet werden, der Stichprobenunterschiede hinsichtlich der Mediane analysiert (Eid et al. 2015, S. 343). Alternativ kann auch auf ein Bootstrapping-Verfahren zurückgegriffen werden (Sedlmeier & Renkewitz 2011, S. 598). Sind die Varianzen zwischen den Gruppen ungleich, kann der Welch-Test angewendet werden. Dabei werden die Freiheitsgrade korrigiert, um die Verzerrungen der Testergebnisse aufgrund der Varianzheterogenität wieder auszugleichen (Eid et al. 2015, S. 336f.).

T-Test für abhängige Stichproben

Wenn Unterschiede hinsichtlich eines Merkmals zwischen Personen untersucht werden sollen, die voneinander abhängig sind, wird der T-Test für abhängige Stichproben herangezogen (Eid et al. 2015, S. 367). Abhängige Stichproben können zum einem (gleiche) Personen sein, die hinsichtlich eines Merkmals zu unterschiedlichen Zeitpunkten untersucht werden, und zum anderem verschiedene Personen sein, die zusammengehören (z.B. Ehepaare) oder durch Parallelisierung einander zugeordnet wurden (Eid et al. 2015, S. 367). Im Folgenden wird eine Stichprobe betrachtet, deren Merkmalsausprägung zu zwei Messzeitpunkten erhoben wurde.

Es können folgende Hypothesen formuliert werden (Bühner & Ziegler 2009, S. 239; Eid et al. 2015, S. 369): Die ungerichtete Nullhypothese nimmt an, dass sich zwei Populationsmittelwerte μ_1 und μ_2 zu zwei Messzeitpunkten nicht unterscheiden und ist gleichbedeutend mit der Aussage, dass die Differenz der Populationsmittelwerte 0 beträgt. Die Alternativhypothese lautet, dass sich zwei Populationsmittelwerte unterscheiden bzw. die Differenz der Populationsmittelwerte nicht 0 beträgt und kann formal wie folgt dargestellt werden (Bühner & Ziegler 2009, S. 239; Eid et al. 2015, S. 369):

H_0: $\mu_1 = \mu_2$ bzw. $\mu_{Diff.} = 0$

H_1: $\mu_1 \neq \mu_2$ bzw. $\mu_{Diff.} \neq 0$

Für eine gerichtete Fragestellung wird die Nullhypothese angenommen, dass der Populationsmittelwert des einen Messzeitpunktes größer bzw. kleiner gleich des Populationsmittelwerts des anderen Messzeitpunktes ist. Daraus folgt die Alternativhypothese, dass der Populationsmittelwert des einen Messzeitpunktes kleiner bzw. größer als der Populationsmittelwert des anderen Messzeitpunktes ist (Bühner und Ziegler 2009, S. 239; Eid et al. 2015, S. 369).

H_0: $\mu_1 \geq \mu_2$ bzw. $\mu_1 \leq \mu_2$

H_1: $\mu_1 < \mu_2$ bzw. $\mu_1 > \mu_2$

Der T-Test für abhängige Stichproben wird in dieser Studie verwendet, um den Lernzuwachs der zwei Experimentalgruppen und den Lernzuwachs der Kontrollgruppe, die nicht Teil der Randomisierung war, über die Messzeitpunkte hinweg zu analysieren.

Der T-Test für abhängige Stichproben hat ähnliche Voraussetzungen wie der T-Test für unabhängige Stichproben (Bühner & Ziegler 2009, S. 242ff.):

1) Unabhängigkeit innerhalb der Messzeitpunkte
   Die Messwerte der Personen müssen zu jedem einzelnen Messzeitpunkt unabhängig sein. Die Personen dürfen sich in den einzelnen Messzeitpunkten nicht gegenseitig beeinflussen.

2) Intervallskalierte Messwerte
   Die Messwerte, die erhoben wurden, müssen intervallskaliert sein.

3) Normalverteilte Messwerte
   Die Differenz der Merkmalsausprägung zwischen den beiden Messzeitpunkten muss normalverteilt sein. Diese Voraussetzung der Normalverteilung betrifft bei dem T-Test für abhängige Stichproben nur die Differenz beider Mittelwerte. Dafür wird im ersten Schritt eine neue Variable im Datensatz gebildet und für jeden Probanden die Differenz zwischen Messzeitpunkt 1 und Messzeitpunkt 2 berechnet. Anschließend wird mit dem Shapiro-Wilk-Test überprüft, ob die Differenzen eine Normalverteilung aufweisen. Da der Shapiro-Wilk-Test bei kleinen Abweichungen signifikant wird, wird die Normalverteilung zusätzlich mithilfe von Q-Q-Plots analysiert (Field et al. 2014, S. 182). Wenn keine Normalverteilung vorliegt, kann auf den Wilcoxon-Test zurückgegriffen werden, der Unterschiede zwischen Populationsmittelwerten auf Grundlage von Rangsummen analysiert (Bühner & Ziegler 2009, S. 267; Eid et al. 2015, S. 380).[120]

Effektstärken

Die Effektstärken des T-Tests werden durch das Cohens d angegeben. Für den T-Test für unabhängige Stichproben ergibt sich für die Effektstärke

$$d_{unabhängig} = \frac{M_1 - M_2}{SD_{gepoolt}} \qquad (20)$$

mit der Differenz der Mittelwerte der Stichprobe 1 (M_1) und der Stichprobe 2 (M_2) im Zähler sowie der gepoolten Innerhalb-Standardabweichung der beiden Stichproben ($SD_{gepoolt}$) im Nenner (Cohen 1988, S. 20; siehe auch Eid et al. 2015, S. 338).

Für den abhängigen T-Test vereinfacht sich die Formel auf

---

[120] Für eine Erläuterung der Rangsummen siehe Bühner und Ziegler (2009, S. 269-271).

$$d_{abhängig} = \frac{M_{Differenz}}{SD_{Differenz}} \qquad\qquad (21)$$

mit der Mittelwertdifferenz ($M_{Differenz}$) von Zeitpunkt 1 und Zeitpunkt 2 und der Standardabweichung der Mittelwertdifferenz ($SD_{Differenz}$) (Cohen 1988, S. 48; siehe auch Eid et al. 2015, S. 374).

Für die Interpretation von Cohens d ergeben sich für den unabhängigen und den abhängigen T-Test unterschiedliche Einordnungen (Cohen 1988, S. 40 zu $d_{unabhängig}$ und Cohen 1988, S. 48 zu $d_{abhängig}$). Für die Interpretation von Cohens d können die Werte aus Tabelle 10 herangezogen werden.

Tabelle 10: Interpretation von Cohens d

	$d_{unabhängig}$	$d_{abhängig}$
Kleiner Effekt	0.20	0.14
Mittlerer Effekt	0.50	0.35
Großer Effekt	0.80	0.57

8.5.7 Varianzanalyse mit Messwiederholung

Die Varianzanalyse mit Messwiederholung ist eine Erweiterung des T-Tests für abhängige Stichproben und wird häufig verwendet, um die Wirksamkeit von Interventionen hinsichtlich einer Merkmalsausprägung zu analysieren (Eid et al. 2015, S. 462f.; Gollwitzer & Jäger 2014, S. 91). Dabei liegt das Forschungsinteresse primär auf der Entwicklung der Merkmalsausprägung, die sich über die Messzeitpunkte hinweg ergibt. Soll zusätzlich untersucht werden, ob diese Veränderung von einem Gruppenfaktor abhängig ist, wird eine mehrfaktorielle Varianzanalyse mit Messwiederholung (Mixed ANOVA) durchgeführt (Bühner & Ziegler 2009, S. 480). Die mehrfaktorielle Varianzanalyse mit Messwiederholung, auch gemischte Varianzanalyse genannt, wird in dieser Studie verwendet um zu untersuchen, ob sich die beiden Experimentalgruppen hinsichtlich ihrer diagnostischen Fähigkeiten über die Messzeitpunkte hinweg durch die Intervention unterschiedlich stark verändern.[121] Als abhängige Variable fungiert das Maß der diagnostischen Fähigkeiten, das die Studierenden aufzeigen. Die Intervention ist die unabhängige Variable und kann somit als Gruppenfaktor (EG1 und EG2) spezifiziert werden. Durch die Messwiederholung (Vor- und Nachtest) kommt zusätzlich ein Messwiederholungsfaktor hinzu. Somit liegt ein 2 × 2 Design mit zwei Haupteffekten (Haupteffekt für den Gruppenfaktor, Haupteffekt für den Messwiederholungsfaktor) und einem Interaktionseffekt (Intervention × Messzeitpunkt) vor.

---

[121] Die Kontrollgruppe war nicht Teil der Randomisierung. Die zugehörigen Daten wurden in einem anderen Semester erhoben. Aufgrund dessen wurde die Kontrollgruppe separat ausgewertet.

Die gemischte Varianzanalyse basiert auf dem F-Test, der die systematischen und unsystematischen Varianzen auf Grundlage der Quadratsummenzerlegung vergleicht.[122] Mithilfe von F-Tests werden die folgenden Hypothesen für die beiden Haupteffekte und dem Interventionseffekt überprüft (Bühner & Ziegler 2009, S. 485; Leonhart 2004, S. 308):[123]

Haupteffekt Gruppenfaktor

Die Nullhypothese besagt, dass der Gruppenfaktor (hier: EG1 und EG2) über beide Messzeitpunkte (hier: Vortest und Nachtest) hinweg keinen Einfluss auf die abhängige Variable (hier: diagnostische Fähigkeiten) hat. Daraus folgt die Alternativhypothese, dass der Gruppenfaktor über die beiden Messzeitpunkte hinweg einen Einfluss auf die abhängige Variable hat.

H_0: $\alpha_j = 0$ und H_1: $\alpha_j \neq 0$

Haupteffekt Messwiederholungsfaktor

Die Nullhypothese besagt, dass der Messwiederholungsfaktor (hier: Vortest und Nachtest) über beide Gruppen hinweg (hier: EG1 und EG2) keinen Einfluss auf die abhängige Variable (hier: diagnostische Fähigkeiten) hat. Daraus folgt die Alternativhypothese, dass der Gruppenfaktor über die beiden Messzeitpunkte hinweg einen Einfluss auf die abhängige Variable hat.

H_0: $\beta_k = 0$ und H_1: $\beta_k \neq 0$

Interaktionseffekt Gruppe × Messzeitpunkt

Die Nullhypothese besagt, dass sich der Gruppenfaktor (hier: EG1 und EG2) und der Messwiederholungsfaktor (hier: Vortest und Nachtest) hinsichtlich der abhängigen Variable (hier: diagnostische Fähigkeiten) gegenseitig nicht beeinflussen. Daraus folgt die Alternativhypothese, dass der Gruppenfaktor und der Messwiederholungsfaktor sich hinsichtlich der abhängigen Variable gegenseitig beeinflussen.

H_0: $(\alpha\beta)_{jk} = 0$ und H_1: $(\alpha\beta)_{jk} \neq 0$

Für die Durchführung der gemischten Varianzanalyse müssen folgende Voraussetzungen erfüllt sein (Bühner & Ziegler 2009, S. 514):

---

[122] Für weitere Erläuterungen siehe Bühner und Ziegler (2009, S. 491ff.) und Eid et al. (2015, S. 486ff.).

[123] Da Varianzen nur positive Werte annehmen können, sei hier angemerkt, dass die Hypothesen der Varianzanalyse immer ungerichtet sind. Somit kann, im Gegensatz zum T-Test, nie einseitig geprüft werden (Rasch et al. 2014, S. 18).

1) Intervallskalierte Messwerte in der abhängigen Variable
Um die Differenzen zwischen den Messwerten berechnen zu können, muss in der abhängigen Variable ein Intervallskalenniveau vorliegen.

2) Sphärizität zwischen den Messzeitpunkten
Die Varianzen der Differenzen der abhängigen Variable zwischen den Messzeitpunkten muss gleichgroß sein, dies wird auch als „Sphärizität" bezeichnet (Sedlmeier & Renkewitz 2011, S. 496). Die Annahme wird mit dem Mauchly-Test überprüft, der die Nullhypothese überprüft, dass die Varianzen in den Differenzen der Messzeitpunkte gleich sind. Ein signifikantes Ergebnis deutet darauf hin, dass die Voraussetzung verletzt ist. Da die Differenzen zwischen den Messzeitpunkten analysiert werden, muss der Mauchly-Test erst ab drei Messzeitpunkten durchgeführt werden. Bei weniger als drei Messzeitpunkten ist diese Voraussetzung redundant (Field et al. 2014, S. 551f.).

3) Normalverteilte Messwerte in der abhängigen Variable
Wie schon bereits bei dem T-Test für unabhängige Stichproben erläutert wurde, muss die abhängige Variable in allen Stichproben für jeden Messzeitpunkt eine Normalverteilung aufweisen. Die Normalverteilung wird mit dem Shapiro-Wilk-Test überprüft. Zusätzlich sollte die Normalverteilung auch mit Q-Q-Plots analysiert werden, um die Ergebnisse des Shapiro-Wilk-Tests zu überprüfen. Wenn die Stichproben gleich groß sind, ist die gemischte Varianzanalyse, trotz Verletzung der Normalverteilung, relativ robust. Bei Verletzung der Voraussetzung und ungleicher Stichprobengröße kann eine robuste ANOVA gerechnet werden (Field et al. 2014, S. 643).

4) Varianzhomogenität zwischen den Gruppen
Zwischen den Gruppen müssen die Varianzen gleich sein. Diese Voraussetzung wird, wie bereits beim T-Test für unabhängige Stichproben erläutert, mit dem Levene-Test überprüft. Ein signifikantes Ergebnis deutet auf Varianzheterogenität hin.

Effektstärke

Die Effektstärke für die gemischte Varianzanalyse wird über das partielle eta^2 (η_p^2) angegeben. Sie berechnet sich aus den jeweiligen Quadratsummen der beiden Haupteffekten und des Interventionseffekts sowie aus den Quadratsummen des jeweiligen Residuums (siehe auch Bühner & Ziegler 2009, S. 508ff.).

Für die Interpretation gilt folgende Einteilung: Ein partielles eta^2 von 0.01 ($\eta_p^2 \approx 0.01$) gilt als kleiner, ein partielles eta^2 von 0.06 ($\eta_p^2 \approx 0.06$) als mittlerer und ein partielles eta^2 von 0.14 ($\eta_p^2 \approx 0.14$) als großer Effekt (Cohen 1988, S. 355 und S. 366).[124]

---

[124] Da Cohen (1988) diese Kennwerte für unabhängige Messungen angibt und die Messwiederholung nicht berücksichtigt, empfiehlt Bakeman (2005) andere Referenzwerte. Bakeman (2005, S. 383) bezeichnet Werte ab 0.02 als kleine, 0.13 als mittlere und 0.26 als große Effekte und bezieht sich damit auf das R^2 von Cohen (1988, S. 413f.).

8.5.8   Gütekriterien

Bei der Konstruktion der Tests und Fragebögen sowie bei der Datenerhebung und Datenanalyse wurden die drei Hauptgütekriterien Objektivität, Reliabilität und Validität berücksichtigt, die im Folgenden beschrieben werden (siehe auch Bühner 2011, S. 75; Häder
2019, S. 109; Moosbrugger & Kelava 2012, S. 8).

Objektivität

Objektivität eines Testinstrumentes liegt vor, wenn die Testergebnisse unabhängig von
dem Testanwender sind. Die Objektivität wird daher auch als Anwenderunabhängigkeit
bezeichnet (Döring & Bortz 2016, S. 442). Unterschieden wird zwischen der Durchfüh-
rungs-, Auswertungs- und Interpretations-Objektivität (Döring & Bortz 2016, S. 442).

Der theoretische Input (vgl. Abschnitt 7.1 und Abschnitt 8.2), den die Studierenden vor
der Arbeit mit ViviAn in der Vorlesung erhalten haben, wurde in der Vorstudie und in der
Erhebung der beiden Experimentalgruppen in der Hauptstudie von demselben Dozierenden
durchgeführt. Studierende, die an der Vorlesung nicht teilnehmen konnten, hatten die Möglichkeit, die Vorlesung, die per Video aufgenommen wurde, nachträglich anzuschauen. In
dem Semester, in dem die Datenerhebung für die Kontrollgruppe stattgefunden hat
(SS2018), musste die Vorlesung aufgrund struktureller Veränderungen in der Semesterpla-
nung von einem anderen Dozierenden durchgeführt werden. Die Vorlesung bzw. der theoretische Input orientierte sich in diesem Semester jedoch stark an den Inhalten der Vorlesungen, die in den vorherigen Semestern stattgefunden hatten. Auch hier hatten die Studierenden die Möglichkeit, die Vorlesung als Video anzuschauen.

Darüber hinaus bekamen alle Studierende der Experimentalgruppen und der Kontrollgruppe ein Dokument, in dem die mathematikdidaktischen Voraussetzungen, die für die
Arbeit mit den Videovignetten notwendig waren, beschrieben wurden. Ein Einführungsvideo in ViviAn, das in dem Übersichtsmenü von ViviAn eingebettet wurde, sollte gewährleisten, dass alle Studierenden hinsichtlich der Arbeit mit ViviAn über den gleichen Wis-
sensstand verfügen.

Die Antworten der Studierenden wurden von zwei Ratern kodiert (vgl. Abschnitt 8.6.1,
Abschnitt 8.7.1, Abschnitt 8.8.1). Ein vorab erstellter Kodierleitfaden sollte ein einheitliches und unabhängiges Kodieren ermöglichen. Um die Übereinstimmung der beiden Rater
zu überprüfen, wurde das Cohens Kappa berechnet.

Reliabilität

Die Reliabilität eines Testinstrumentes gibt an ob das Merkmal, das erfasst werden soll,
exakt gemessen wird (Moosbrugger & Kelava 2012, S. 11). Die Reliabilität wird auch als
„Messgenauigkeit" oder „Präzision" bezeichnet (Döring & Bortz 2016, S. 442). Sie hängt
überwiegend von der Formulierung der Aufgaben und von den Antwortmöglichkeiten ab

(Döring & Bortz 2016, S. 443). Die Reliabilität eines Testinstrumentes kann mit verschiedenen empirischen Methoden bestimmt werden (eine Übersicht liefern Döring & Bortz 2016, S. 444). Die Reliabilitäten der eingesetzten Testinstrumente in dieser Studie wurden mit der Methode der internen Konsistenz überprüft: Für die Skalen, die den *Wahrgenommenen Nutzen der Musterlösungen* und den *Umgang mit den Musterlösungen* erfassen, wurde das Cronbachs α bestimmt. Die Reliabilitäten der Testinstrumente, die aufgrund dichotomer Antworten mit der probabilistischen Testtheorie ausgewertet wurden (*Fachdidaktisches Wissen* und *Diagnostischen Fähigkeiten*), wurden mit der EAP-Reliabilität bestimmt. Wie bereits in Abschnitt 8.5.2 beschrieben wurde, kann der Koeffizient der EAP-Reliabilität wie das Cronbachs α interpretiert werden. Das Cronbachs α sollte immer mit Hinblick auf das zu messende Merkmal interpretiert werden.

Validität

Die Validität eines Testinstrumentes gibt an, inwiefern der Test das Merkmal misst, das gemessen werden soll und gilt als wichtigstes Gütekriterium (Döring & Bortz 2016, S. 445; Häder 2019, S. 115; Moosbrugger & Kelava 2012, S. 13). Stimmt die Merkmalsausprägung und der Testwert einer Person überein, gilt ein Testinstrument als valide (Moosbrugger & Kelava 2012, S. 13). Um die Validität eines Testinstrumentes zu überprüfen, kann auf mehrere Methoden zurückgegriffen werden. Döring und Bortz (2016) unterscheiden zwischen der Inhalts-, Konstrukt- und Kriteriumsvalidität (S. 446f.). Die Inhaltsvalidität des Testinstrumentes zur Erfassung der diagnostischen Fähigkeiten wurde durch die Beurteilung von Expertinnen und Experten überprüft. Im Rahmen eines Workshops wurden Expertinnen und Experten gebeten, die Diagnoseaufträge hinsichtlich ihrer inhaltlichen Güte zu beurteilen. Als Expertinnen und Experten fungierten sowohl Lehrkräfte als auch wissenschaftliche Mitarbeiterinnen und Mitarbeiter, die sich mit der Förderung diagnostischer Fähigkeiten bereits auseinandergesetzt haben. Darüber hinaus wurde sich für die Konstruktion der Diagnoseaufträge inhaltlich an den Komponenten des Diagnoseprozesses von Beretz et al. (2017a; 2017b) und C. von Aufschnaiter et al. (2018) orientiert (vgl. Abschnitt 6.7.2), die den Prozess des Diagnostizierens beschreiben. Der fachdidaktische Wissenstest basiert auf den Komponenten der COACTIV-Studie (vgl. Abschnitt 8.4.2), die das fachdidaktische Wissen von Lehrkräften abbilden. Um die Konstruktvalidität im Sinne der faktoriellen Validität (Döring & Bortz 2016, S. 146) zu überprüfen, wurden für die jeweiligen Testinstrumente Faktorenanalysen durchgeführt (vgl. Abschnitt 8.6, Abschnitt 8.8). Die Items, die aus inhaltlicher Sicht einem Faktor zugeordnet werden können, sollten auch empirisch den selben Faktor abbilden (Döring & Bortz 2016, S. 146). Darüber hinaus wird vermutet, dass das Vorwissen und die praktischen Vorerfahrungen der Studierenden einen Einfluss auf ihre diagnostischen Fähigkeiten haben. Daher wurde eine multiple Regression durchgeführt, um mögliche Zusammenhänge zwischen dem Vorwissen und Vorerfahrungen der Studierenden und ihren Vortestergebnissen zu analysieren.

8.5.9 Umgang mit fehlenden Werten

Die Tests und Fragebögen, die von den Studierenden beantwortet werden sollten, wurden in LimeSurvey so eingebunden, dass die Studierenden eine Antwort geben mussten. Falls eine Frage ausgelassen wurde bzw. die Studierenden keine Antwort gaben, wurde eine Fehlermeldung mit dem Hinweis, dass eine oder mehrere Fragen nicht beantwortet wurden, angezeigt. Ein roter Balken um die entsprechende Frage bzw. die entsprechenden Fragen wies die Studierenden auf die Unvollständigkeit hin. LimeSurvey differenziert bei freien Textfeldern jedoch nicht zwischen konventionellen Antworten (vollständige Wörter bzw. Sätze) und der schlichten Aneinanderreihung von Buchstaben oder Satzzeichen. Einzelne Studierende setzten daher ein Leerzeichnen, drei Punkte oder Ähnliches, um die Pflichtangabe zu umgehen. Die Antworten der Studierenden wurden wöchentlich begutachtet und auf ihrer Vollständigkeit hin überprüft. Studierende, die in einem überhöhten Maß Textfelder durch das Setzen von sinnfreien Satzzeichen ausließen, wurden per E-Mail kontaktiert.[125]

Viele Auswertungsmethoden wie die multiple Regression, der T-Test oder die Varianzanalyse erfordern vollständige Datensätze. Für diese Datenanalysen wurden daher lediglich die Personen berücksichtigt, die alle Tests und Fragebögen vollständig bearbeiteten. Dieses Verfahren wird als fallweiser Ausschluss bezeichnet (Janssen & Laatz 2010, S. 352). Alternativ können auch imputationsbasierte Verfahren angewendet werden, mit denen fehlende Werte geschätzt und in den Datensatz eingefügt werden (Döring & Bortz 2016, S. 591). Diese Verfahren kommen häufig bei Studien zur Anwendung, die nach dem Multi-Matrix-Design entwickelt wurden (z.B. PISA). Bei einem Multi-Matrix-Design erhalten die Probanden verschiedene Fragen bzw. Aufgaben, wodurch im Datensatz viele fehlende Werte auftreten. Durch das Schätzen der fehlenden Werte können die Antworten der Probanden kombiniert werden (siehe auch Lüdtke & Robitzsch 2017). Die imputationsbasierten Verfahren werden insbesondere dann empfohlen, wenn die Ergebnisse aufgrund von vielen fehlenden Werten oder einer geringen Stichprobengröße nicht interpretiert werden können oder die fehlenden Werte in Teilpopulationen systematisch auftreten (Döring & Bortz 2016, S. 591). Da in dieser Studie lediglich 31 von 215 Studierenden den Nachtest nicht bearbeiteten, wurde ein fallweiser Ausschluss der Daten vorgenommen.

Da die Studierenden aus der Kontrollgruppe keine Trainingsvignetten mit Feedback bearbeiteten, konnten sie folglich den Fragebogen *Wahrgenommener Nutzen der Musterlösungen* und *Umgang mit den Musterlösungen* nicht beantworten. Fragebogen 2 wurde daher nur von den beiden Experimentalgruppen beantwortet. Für die Datenanalysen, die Aufschluss darüber geben sollten, welchen Einfluss das Feedback in Form einer Musterlösung hat (vgl. Abschnitt 8.10.3 und Abschnitt 8.10.4), wurden daher ausschließlich die Daten der Experimentalgruppen herangezogen.

---

[125] Studierende, die vereinzelt Textfelder ausließen, wurden nicht kontaktiert, da angenommen wurde, dass Diagnose- bzw. Arbeitsaufträge auch aufgrund von fehlendem Wissen nicht beantwortet werden können.

8.6 Validierung des Tests zur Erfassung diagnostischer Fähigkeiten

Dieser Abschnitt behandelt die schrittweise Validierung des Tests zur Erfassung der diagnostischen Fähigkeiten, der im Rahmen dieser Studie eingesetzt wurde. Dafür wurde sowohl auf qualitative als auch auf quantitative Auswertungsmethoden zurückgegriffen. Die Ergebnisse der Validierung werden im Folgenden beschrieben.

8.6.1 Kodierung der offenen Antwortformate

Da die Antworten der Studierenden im offenen Antwortformat vorlagen und eine quantitative Auswertung aufgrund der hohen Stichprobenzahl als erforderlich erschien, mussten die entsprechenden Antworten der Studierenden des Vor- und Nachtests zunächst kodiert werden. Dafür wurde auf die strukturierende Inhaltsanalyse nach Mayring (2008b, 2015) zurückgegriffen (vgl. Abschnitt 8.5.1).

1) Bestimmung der Analyseeinheit
   Im ersten Schritt wurde die Analyseeinheit bestimmt. Die Antworten der Studierenden, die den Vor- und Nachtest vollständig bearbeiteten, bildeten die Datenbasis der qualitativen Inhaltsanalyse. Die Daten setzten sich aus denen der Experimentalgruppen und denen der Kontrollgruppe zusammen. Vor der Kodierung wurden die Antworten der Studierenden anonymisiert. Auf Basis des Vortests erhielt jede Studentin bzw. jeder Student eine ID. Diese ID wurde den Studierenden in den weiteren Tests und Fragebögen vor der Kodierung zugewiesen. Dies ermöglichte eine anonymisierte und unvoreingenommene Bewertung ihrer Antworten. Die Antworten der Studierenden zur *Konzeption von Fördermaßnahmen* (*„Wie würden Sie die Intervention gestalten?"*, vgl. Abschnitt 6.7.2) wurden nicht ausgewertet, da zum einen die Komponente nicht explizit im Diagnoseprozess aufgeführt ist und zum anderen die Bewertung nur vor dem Hintergrund der vorab getätigten diagnostischen Leistungen der Studierenden hätte vorgenommen werden können.

2) Festlegung der Strukturierungsdimension
   Im zweiten Schritt wurde die Strukturierungsdimension festgelegt. Mit dem Vor- und Nachtest sollen diagnostische Fähigkeiten von Studierenden erhoben werden. Ziel der Analyse ist somit eine Bewertung des Maßes an diagnostischen Fähigkeiten, das die Studierenden aufzeigen.[126] Es erschien daher sinnvoll, das Datenmaterial durch Skalenpunkte zu kodieren (skalierende Strukturierung).

---

[126] An dieser Stelle sei nochmals erwähnt, dass die Studierenden im Vor- und Nachtest eigentlich eine Performanz zeigen und die diagnostischen Fähigkeiten bzw. der kognitive Prozess, den die Studierenden durchlaufen, nicht direkt abgebildet werden kann. In Anlehnung an Herppich et al. (2017) wird jedoch angenommen, dass über die Performanz Rückschlüsse auf die Ausprägung diagnostischer Fähigkeiten gezogen werden können.

3) Zusammenstellung des Kategoriensystems

Das Expertenrating für die beiden Testvignetten diente als Vergleichsmaß für die Antworten der Studierenden (vgl. Abschnitt 6.8.1). Daher wurden auf Grundlage des Expertenratings entsprechende Kategorien gebildet. Da das Expertenrating im Rahmen einer Voruntersuchung stattfand, die auf Basis theoretischer Grundlagen erfolgte, bildet diese Vorgehensweise eine deduktive Kategorienbildung ab (Mayring 2015, S. 85). Im Folgenden wird exemplarisch die Kategorienbildung und -beschreibung für einen Diagnoseauftrag dargestellt:

Der folgende Diagnoseauftrag stammt aus der Testvignette 2 für die Komponente *Deuten* und besteht aus einer Single-Choice Aufgabe und einem freien Textfeld. Das Textfeld dient der Begründung der, bei der Single-Choice-Aufgabe getroffenen, Auswahl.

„Stimmen Sie der Aussage zu? „S3 hat erkannt, dass ihr Gehege aus 5 Reihen zu je 4 Einheitsquadraten besteht." Begründen Sie ihre Aussage."

Die Expertinnen und Experten verneinten diese Aussage und gaben dafür mehrere Begründungen an. Um die offenen Antworten der Studierenden zu bewerten, wurden auf Basis der Begründungen der Expertinnen und Experten folgende Kategorien (vgl. Tabelle 11) gebildet.

Tabelle 11: Exemplarisches Kategoriensystem zur Bewertung der diagnostischen Fähigkeiten

Code	Kategorien
V2 D S3 F 1	Vollständiges Auslegen des Geheges mit Einheitsquadraten
V2 D S3 F 2	Zählung aller Einheitsquadrate
V2 D S3 F 3	Keine Anwendung der Flächeninhaltsformel

Der Code einer Kategorie setzt sich wie folgt zusammen: „V2" steht für die jeweilige Testvignette, in diesem Fall Testvignette 2. „D" steht für die Komponente „Deuten" des Diagnoseprozesses, der in den Diagnoseaufträgen abgebildet werden soll. „S3" steht für die jeweilige Schülerin bzw. den jeweiligen Schüler, auf die bzw. den sich der Diagnoseauftrag bezieht. „F" bezieht sich auf den entsprechenden Inhalt des Diagnoseauftrages, in diesem Fall die Begründung, dass S3 (Schülerin 3) keine Formel („F") für die Aufgabenlösung verwendet hat. „1", „2", „3" sind die jeweiligen Begründungen, die die Expertinnen und Experten verwendet haben, um zu argumentieren, dass „S3" *nicht* erkannt hat, dass ihr Gehege aus 5 Reihen zu je 4 Einheitsquadraten besteht.

4) Erstellung des Kodierleitfadens[127]

Um die Kategorien für den Kodierleitfaden auszuformulieren und Ankerbeispiele hinzuzufügen, wurden die ersten 30 Antworten der Studierenden in Excel von einem Rater analysiert und kodiert. Eine „0" wurde kodiert, wenn die Antwort dieser Kategorie nicht zugeordnet werden konnte; eine „1", wenn die Antwort dieser Kategorie zugeordnet werden konnte (vgl. Abbildung 55).

ID	Gruppe	Single-Choice	Begründung	V2 D S3 F 1	V2 D S3 F 2	V2 D S3 F 3
1	2	Nein	Sie hat einfach jedes einzelne Einheitsquadrat abgezählt, anstatt 4*5 zu rechnen.	0	1	1
2	1	Ja	Sie hat nicht viel gesagt, sondern nur versucht die Plätchen zu verteilen oder unter dem Tisch einzusammeln	0	0	0
3	2	Nein	S3 hat alle Quadrate alle einzeln gezählt. Und nicht erst die Rehen und dann die Zeilen. Sondern alle Quadrate nacheinander wie sie kommen.	0	1	0
4	1	Nein	S3 hat das Auslegen der Einheitsquadrate zwar gemacht aber meiner Ansicht nach nicht den Hintergedanken verstanden bzw. ihre Quadrate gezählt	0	0	0
5	1	Nein	Die Schülerin zählt alle Einheitsquadrate einzeln und versucht nicht eine Struktur zu erkennen, die ihr das Zählen vereinfacht.	0	1	0

Abbildung 55. Kodierung der Studierendenantworten zu den Diagnoseaufträgen in Excel

Eine Mehrfachkodierung war möglich, wenn Antworten mehreren Kategorien zugeordnet werden konnten (z.B. ID1 in Abbildung 55). Aussagen von Studierenden, die prägnante Beispiele für Kategorien darstellten, wurden als Ankerbeispiele verwendet und in den Kodierleitfaden hinzugefügt (vgl. Tabelle 12). Der erste Durchlauf des Datenmaterials wurde auch dazu genutzt, um Kategorien präziser zu beschreiben und gegebenenfalls auch (Gegen)-Beispiele hinzuzufügen, die nicht in die entsprechenden Kategorien zugeordnet werden sollten. Teilweise wurden auch Kategorien ergänzt. So stellten einige Studierendenantworten auch Aussagen dar, die sich in die bisherigen Kategorien nicht einordnen lassen konnten, aber dennoch sinnvolle Aspekte darstellten, weshalb in solchen Fällen induktive Kategorien erstellt wurden. Darüber hinaus wurden Kategorien eingeführt, die kodiert wurden, wenn die Studierenden fachliche Fehler machten. Für den oben dargestellten Diagnoseauftrag ergab sich daraus der folgende Kodierleitfaden (Tabelle 12):[128]

---

[127] Die Kodierleitfäden für die beiden Testvignetten sind im Anhang E1 im elektronischen Zusatzmaterial beigefügt.

[128] In diesem Diagnoseauftrag wurden keine Kategorien ergänzt.

Tabelle 12: Ausschnitt aus dem Kodierleitfaden zur Bewertung der diagnostischen Fähigkeiten

Code	Kategorie	Kodierregel
V2 D S3 F 1	**Vollständiges Auslegen mit Einheitsquadraten** Beschreibung S3 legt ihr Gehege komplett mit Einheitsquadraten aus, obwohl die Form (Rechteck) ihres Geheges es erlaubt hätte, nur einen Teil des Geheges auszulegen. Ankerbeispiele – „sie versucht, die ganze Fläche auszulegen, obwohl zwei Reihen (Länge und Breite) gereicht hätten"	1, wenn zutreffend 0, wenn nicht zutreffend
V2 D S3 F 2	**Zählung aller Einheitsquadrate** Beschreibung S3 zählt jedes bzw. alle Einheitsquadrate in ihrem Gehege einzeln durch. Ankerbeispiele – „Sie hat einfach jedes einzelne Einheitsquadrat abgezählt" – „Hätte S3 dies erkannt könnte sie sofort sagen wie viele Quadrate reinpassen und müsste sie nicht alle zählen." Nicht kodiert werden Ungenaue Beschreibungen – „Sie hat durch abzählen festgestellt, dass ihr Gehege aus 20 Quadraten (die auf dem Tisch lagen) besteht"	1, wenn zutreffend 0, wenn nicht zutreffend
V2 D S3 F 3	**Keine Anwendung der Flächeninhaltsformel** Beschreibung S3 multipliziert nicht die Anzahl der Reihen mit der Anzahl der Einheitsquadrate pro Reihe bzw. S3 wendet keine Flächeninhaltsformel an. Ankerbeispiele – „Die Schülerin zählt nicht die Einheitsquadrate einer Reihe und einer Spalte und multipliziert diese," – „Sie hat einfach jedes einzelne Einheitsquadrat abgezählt, anstatt 4 · 5 zu rechnen."	1, wenn zutreffend 0, wenn nicht zutreffend

5) Materialdurchlauf
   Nach der Erstellung des Kodierleitfadens wurden die Aussagen der ersten 30 Studierenden mithilfe des Kodierleitfadens von zwei Ratern kodiert.

6) Überarbeitung des Kodierleitfadens
   Nach dem ersten Materialdurchlauf wurden die Kodierungen von den beiden Ratern miteinander verglichen. Unterschiedliche Kodierungen wurden gemeinsam analysiert.

Der Vergleich bot auch Raum, um bestehende Kategorien zu überarbeiten oder weitere Kategorien im Kodierleitfaden zu ergänzen.

Mit dem überarbeiteten Kodierleitfaden wurde das Datenmaterial anschließend vollständig von den beiden Ratern kodiert.

7) Bestimmung der Interraterreliabilität
Um das Maß der Übereinstimmung zwischen den zwei Ratern zu beurteilen, wurde nach der Kodierung das Cohens Kappa (Cohen 1960, S. 39f.) mithilfe der Software R und des Packages „irr" (Gamer 2019) bestimmt. Die Werte von Cohens Kappa lagen zwischen $\kappa_{Min} = 0.21$ und $\kappa_{Max} = 1.00$.[129] Der Median von $\kappa_{Median} = 0.80$ liegt in einem guten Bereich.[130] Das Cohens Kappa wurde von insgesamt 122 Kategorien berechnet. Die Werte sind im Anhang F1 im elektronischen Zusatzmaterial beigefügt.

8) Konsensgespräch
Um quantitative Analysen anzuschließen, bedarf es eindeutiger Zuordnungen. In einem anschließenden Konsensgespräch wurden die Aussagen von Studierenden, bei denen die Rater keine Übereinstimmung hatten, analysiert. Durch Diskussionen und Vergleiche mit weiteren Aussagen einigten sich die beiden Rater auf einheitliche Ergebnisse.

8.6.2 Datenaufbereitung

Nach der qualitativen Inhaltsanalyse wurden die Kategorien inhaltlich analysiert und zu Items umstrukturiert, um sie im nächsten Schritt auf ihre Rasch-Skalierbarkeit zu überprüfen. Dafür wurden Kategorien teilweise entfernt oder zu einer übergeordneten Kategorie zusammengefasst, wenn es inhaltlich sinnvoll erschien.[131] Beispielsweise beinhaltete das Kategoriensystem für den Diagnoseauftrag *„Beschreiben Sie aus mathematikdidaktischer Perspektive die Situation, die in der Videovignette zu sehen ist."* aus der Testvignette 1 zwei Kategorien, die inhaltlich stark voneinander abhängig waren (*V1 B3* und *V1 B8*). Die Kategorie *V1 B3* wurde mit „1" kodiert, wenn die Studierenden wahrnahmen, dass die videografierten Schülerinnen und Schüler in der Videosequenz eine Fläche des Quadermodells mit Einheitsquadraten auslegten. Da einige Studierenden nicht das „Einheitsquadrat"

---

[129] Der schlechte Cohens Kappa-Wert kommt zustande, da der Aspekt nur selten genannt wurde und daher auch selten mit „1" kodiert wurde. Bei unterbesetzten Kategorien haben schon leichte Abweichungen der Rater große (und negative) Folgen auf den Kappa-Wert. Bei dieser Kategorie stimmten die Rater nur bei vier Fällen nicht überein.

[130] Aufgrund des sehr guten Median des Kappa-Wertes wurde entschieden, die Antworten der Studierenden aus der Kontrollgruppe von einem Rater weiterkodieren zu lassen. Damit stammen die Kappa-Werte ausschließlich aus den Kodierungen der Studierendenantworten aus den Experimentalgruppen für den Vor- und Nachtest.

[131] Hier sei angemerkt, dass die Kodierleitfäden (besonders für den Test zur Erfassung diagnostischer Fähigkeiten) sehr ausführlich erstellt wurden, um eine einfache Kodierung zu ermöglichen. Bereits während der Erstellung des Kodierleitfadens wurde deutlich, dass Kategorien aus inhaltlichen Gründen im Nachhinein zusammengefasst werden sollten. Im ersten Schritt schien jedoch die strukturierende und umfassende Analyse der Studierendenantworten das primär Ziel zu sein.

als solches nannten, sondern auch mit falschen oder allgemeineren Aussagen argumentierten (z.B. ID99: *„Die SuS sind sich zunächst einig, dass sie die [...] Einheitswürfel hintereinander abtragen müssen, was S3 dann auch macht."* oder ID89: *„So kamen sie [...] auch
dazu die Plättchen bzw. die Plättchenreihe auf dem Quader auszulegen."*), wurde die Kategorie *V1 B8* eingeführt. Diese Kategorie wurde mit „1" kodiert, wenn die Studierenden
explizit das „Einheitsquadrat" als Einheit nannten. Durch die Einführung dieser Kategorie
sollte eine möglichst genaue Differenzierung zwischen den Studierenden ermöglicht werden. Jedoch nannten fast alle Studierenden in ihrer Beschreibung das „Einheitsquadrat" als
Einheitsrepräsentanten, was dazu führte, dass eine Kodierung von *V1 B3* direkt in eine
Kodierung *V1 B8* führte. Daher wurden die beiden Kategorien zu einem Item zusammengeführt. So wurden differenzierte Studierendenantworten (z.B. ID33: *„S3 und S4 zeichnen
gemeinsam auf eine Seite des Quaders mithilfe des Geodreiecks und des Folienstiftes Einheitsquadrate auf die Fläche"*) als richtig bewertet. Dies führte zwar zu einer strengeren,
jedoch inhaltlich sinnvolleren Bewertung. Des Weiteren wurden in den Kodierleitfäden
Kategorien hinzugefügt, die kodiert wurden, wenn die Studierenden inhaltliche Fehler
machten (z.B. ID16: *„Schüler möchte einzelne Quadrate (Hilfsobjekt) auf Würfel zeichnen
und zählen."*[132]). Durch die inhaltliche Analyse der Kategorien und der Studierendenantworten konnte nicht gefolgert werden, ob diese Studierenden Schwierigkeiten hatten, sich
sprachliche korrekt auszudrücken oder möglicherweise selbst Probleme dabei haben zwischen verschiedenen Figurenbegriffen bzw. Maßbegriffen zu unterscheiden. Da die Studierenden in ViviAn auf die Arbeitsaufträge der videografierten Schülerinnen und Schüler
zugreifen konnten, in denen die Figuren und Maße richtig benannt werden, sollten die Studierenden, auch wenn sie Schwierigkeiten dabei haben, sich sprachlich präzise auszudrücken, die Figuren- und Maßbegriffe richtig benennen können. Daher wurde entschieden
Antworten von Studierenden, die fachliche Fehler beinhalten, als falsch zu werten.

Ein Beispiel für eine Kategorie, die für die Rasch-Skalierung entfernt wurde, stellt Kategorie *V2 U3 M* dar. Die Kategorie für den Diagnoseauftrag aus der Testvignette 2 *„Obwohl sich der genaue Flächeninhalt der Schülergehege von S1, S2 und S4 aus Einheitsquadraten und Kästchen zusammensetzt, geben die Schülerinnen und Schüler ihr Ergebnis nur in Einheitsquadraten an. Welche Ursachen könnten dafür zugrunde liegen?"*
wurde induktiv aus den Antworten der Studierenden ergänzt. Die Kategorie beinhaltete die
mögliche Ursache, dass die Schülerinnen und Schüler die Idee des sinnvollen Verfeinerns
noch nicht richtig erfasst haben und wurde von den Studierenden häufig genannt. Jedoch
zeigt sich in der Videosequenz, dass die Gruppe das vorgegebene Einheitsquadrat in Kästchen verfeinert (1 Einheitsquadrat = 9 Kästchen), weshalb angenommen werden kann, dass
die videografierten Schülerinnen und Schüler das Einheitsquadrat durchaus verfeinern können. Die Kategorie *V2 U3 M* wurde daher, nach Rücksprache mit den Expertinnen und
Experten, als Item für die Rasch-Skalierung nicht weiter berücksichtigt, da sie keine zutreffende Ursache für die Angabe des Ergebnisses in der Maßeinheit *Einheitsquadrat* dar-
stellte.

---

[132] Das Quadermodell in der Videosequenz der Testvignette 1 ist kein Würfelmodell.

Bei den Aufgaben, die aus einer Multiple-Choice- bzw. Single-Choice Aufgabe und einem freien Textfeld für entsprechende Begründungen bestanden, ergaben sich Besonderheiten für die Bewertung. Es erschien sinnvoll diese nicht als separate Aufgaben, sondern als gemeinsame Aufgabe auszuwerten. Dies hatte folgende Gründe:

1) Bei einer separaten Auswertung der Multiple-Choice bzw. Single-Choice-Aufgaben resultiert eine gewisse Ratewahrscheinlichkeit, die bei manchen Aufgaben bis zu 50 % betragen würde. Eine solche Auswertung hätte dazu geführt, dass nicht zwischen Studierenden, die durch das Raten die richtige Lösung auswählten und Studierenden, die durch ihre Fähigkeiten die richtige Lösung ankreuzten, differenziert werden kann.

2) Da im Rahmen der qualitativen Inhaltsanalyse nur die Begründungen der Studierenden bewertet wurden, die im Vorfeld die richtige Auswahl bei den Multiple-Choice- bzw. Single-Choice-Aufgaben trafen, würde eine separate Auswertung zu einer lokalen stochastischen Abhängigkeit der beiden Teilaufgaben bzw. der Items führen. Dies verletzt jedoch eine der Voraussetzungen für das Verwenden des Rasch-Modells (vgl. Abschnitt 8.5.2).

Es wurde daher beschlossen, die entsprechenden Teilaufgaben (Auswahlantwort + Freitext) als gemeinsame Aufgabe zu bewerten. Die Antworten der Studierenden wurden als zutreffend bewertet, wenn sie eine richtige (Vor-)Auswahl trafen und eine passende Begründung gaben. Abbildung 56 soll den Validierungsprozess von der qualitativen Inhaltsanalyse zur Rasch-Skalierung veranschaulichen.

Abbildung 56. Validierungsprozess des Tests zur Erfassung der diagnostischen Fähigkeiten

Im ersten Schritt wurde eine qualitative Inhaltsanalyse durchgeführt. Durch das Expertenrating und die induktive Ergänzung der Studierendenantworten ergaben sich 122 Kategorien, mit denen die Studierendenantworten schlussendlich kodiert wurden. Nach der qualitativen Inhaltsanalyse wurden die Kategorien inhaltlich analysiert. Die Analyse führte dazu, dass Kategorien für die Rasch-Skalierung teilweise zusammengeführt oder entfernt wurden.[133] Aus der Analyse der Kategorien und der Datenaufbereitung ergaben sich somit

---

[133] Im Anhang E1 im elektronischen Zusatzmaterial sind zwei Dokumente beigefügt, die die Transformation von den Kategorien zu den Items für jede Testvignette tabellarisch darstellen.

85 Items, die sich teilweise aus einzelnen Kategorien oder aus der Zusammenführung mehrerer Kategorien zusammensetzen. Die Items wurden anschließend in die Software R importiert und auf ihre Rasch-Skalierbarkeit überprüft.

8.6.3 Rasch-Skalierung der Daten

Es wurde angenommen, dass der Test für die Studierenden, insbesondere der Vortest, sehr schwierig ist, da die Videosequenzen der beiden Testvignetten nur einmal angeschaut, nicht pausiert und nicht vor- oder zurückgespult werden konnten. Darüber hinaus ergibt sich das Vergleichsmaß aus den Antworten der Expertinnen und Experten, die die Videosequenzen mehrmals anschauen, pausieren sowie vor- und zurückspulen durften.[134] Um übermäßige Itemselektionen aufgrund von Bodeneffekten zu verhindern, wurden daher die Nachtestdaten für die Rasch-Skalierung herangezogen. Die Rasch-Skalierung wurde jedoch für den Vortest überprüft, um die Struktur, die sich aus der folgenden Validierung ergab, zu überprüfen.

Im ersten Schritt wurde eine deskriptive Analyse der Items durchgeführt, die aufgrund von Bodeneffekten ($M < 0.05$) und mangelnder Varianz ($Var < 0.05$) zum Ausschluss von 11 Items führte. Diese Items sind in Tabelle 13 dargestellt.[135]

In der ersten Spalte ist der Name des Items angegeben. Dieser setzt sich aus der jeweiligen Vignette (*V1* oder *V2*), der Komponente, der das Item zugeordnet werden kann (**Beschreiben**, **Deuten**, **Ursachen finden**, **Konsequenzen ableiten**) und der Abkürzung des jeweiligen Inhalts zusammen, der durch das Item abgebildet wird. *S1*, *S2*, *S3*, *S4* steht als Abkürzung für die jeweilige Schülerin bzw. den jeweiligen Schüler der entsprechenden Videosequenz. *Str* steht für die jeweilige Strategie, die der entsprechende Schüler bzw. die entsprechende Schülerin in der Videosequenz anwendet (z.B. *DV* für *Direkten Vergleich*). In der zweiten Spalte ist eine kurze Beschreibung des Inhalts des Items dargestellt.[136]

---

[134] Insbesondere zur Erstellung von guten Musterlösungen erschien es notwendig, dass die Expertinnen und Experten die Möglichkeit hatten, die Videosequenzen mehrmals zu analysieren. Da in dieser Studie die Förderung der Studierenden und nicht die Bewertung der Studierenden im Vordergrund steht, scheint dieser Sachverhalt unproblematisch zu sein.

[135] Die deskriptiven Kennwerte aller Items sind im Anhang D2 im elektronischen Zusatzmaterial beigefügt.

[136] Für weitere inhaltliche Erläuterungen sind die Kodierleitfäden und die Darstellung der Datenaufbereitung im Anhang E1 im elektronischen Zusatzmaterial beigefügt.

Tabelle 13: Ausgeschlossene Items aufgrund von Bodeneffekten und mangelnder Varianz – Diagnostische Fähigkeiten

Item	Inhalt	*M*	*SD*	*Var*
V1 D S1 Str DV	Deuten Schüler 1 Strategie Direkter Vergleich	0.02	0.13	0.02
V1 D S3 Str DV	Deuten Schüler 3 Strategie Direkter Vergleich	0.03	0.18	0.03
V1 K3 w.	Nicht intervenieren während Lernprozess 3	0.03	0.18	0.03
V1 K5 w.	Nicht intervenieren während Lernprozess 5	0.01	0.07	0.01
V2 B2	Beschreiben Gruppendiskussion	0.02	0.13	0.02
V2 D S2 Str DV	Deuten Schüler 2 Strategie Direkter Vergleich	0.02	0.13	0.02
V2 U1 M.	Ursache 1 für Angabe in eine Maßeinheit	0.02	0.13	0.02
V2 K4 w.	Nicht intervenieren während Lernprozess 4	0.04	0.19	0.04
V2 K1 n.	Intervenieren nach Lernprozess 1	0.03	0.18	0.03
V2 K2 n.	Intervenieren nach Lernprozess 2	0.01	0.07	0.01
V2 K3 n.	Intervenieren nach Lernprozess 3	0.02	0.15	0.02

Anmerkung: M: Mittelwert der Items, *SD*: Standardabweichung der Items, *Var*: Varianz der Items

Modellvergleiche

Da die Struktur des Diagnoseprozesses, der sich aus den Komponenten *Beschreiben* (B), *Deuten* (D), *Ursachen finden* (U) und *Konsequenzen ableiten* (K) zusammensetzt, empirisch noch nicht überprüft wurde, wurden mehrere Rasch-Modelle mithilfe des Packages „mirt" (Chalmers 2018) aus der Software R geschätzt.

Die Modelle wurden anhand der Informationskriterien (AICc und saBIC) miteinander verglichen (vgl. Tabelle 14). Da die Rasch-Skalierung ein hypothesenüberprüfendes Verfahren ist, wurden die Items vorab den verschiedenen Dimensionen zugeordnet. Dafür wurde eine Einfachstruktur verwendet; jedes Items wurde somit nur zu einer Dimension zugeordnet (vgl. Abschnitt 8.5.2).

Die ersten Modelle, die geschätzt wurden, basieren auf dem 1-dimensionalen B/D/U/K (2. Modell in Tabelle 14) und 4-dimensionalen Modell B × D × U × K (3. Modell in Tabelle 14). Das 1-dimensionale Modell wurde geschätzt, um zu überprüfen, ob es sich bei den diagnostischen Fähigkeiten möglicherweise nicht doch um eine einzelne Fähigkeit handelt. Die Informationskriterien suggerieren, dass das 4-dimensionale Modell besser zu den Daten passt, als das 1-dimensionale Modell. Jedoch weist das 4-dimensionale Modell teilweise sehr hohe Korrelationen auf (vgl. Tabelle 15), weshalb weitere Modelle geschätzt wurden.

Tabelle 14: Modellvergleiche anhand den Informationskriterien – Diagnostische Fähigkeiten

Modell		AICc	ΔAICc	saBIC	ΔsaBIC
1.	3-dim. (B × D × U/K)	12909		12786	
2.	1-dim. (B/D/U/K)	13105	+ 196	13002	+ 216
3.	4-dim. (B × D × U × K)	12931	+ 22	12790	+ 4
4.	2-dim. (B/D/U × K)	13086	+ 177	12976	+ 190
5.	2-dim. (B × D/U/K)	13246	+ 337	13136	+ 350
6.	3-dim. (B/D × U × K)	13034	+ 125	12911	+ 125

Anmerkung: dim.: dimensional, B: Beschreiben, D: Deuten, U: Ursachen finden, K: Konsequenzen ableiten, × steht für die Trennung der jeweiligen Dimensionen, / steht für die Zusammenführung der jeweiligen Dimensionen, AIC: Akaike Information Criteria, BIC: Bayes Information Criteria, Δ steht für die Differenz der Informationskriterien des jeweiligen Modells und des, anhand der Informationskriterien am besten passenden Modells (3-dimensional B × D × U/K)

Da nicht sicher angenommen werden konnte, dass die Dimension *Beschreiben* bzw. die Dimension *Konsequenzen ableiten* einen Teil der typischen kognitiven Prozesse darstellen, die beim Diagnostizieren im Unterrichtsalltag durchlaufen werden, wurde das 4. Modell und das 5. Modell geschätzt (vgl. Tabelle 14). Diese trennen die entsprechenden Faktoren von anderen Faktoren. Die hohen Informationskriterien (vgl. Tabelle 14) und zum Teil hohen Korrelationen zwischen den Faktoren (vgl. Tabelle 15) führten jedoch zur Annahme, dass keine der geprüften Strukturen in den Daten abgebildet werden kann.

Da die Begründungen für die Multiple-Choice Aufgaben in der Dimension Deuten eigentlich auf den Beschreibungen der Beobachtungen basieren, wurde ein 3-dimensionales Modell geschätzt, das die Items der Dimensionen *Beschreiben* und *Deuten* zusammenführt (6. Modell in Tabelle 15). Auch hier widerlegten die Informationskriterien die angenommene Struktur. Darüber hinaus korrelierte in diesem Modell die Dimension *Ursachen finden* und *Konsequenzen ableiten* mit 0.948 (vgl. Tabelle 15), was darauf hindeutet, dass die beiden Dimensionen nicht getrennt werden können (Pohl & Carstensen 2012, S. 14). Das 3-dimensionale Modell, das zwischen *Beschreiben, Deuten* und *Ursachen finden/ Konsequenzen ableiten* unterscheidet (1. Modell in Tabelle 14), wurde herangezogen, da aus den theoretischen Grundlagen hervorgeht, dass mögliche Konsequenzen für den weiteren Lernprozess insbesondere aus den Ursachen des gedeuteten Verhaltens der Schülerinnen und Schüler generiert werden können. Tabelle 14 kann entnommen werden, dass die Informationskriterien für dieses Modell am geringsten ausfielen. Im Vergleich zu den anderen Modellen korrelierten die Faktoren in einem vertretbaren Maß (vgl. Tabelle 15), weshalb die weitere Itemanalyse mit dem 3-dimensionalen Modell durchgeführt wurde, das zwischen den Dimensionen *Beschreiben, Deuten* und *Ursachen finden/ Konsequenzen ableiten* differenziert.

Tabelle 15: Korrelationen zwischen den Faktoren – Diagnostische Fähigkeiten

Modell	Faktoren	Latente Korrelationen			
		(1)	(2)	(3)	(4)
1. 3-dim. (B × D × U/K)	(1)	1.000			
	(2)	0.694	1.000		
	(3)	0.867	0.799	1.000	
2. 1-dim. (B/D/U/K)	(1)	1.000			
3. 4-dim. (B × D × U × K)	(1)	1.000			
	(2)	0.663	1.000		
	(3)	0.724	0.863	1.000	
	(4)	0.882	0.648	0.881	1.000
4. 2-dim. (B/D/U × K)	(1)	1.000			
	(2)	0.92	1.000		
5. 2-dim. (B × D/U/K)	(1)	1.000			
	(2)	0.693	1.000		
6. 3-dim. (B/D × U × K)	(1)	1.000			
	(2)	0.892	1.000		
	(3)	0.845	0.948	1.000	

Anmerkung: dim.: dimensional, B: Beschreiben, D: Deuten, U: Ursachen finden, K: Konsequenzen ableiten, × steht für die Trennung der jeweiligen Faktoren, / steht für die Zusammenführung der jeweiligen Faktoren

Itemanalyse

Die anschließende Itemanalyse wurde mit dem Package „TAM" (Robitzsch 2019) aus der Software R durchgeführt. Vor der Itemselektion betrugen die EAP-Reliabilitäten in der Dimension *Beschreiben* $EAP_B = 0.790$, in der Dimension *Deuten* $EAP_D = 0.879$ und in der Dimension *Ursachen finden/ Konsequenzen ableiten* $EAP_{U/K} = 0.696$ und lagen damit insgesamt in einem guten Bereich. Der Overall-Modell-Fit von SRMR = 0.082 ist als gut zu bewerten. Die Trennschärfen der jeweiligen Items wurden mit der punktbiserialen Korrelation r_{pb} bestimmt. Im Mittel beträgt die Trennschärfe über alle Items hinweg $M_{r_{pb}} = 0.37$ ($SD_{r_{pb}} = 0.17$), was als gut bewertet werden kann. Die Infit- und Outfit-Werte der Items, die Hinweise auf die Modellpassung geben, betrugen im Mittel $M_{Infit} = 1.01$ ($SD_{Infit} = 0.08$) und $M_{Outfit} = 1.03$ ($SD_{Outfit} = 0.31$), was darauf hindeutet, dass die theoretischen und beobachtbaren Werte übereinstimmen.

In Tabelle 16 sind die Item-Kennwerte detailliert dargestellt.[137] In der ersten Spalte ist der Name des Items angegeben. In der zweiten Spalte ist eine kurze Beschreibung des In-

---

[137] Die Itemanalyse aus Basis der IRT ist ein iterativer Prozess. Nach der Selektion von Items wird das Modell erneut berechnet, wodurch sich neue Werte ergeben. Aus Gründen der Übersicht werden an dieser Stelle nur die Kennwerte der Items, die sich aus dem ersten Rasch-Modell ergaben, dargestellt.

halts dargestellt, der durch das Item abgebildet wird. Die Spalte „Z" beinhaltet die Dimensionen, in die die Items bei der Modellspezifikation des Rasch-Modells zugeordnet wurden. In den nächsten Spalten sind die Schwierigkeit σ, die Trennschärfe als punktbiseriale Korrelation r_{pb}, die Fit-Werte der Items (Infit und Outfit) sowie die lokal stochastische Abhängigkeit der einzelnen Items (Q3) dargestellt. Da die lokal stochastische Abhängigkeit auf einer Matrix aus 74 Items basiert, werden nur die betragsmäßig größten Werte dargestellt.[138] Items, die mit einem Sternchen (*) markiert sind, stellen Items dar, die aus der weiteren Analyse ausgeschlossen wurden. Die fett markierten Werte in Tabelle 16 sind hinsichtlich der erforderlichen Item-Kennwerte als kritisch zu betrachten (vgl. Abschnitt 8.5.2).

---

[138] Die erforderlichen Werte, die die Trennschärfen, die Fit-Werte und die lokal stochastischen Abhängigkeiten haben sollten, können dem Abschnitt 8.5.2 entnommen werden und werden hier nicht noch einmal dargestellt.

Tabelle 16: Item-Kennwerte des 3-dimensionalen Rasch-Modells – Diagnostische Fähigkeiten

Item	Inhalt	Z	σ	r_{pb}	Infit	Outfit	Q3
V1 B1	Beschreiben Arbeitsauftrag	B	0.89	0.49	1.12	1.06	**0.42**
V1 B2*	Beschreiben Gruppendiskussion	B	2.47	**0.11**	**1.36**	**2.61**	−0.22
V1 B3	Beschreiben Vorgehensweise 1	B	1.02	0.63	0.86	0.80	0.22
V1 B4	Beschreiben Vorgehensweise 2	B	1.29	0.63	0.84	**0.69**	−0.26
V1 B5	Beschreiben Wechsel der Vorgehensweise	B	2.70	0.41	0.99	**0.70**	0.22
V1 B6	Beschreiben Schwierigkeit 1	B	1.90	0.55	0.92	**0.65**	−0.31
V1 B7	Beschreiben Schwierigkeit 2	B	3.46	0.28	1.06	0.77	0.31
V1 D S1 Str F	Deuten Schüler 1 Strategie Formel	D	−0.56	0.48	1.05	1.05	−0.23
V1 D S1 Str M a	Deuten Schüler 1 Strategie Messen a	D	0.75	0.47	0.98	0.89	0.31
V1 D S1 Str M b	Deuten Schüler 1 Strategie Messen b	D	2.98	0.23	0.99	0.89	0.31
V1 D S1 Str M c*	Deuten Schüler 1 Strategie Messen c	D	2.39	**0.16**	1.11	**1.44**	−0.24
V1 D S2 Str F*	Deuten Schüler 2 Strategie Formel	D	3.47	**0.07**	1.07	**1.73**	0.28
V1 D S2 Str M a	Deuten Schüler 2 Strategie Messen a	D	1.83	0.30	1.05	1.06	**0.48**
V1 D S2 Str M b	Deuten Schüler 2 Strategie Messen b	D	2.69	0.30	0.97	0.77	**0.48**
V1 D S2 Str M c*	Deuten Schüler 2 Strategie Messen c	D	3.47	**0.08**	1.06	**1.99**	0.26
V1 D S3 Str F	Deuten Schüler 3 Strategie Formel	D	1.36	0.36	1.05	0.94	−0.19
V1 D S3 Str M a	Deuten Schüler 3 Strategie Messen a	D	−0.27	0.49	1.01	0.99	**0.49**
V1 D S3 Str M b	Deuten Schüler 3 Strategie Messen b	D	1.64	0.26	1.08	**1.37**	**0.56**
V1 D S3 Str M c*	Deuten Schüler 3 Strategie Messen c	D	2.56	**0.19**	1.08	1.12	**0.57**
V1 D S4 Str F*	Deuten Schüler 4 Strategie Formel	D	3.25	**0.14**	1.04	1.33	0.27
V1 D S4 Str M a	Deuten Schüler 4 Strategie Messen a	D	0.93	0.35	1.10	1.08	**0.49**
V1 D S4 Str M b	Deuten Schüler 4 Strategie Messen b	D	2.50	0.26	1.01	1.04	**0.56**
V1 D S4 Str M c*	Deuten Schüler 4 Strategie Messen c	D	3.25	**0.16**	1.04	1.16	**0.57**
V1 D F1 S1	Deuten Schüler 1 Fehler Flächeninhalt	D	−0.13	0.52	0.98	0.95	**0.92**
V1 D F1 S2	Deuten Schüler 2 Fehler Flächeninhalt	D	−0.02	0.47	0.96	0.91	**0.72**
V1 D F1 S3	Deuten Schüler 3 Fehler Flächeninhalt	D	−0.19	0.53	0.94	0.89	**0.94**
V1 D F1 S4	Deuten Schüler 4 Fehler Flächeninhalt	D	0.04	0.37	0.99	0.94	**0.83**
V1 D F2 S1	Deuten Schüler 1 Fehler Würfelmodell	D	1.29	0.56	0.93	0.80	**0.91**
V1 D F2 S2	Deuten Schüler 2 Fehler Würfelmodell	D	1.60	0.37	0.99	0.95	**0.84**
V1 D F2 S3	Deuten Schüler 3 Fehler Würfelmodell	D	1.71	0.51	0.99	0.87	**0.94**
V1 D F2 S4	Deuten Schüler 4 Fehler Würfelmodell	D	1.71	0.37	0.99	0.88	**0.84**
V1 U1 F1	Ursache 1 für Fehler Flächeninhalt	U/K	2.42	**0.18**	1.01	0.94	0.18
V1 U2 F1	Ursache 2 für Fehler Flächeninhalt	U/K	0.65	0.49	0.91	0.89	0.24
V1 U3 F1	Ursache 3 für Fehler Flächeninhalt	U/K	0.60	**0.14**	1.08	1.09	0.18
V1 U1 F2*	Ursache 1 für Fehler Würfelmodell	U/K	1.52	**0.07**	1.08	1.13	−0.26
V1 U2 F2	Ursache 2 für Fehler Würfelmodell	U/K	1.68	**0.04**	1.08	1.20	0.25
V1 U3 F2	Ursache 3 für Fehler Würfelmodell	U/K	0.62	0.40	0.95	0.95	−0.25
V1 K1 w.	Nicht intervenieren während Lernprozess 1	U/K	1.02	0.47	0.91	0.86	0.32
V1 K2 w. *	Nicht intervenieren während Lernprozess 2	U/K	2.49	**0.01**	1.04	**1.34**	−0.15

Item	Inhalt	Z	σ	r_{pb}	Infit	Outfit	Q3
V1 K4 w. *	Nicht intervenieren während Lernprozess 4	U/K	2.64	**0.10**	1.02	1.08	0.26
V1 K6 w. *	Nicht intervenieren während Lernprozess 6	U/K	2.18	**−0.03**	1.07	1.31	**0.42**
V1 K1 n.	Intervenieren nach Lernprozess 1	U/K	1.88	0.40	0.93	0.78	0.36
V1 K2 n.	Intervenieren nach Lernprozess 2	U/K	1.88	0.41	0.92	0.79	0.36
V2 B1	Beschreiben Arbeitsauftrag	B	0.70	0.46	1.18	1.17	**−0.43**
V2 B3	Beschreiben Vorgehensweise 1	B	2.07	0.44	1.02	1.03	0.34
V2 B4	Beschreiben Vorgehensweise 2	B	0.86	0.63	0.91	0.79	0.28
V2 B5	Beschreiben Wechsel der Vorgehensweise	B	1.74	0.52	0.95	0.81	0.34
V2 B6	Beschreiben Schwierigkeit	B	2.07	0.50	0.96	**0.67**	**0.44**
V2 B7	Beschreiben Maßeinheiten umwandeln	B	1.90	0.47	1.01	0.89	**0.44**
V2 D S1 Str DV	Deuten Schüler 1 Strategie Direkter Vergleich	D	−0.13	0.45	1.05	1.09	0.29
V2 D S1 Str M a	Deuten Schüler 1 Strategie Messen a	D	0.45	0.50	0.96	0.87	**0.44**
V2 D S1 Str M b	Deuten Schüler 1 Strategie Messen b	D	2.00	0.32	1.01	0.92	**0.56**
V2 D S1 Str M c*	Deuten Schüler 1 Strategie Messen c	D	1.83	0.34	1.00	1.06	**0.51**
V2 D S2 Str M a	Deuten Schüler 2 Strategie Messen a	D	−0.24	0.63	0.84	0.78	**0.60**
V2 D S2 Str M b	Deuten Schüler 2 Strategie Messen b	D	1.50	0.46	0.92	**0.74**	**0.65**
V2 D S2 Str M c*	Deuten Schüler 2 Strategie Messen c	D	1.50	0.31	1.05	1.15	**0.56**
V2 D S3 Str M a	Deuten Schüler 3 Strategie Messen a	D	−0.02	0.61	0.86	0.79	**0.60**
V2 D S3 Str M b	Deuten Schüler 3 Strategie Messen b	D	2.04	0.32	1.01	0.84	0.46
V2 D S3 Str M c*	Deuten Schüler 3 Strategie Messen c	D	2.13	0.29	1.03	0.96	**0.58**
V2 D S3 F 1	Deuten Schüler 3 keine Formel 1	D	2.82	**0.18**	1.02	**1.59**	0.16
V2 D S3 F 2	Deuten Schüler 3 keine Formel 2	D	1.05	0.32	1.10	1.32	−0.17
V2 D S3 F 3	Deuten Schüler 3 keine Formel 3	D	2.04	0.34	0.97	1.00	−0.24
V2 D S4 Str DV	Deuten Schüler 4 Strategie Direkter Vergleich	D	1.95	0.24	1.10	1.21	0.29
V2 D S4 Str M a	Deuten Schüler 4 Strategie Messen a	D	0.06	0.57	0.90	0.85	**0.60**
V2 D S4 Str M b	Deuten Schüler 4 Strategie Messen b	D	1.57	0.44	0.93	0.76	**0.65**
V2 D S4 Str M c*	Deuten Schüler 4 Strategie Messen c	D	2.04	0.33	1.00	0.90	**0.58**
V2 U2 M.	Ursache 2 für Ergebnis in einer Maßeinheit	U/K	2.30	0.24	0.98	0.91	−0.22
V2 U4 M.	Ursache 4 für Ergebnis in einer Maßeinheit	U/K	1.45	**0.17**	1.04	1.05	−0.22
V2 U5 M. *	Ursache 5 für Ergebnis in einer Maßeinheit	U/K	2.03	**0.16**	1.03	1.00	0.21
V2 K1 w.	Nicht intervenieren während Lernprozess 1	U/K	0.52	0.43	0.94	0.92	0.32
V2 K2 w.	Nicht intervenieren während Lernprozess 2	U/K	0.96	0.23	1.02	1.05	−0.19
V2 K3 w.	Nicht intervenieren während Lernprozess 3	U/K	1.56	0.22	1.01	1.02	0.28
V2 K5 w. *	Nicht intervenieren während Lernprozess 5	U/K	2.57	**−0.10**	1.08	**1.46**	**0.42**
V2 K4 n.	Intervenieren nach Lernprozess 4	U/K	1.71	0.36	0.95	0.87	0.22

Anmerkung: Z: Zuordnung in die jeweilige Dimension; B: Beschreiben, D: Deuten, U: Ursachen finden, K: Konsequenzen ableiten, σ: Itemschwierigkeit, r_{pb}: Itemtrennschärfe, mit * markierte Items: für die weitere Analyse ausgeschlossene Items, fett markierte Werte: hinsichtlich der Item-Kennwerte problematisch, Infit und Outfit: Item Fit-Werte, Q3: die Matrix basiert auf 74 Items. Daher werden nur die Werte dargestellt, die die höchste lokale stochastische Abhängigkeit darstellen.

Begründung der Itemselektion

Im Folgenden wird die Selektion der Items, die aufgrund schlechter Item-Kennwerte und inhaltlicher Diskrepanzen aus dem Datensatz entfernt wurden, detailliert dargestellt. Im Anschluss wird begründet, warum Items, deren Kennwerte als problematisch gelten, im Datensatz beibehalten wurden.

Item V1 B2: Die Schülergruppe diskutiert über mögliche Lösungswege

Dieses Item bezieht sich auf die Dimension *Beschreiben* und ist eine mögliche Antwort auf den Diagnoseauftrag *„Beschreiben Sie aus mathematikdidaktischer Perspektive die Situation, die in der Videovignette zu sehen ist"*, der für Vignette 1 beantwortet werden sollte. Dieses Item wurde mit 1 kodiert, wenn Studierende geantwortet haben, dass die Schülergruppe, die in Vignette 1 zu sehen ist, über mögliche Lösungswege diskutiert. Das Item verfügt über schlechte Infit- und Outfit-Werte (Infit = 1.36, Outfit = 2.61) sowie eine geringe Trennschärfe (r_{pb} = 0.11), was an der abfallenden Kurve ab einem Fähigkeitswert von $\theta = 0$ bzw. $\theta = 1.2$ Logit zu erkennen ist (vgl. Abbildung 57). Demnach lösen Studierende mit einem hohen Fähigkeitswert ($\theta > 1.2$ Logit) das Item im Mittel seltener als Studierende mit einem geringeren Fähigkeitswert. Die Antwort ist sehr allgemeindidaktisch und bezieht sich nur geringfügig auf die mathematische Lernsituation, weshalb dieses Item möglicherweise nicht die *geforderten mathematikdidaktischen* diagnostischen Fähigkeiten misst. Aufgrund dessen wurde das Item aus weiteren statistischen Analysen ausgeschlossen.

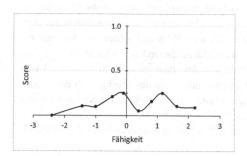

Abbildung 57. Score-Kurve für das Item V1 B2

V1 D S2 Str M c: Schüler 2 (S2) verwendet eine vorgegebene Einheit

Dieses Item wurde der Dimension *Deuten* zugewiesen und ist eine Teilantwort auf den Diagnoseauftrag *„Welche Vergleich-, Mess- und Berechnungsstrategien wendet S2 an, um die Aufgabe zu lösen"*. Die Studierenden konnten aus mehreren Antwortmöglichkeiten eine oder mehrere Strategien auswählen und sollten ihre Antwort in einem entsprechenden Textfeld begründen. Laut den Expertenantworten verwendet S2 die Strategie *„Berechnen durch Anwendung einer Formel"* sowie die Strategie *„Messen durch Auslegen mit einer* *vorgegebenen Einheit"*. Das Item *V1 D S2 Str M c* ist eine Teilantwort für die Begründung bei Auswahl der Strategie *„Messen durch Auslegen mit einer vorgegebenen Einheit"* und beinhaltet die Argumentation, dass die Einheit, die S2 in der Videosequenz verwendet eine vorgegebene Einheit ist. Das Item verfügt über eine schlechte Trennschärfe (r_{pb} = 0.08) und einen ungenügenden Outfit-Wert (Outfit = 1.99). Der Mittelwert liegt bei M = 0.05, die Varianz bei Var = 0.05, da nur 9 von 186 Studierenden diesen Aspekt in ihrer Begründung genannt haben (vgl. Anhang D2 im elektronischen Zusatzmaterial). Obwohl in den entsprechenden Musterlösungen, die als Feedback dienten, immer auf die vorgegebene Einheit verwiesen wurde, bleibt dieses Item im Nachtest trotzdem unterbesetzt. Möglicherweise empfinden die Studierenden, die die entsprechende Strategie angekreuzt haben und begründeten, dass die Schülerinnen und Schüler zum Auslegen Einheitsquadrate verwenden, es nicht als notwendig, zusätzlich zu begründen, warum das Einheitsquadrat eine vorgegebene Einheit ist und sehen diesen Aspekt als trivial an. Da auch weitere Items von dieser Begründung betroffen sind (die Items mit der Kennung *Str M c*, vgl. Tabelle 16), die sich auf andere Schülerinnen bzw. Schüler beziehen, die dieselbe Strategie anwenden, wurden diese Items aus Gründen der Homogenität aus den weiteren statistischen Analysen ausgeschlossen.

V1 D S2 Str F: <u>Schüler 2 (S2) bestimmt den Oberflächeninhalt des Quadermodells mit einer Formel</u>

Dieses Item gehört ebenfalls zu der Dimension *Deuten* und ist die Antwort auf den Diagnoseauftrag *„Welche Vergleich-, Mess- und Berechnungsstrategien wendet S2 an, um die Aufgabe zu lösen"*. Wie bereits beschrieben wurde, konnten Studierende aus mehreren Antwortmöglichkeiten eine oder mehrere Strategien auswählen und sollten ihre Auswahl begründen. Das Item wurde mit „1" kodiert, wenn die Studierenden beschrieben haben, dass S2 vorschlägt, den Flächeninhalt der Grundfläche des Quadermodells mithilfe des Auslegens und Zählens von Einheitsquadraten zu bestimmen und das Ergebnis mit der Anzahl der Flächen des Quadermodells zu multiplizieren.[139] Das Item bzw. die Kategorie wurde aus den Antworten der Studierenden ergänzt und stellte, bei der genauen Analyse der Videosequenz, eine mögliche Strategie dar, weshalb sie in den Kodierleitfaden aufgenommen wurde.

Der Mittelwert dieses Items liegt bei M = 0.05; die Varianz bei Var = 0.05 (vgl. Anhang D2 im elektronischen Zusatzmaterial). Nur 9 von 186 Studierenden wählten diese Strategie aus und begründeten ihre Auswahl richtig.

Eine mögliche Erklärung für die Unterbesetzung des Items könnte sein, dass das Anwenden dieser Strategie von S2 zu keinem richtigen Ergebnis führt, da diese nur bei Würfeln durchgeführt werden kann, deren Flächen deckungsgleich sind. Studierende erkennen

---

[139] Diese Vorgehensweise führt zwar nicht zu dem richtigen Ergebnis, da es sich bei dem Modell um ein Quadermodell handelt, jedoch handelt es sich trotzdem um eine Strategie, die S2 anwenden möchte.

möglicherweise, dass diese Strategie zu einem falschen Ergebnis führt und wählen sie deshalb nicht aus. Eine weitere Erklärung könnte sein, dass S2 diese Strategie nur verbal äußert und sich in einem langen Zeitraum der Videosequenz mit einer anderen Strategie beschäftigt. Überwiegend zeichnet S2 nämlich Einheitsquadrate auf das Quadermodell und zählt diese, weshalb die Strategie *„Berechnung durch Anwendung einer Formel"* eher im Hintergrund steht. Da keine klare Aussage zu den Ursachen der schlechten Passung des Items getroffen werden kann, wird dieses Item aufgrund der schlechten Trennschärfe (r_{pb} = 0.07) und des schlechten Outfit-Wertes (Outfit = 1.73) aus dem Datensatz entfernt.

V1 D S4 Str F: Schüler 4 (S4) bestimmt den Oberflächeninhalt des Quadermodells mit einer Formel

Eine ähnliche Sachlage ergibt sich für das Item *V1 D S4 Str F*. Auch dieses Item wird der Dimension *Deuten* zugeordnet und ist die Begründung für die Auswahl der Strategie *„Berechnung durch Anwenden einer Formel"* für den Diagnoseauftrag *„Welche Vergleich-, Mess- und Berechnungsstrategien wendet S4 an, um die Aufgabe zu lösen"*. Auch diese Antwort wurde induktiv ergänzt und mit „1" kodiert, wenn die entsprechende Strategie angekreuzt, und beschrieben wurde, dass S4 den berechneten Flächeninhalt der Teilfläche aufsummiert, um den Oberflächeninhalt des Quadermodells zu bestimmen. Wie bereits bei S2 (vgl. Item *V1 D S2 Str F*) führt auch diese Strategie nicht zu dem richtigen Ergebnis, da das Quadermodell kein Würfelmodell ist. Auch hier ist es möglich, dass die Studierenden diese Strategie als nicht zielführend erkannt haben. Wie auch bei S2 steht diese Strategie in der Videosequenz nicht im Vordergrund, da S4 in der Videosequenz die meiste Zeit über S3 dabei hilft, die entsprechenden Einheitsquadrate auf die Grundfläche des Quadermodells zu zeichnen. Lediglich in den letzten Sekunden der Videosequenz äußert sich S4 hinsichtlich des Aufsummierens der Flächeninhalte der Teilflächen. Aufgrund der mangelhaften Trennschärfe (r_{pb} = 0.14) und den aufgeführten inhaltlichen Gründen wird auch dieses Item aus den weiteren quantitativen Analysen ausgeschlossen.

V1 U1 F2: Die Schülerinnen und Schüler bestimmen den Flächeninhalt von nur einer Teilfläche

Das Item *V1 U1 F2* ist eine mögliche Antwort für den Diagnoseauftrag *„Die Schüler in der gezeigten Videosequenz behandeln das Quadermodell wie ein Würfelmodell. Welche Ursachen könnten diesem Fehler zugrunde liegen?"* und wird der Dimension *Ursachen finden/ Konsequenzen ableiten* zugeordnet. Das Item wurde induktiv aus den Studierendenantworten ergänzt und mit „1" kodiert, wenn die Studierenden als mögliche Ursache nannten, dass die Schülerinnen und Schüler in der Videosequenz den Flächeninhalt von nur einer Fläche, nämlich von der quadratischen Bodenfläche, bestimmen bzw. sie die anderen Kantenlängen gar nicht gemessen haben, sodass ihnen nicht aufgefallen ist, dass das Quadermodell kein Würfelmodell ist. Da die Schülerinnen und Schüler in der Videosequenz von Beginn an nur eine Kantenlänge des Quadermodells messen und dieses Ergebnis

quadrieren, sind die Schülerinnen und Schüler wahrscheinlich von Anfang an davon ausgegangen, dass alle Kanten gleichlang sind. Aus inhaltlicher Sicht ist es somit wahrschein-
licher, dass die Ursache eher im ungünstigen Material (Item *V1 U2 F2*) begründet liegt.
Das Quadermodell ist nämlich eine quadratische Säule mit den Maßen $l = 10$, $b = 10$ und
$h = 8$; die Kantenlängen weichen somit kaum voneinander ab. Das Item besitzt eine
schlechte Trennschärfe $r_{pb} = 0.07$ bei einer mittleren Schwierigkeit von $\sigma = 1.52$ und differenziert somit nicht ausreichend zwischen Studierenden mit niedrigen und hohen Fähigkeiten. Daher wurde das Item aus dem Datensatz entfernt.

V1 K2 w.: Die Schülerinnen und Schüler erhalten ein Zwischenergebnis

Dieses Item aus der Dimension *Ursachen finden/ Konsequenzen ableiten* ist eine mögliche
Begründung dafür, dass man in der gezeigten Videosequenz von Vignette 1 als Lehrkraft
nicht in den Lernprozess intervenieren sollte. Das Item stellt die Begründung dar, dass die
Schülerinnen und Schüler ein Zwischenergebnis erhalten und die Aufgabe somit ansatz-
weise lösen. Das Item besitzt eine ungenügende Trennschärfe ($r_{pb} = 0.01$) und einen Outfit-
Wert, der im oberen Grenzbereich liegt (Outfit = 1.34). Wie man aus Abbildung 58 entnehmen kann, erhalten die Studierenden, die einen Fähigkeitswert von $\theta = -1$ Logit haben,
im Mittel einen gleichen Score wie Studierende mit einem Fähigkeitswert von $\theta = 0.5$ Logit. Es wird also nicht ausreichend zwischen Studierenden mit geringen und Studierenden
mit hohen Fähigkeitswerten differenziert.

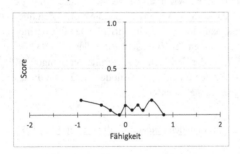

Abbildung 58. Score-Kurve für das Item V1 K2 w.

Da die Schülerinnen und Schüler das Zwischenergebnis erst am Ende der Videosequenz
erhalten und dieses Ergebnis auch in ihren Arbeitsheften als Endergebnis der Aufgabe notieren, ist es von Seiten der Schülerinnen und Schüler nicht als Zwischenergebnis, sondern
als Endergebnis dargestellt. Darüber hinaus kann es, auch wenn die Schülerinnen und
Schüler ein Zwischenergebnis erhalten, durchaus sinnvoll sein in den Lernprozess einzu-
greifen, wenn die Schülerinnen und Schüler beispielsweise nicht eigenständig weiterkom-
men. Eine sinnvollere Begründung, weshalb in den Lernprozess nicht interveniert werden
sollte, stellen die gute Zusammenarbeit und die umfangreichen Diskussionen dar, die die

Schülerinnen und Schüler in der Videosequenz führen. Aufgrund der aufgeführten inhaltlichen Gründe und der schlechten Trennschärfe wurde das Item daher aus dem Datensatz entfernt.

V1 K4 w.: Weiterer Verlauf der Lernsituation unklar

Das Item I4 stammt ebenfalls aus der Dimension *Ursachen finden/ Konsequenzen ableiten* und ist eine weitere Begründung dafür, dass während der Lernsituation in Videovignette 1 nicht interveniert werden sollte. Das Item wurde ebenfalls induktiv durch die Studierendenantworten ergänzt und verfügt über eine schlechte Trennschärfe von $r_{pb} = 0.10$. Es wurde mit „1" kodiert, wenn die Studierenden beschrieben haben, dass die Schülerinnen und Schüler ihren Fehler eventuell noch selbst bemerken und so noch auf das richtige Ergebnis kommen könnten. Die Begründung ist sehr hypothetisch formuliert und bezieht die Handlungen und die Arbeitsweise der videografierten Schülerinnen und Schüler nicht mit ein. Das Item wurde aufgrund der schlechten Trennschärfe und den inhaltlichen Gründen aus der weiteren Datenanalyse ausgeschlossen.

V1 K6 w.: Schülerinnen und Schüler sollen die Aufgabe alleine lösen

Dieses Item ist ebenfalls eine mögliche Begründung für die Entscheidung, dass während des Lernprozesses der Schülerinnen und Schüler in Videovignette 1 nicht interveniert werden sollte. Es stellt eine, durch Studierendenantworten ergänzte Kategorie dar und wurde mit „1" kodiert, wenn beschrieben wurde, dass die Schülerinnen und Schüler die Möglichkeit erhalten sollten, selbstständig zu arbeiten. Es ist eine sehr allgemeindidaktische Begründung, die, wie auch Item *V1 K4 w.* (vgl. vorheriger Abschnitt), kaum Bezug zu der videografierten Gruppenarbeit hat. Darüber hinaus verfügt das Item über eine schlechte Trennschärfe, was auch in Abbildung 59 zu erkennen ist.

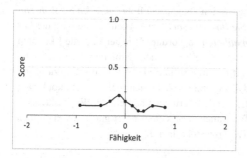

Abbildung 59. Score-Kurve für das Item V1 K6 w.

Studierende mit einem niedrigeren Fähigkeitswert lösen das Item im Mittel häufiger als Studierende mit einem höheren Fähigkeitswert. Die Score-Kurve nimmt mit steigendem

Fähigkeitswert tendenziell ab. Ab einem Fähigkeitswert von $\theta = -0.1$ Logit ist zudem ein deutlicher Abfall der Score-Kurve zu erkennen. Das Item wurde daher aus dem Datensatz entfernt.

V2 U5 M: Angabe des Ergebnisses nur in einer Einheit erlaubt

Dieses Item gehört zur Dimension *Ursachen finden/ Konsequenzen ableiten* und ist eine mögliche Antwort auf den Diagnoseauftrag *„Obwohl sich der genaue Flächeninhalt der Schülergehege von S1, S2 und S4 aus Einheitsquadraten und Kästchen zusammensetzt, geben sie ihr Ergebnis nur in Einheitsquadraten an. Welche Ursachen könnten dafür zugrunde liegen?"* zu Vignette 2. Es verfügt über eine schlechte Trennschärfe von $r_{pb} = 0.16$. Das Item wurde induktiv durch die Studierendenantworten ergänzt. Es wurde mit „1" kodiert, wenn die Studierenden als Ursache nannten, dass die Schülerinnen und Schüler in der gezeigten Videosequenz annehmen könnten, dass sie ihr Ergebnis nur in einer Einheit – den Einheitsquadraten – die ihnen in der Lernumgebung zur Verfügung standen, angeben dürfen. Die den Schülerinnen und Schülern zur Verfügung stehenden Einheitsquadrate wurden zwar in der Materialliste aufgelistet, sind aber im Arbeitsauftrag für die Schülerinnen und Schüler nicht explizit erwähnt. So sollten die Schülerinnen und Schüler individuelle Gehege für ihre fiktiven Tiere aus dem farbigen Papier ausschneiden, diese miteinander vergleichen und am Ende eine Entscheidung treffen, welche Tierart die größte bzw. kleinste Fläche zum Leben hat (vgl. Aufgabe 4 in Abschnitt 6.5.2). Da es den Schülerinnen und Schülern somit freistand, welche Strategien bzw. welche Materialien sie zum Lösen der Aufgabe verwenden, ist es eher unwahrscheinlich, dass die Schülerinnen und Schüler annahmen, dass sie nur die Einheitsquadrate verwenden dürfen. Aus diesem Grund wurde das Item aus dem Datensatz entfernt.

V2 K5 w.: Schülerinnen und Schüler sollen die Aufgabe alleine lösen

Dieses Item ist eine mögliche Begründung für den Diagnoseauftrag *„Würden Sie während der Situation intervenieren? Begründen Sie Ihre Antwort"* zu Vignette 2 und wird der Dimension *Ursachen finden/ Konsequenzen ableiten* zugeordnet. Wie bei Vignette 1 konnten die Studierenden ihre Aussage, dass sie nicht eingreifen würden, damit begründen, dass die Schülerinnen und Schüler die Möglichkeit erhalten sollten, die Aufgabe selbst zu lösen. Diese Begründung ist sehr allgemeindidaktisch und bezieht sich nicht auf die konkreten Handlungen und Aussagen der videografierten Schülerinnen und Schüler. Wie das äquivalente Item (*V1 K6 w.*) aus Vignette 1 fittet auch dieses Item nicht gut und weist einen schlechten Outfit-Wert sowie eine negative Trennschärfe auf.

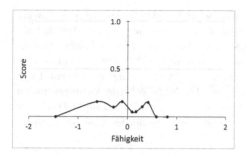

Abbildung 60. Score-Kurve für das Item V2 K5 w.

In Abbildung 60 ist zu erkennen, dass Studierende mit einem niedrigeren Fähigkeitswert die Begründung im Mittel häufiger angeben als Studierende mit hohen Fähigkeitswerten. Auffallend ist die abfallende Kurve ab dem Fähigkeitswert von etwa $\theta = 0.5$ Logit, die die negative Trennschärfe erklären kann. Das Item musste daher aus den weiteren Datenanalysen entfernt werden.

Begründung der Beibehaltung von Items trotz schlechter Item-Kennwerte

Die Items *V1 U1 F1*, *V1 U3 F1*, *V1 U2 F2*, *V2 D S3 F 1* und *V2 U4 M* verfügen über kritische Item-Kennwerte (vgl. fett markierte Werte in Tabelle 16). Teilweise kann dies auf eine mangelnde Besetzung der Kategorien zurückgeführt werden. So beträgt die relative Lösungshäufigkeit der Items *V1 U1 F1* und *V2 D S3 F 1* lediglich 0.09.

Hinsichtlich der inhaltlichen Validität des Testinstrumentes wurden die Items auf ihren Sinngehalt und Mehrwert für das Testinstrument hin analysiert. Die Analyse ergab keine inhaltlichen und sinnvollen Gründe, die eine Selektion indizieren würden. So scheint beispielsweise das Item *V1 U3 F1* (die Schüler haben die Aufgabenstellung nicht richtig gelesen oder falsch verstanden) eine mögliche und sinnvolle Ursache dafür zu sein, dass die Schüler[140] in der Testvignette 1 den Flächeninhalt von nur einer Fläche angeben, obwohl in der Aufgabenstellung gefordert ist, den Oberflächeninhalt des Quadermodells zu bestimmen. Die Schüler diskutieren zu Beginn der Videosequenz nämlich darüber, was in der Aufgabenstellung gefordert ist, weshalb es durchaus plausibel scheint, dass die Aufgabenstellung von den Schülern nicht richtig verstanden wurde.

Die Ursache 2 (*V1 U2 F2*, die Kantenlängen des Quadermodells weichen kaum voneinander ab) scheint eine plausible Erklärung dafür zu sein, dass die Schülerinnen und Schüler das Quadermodell in der Testvignette 1 mit einem Würfelmodell verwechseln. Das Quadermodell in der Videosequenz ist nämlich eine quadratische Säule mit den Maßen $l - 10$, $b - 10$ und $h = 8$, wodurch das Quadermodell einem Würfelmodell sehr ähnlich sieht.

---

[140] Die Gruppe der Testvignette 1 besteht nur aus männlichen Schülern.

Das Item *V2 U4 M* stellt eine Ursache dar, warum die Schülerinnen und Schüler in der Testvignette 2 ihr Ergebnis nur in einer Einheit angeben. Es beinhaltet die Begründung, dass die Schülerinnen und Schüler keine Notwendigkeit dafür sehen, ihr Ergebnis in zwei Einheiten anzugeben, da die Ergebnisse so stark voneinander abweichen, dass die zusätzliche Angabe von einer weiteren, verfeinerten Einheit keinen Mehrwert darstellt. Diese Ursache scheint insofern plausibel, da die Gruppe ihre Ergebnisse in der Videosequenz erst mündlich in *zwei* Einheiten vergleicht und anschließend in *einer* Einheit angibt. Da die hier dargestellten Items relevante Aspekte darstellen, wurde entschieden diese im Datensatz beizubehalten.

Rasch-Partial-Credit-Modell

Bei der Bildung eines Partial-Credit-Modells können dichotome Items zu einem Item mit geordneten Antwortkategorien zusammengeführt werden, wodurch sich ein Partial-Credit-Item ergibt. Dies scheint vor allem dann notwendig, wenn die Item-Kennwerte darauf schließen lassen, dass die dichotomen Items voneinander abhängig sind (Wu et al. 2016, S. 175). Die zum Teil sehr hohen Werte der Q3-Matrix (siehe Tabelle 16) deuten darauf hin, dass die Items teilweise lokal stochastisch abhängig sind. Die Beantwortung der Items lässt sich somit nicht allein auf die Fähigkeiten der Studierenden zurückführen.

Der Diagnoseauftrag *„ Welche Schülerfehler treten in der gezeigten Videosequenz auf? Begründen Sie Ihre Antwort anhand Ihrer Beobachtungen aus der Videosequenz und differenzieren Sie zwischen den einzelnen Schülern"* bezog sich auf zwei Fehler, die die Schüler in der Videosequenz der Vignette 1 machten. Da alle Schüler der Videosequenz (insgesamt vier Schüler) beide Fehler machten, konnten diesem Diagnoseauftrag somit acht Kategorien bzw. Items zugeordnet werden (vgl. Item *V1 D S1 F1* bis *F1 D S4 F2* in Tabelle 16). 73 % der Studierenden, die diesen Diagnoseauftrag im Ansatz richtig beantworteten, differenzierten jedoch nicht zwischen den einzelnen Schülern, wie es im Diagnoseauftrag gefordert wurde, sondern bezogen sich bei ihrer Antwort auf alle Schüler (vgl. Kategorie *V1 D F1 Gruppe* und *V1 D F2 Gruppe* im Kodierleitfaden für Vignette 1 im Anhang E1 im elektronischen Zusatzmaterial). Da die beiden Fehler[141] auf alle Schüler in der gezeigten Videosequenz zutreffen, wurde in der Datenaufbereitung die Differenzierung, falls sich die Studierenden auf alle Schüler bezogen, eigenständig vorgenommen. Dies hatte die Konsequenz, dass die entsprechenden Items eine lokale stochastische Abhängigkeit aufzeigten, was auch an den hohen Q3-Werten in Tabelle 16 zu erkennen ist. Um dieses Problem zu beheben, wurden die entsprechenden Items als Partial-Credit-Items mit entsprechenden Stufen[142] zusammengeführt. Die Items *V1 D S1 F1* bis *F1 D S4 F2* beinhalteten also nicht mehr dichotome Ausprägungen, sondern wurden zu je zwei vierstufigen Items (*V1 D F1*

---

[141] Fehler 1: Die Schüler bestimmen nur den Flächeninhalt der quadratischen Bodenfläche und nicht den Flächeninhalt der gesamten Oberfläche und Fehler 2: Die Schüler gehen davon aus, dass alle Kantenlängen im Quadermodell gleichlang sind.

[142] Eigentlich werden die Stufen als *Kategorien* bezeichnet (vgl. Abschnitt 8.5.2). Um keine Verwechslung mit den Kategorien der qualitativen Inhaltsanalyse hervorzurufen, wird hier die Bezeichnung *Stufen* verwendet.

und *V1 D F2*) zusammengeführt (vgl. Tabelle 17). So erhielten die Studierenden, die den jeweiligen Fehler nicht erkannten, null Punkte (Stufe 0), Studierende, die den Fehler bei einem Schüler erkannten, einen Punkt (Stufe 1), Studierende, die den Fehler bei zwei Schülern erkannten, zwei Punkte (Stufe 2), Studierende die den Fehler bei drei Schülern erkannten, drei Punkte (Stufe 3) und Studierende, die den Fehler bei vier Schülern erkannten oder sich direkt auf alle Schüler bezogen, vier Punkte (Stufe 4).[143]

Außerdem wurden die Items, die die Begründung für die Strategie *„Messen durch Auslegen mit einer vorgegebenen Einheit"* enthielten[144] ebenfalls als Partial-Credit-Item zusammengeführt. Dieser Schritt erschien sinnvoll, da sich die Items auf die selbe Begründung der Strategie *„Messen durch Auslegen mit einer vorgegebenen Einheit"* bezogen. Darüber hinaus zeigte sich auch zwischen den Items eine lokale stochastische Abhängigkeit (vgl. Tabelle 16). So wurden aus den entsprechenden Items zweistufige Partial-Credit-Items. Studierende, die die Strategie nicht erkannten oder falsch begründeten, erhielten null Punkte (Stufe 0). Studierende, die die Strategie erkannten und begründeten, dass die videografierten Schüler die Einheitsquadrate zum Auslegen benutzt *oder* gezählt haben, erhielten einen Punkt (Stufe 1). Studierende, die die Strategie erkannten und begründeten, dass die Schüler die Einheitsquadrate zum Auslegen benutzt *und* gezählt haben, erhielten zwei Punkte (Stufe 2). Tabelle 17 soll die Bildung der Partial-Credit-Items verdeutlichen.

Tabelle 17: Bildung der Partial-Credit-Items – Diagnostische Fähigkeiten

Dichotomes Item	Stufen		Partial-Credit-Item	Stufen	Gewichtung
V1 D S1 Str M a	0, 1	→	V1 D S1 Str M	0, 1, 2	0.5
V1 D S1 Str M b	0, 1				
V1 D S2 Str M a	0, 1	→	V1 D S2 Str M	0, 1, 2	0.5
V1 D S2 Str M b	0, 1				
V1 D S3 Str M a	0, 1	→	V1 D S3 Str M	0, 1, 2	0.5
V1 D S3 Str M b	0, 1				
V1 D S4 Str M a	0, 1	→	V1 D S4 Str M	0, 1, 2	0.5
V1 D S4 Str M b	0, 1				
V2 D S1 Str M a	0, 1	→	V2 D S1 Str M	0, 1, 2	0.5
V2 D S1 Str M b	0, 1				
V2 D S2 Str M a	0, 1	→	V2 D S2 Str M	0, 1, 2	0.5
V2 D S2 Str M b	0, 1				

---

[143] Hier sei angemerkt, dass es sich eigentlich um keine „Punkte" handelt, da zusätzlich eine Gewichtung vorgenommen wurde (vgl. Tabelle 17), um alle Items gleichzugewichten. R rechnet ein Partial-Credit-Modell nur mit ganzen Zahlen. Die Gewichtung wird daher in der Modellspezifikation vorgenommen.

[144] Das sind die Items mit der Kennzeichnung *Str M* für **Strategie Messen**.

Dichotomes Item	Stufen		Partial-Credit-Item	Stufen	Gewichtung
V2 D S3 Str M a	0, 1	→	V2 D S3 Str M	0, 1, 2	0.5
V2 D S3 Str M b	0, 1				
V2 D S4 Str M a	0, 1	→	V2 D S4 Str M	0, 1, 2	0.5
V2 D S4 Str M b	0, 1				
V1 D S1 F1	0, 1				
V1 D S2 F1	0, 1	→	V1 D F1	0, 1, 2, 3, 4	0.25
V1 D S3 F1	0, 1				
V1 D S4 F1	0, 1				
V1 D S1 F2	0, 1				
V1 D S2 F2	0, 1	→	V1 D F2	0, 1, 2, 3, 4	0.25
V1 D S3 F2	0, 1				
V1 D S4 F2	0, 1				

Anschließend wurde das Rasch-Partial-Credit-Modell[145] geschätzt (vgl. Tabelle 18). Da das Modell sowohl dichotome als auch mehrstufige Items beinhaltete, wurden die Partial-Credit-Items in der Modellspezifikation auf „1" normiert (Wu et al. 2016, S. 175ff.). Die Partial-Credit-Items *V1 D S1 Str M* bis *V2 D S4 Str M* wurden daher vorab mit dem Faktor 0.5 und die Partial-Credit-Items *V1 D F1* und *V1 D F2* mit dem Faktor 0.25 gewichtet (vgl. Tabelle 17). So sollte verhindert werden, dass die Partial-Credit-Items bei der Schätzung stärker gewichtet werden als die dichotomen Items.

Um die Partial-Credit-Items hinsichtlich ihrer Passung zu bewerten, wurde, neben den bisher aufgeführten Item-Kennwerten, die relativen Lösungshäufigkeiten (f_k in Tabelle 18) sowie die mittleren Personenfähigkeitswerte auf den jeweiligen Stufen (M_{θ_k} in Tabelle 18) analysiert. Wie bereits in Abschnitt 8.5.2 beschrieben wurde, sollten die mittleren Fähigkeitswerte der Stufen bei ausreichenden Lösungshäufigkeiten geordnet sein. Darüber hinaus sollten die punktbiserialen Korrelationen in den Partial-Credit-Items pro Stufe zunehmen. Die Q3-Werte sollten im Vergleich zum Rasch-Modell geringer ausfallen. In Tabelle 18 sind die Kennwerte der Partial-Credit-Items dargestellt.[146]

---

[145] Das Modell setzt sich sowohl aus dichotomen Items als auch aus Partial-Credit-Items zusammen, weshalb hier die Bezeichnung *Rasch-Partial-Credit-Modell* verwendet wird.

[146] Aufgrund der Übersichtlichkeit werden in dieser Tabelle lediglich die Partial-Credit-Items des geschätzten Modells dargestellt.

Tabelle 18: Item-Kennwerte der Partial-Credit-Items – Diagnostische Fähigkeiten – Schritt 1

Itemstufe	Inhalt	f_k	M_{θ_k}	r_{pb_k}	Infit	Outfit	Q3
V1 D S1 Str M	Deuten Schüler 1 Strategie Messen						−0.27
0		0.63	−0.49	−0,50			
1		0.29	0.80	**0.40**	0.90	0.85	
2		0.08	1.06	**0.24**	1.01	0.96	
V1 D S2 Str M	Deuten Schüler 2 Strategie Messen						−0.26
0		0.80	−0.23	−0.35			
1		0.12	0.59	0.17	0.93	0.95	
2		0.08	1.34	0.31	1.02	**0.73**	
V1 D S3 Str M	Deuten Schüler 3 Strategie Messen						0.48
0		0.41	−0.78	−0.51			
1		0.40	0.42	0.27	0.93	0.94	
2		0.19	0.81	0.30	1.02	1.08	
V1 D S4 Str M	Deuten Schüler 4 Strategie Messen						0.48
0		0.66	−0.35	−0.38			
1		0.24	0.49	0.22	1.02	0.97	
2		0.10	1.07	0.28	1.01	1.06	
V2 D S1 Str M	Deuten Schüler 1 Strategie Messen						0.52
0		0.57	−0.60	−0.54			
1		0.27	0.66	0.31	0.90	0.85	
2		0.16	1.02	0.35	0.99	1.00	
V2 D S2 Str M	Deuten Schüler 2 Strategie Messen						0.70
0		0.43	−0.98	−0.66			
1		0.34	0.50	0.28	0.80	0.76	
2		0.23	1.10	0.46	0.92	0.78	
V2 D S3 Str M	Deuten Schüler 3 Strategie Messen						0.56
0		0.47	−0.85	−0.63			
1		0.38	0.64	**0.38**	0.83	0.79	
2		0.15	1.09	**0.36**	0.97	0.83	
V2 D S4 Str M	Deuten Schüler 4 Strategie Messen						0.70
0		0.48	−0.82	−0.62			
1		0.31	0.52	0.27	0.84	0.79	
2		0.21	1.14	0.46	0.91	0.78	

Itemstufe	Inhalt	f_k	M_{θ_k}	r_{pb_k}	Infit	Outfit	Q3
V1 D F1	Deuten Fehler Flächeninhalt						0.20
0		0.44	−0.66	−0.45			
1		**0.03**	**0.47**	**0.06**	1.12	1.19	
2		**0.02**	**0.92**	**0.09**	1.17	1.26	
3		**0.02**	**0.71**	**0.07**	1.20	1.32	
4		0.50	**0.50**	0.39	1.20	1.30	
V1 D F2	Deuten Fehler Würfelmodell						0.27
0		0.68	−0.33	−0.38			
1		**0.11**	**0.51**	**0.14**	1.01	0.98	
2		**0.02**	**1.79**	**0.21**	1.08	1.19	
3		**0.01**	**2.02**	**0.12**	1.15	**1.42**	
4		0.18	**0.67**	0.25	1.17	**1.47**	

Anmerkung: f_k: relative Häufigkeit der jeweiligen Stufe, M_{θ_k}: Mittlere Fähigkeitswerte der Studierenden auf den jeweiligen Stufen, r_{pb_k}: Trennschärfe der jeweiligen Stufe, Infit und Outfit: Item Fit-Werte der jeweiligen Schwellen, fett markierte Werte: hinsichtlich der Fit-Werte problematisch, Q3: die Matrix basiert auf 43 Items. Daher werden nur die Werte dargestellt, die die betragsmäßig höchste lokale stochastische Abhängigkeit darstellen.

Aus Tabelle 18 ist zu entnehmen, dass die mittlere Fähigkeit der Studierenden in den Items zur Begründung der Strategie *Messen durch Auslegen mit einer vorgegebenen Einheit* pro Stufe zunimmt, was auf eine geordnete Struktur der Partial-Credit-Items hindeutet. Die punktbiseriale Korrelation nimmt im Item *V1 D S1 Str M* von Stufe 1 zu Stufe 2 ab, was an der geringen relativen Lösungshäufigkeit der Stufe 2 liegen könnte. Auch im Item *V2 D S3 Str M* nimmt die Trennschärfe von Stufe 1 zu Stufe 2 minimal ab. Die Trennschärfen sind jedoch insgesamt ausreichend. Die Werte der Q3 Matrix sind für die Items *V1 D S1 Str M* bis *V2 D S4 Str M* zum Teil in einem hohen Bereich, was daran liegen könnte, dass sich die Studierenden, wie bereits erläutert wurde, bei ihren Begründungen oftmals auf ihre Antworten zu anderen Diagnoseaufträgen bezogen (z.B. ID 93: *„[S4] macht das gleiche wie S3"*). Da eine Selektion der Items zu einem hohen Qualitätsverlust des Testinstrumentes führen würde und die Item-Kennwerte insgesamt gut sind, wurden die Items zur Begründung der Strategie *Messen durch Auslegen mit einer vorgegebenen Einheit* im Datensatz beibehalten.

Aus Tabelle 18 ist ebenfalls zu entnehmen, dass die mittleren Fähigkeitswerte in den Items *V1 D F1* und *V1 D F2* ungeordnet sind. Dies könnte auf die vergleichsweise geringe relative Häufigkeit der einzelnen Stufen zurückgeführt werden (fett markierte Werte in der Spalte f_k in Tabelle 18). Die Trennschärfen über die Stufen 1, 2 und 3 stimmen ebenfalls fast überein, was zur Annahme führt, dass die entsprechenden Partial-Credit-Items nicht zwischen Studierenden mit niedriger, mittlerer und hoher Ausprägung differenzieren.

Im nächsten Schritt wurden daher die Stufen 1, 2 und 3 in Stufe 1 zusammengeführt und Stufe 4 in Stufe 2 transformiert. Somit erhalten Studierende, die den jeweiligen Fehler bei keinem Schüler erkannten, null Punkte (Stufe 0), Studierende, die den jeweiligen Fehler bei einem Schüler oder zwei oder drei Schülern erkannten, einen Punkt (Stufe 1), und Studierende, die den jeweiligen Fehler bei allen Schülern identifizieren konnten, 2 Punkte (Stufe 2). In Tabelle 19 sind die Schwierigkeiten, Trennschärfen und die Infit- und Outfit-Werte für die transformierten zweistufigen Items *V1 D F1* und *V1 D F2* dargestellt.

Tabelle 19: Item-Kennwerte der Partial-Credit-Items – Diagnostische Fähigkeiten – Schritt 2

Itemstufe	Inhalt	f_k	M_{θ_k}	r_{pb_k}	Infit	Outfit	Q3
V1 D F1	Deuten Fehler Flächeninhalt						0.20
0		0.44	−0.66	−0.46			
1		0.06	**0.67**	0.13	1.13	1.20	
2		0.50	**0.50**	0.39	1.21	1.30	
V1 D F2	Deuten Fehler Würfelmodell						0.28
0		0.68	−0.34	−0.39			
1		0.13	**0.83**	**0.26**	1.04	1.04	
2		0.18	**0.66**	**0.24**	1.161	**1.52**	

Anmerkung: f_k: relative Häufigkeit der jeweiligen Stufe, M_{θ_k}: Mittlere Fähigkeitswerte der Studierenden auf den jeweiligen Stufen, r_{pb_k}: Trennschärfe der jeweiligen Stufe, Infit und Outfit: Item Fit-Werte der jeweiligen Schwellen, fett markierte Werte: hinsichtlich der Fit-Werte problematisch, Q3: die Matrix basiert auf 43 Items. Daher werden nur die Werte dargestellt, die die betragsmäßig höchste lokale stochastische Abhängigkeit darstellen.

Die Personenfähigkeiten nehmen auch nach der Zusammenführung der Kategorien mit steigender Stufe ab (vgl. Spalte M_{θ_k} in Tabelle 19). Die Trennschärfen der Stufe 1 und Stufe 2 des Items *V1 D F2* sind darüber hinaus fast identisch (vgl. Spalte r_{pb_k} in Tabelle 19). Aus inhaltlicher Sicht erhalten Studierende, die die Aufgabenstellung bearbeitet haben und zwischen den Schülern differenzierten (auch wenn sie die Fehler nicht bei allen Schülern erkannten), weniger Punkte (Stufe 1) als Studierende, die nicht zwischen den einzelnen Schülerinnen und Schülern differenzierten und sich auf *alle Schüler* bezogen (Stufe 2). Aus den Antworten der Studierenden wird nicht ersichtlich, ob sie die Fehler wirklich bei allen Schülern erkannt haben oder aus „Bequemlichkeit" die Fehler, die sie bei einem Schüler erkannt haben, auf alle anderen Schüler übertrugen. Darüber hinaus deuten die Kennwerte der Items (insbesondere beim Item *V1 D F2*) darauf hin, Stufe 2 und Stufe 1 zusammenzufassen. Dadurch erhalten Studierende, die den Fehler bei einem Schüler oder bei zwei, drei oder allen Schülern erkannt haben, einen Punkt, und Studierende, die den Fehler bei keinem Schüler erkannt haben, null Punkte.

Das Rasch-Partial-Credit-Modell wurde daraufhin erneut geschätzt. Tabelle 20 stellt die Item-Kennwerte der nun dichotomen Items dar.

Tabelle 20: Item-Kennwerte der Items V1 D F1 und V1 D F2 – Diagnostische Fähigkeiten

Item	Inhalt	σ	r_{pb}	Infit	Outfit	Q3
V1 D F1	Deuten Fehler Flächeninhalt	−0.27	0.46	1.16	1.23	−0.22
V1 D F2	Deuten Fehler Würfelmodell	1.09	0.41	1.13	1.23	0.26

Anmerkung: σ: Itemschwierigkeit, r_{pb}: Itemtrennschärfe, Infit und Outfit: Item Fit-Werte, Q3: die Matrix basiert auf 43 Items. Daher werden nur die Werte dargestellt, die die höchste lokale stochastische Abhängigkeit darstellen.

Die Trennschärfen der beiden Items sind nach der Transformation in dichotome Items sehr gut. Die Infit- und Outfit-Werte sind ebenfalls in einem guten Bereich, sodass diese Zusammenführung als sinnvoll erachtet werden kann.

Nach der Itemselektion und der Bildung des Partial-Credit-Modells wurden die Kennwerte der Items erneut überprüft. Die EAP-Reliabilitäten der Dimensionen wiesen mit E-AP_B = 0.801 in der Dimension *Beschreiben*, EAP_D = 0.816 in der Dimension *Deuten* und $EAP_{U/K}$ = 0.682 in der Dimension *Ursachen finden/ Konsequenzen ableiten* immer noch gute Werte auf. Die Trennschärfen der Items betrugen im Mittel $M_{r_{pb}}$ = 0.40 ($SD_{r_{pb}}$ = 0.14) und liegen damit in einem guten Bereich. Die Itemschwierigkeiten lagen im Mittel bei M_σ = 1.37 (SD_σ = 0.88) Logit. Bei der Analyse der Verteilung der Item-Schwierigkeiten fällt auf, dass der Test für die Studierenden etwas zu schwer ist, was insbesondere für Studierende mit niedrigen Fähigkeitswerten eine Herausforderung darstellen kann.

Der Overall-Modell-Fit verbesserte sich auf SRMR = 0.079. Die Infit- und Outfit-Werte lagen im Mittel bei M_{Infit} = 1.00 (SD_{Infit} = 0.10) und M_{Outfit} = 0.97 (SD_{Outfit} = 0.21), was darauf hindeutet, dass die theoretischen und empirisch ermittelten Werte übereinstimmen.

Überprüfung des Rasch-Partial-Credit-Modells mithilfe des Vortests

Um das Rasch-Partial-Credit-Modell, das sich aus der Analyse der Nachtestdaten ergab, zu überprüfen, wurde es anschließend mit den Vortestdaten durchgeführt. Die Differenzen der Informationskriterien aus der Dimensionsanalyse deuten mit $\Delta AICc$ = 19.92 und $\Delta SABIC$ = 1.96,[147] wie bereits beim Nachtest, ebenfalls eher auf die Passung des 3-dimensionalen Modells hin, das zwischen den Faktoren *Beschreiben*, *Deuten* und *Ursachen finden/ Konsequenzen ableiten* unterscheidet.

Die EAP-Reliabilitäten betrugen in der Dimension *Beschreiben* EAP_B = 0.637, in der Dimension *Deuten* EAP_D = 0.718 und in der Dimension *Ursachen finden/ Konsequenzen ableiten* $EAP_{U/K}$ = 0.510, was für einen Leistungstest insgesamt akzeptabel ist. Die Trennschärfen lagen im Mittel bei $M_{r_{pb}}$ = 0.35 ($SD_{r_{pb}}$ = 0.13), was als gut zu bewerten ist. Die Infit- und Outfit-Werte der Items deuten mit M_{Infit} = 1.00 (SD_{Infit} = 0.11) und M_{Outfit} = 0.92 (SD_{Outfit} = 0.24) darauf hin, dass die theoretischen und beobachtbaren Werte übereinstim-

---

[147] Die Differenzen stellen die kleinsten Differenzen dar. Wie bereits beim Vortest bezogen sich die kleinsten Differenzen auf den Vergleich mit dem 4-dimensionalen Modell.

men. Der Overall-Modell-Fit beträgt SRMR = 0.085 und liegt damit in einem guten Bereich. Die Werte der Q3 Matrix variieren zwischen $Q3_{Min} = -0.38$ und $Q3_{Max} = 0.68$. Insbesondere der maximale Wert von 0.68, der zwischen den Items *V2 D S1* Str *M* und *V2 D S4 Str M* auftrat, deutet auf eine lokale stochastische Abhängigkeit der Items hin. Wie bereits erläutert wurde, bezogen sich die Studierenden oftmals auf ihre bereits getätigten Antworten bei anderen Diagnoseaufträgen. Dies trat insbesondere dann auf, wenn die videografierten Schülerinnen und Schüler die gleiche Strategie anwandten.

8.7   Auswertung des Fachwissenstests

Vor der Bearbeitung jeder Vignette wurden die Studierenden aufgefordert, die Aufgabe, an der die Schülerinnen und Schüler in der Videosequenz arbeiten, selbst zu lösen. Zum einen sollte so gewährleistet werden, dass sich die Studierenden vorab intensiv mit der Aufgabe auseinandersetzen, zum anderen gibt die Auswertung der Lösungen der Studierenden Hinweise auf die Ausprägung ihres fachlichen Vorwissens. Die Ergebnisse werden in späteren Analysen verwendet, um zu überprüfen, ob das Fachwissen der Studierenden im Sinne der vorherigen Aufgabenbearbeitung ein bedeutsamer Prädiktor für ihre diagnostischen Fähigkeiten darstellt (vgl. Abschnitt 8.10.1). In den folgenden Abschnitten wird dargestellt, wie die Antworten der Studierenden zu den Arbeitsaufträgen der Schülerinnen und Schüler der beiden Testvignetten im Vortest ausgewertet wurden.

8.7.1   Kodierung der offenen Antwortformate

Die Antworten der Studierenden zu den Arbeitsaufträgen lagen im offenen Antwortformat vor und mussten daher im ersten Schritt kodiert werden, um anschließend quantitative Analysen durchführen zu können. Daher wurde, wie bereits bei der Auswertung der Antworten zu den Diagnoseaufträgen, eine qualitative Inhaltsanalyse durchgeführt, die im Folgenden dargestellt wird (vgl. Abschnitt 8.5.1).

1) Bestimmung der Analyseeinheit
   Die Datenbasis umfasste die Antworten der Studierenden der Experimentalgruppen und der Kontrollgruppe. Da in späteren Analysen untersucht werden soll, ob die Ergebnisse der vorherigen Aufgabenbearbeitung mit den Ergebnissen des Vortests zusammenhängen (vgl. Abschnitt 8.10.1), wurden nur die Bearbeitungen der Arbeitsaufträge der beiden Testvignetten des Vortests bewertet.

2) Festlegung der Strukturierungsdimension
   Mit der Auswertung soll bewertet werden, ob die Studierenden die Aufgaben der videografierten Schülerinnen und Schüler selbst lösen können. Die Ergebnisse sollen Anhaltspunkte geben, ob die Studierenden über das themenspezifische Vorwissen verfügen. Eine Kodierung auf Grundlage von Skalenpunkten erschien somit sinnvoll (vgl. skalierende Strukturierung, Mayring 2015).

3) Zusammenstellung des Kategoriensystems
Die Erstellung der Kategorien erfolgte mithilfe von Grundlagenliteratur und den Lösungsheften aus den jeweiligen Stationen.[148] Durch verschiedene Lösungsmöglichkeiten der Aufgaben ergeben sich für die Beantwortung der Aufgaben mehrere Kategorien. Im Folgenden wird dieser Schritt anhand eines Beispiels dargestellt:
Für die Testvignette 1 wurden die Studierenden vor der Bearbeitung der Diagnoseaufträge aufgefordert, den in Abbildung 61 formulierten Arbeitsauftrag zu lösen. Dafür bekamen die Studierenden den folgenden Arbeitsauftrag gestellt:

„Beschreiben Sie, wie Sie selbst die Aufgabe, die von den Schülerinnen und Schülern zu bearbeiten war, mit den vorgegebenen Materialien lösen würden.“.

Für den Arbeitsauftrag stand den videografierten Schülern der Quader, Einheitsquadrate, ein Lineal und ein Folienstift zu Verfügung:

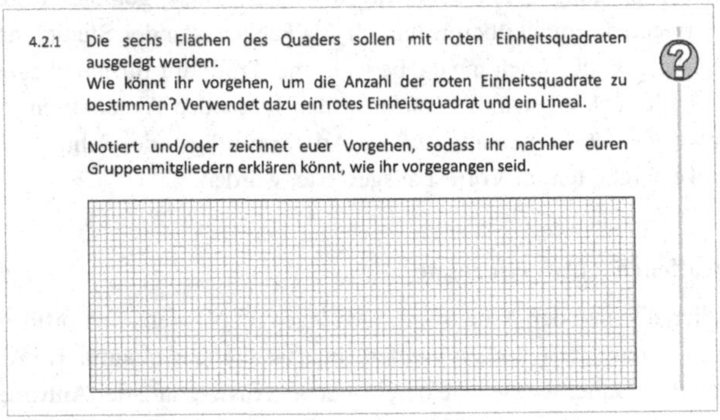
4.2.1 Die sechs Flächen des Quaders sollen mit roten Einheitsquadraten ausgelegt werden.
Wie könnt ihr vorgehen, um die Anzahl der roten Einheitsquadrate zu bestimmen? Verwendet dazu ein rotes Einheitsquadrat und ein Lineal.

Notiert und/oder zeichnet euer Vorgehen, sodass ihr nachher euren Gruppenmitgliedern erklären könnt, wie ihr vorgegangen seid.

Abbildung 61. Arbeitsauftrag aus der Testvignette 1

Der Arbeitsauftrag kann auf verschiedene Art und Weisen gelöst werden, wodurch sich mehrere Kategorien ergeben, die in Tabelle 21 dargestellt sind.

[148] Da die Vignetten und somit auch die Aufgaben aus Laborstationen des Mathematik-Labors „Mathe-ist-mehr“ stammen, liegen entsprechende Lösungshefte vor.

Tabelle 21: Exemplarisches Kategoriensystem zur Bewertung der vorherigen Aufgabenbearbeitungen

Code	Kategorien
V1 FW a	Einzeichnen/ Auslegen der Einheitsquadrate auf 6 Teilflächen und Einheitsquadrate zählen
V1 FW b	Einzeichnen/ Auslegen der Einheitsquadrate auf 3 Teilflächen, Einheitsquadrate zählen, Ergebnisse verdoppeln und aufsummieren
V1 FW c	Anwenden der Flächeninhaltsformel auf 6 Teilflächen und Ergebnisse aufsummieren
V1 FW d	Anwenden der Flächeninhaltsformel auf 3 Teilflächen, Ergebnisse verdoppeln und aufsummieren
V1 FW e	Einzeichnen/ Auslegen der Einheitsquadrate auf den 3 verschiedenen Kanten und Anwenden der Oberflächeninhaltsformel

4) Erstellung des Kodierleitfadens

Mithilfe der Kategorien wurden die ersten 30 Antworten der Studierenden von einem Rater analysiert und den Kategorien zugeordnet. Bei Zuordnung zu einer Kategorie wurde eine „1" kodiert, andernfalls eine „0". Eine Mehrfachkodierung war möglich, wurde jedoch nur selten genutzt, da die Studierenden in der Regel nur eine Lösungsmöglichkeit nannten. Der erste Materialdurchlauf diente der Erstellung des Kodierleitfadens und der Erprobung der Kategorien. Antworten von Studierenden, die prägnante Beispiele für Kategorien darstellten, wurden als Ankerbeispiele in den Kodierleitfaden hinzugefügt. Um Kategorien voneinander abzugrenzen, wurden, wenn es notwendig erschien, Gegenbeispiele hinzugefügt.

Sinnvolle Aussagen von Studierenden, die den Kategorien nicht eindeutig zugeordnet werden konnten, wurden analysiert und auf ihre Richtigkeit hin überprüft. So gaben beispielsweise einige der Studierenden folgende Lösungsmöglichkeit an: Um die Anzahl der Einheitsquadrate zu bestimmen, können die Kanten des Quadermodells mit dem Lineal gemessen werden und die Kantenlängen in die Oberflächeninhaltsformel eingesetzt werden. Durch die Division des Oberflächeninhalts durch den Flächeninhalt des Einheitsquadrates erhält man so die Anzahl der Einheitsquadrate, die zum Auslegen des Quadermodells benötigt werden.

Diese Lösung ist ebenfalls eine sinnvolle Möglichkeit und führt zum richtigen Ergebnis, weshalb sie als Kategorie ergänzt wurde (*V1 FW f*). So ergab sich für den oben dargestellten Arbeitsauftrag der Kodierleitfaden, der in Tabelle 22 dargestellt ist[149]:

---

[149] Der vollständige Kodierleitfaden ist im Anhang E2 im elektronischen Zusatzmaterial beigefügt.

Tabelle 22: Ausschnitt aus dem Kodierleitfaden zur Bewertung des fachlichen Vorwissens

Code	Kategorie	Kodierregel
V1 FW a	**Einzeichnen/ Auslegen der Einheitsquadrate auf 6 Teilflächen**	1, wenn zutreffend 0, wenn nicht zutreffend
	Beschreibung Die 6 Flächen des Quadermodells werden vollständig mit Einheitsquadraten ausgelegt (oder eingezeichnet) und die Einheitsquadrate gezählt.	
	Ankerbeispiele – „ein Gitter aus einheitsquadraten über den gesamten Körper zeichen und entweder berechnen oder abzählen, um wie viele Quadrate es sich handelt"	
V1 FW b	**Einzeichnen/ Auslegen der Einheitsquadrate auf 3 Teilflächen**	1, wenn zutreffend 0, wenn nicht zutreffend
	Beschreibung Die 3 verschiedenen Teilflächen des Quadermodells werden vollständig mit Einheitsquadraten ausgelegt (oder eingezeichnet), die Einheitsquadrate gezählt, verdoppelt und die Ergebnisse addiert.	
	Ankerbeispiele – „Feststellen, dass Quader 3 x 2 gleiche Flächen hat, dann drei Mal je eine Seite mit den Quadraten auslegen. Evtl. für übrig gebliebene Einheitsquadrate zerschneiden und dann die Quadrate zählen und die gesamte Anzahl mit 2 multiplizieren."	
V1 FW c	**Anwenden der Flächeninhaltsformel auf 6 Teilflächen**	1, wenn zutreffend 0, wenn nicht zutreffend
	Beschreibung Die Kantenlänge der 6 Teilflächen werden mit Einheitsquadraten bestimmt, die Kantenlängen multipliziert und die Ergebnisse aufsummiert.	
	Ankerbeispiele – „Ich würde eine Reihe mit Einheitsquadraten auf dem Quader auftragen in auf jeder Fläche in die Länge und die Breite. Daraus könnte ich die einzelnen Flächeninhalte berechnen. Durch Addieren der 6 Flächeninhalte erhalte ich den Oberflächeninhalt des Quaders."	

Code	Kategorie	Kodierregel
V1 FW d	**Anwenden der Flächeninhaltsformel auf 3 Teilflächen**	1, wenn zutreffend 0, wenn nicht zutreffend

<u>Beschreibung</u>
Die Kantenlänge der 3 verschiedenen Teilflächen werden mit Einheitsquadraten bestimmt, die Kantenlängen multipliziert, die Ergebnisse verdoppelt und aufsummiert.

<u>Ankerbeispiele</u>
– „Messen des Einheitsquadrates. Einheitsquadrate der Länge nach auslegen. Reihe bilden. Anzahl Reihen mit Anzahl Einheitsq. Länge multiplizieren. Da es die Fläche 2-mal gibt, Ergebnis verdoppeln. Analoges Vorgehen bei den beiden anderen Flächen. Die drei Ergebnisse addieren."

Code	Kategorie	Kodierregel
V1 FW e	**Anwenden der Oberflächeninhaltsformel**	1, wenn zutreffend 0, wenn nicht zutreffend

<u>Beschreibung</u>
Die drei verschiedenen Kantenlängen werden mit den Einheitsquadraten bestimmt und in die Oberflächeninhaltsformel $O = 2 \cdot a \cdot b + 2 \cdot a \cdot c + 2 \cdot b \cdot c$ eingesetzt.

<u>Ankerbeispiele</u>
– „Ich würde zunächst die Länge, Breite und Höhe des Quaders mit dem EinheitsLineal messen und die Angaben notieren. Dann würde ich die Formel zur Oberflächenberechnung des Quaders notieren: O=2x(axb+bxc+axc), wobei a= Läge, b=Breite und c=Höhe. Nun würde ich konkrete Zahlen in die Formel einsetzen (zuvor gemessen)."

Code	Kategorie	Kodierregel
V1 FW f	**Oberflächeninhalt durch Flächeninhalt des Einheitsquadrates teilen**	1, wenn zutreffend 0, wenn nicht zutreffend

<u>Beschreibung</u>
Die Kantenlängen des Quadermodells werden mit dem Lineal gemessen und der Oberflächeninhalt des Quadermodells berechnet. Der Oberflächeninhalt wird dann durch den Flächeninhalt eines Einheitsquadrates geteilt.

<u>Ankerbeispiele</u>
– „Höhe, Länge und Breite des Quaders, sowie Kantenlänge der Einheitsquadrate mit Lineal messen. Die gesamte Oberfläche O des Quaders wäre dann O=2·Höhe·Länge+2·Höhe·Breite+2·Breite·Länge. Die Anzahl A der benötigten Einheitsquadrate mit Kantenlänge K ist dann A=O/(K·K)"

5) Materialdurchlauf
    Nach der Erstellung des Kodierleitfadens wurden die Aussagen der ersten 30 Studie-
    renden von zwei Ratern kodiert.

6) Überarbeitung des Kodierleitfadens
    Anschließend fand ein Austausch zwischen den Ratern statt, indem diskutiert wurde,
    ob die Daten mithilfe des Kodierleitfadens kodiert werden können. Da von den Stu-
    dierenden teilweise auch unvollständige Antworten gegeben wurden, wurde beschlos-
    sen eine zusätzliche Kategorie (*Unvollständig*) einzuführen, die kodiert wurde, wenn
    Studierende eine richtige Antwort gaben, die nicht alle geforderten Aspekte beinhal-
    tete. Die Einführung dieser Kategorie sollte zu einer differenzierteren Bewertung der
    Studierenden führen. Nach der Überarbeitung des Kodierleitfadens fand die Kodie-
    rung des vollständigen Datenmaterials statt.

7) Bestimmung der Interraterreliabilität
    Mithilfe der Statistiksoftware R und dem Package „irr" (Gamer 2019) wurde das
    Cohens Kappa von 12 Kategorien bestimmt, das zwischen $\kappa_{Min} = 0.65$ und $\kappa_{Max} = 0.93$
    lag. Der Median von $\kappa_{Median} = 0.85$ kann als sehr gute Interraterreliabilität bewertet
    werden. Die Cohens Kappa-Werte sind im Anhang F2 im elektronischen Zusatzmate-
    rial beigefügt.

8) Konsensgespräch
    In einem anschließenden Konsensgespräch wurden Aussagen, bei denen zwischen den
    Ratern keine Übereinstimmung vorlag, gemeinsam analysiert. Durch Diskussionen
    und Vergleiche mit anderen Studierendenantworten einigten sich die Rater auf eine
    gemeinsame Zuordnung.

8.7.2 Datenaufbereitung

Die Studierenden mussten für den Arbeitsauftrag der Schülerinnen und Schüler nur eine
Lösungsmöglichkeit angeben. Daher erhielten Studierende, die eine vollständige Lösungsmöglichkeit angaben, die zur Lösung der Aufgabe führte, eine Punktzahl von 1. Studierende, die eine unvollständige Lösungsmöglichkeit angaben, erhielten 0.5 Punkte. Studierende, die keine oder eine falsche Lösungsmöglichkeit nannten, erhielten hingegen 0
Punkte. Somit beträgt die maximale Punktzahl, die für die Lösung der Arbeitsaufträge zu
den *beiden* Testvignetten im Vortest erreicht werden konnte, 2 Punkte.[150]
    Eine Überprüfung auf Raschskalierbarkeit ist aufgrund der Anzahl von zwei Items nicht
möglich. Die Ergebnisse bieten daher lediglich Anhaltspunkte für das Maß der Ausprägung
des fachlichen Vorwissens der Studierenden.

---

[150] Im Anhang E2 im elektronischen Zusatzmaterial ist ein Dokument beigefügt, das die Transformation zu
den Items tabellarisch darstellt.

8.8   Validierung des fachdidaktischen Wissenstests

Um zu untersuchen, ob das fachdidaktische Wissen der Studierenden einen Einfluss auf
ihre diagnostischen Fähigkeiten hat, wurde ein fachdidaktischer Test zum Thema *Bestimmung von Längen, Flächen- und Rauminhalten* eingesetzt. Den fachdidaktischen Wissenstest beantworteten die Studierenden vor der Bearbeitung des Vortests. Die Entwicklung
des fachdidaktischen Wissenstests wurde bereits in Abschnitt 8.4.2 erläutert. In den folgenden Abschnitten wird nun die Validierung dargestellt.

8.8.1   Kodierung der offenen Antwortformate

Für die Auswertung der Studierendenantworten wurde auf die qualitative Inhaltsanalyse
nach Mayring (2008b; 2015) zurückgegriffen (vgl. Abschnitt 8.5.1).

1) Bestimmung der Analyseeinheit
   Der fachdidaktische Wissenstest wurde von den Studierenden im Rahmen von Frage-
   bogen 1 bearbeitet. Die Antworten der beiden Experimentalgruppen und die Daten der
   Kontrollgruppe bildeten somit die Basis der Analyseeinheit.

2) Festlegung der Strukturierungsdimension
   Da die Daten der Studierenden nach dem Maß ihres fachdidaktischen Vorwissens analysiert werden sollten, wurde die Kodierung durch Skalenpunkte vorgenommen (skalierende Strukturierung, vgl. Mayring 2015).

3) Zusammenstellung des Kategoriensystems
   Die Erstellung der Kategorien erfolgte mithilfe entsprechender didaktischer Grundlagenliteratur zur Geometrie und zum Sachrechnen. Potentielle Lösungen, die nicht direkt aus der Grundlagenliteratur entnommen werden konnten, wurden mit wissenschaftlichen Mitarbeiterinnen und Mitarbeitern der Mathematikdidaktik der Universität Koblenz-Landau am Campus Landau erörtert. Dadurch entwickelte sich ein Kategoriensystem, das die Lösungen der Studierenden zu den Aufgaben des fachdidaktischen Wissenstests bestmöglich abbilden sollte. Im Folgenden soll dies anhand eines
   Beispiels illustriert werden.
   Im Rahmen der Komponente *„Das Wissen über Erklären und Repräsentieren"* sollten
   die Studierenden erläutern, wie sie die Rauminhaltsformel eines Quaders mit Schülerinnen und Schülern erarbeiten würden (vgl. Aufgabe V im Abschnitt 8.4.2): *„ Wie
   würden Sie mit Ihren Schülerinnen und Schülern die Rauminhaltsformel eines Quaders erarbeiten?"*. Um mit Schülerinnen und Schülern die Rauminhaltsformel eines
   Quaders zu erarbeiten, eignet es sich, ein Hohlmodell eines Quaders mit Einheitswürfeln auszufüllen und gemeinsam zu überlegen, wie viele Einheitswürfel in den Quader
   hineinpassen. Um von der inhaltlichen Vorstellung des Ausmessens des Quadermodells mit Einheitswürfeln zur Rauminhaltsformel $V = l \cdot b \cdot h$ zu gelangen, müssen
   Schülerinnen und Schüler zur Erkenntnis des strukturierten Zählens kommen (Kuntze

2018, S. 163; Prediger & Ademmer 2019, S. 14f.). Durch das strukturierte Zählen der Anzahl der Einheitswürfel, die in die Länge, in die Breite und in die Höhe des Quadermodells passen, erkennen Schülerinnen und Schüler die multiplikative Struktur (das Aufeinanderstapeln von Schichten, die benötigt werden, um die Grundfläche des Quaders auszufüllen vgl. Abschnitt 4.2.2). Um die Antworten der Studierenden zu bewerten, wurde daher folgende Kategorie gebildet (vgl. Tabelle 23):

Tabelle 23: Exemplarisches Kategoriensystem zur Bewertung des fachdidaktischen Vorwissens

Code	Kategorienbeschreibung
FDW V	Ausfüllen mit, und strukturiertes Zählen von (Einheits-)Würfeln (visuelles Aufeinanderstapeln der Grundschicht aus Einheitswürfeln)

4) Erstellung des Kodierleitfadens

Im Anschluss wurden die ersten 30 Antworten der Studierenden analysiert, um zu überprüfen, ob sich die Studierendenantworten der Kategorie zuordnen lassen. Mit der, in Tabelle 23 dargestellten Kategorie konnten die Antworten der Studierenden nicht kodiert werden, da die Studierenden überwiegend mit dem visuellen Aufeinanderstapeln der Grundschicht *oder* mit dem strukturierten Zählen argumentierten. Daher wurde die Kategorie in zwei Kategorien aufgeteilt. Die erste Kategorie beinhaltete die Argumentation des Aufeinanderstapelns von Grundschichten, die zweite Kategorie die Argumentation des Ausfüllens mit und strukturierte Zählen von Einheitswürfeln. Darüber hinaus ließen sich auch unvollständige Antworten identifizieren. Beispielsweise argumentierten einige Studierenden mit der Höhe, die zur Grundfläche multipliziert werden muss, um die Rauminhaltsformel zu erhalten und berücksichtigten dabei nicht das (visuelle) Aufeinanderlegen oder Aufeinanderstapeln der Grundfläche. Daher wurde eine zusätzliche Kategorie (*Unvollständig*) eingeführt. Diese wurde kodiert, wenn die Studierenden eine richtige Antwort gaben, die nicht alle Aspekte beinhaltete. Dadurch ergab sich der folgende Kodierleitfaden (vgl. Tabelle 24):[151]

---

[151] Der vollständige Kodierleitfaden ist im Anhang E3 im elektronischen Zusatzmaterial beigefügt.

Tabelle 24: Ausschnitt aus dem Kodierleitfaden zur Bewertung des fachdidaktischen Vorwissens

Code	Kategorie	Kodierregel
FDW V a	**(Visuelles) Aufeinanderlegen der Grundschicht**	1, wenn zutreffend 0, wenn nicht zutreffend

Beschreibung
Durch das visuelle Aufeinanderlegen von Platten bzw. Schichten in Form der Grundfläche kann mit den Schülerinnen und Schülern erarbeitet werden, dass die Grundfläche so oft gestapelt werden muss, bis die Höhe ausgefüllt ist.

Ankerbeispiel
– „Länge x Breite ist eine Fläche, anschließend erklärt man, dass man den Inhalt berechnen kann indem man ganz viele Flächen "aufeinander legt", bildhaft kann man das mit Bierdeckeln oder Ähnlichem zeigen."

FDW V b	**Ausfüllen mit Einheitswürfeln und systematische Zählen**	1, wenn zutreffend 0, wenn nicht zutreffend

Beschreibung
Durch das vollständige Ausfüllen mit Einheitswürfeln und dem geschickten Zählen der Anzahl der Einheitswürfel, die für die Kantenlängen benötigten werden, soll die Rauminhaltsformel erarbeitet werden.

Ankerbeispiele
– „Man schaut wie viele Würfel in den Quader hineinpassen. Jetzt kann man entlang jeder Achse schauen, wie oft der Einheitswürfel in den Quader hineinpasst. Zum Beispiel in die Länge 4mal in die Breite 3mal und in die Höhe zweimal. Also zählt man quasi geschickt und vergleicht die Ergebnisse miteinander."

FDW V Unvollständig	**Unvollständige Antwort, die nicht alle Teilaspekte beinhaltet**	1, wenn zutreffend 0, wenn nicht zutreffend

Ankerbeispiele
– „Zunächst könnte man die Fläche des Bodens berechnen, und dann darauf schließen, dass man nun noch die Höhe des Klassenzimmers benötigt, um den Rauminhalt zu berechnen."

5) Materialdurchlauf
   Mithilfe des Kodierleitfadens wurden die ersten 30 Antworten der Studierenden von zwei Ratern kodiert.

6) Überarbeitung des Kodierleitfadens
   In einem anschließenden Austausch zwischen den Ratern wurde der Kodierleitfaden überarbeitet. In dem oben dargestellten Beispiel war eine zusätzliche Überarbeitung nicht notwendig. Anschließend folgte die vollständige Durcharbeitung des Datenmaterials anhand des Kodierleitfadens.

7) Bestimmung der Interraterreliabilität
   Zur Überprüfung der Raterübereinstimmung wurde das Cohens Kappa mithilfe des Packages „irr" der Statistiksoftware R bestimmt (Gamer 2019). Das Cohens-Kappa wurde für insgesamt 39 Kategorien bestimmt und lag zwischen $\kappa_{Min} = 0.52$ und $\kappa_{Max} = 1.00$. Der Median von $\kappa_{Median} = 0.82$ deutet auf eine sehr gute Raterübereinstimmung hin. Die Cohens Kappa-Werte sind im Anhang F3 im elektronischen Zusatzmaterial beigefügt.

8) Konsensgespräch
   Um quantitative Analysen anzuschließen, sollten die Studierendenantworten eindeutig Kategorien zugeordnet werden. Daher wurden Aussagen, die von den Ratern nicht einstimmig kodiert wurden, gemeinsam analysiert und diskutiert. Dadurch einigten sich die Rater auf einheitliche Kodierungen.

8.8.2 Datenaufbereitung

Nach der qualitativen Analyse wurden die Daten für quantitative Analysen aufbereitet. In diesem Schritt wurden die Kategorien erneut analysiert und zum Teil zusammengeführt, wenn dies als sinnvoll erschien. So nannten beispielsweise einige Studierende bei der Aufgabe Q2 (Abbildung 62) das fehlende Begriffsverständnis zum Begriff *Oberflächeninhalt* als mögliche Schwierigkeit (Kategorie *FDW Q2 g*).

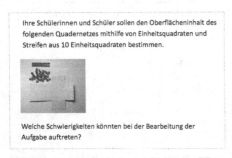

Abbildung 62. Aufgabe Q2 des fachdidaktischen Wissenstests

Weitere Studierende führten dies weiter aus und nannten Maßbegriffe, mit denen der Oberflächeninhalt verwechselt werden könnte (z.B. Flächeninhalt, Rauminhalt, Umfang etc.). Die Aufzählung der jeweiligen Maßbegriffe, mit denen der Oberflächeninhalt verwechselt werden könnte, stellten einzelne Kategorien dar (*FDW Q2 a*: Verwechslung des Oberflächeninhalts mit dem Umfang, *FDW Q2 b*: Verwechslung des Oberflächeninhalts mit dem Rauminhalt und *FDW Q2 f*: Verwechslung des Oberflächeninhalts mit dem Flächeninhalt). Dies führte dazu, dass die Studierenden, die mehrere Maßbegriffe aufzählten, mit denen der Oberflächeninhalt verwechselt werden könnte, mehrere Kategorien abbildeten und dadurch folglich auch mehr Schwierigkeiten nannten. Dies schien insofern problematisch zu sein, da aus dem Großteil der Antworten der Studierenden, die die verschiedenen Maßbegriffe aufzählten, gefolgert werden konnte, dass sie diese im Wortlaut von dem Vorlesungsskript abgeschrieben haben. Daher wurden die Kategorien, die sich auf die Verwechslung des Oberflächeninhaltsbegriffs bzw. das fehlende Begriffsverständnis bezogen, zu einer übergeordneten Kategorie (*FDW Q2 Fläche*) zusammengeführt.[152]

Bei Aufgaben, in denen im Kodierleitfaden zusätzlich eine Kategorie *Unvollständig* eingeführt wurde, um zwischen den Studierenden zu differenzieren, wurden die entsprechenden Kategorien zu Partial-Credit-Items zusammengeführt (2 Punkte für vollständige Antworten, 1 Punkt für unvollständige Antworten, 0 Punkte für falsche Antworten).

Darüber hinaus wurden die Aufgabenstellungen für den fachdidaktischen Wissenstest analysiert, und entschieden, wie viele Aspekte genannt werden müssen, um die volle Punktzahl zu erhalten. Dabei musste zwischen Aufgaben unterschieden werden, die lediglich eine Antwort erforderten (z.B. Aufgabe F4: *„ Wie würden Sie auf diesen Schülerfehler reagieren? "*) und Aufgaben, in denen mehrere Aspekte genannt werden sollten (z.B. Aufgabe Q2: *„ Welche Schwierigkeiten könnten bei der Bearbeitung der Aufgabe auftreten? "*). Sollten in einer Aufgabe mehrere Aspekte genannt werden, wurden alle genannten Aspekte der Studierenden berücksichtigt. Sollte in einer Aufgabe nur eine Antwort gegeben werden, wurde ein richtig genannter Aspekt als richtige Lösung gewertet. Die Kategorien wurden durch die Datenaufbereitung in Items transformiert.[153] Abbildung 63 soll den Prozess veranschaulichen.

---

[152] Dies wurde auch bei den Kategorien *FDW F2 c* und *FDW F2 f* durchgeführt. Auch hier bezogen sich die Items auf mögliche Schwierigkeiten (hier: fehlendes Begriffsverständnis zum Begriff *Flächeninhalt*), die bei der Aufgabenbearbeitung auftreten können.

[153] Im Anhang E3 im elektronischen Zusatzmaterial ist ein Dokument beigefügt, das die Datenaufbereitung tabellarisch darstellt.

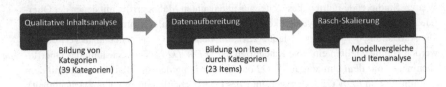

Abbildung 63. Validierungsprozess des Tests zur Erfassung des fachdidaktischen Wissens

Aus der qualitativen Inhaltsanalyse ergaben sich 39 Kategorien, mit denen die Studieren-denantworten kodiert wurden. Die anschließende Datenaufbereitung führte dazu, dass Kategorien teilweise zusammengeführt wurden. Darüber hinaus wurden die Arbeitsaufträge analysiert und entschieden, ob für die Beantwortung der Aufgabe eine Antwort oder mehrere Antworten gegeben werden sollten. Durch die Analyse der Arbeitsaufträge und Kategorien sowie die anschließende Datenaufbereitung ergaben sich somit 23 Items, die anschließend auf ihre Rasch-Skalierung hin überprüft wurden.

8.8.3   Rasch-Skalierung der Daten

Im ersten Schritt wurden die Items deskriptiv analysiert. Um die Interpretation von Bodeneffekten ($M < 0.05$) und mangelnder Varianz ($Var < 0.05$) zu erleichtern, wurden die Partial-Credit-Items auf 1 normiert. Die Analyse führte aufgrund von Bodeneffekten und mangelnder Varianz zum Ausschluss von drei Items. Die Items sind in Tabelle 25 dargestellt.[154] In der ersten Spalte ist der Name des Items angegeben. Dieser setzt sich aus FDW (für **Fachd**idaktisches **W**issen) und der jeweiligen Aufgabe zusammen (*F* für **F**liese bzw. *Q* für **Q**uader). In der zweiten Spalte ist eine kurze Beschreibung des Inhalts des Items dargestellt.[155]

Tabelle 25: Ausgeschlossene Items aufgrund von Bodeneffekten und mangelnder Varianz – Fachdidaktisches Wissen

Item	Inhalt	*M*	*SD*	*Var*
FDW F1 c	Lösungspotential: Quadratmeter mit Fliese auslegen	0.03	0.17	0.03
FDW F2 g	Schülerfehler: Rechnen mit Dezimalzahlen	0.03	0.18	0.03
FDW F3 b	Schülerfehler: Größenvorstellung	0.03	0.18	0.03

Anmerkung: M: Mittelwert der Items, *SD*: Standardabweichung der Items, *Var*: Varianz der Items

---

[154] Die deskriptiven Kennwerte aller Items sind im Anhang D3 im elektronischen Zusatzmaterial beigefügt.
[155] Für weitere inhaltliche Ausführungen ist im Anhang E3 im elektronischen Zusatzmaterial der Kodierleitfaden und die tabellarische Darstellung für die Datenaufbereitung beigefügt.

Modellvergleiche

Nach der deskriptiven Analyse der Items wurden mit dem Package „mirt" (Chalmers 2018) aus der Software R Modellvergleiche durchgeführt. Da das Partial-Credit-Modell sowohl dichotome Items als auch Partial-Credit-Items (mit den Stufen 0, 1, 2) beinhaltete, wurden die Partial-Credit-Items in der Modellspezifikation mit dem Faktor 0.5 gewichtet (siehe auch Wu et al. 2016, S. 175ff.).

Aus der Konzeptualisierung der COACTIV-Studie geht hervor, dass sich das fachdidaktische Wissen aus drei Komponenten zusammensetzt: *„Wissen über das multiple Lösungspotential von Mathematikaufgaben"* (A), *„Wissen über typische Schülerfehler und -schwierigkeiten"* (S) und *„Wissen über Erklären und Repräsentieren"* (E). Um zu überprüfen, ob die 3-dimensionale Struktur in den Daten abgebildet werden kann oder ob es sich beim fachdidaktischen Vorwissen der Studierenden um eine 1-dimensionale Wissensbasis handelt, wurde anhand der Informationskriterien (AICc und SABIC) ein Modellvergleich zwischen einem 3-dimensionalen und 1-dimensionalen Modell durchgeführt (vgl. Tabelle 26). Die Rasch-Skalierung ist ein hypothesenüberprüfendes Verfahren. Daher wurden die Items mithilfe einer Einfachstruktur vorab den verschiedenen Faktoren zugeordnet (vgl. Abschnitt 8.5.2).

Tabelle 26: Modellvergleiche anhand der Informationskriterien – Fachdidaktisches Wissen

Modell		AICc	ΔAICc	saBIC	ΔsaBIC
1.	1-dim. (A/S/E)	4640		4634	
2.	3-dim. (A × S × E)	4653	+13	4643	+9

Anmerkung: dim.: dimensional, A: Lösungspotential von Aufgaben, S: Typische Schülerschwierigkeiten, E: Erklären und Repräsentieren, × steht für die Trennung der jeweiligen Faktoren, / steht für die Zusammenführung der jeweiligen Faktoren, AIC: Akaike Information Criteria, BIC: Bayes Information Criteria, Δ steht für die Differenz der Informationskriterien des jeweiligen Modells und des, anhand der Informationskriterien, passendsten Modells (1-dim. A/S/E)

Die Informationskriterien fielen für das 1-dimensionale Modell (1. Modell) am geringsten aus (vgl. Tabelle 26). Darüber hinaus korrelierten in dem 3-dimensionalen Modell die Faktoren *„Wissen über das multiple Lösungspotential von Mathematikaufgaben"* (A) und *„Wissen über typische Schülerfehler und -schwierigkeiten"* (S) mit $r = 0.938$ sehr hoch miteinander (vgl. Tabelle 27). Möglicherweise konnten die Studierenden, die im Rahmen dieser Studie mehrere Lösungsmöglichkeiten für Aufgaben nennen konnten, zumeist auch die entsprechenden Schülerschwierigkeiten nennen, die mit den genannten Lösungsmöglichkeiten einhergehen können. Da in den Daten keine 3-dimensionale Struktur abgebildet werden konnte, wurde die Itemanalyse mit dem 1-dimensionalen Modell durchgeführt.

Tabelle 27: Korrelationen zwischen den Faktoren – Fachdidaktisches Wissen

		Latente Korrelationen		
Modell	Faktoren	(1)	(2)	(3)
1-dim. (A/S/E)	(1)	1.000		
3-dim. (A × S × E)	(1)	1.000		
	(2)	0.938	1.000	
	(3)	0.830	0.744	1.000

Anmerkung: dim.: dimensional, A: Lösungspotential von Aufgaben, S: Typische Schülerschwierigkeiten, E: Erklären und Repräsentieren, × steht für die Trennung der jeweiligen Faktoren, / steht für die Zusammenführung der jeweiligen Faktoren

Itemanalyse

Die Itemanalyse wurde mit dem Package „TAM" (Robitzsch 2019) aus der Software R durchgeführt. Die Reliabilität liegt mit EAP = 0.637 in einem für einen Wissenstest akzeptablen Bereich. Der Overall-Modell-Fit ist mit SRMR = 0.079 als gut zu bewerten. Die Trennschärfen der jeweiligen Items wurden mit der punktbiserialen Korrelation r_{pb} bestimmt. Im Mittel beträgt die Trennschärfe über alle Items hinweg $M_{r_{pb}} = 0.32$ ($SD_{r_{pb}} = 0.15$), was als gut bewertet werden kann. Die Infit- und Outfit-Werte liegen im Mittel bei $M_{\text{Infit}} = 1.00$ ($SD_{\text{Infit}} = 0.06$) und $M_{\text{Outfit}} = 1.04$ ($SD_{\text{Outfit}} = 0.21$), was darauf hindeutet, dass die theoretischen und beobachtbaren Werte insgesamt gut übereinstimmen. Die Q3-Matrix zeigt mit Q3$_{Min}$ = −0.33 und Q3$_{Max}$ = 0.31 akzeptable Werte auf, weshalb insgesamt von einer lokalen stochastischen Unabhängigkeit ausgegangen werden kann.

   In Tabelle 28 und 29 sind die Item-Kennwerte detailliert dargestellt.[156] Da sich der fachdidaktische Wissenstest aus dichotomen Items und Partial-Credit-Items zusammensetzt und für die Überprüfung der Ordnung der Partial-Credit-Items weitere Kennwerte herangezogen wurden, werden die dichotomen (vgl. Tabelle 28) und ordinalen Items (vgl. Tabelle 29) zur Übersicht nacheinander dargestellt:[157]

---

[156] Die Items beginnen teilweise nicht wie üblich mit „a" (z.B. bei *Q2 c* statt *Q2 a*), da, wie bereits beschrieben wurde, die Datenaufbereitung zur Zusammenlegung einzelner Kategorien geführt hat.
[157] Die Faktorenanalyse auf Basis der IRT ist ein iterativer Prozess. Nach der Selektion von Items wird das Modell erneut berechnet, wodurch sich die Werte (minimal) verändern können. Aus Gründen der Übersicht werden hier nur die Kennwerte der ersten Itemanalyse dargestellt.

Tabelle 28: Item-Kennwerte des 1-dimensionalen Rasch-Partial-Credit-Modells – fachdidaktisches Wissenstest (dichotome Items)

Items	Inhalt	σ	r_{pb}	Infit	Outfit	Q3
	Dichotome Items					
FDW Q2 c	Schülerfehler: Ungünstiges Material	1.29	0.27	1.10	1.13	−0.23
FDW Q2 d	Schülerfehler: Verwechslung Quader – Würfel	3.30	0.26	0.99	0.82	0.14
FDW Q2 e*	Schülerfehler: Mehraufwand Messen aller Flächen	2.64	**0.20**	1.06	1.10	0.22
FDW Q2 Fläche	Schülerfehler: Begriffsverständnis Oberflächeninhalt	2.41	0.32	0.99	0.99	0.31
FDW Q3	Schülerfehler: Verwechslung Flächeninhalt - Umfang	−0.03	0.58	0.93	0.90	−0.18
FDW F1 a	Lösungspotential: Multiplikation der Längen in m	1.68	0.53	0.90	0.78	−0.26
FDW F2 a	Schülerfehler: Umrechnung von Einheiten	0.11	0.55	0.94	0.92	−0.27
FDW F2 b	Schülerfehler: Falsche Formel	0.61	**0.21**	1.18	1.23	−0.27
FDW F2 d	Schülerfehler: Verwechslung Einheiten	2.41	0.25	1.03	1.18	−0.16
FDW F2 Fläche	Schülerfehler: Begriffsverständnis Flächeninhalt	2.35	0.29	1.01	1.06	0.31

Anmerkung: σ: Itemschwierigkeit, r_{pb}: Itemtrennschärfe, mit * markierte Items: für die weitere Analyse ausgeschlossene Items, fett markierte Werte: hinsichtlich der Fit-Werte problematisch, Infit und Outfit: Item Fit-Werte der jeweiligen Schwellen der Items, Q3: die Matrix basiert auf 20 Items. Daher werden nur die Werte dargestellt, die die höchste lokale stochastische Abhängigkeit darstellen.

Tabelle 29: Item-Kennwerte des 1-dimensionalen Rasch-Partial-Credit-Modells – fachdidaktisches Wissen (Partial-Credit-Items)

Itemstufung	Inhalt	f_k	M_{θ_k}	r_{pb_k}	Infit	Outfit	Q3
	Partial-Credit-Items						
FDW Q1 a	Lösungspotential: Alle Teilflächen auslegen						−0.18
0		0.32	−0.42	−0.42			
1		0.12	0.03	0.01	0.99	1.00	
2		0.56	0.24	0.38	1.02	1.02	
FDW Q1 b	Lösungspotential: 3 Teilflächen auslegen						−0.33
0		0.70	−0.19	−0.41			
1		0.15	0.37	0.22	0.97	0.94	
2		0.15	0.51	0.30	1.01	0.99	
FDW Q1 c	Lösungspotential: Kantenlängen der 3 Teilflächen messen						−0.16
0		0.91	−0.06	−0.29			
1		0.02	0.25	0.05	0.99	0.89	
2		0.07	0.74	0.30	0.98	0.85	
FDW Q1 d*	Lösungspotential: Oberflächeninhaltsformel anwenden						−0.18
0		0.94	**0.00**	**−0.02**			
1		0.03	**0.16**	**0.04**	1.05	1.28	
2		0.02	**−0.08**	**−0.02**	1.05	**1.83**	

			Partial-Credit-Items				
Itemstufung	**Inhalt**	f_k	M_{θ_k}	r_{pb_k}	**Infit**	**Outfit**	**Q3**
FDW Q1 e	Lösungspotential: Alle Kantenlängen messen						−0.33
0		0.78	−0.12	−0.32			
1		0.09	0.27	0.12	1.01	0.99	
2		0.14	0.50	0.28	1.02	1.00	
FDW Q1 f*	Lösungspotential: Quadernetz zerlegen und auslegen						−0.14
0		0.90	−0.04	**−0.18**			
1		0.02	**0.61**	**0.14**	1.04	1.17	
2		0.07	**0.31**	**0.12**	1.06	**1.44**	
FDW F1 b	Lösungspotential: Multiplikation der Längen in cm						−0.15
0		0.22	−0.45	−0.34			
1		0.46	−0.17	−0.23	0.98	0.99	
2		0.32	0.56	0.55	0.89	0.86	
FDW F3 a	Schülerfehler: Umrechnung von Flächenmaßeinheiten						−0.17
0		0.14	−0.54	−0.32			
1		0.29	−0.08	−0.08	0.97	1.08	
2		0.57	0.18	0.30	1.02	1.02	
FDW F4	Erklären: Umrechnung von Maßeinheiten						−0.19
0		0.79	−0.13	−0.37			
1		0.04	**0.57**	0.16	0.99	0.97	
2		0.17	**0.49**	0.32	1.02	1.04	
FDW V	Erklären: Herleitung Rauminhaltsformel						−0.15
0		0.77	−0.16	−0.43			
1		**0.09**	0.26	0.12	0.95	0.91	
2		0.14	0.74	0.43	0.94	0.85	

Anmerkung: f_k: relative Häufigkeit der jeweiligen Stufe, M_{θ_k}: Mittlere Fähigkeitswerte der Studierenden auf den jeweiligen Stufen, r_{pb_k}: Trennschärfe der jeweiligen Stufe, Infit und Outfit: Item Fit-Werte der jeweiligen Schwellen, fett markierte Werte: hinsichtlich der Fit-Werte problematisch, mit * markierte Items: für die weitere Analyse ausgeschlossene Items, Q3: die Matrix basiert auf 20 Items. Daher werden nur die Werte dargestellt, die die höchste lokale stochastische Abhängigkeit darstellen.

Begründung der Itemselektion

Im Folgenden wird die Selektion der Items, die aufgrund von ungenügenden Fit-Werten und aus inhaltlichen Gründen aus dem Datensatz entfernt wurden, detailliert dargestellt.

Item **FDW Q1 d**: Berechnung des Oberflächeninhalts eines Quadermodells

Das Item *FDW Q1 d* stellt eine Lösungsmöglichkeit für den Arbeitsauftrag dar, der in Abbildung 64 dargestellt ist. Die Studierenden sollen mögliche Lösungswege beschreiben, die Schülerinnen und Schüler für die Bestimmung des Oberflächeninhalts eines Quadernetzes anwenden können.

Ihre Schülerinnen und Schüler sollen den Oberflächeninhalt des folgenden Quadernetzes mithilfe von Einheitsquadraten und Streifen aus 10 Einheitsquadraten bestimmen.

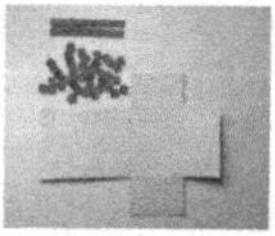

Beschreiben Sie verschiedene Lösungswege, die Schülerinnen und Schüler anwenden können, um die Aufgabe zu lösen.

Abbildung 64. Aufgabe Q1 des fachdidaktischen Wissenstests

Dieses Item beinhaltet die Lösung, dass die drei verschiedenen Kantenlängen des Quadernetzes (nur einmal) bestimmt und in die Oberflächeninhaltsformel $O = 2 \cdot a \cdot b + 2 \cdot a \cdot c + 2 \cdot b \cdot c$ eingesetzt werden. Es ist ein Partial-Credit-Item und verfügt auf der letzten Stufe über eine schlechte Trennschärfe von -0.02 (vgl. Tabelle 29). Die deskriptive Analyse zeigt, dass 195 Studierende diesen Lösungsweg nicht, 7 Studierende diesen Lösungsweg unvollständig und nur 5 Studierende diesen Lösungsweg vollständig beschrieben haben, was auch in Abbildung 65 ersichtlich wird. Die mittlere Lösungshäufigkeit ist über die Fähigkeitswerte hinweg sehr gering. Aus der inhaltlichen Analyse geht hervor, dass dieser Lösungsansatz mehrere Voraussetzungen erfordert. Zum einen müssen Schülerinnen und Schüler erkennen, dass in einem Quader drei verschiedene Kantenlängen vorhanden sind. Zum anderen müssen die Schülerinnen und Schüler die drei verschiedenen Kantenlängen im Quadernetz identifizieren können. Dazu ist räumliches Vorstellungsvermögen notwendig. Die Formel für den Oberflächeninhalt müssen sich die Schülerinnen und Schüler selbst herleiten oder bereits gelernt haben, damit die Kantenlängen entsprechend eingesetzt werden können. Da diese Lösungsmöglichkeit für Schülerinnen und Schüler nicht intuitiv ist, beschrieben die Studierenden vermutlich andere Lösungsmöglichkeiten, was die geringe relative Lösungshäufigkeit von 2 % erklären könnte. Möglicherweise erkannten die Studierenden diese Lösungsmöglichkeit auch selbst nicht. Aufgrund der schlechten Differenzierungsfähigkeit wurde das Item aus dem Datensatz entfernt.

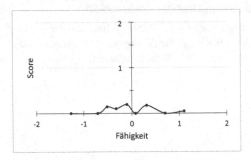

Abbildung 65. Score-Kurve für das Item FDW Q1 d

Item **FDW Q1 f:** Bestimmung des Oberflächeninhalts durch vorheriges Zerlegen

Das Item *FDW Q1 f* ist ebenfalls eine Möglichkeit zur Bestimmung des Oberflächeninhalts eines Quadernetzes (vgl. Abbildung 64) und wurde induktiv aus den Antworten der Studierenden ergänzt. Es beinhaltet die Lösung, dass der Flächeninhalt des großen Rechtecks in der Mitte des Quadernetzes, das sich aus 2 · 2 Rechtecken zusammensetzt (vgl. schraffierte Fläche in Abbildung 66), sowie die Flächeninhalte der kongruenten Rechtecke an der Seite des mittleren Rechtecks (vgl. gepunktete Fläche in Abbildung 66) bestimmt und addiert werden. Das Quadernetz wird somit zunächst in Teile zerlegt. Von 207 Studierenden haben nur 20 diese Lösungsmöglichkeit genannt.

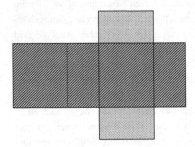

Abbildung 66. Lösungsmöglichkeit von Studierenden zur Bestimmung des Oberflächeninhalts

Auch diese Lösungsmöglichkeit ist eher ungewöhnlich und nicht intuitiv. Da diese Antwortmöglichkeit keiner anderen Kategorie zugeordnet werden konnte, wurde diese zunächst induktiv ergänzt. Es scheint jedoch durchaus fraglich, wie sinnvoll diese Lösungsmöglichkeit ist, da dadurch weder die Oberflächeninhaltsformel hergeleitet werden kann, noch die Eigenschaften eines Quaders herausgearbeitet werden können. Aus inhaltlichen (und statistischen Gründen) wurde das Item aus dem Datensatz entfernt.

Item **FDW Q2 e:** Mehraufwand durch das Nicht-Erkennen kongruenter Teilflächen

Das Item *FDW Q2 e* ist eine mögliche Schwierigkeit, die Schülerinnen und Schüler beim Bestimmen des Oberflächeninhalts des Quadernetzes aus Abbildung 64 haben könnten. Es hat eine geringe Trennschärfe von 0.20. Auch diese Kategorie wurde durch Studierendenantworten induktiv ergänzt. Es beschreibt die Schwierigkeit, dass Schülerinnen und Schüler nicht erkennen, dass die zwei gegenüberliegenden Teilflächen in einem Quadermodell kongruent sind. Dadurch entsteht beim Bestimmen des Oberflächeninhalts deutlich mehr Aufwand.

Aufgrund einer nachträglichen inhaltlichen Analyse erscheint es fraglich, ob diese Kategorie eine wirkliche Schwierigkeit darstellt, da es sogar sinnvoll sein kann, dass Schülerinnen und Schüler alle Kantenlängen messen. Durch die Messung aller Kantenlängen bemerken die Schülerinnen und Schüler, dass die Kantenlängen des Quadermodells teilweise gleichlang sind, wodurch neben der Herleitung der Oberflächeninhaltsformel auch das Begriffsverständnis geschult werden kann. So erfordert die Ausbildung eines Begriffsverständnisses auch explizite Wahrnehmungen und Handlungen von bzw. an Objekten (vgl. auch Abschnitt 4.3). Aufgrund der schlechten Trennschärfe und den aufgeführten inhaltlichen Gründen wurde das Item aus der weiteren Datenanalyse ausgeschlossen.

Item **FDW F2 b:** Keine Kenntnisse über die Flächeninhaltsformel

Das Item *FDW F2 b* ist eine mögliche Schwierigkeit, die Schülerinnen und Schüler beim Bestimmen des Flächeninhalts eines Rechtecks (hier: einer Fliese) haben könnten (vgl. Abbildung 67).

Ihre Schülerinnen und Schüler sollen den Flächeninhalt der folgenden Fliese mithilfe eines Maßbandes bestimmen und den Flächeninhalt in Quadratmeter angeben.

Welche Schwierigkeiten könnten bei der Bearbeitung der Aufgabe auftreten?

Abbildung 67. Aufgabe F2 des fachdidaktischen Wissenstests

Die Kategorie wurde mit „1" kodiert, wenn Studierende beschrieben haben, dass die Schülerinnen und Schüler die Flächeninhaltsformel eines Rechtecks, die zur Lösung der Aufgabe benötigt wird, nicht kennen oder falsch anwenden. Es hat eine niedrige Trennschärfe von 0.21. Nach einer inhaltlichen Analyse wurde dieses Item mit dem Item *FDW F2 Fläche* zusammengeführt. Das Item *FDW F2 Fläche* beschreibt die Schwierigkeit, dass die Schülerinnen und Schüler kein Verständnis des Begriffs *Flächeninhalt* haben. In einer deskriptiven Analyse konnte festgestellt werden, dass keiner der Studierenden beide Schwierigkeiten nannte. Das Item *FDW F2 b* stellt also möglicherweise eine Unterkategorie von Item *FDW F2 Fläche* dar. Nach dem Zusammenführen der beiden Kategorien verbesserte sich die Trennschärfe von *FDW F2 Fläche* auf 0.32.

Item **FDW F4:** Mögliche Intervention zu einem Schülerfehler

Das Item *FDW F4* ist ein Partial-Credit-Item. Studierende erhielten zwei Punkte, wenn sie in der Lage waren, eine mögliche Intervention zu dem Schülerfehler zu nennen, der in Abbildung 68 dargestellt ist. Studierende, die eine unvollständige Interventionsmöglichkeit nannten, erhielten einen Punkt.

Ihre Schülerinnen und Schüler sollen den Flächeninhalt der folgenden Fliese mithilfe eines Maßbandes bestimmen und den Flächeninhalt in Quadratmeter angeben.

Einer Ihrer Schüler gibt folgende Lösung an:

Länge = 30 cm   Breite = 20 cm

Rechnung: 20 cm · 30 cm = 600 cm² = 6 m²

Wie würden Sie auf diesen Schülerfehler reagieren?

Abbildung 68. Aufgabe F4 des fachdidaktischen Wissenstests

Aus Tabelle 29 kann entnommen werden, dass die Fähigkeitswerte der Stufen 1 und 2 ungeordnet sind. Die Fähigkeitswerte nehmen, entgegen der theoretischen Annahme, geringfügig ab und stimmen fast überein. Aufgrund dessen wurden die Stufen 1 und 2 zusammengefügt, wodurch sich ein dichotomes Item ergab. Die Trennschärfe erhöhte sich dadurch auf $r_{pb} = 0.41$, was als gut bewertet werden kann.

Nach der Selektion und Zusammenführung der Items wurden die Kennwerte der Items erneut überprüft. Die EAP-Reliabilität verbesserte sich auf EAP = 0.654. Die Trennschärfen der Items verbesserten sich im Mittel auf $M_{r_{pb}} = 0.35$ ($SD_{r_{pb}} = 0.16$) und liegen damit in einem guten Bereich. Die Infit- und Outfit-Werte lagen im Mittel bei $M_{Infit} = 1.00$ ($SD_{Infit} = 0.06$) und $M_{Outfit} = 0.98$ ($SD_{Outfit} = 0.12$), was darauf hindeutet, dass die theoretischen und empirisch ermittelten Werte übereinstimmen. Das bestätigt auch der Overall-Modell-Fit von SRMR = 0.077. Die Kennwerte der Q3-Matrix $Q3_{Min} = -0.34$ und $Q3_{Max} = 0.19$ weisen darauf hin, dass die Items überwiegend lokal stochastisch unabhängig sind.

8.9 Validierung des Feedbackfragebogens

Um die Faktorenstruktur, die aus der Vorstudie mit der exploratorischen Faktorenanalyse extrahiert wurde, zu überprüfen, wurde in der Hauptstudie eine konfirmatorische Faktorenanalyse durchgeführt. Dazu wurde das Package „lavaan" (Rosseel 2012) aus der Software R herangezogen.

Um die Interpretation zu vereinfachen, wurde das negativ formulierte Item UgM5 *„Die Musterlösungen habe ich meistens nur überflogen."* vorab umgepolt. Die Normalverteilung wurde mit dem Shapiro-Wilk-Test überprüft. Die Items weichen alle signifikant von einer Normalverteilung ab (vgl. Tabelle 30).

Tabelle 30: Überprüfung der Normalverteilung – Feedback

F$_1$ – Wahrgenommener Nutzen der Musterlösungen

Item	W	p
NM2	0.848	<0.001
NM5	0.774	<0.001
NM6	0.843	<0.001
NM7	0.866	<0.001
MaZM1	0.886	<0.001

F$_2$ – Umgang mit den Musterlösungen

Item	W	p
UgM1	0.862	<0.001
UgM3	0.792	<0.001
UgM5	0.869	<0.001
UgM6	0.861	<0.001
MaZM7	0.867	<0.001

Anmerkung: W: Testgröße des Shapiro-Wilk-Tests, *p:* Signifikanz

Da der Shapiro-Wilk-Test bei großen Stichproben und kleinen Abweichungen signifikant wird, wurde die Normalverteilung zusätzlich mit Q-Q-Plots überprüft (vgl. Anhang G1 im elektronischen Zusatzmaterial). Die Datenpunkte liegen bei allen Items überwiegend außerhalb des Konfidenzintervalls. Somit weichen die Items auch mittels grafischer Analyse von einer Normalverteilung ab. Zur Schätzung der Modellparameter wurde daher der robuste MLM-Schätzer (Maximum likelihood with robust standard errors, vgl. Satorra & Bentler 1994) verwendet (Steinmetz 2015, S. 66f.). Tabelle 31 enthält die Items und die jeweiligen Faktorladungen, die sich aus der konfirmatorischen Faktorenanalyse ergaben.

Tabelle 31: Item-Kennwerte der konfirmatorischen Faktorenanalyse – Feedback

F_1 – Wahrgenommener Nutzen der Musterlösungen

Items		Faktorladung	p
NM2	Durch die Musterlösungen habe ich viel dazu gelernt.	0.62	<0.001
NM5	Ich fand die Musterlösungen für die Bearbeitung weiterer Vignetten hilfreich.	0.62	<0.001
NM6	Durch die Musterlösungen wusste ich, in welchem Bereich ich mich noch verbessern kann.	0.66	<0.001
NM7	Die Musterlösungen halfen mir Lernprozesse von Schülerinnen und Schülern besser zu verstehen.	0.59	<0.001
MaZM1	Die Musterlösungen haben mir gezeigt, was ich schon kann.	0.52	<0.001

F_2 – Umgang mit den Musterlösungen

Items		Faktorladung	p
UgM1	Ich habe mir die Musterlösungen immer aufmerksam durchgelesen.	0.94	<0.001
UgM3	Ich habe die Musterlösungen mit meinen eigenen Antworten verglichen.	0.60	<0.001
UgM5	Die Musterlösungen habe ich meistens nur überflogen.	0.97	<0.001
UgM6	Ich habe versucht die Musterlösungen gezielt zu benutzen, um mich zu verbessern.	0.53	<0.001
MaZM7	Nach der Bearbeitung der Diagnoseaufträge war ich neugierig auf die Musterlösungen.	0.52	<0.001

Anmerkung: p: Signifikanz

Tabelle 31 kann entnommen werden, dass alle Items signifikante Ladungen auf den Faktoren aufweisen. Der χ^2-Wert ist mit $\chi^2(34) = 60.33$ und $p = 0.004$ signifikant, was auf einen schlechten Modell-Fit hinweist. Weitere Modell-Fit-Werte wie der Root-Mean-Square-Error of Approximation (RMSEA = 0.097) und der Comparative-Fit-Index (CFI = 0.924) deuten ebenfalls darauf hin, dass das theoretisch angenommene Modell und das empirisch getestete Modell, trotz signifikanten Faktorladungen, nicht übereinstimmen (vgl. Tabelle 33). Der Standardized-Root-Mean-Residual-Wert von SRMR = 0.065 liegt dagegen im guten Bereich (vgl. Tabelle 33). Um mögliche Ursachen für die schlechten

Modell-Fit-Werte zu finden, wurde die Korrelationsmatrix[158] der Items analysiert (vgl. Tabelle 32).

Tabelle 32: Korrelationsmatrix der Items – Feedback

	NM2	NM5	NM6	NM7	MaZM1	UgM1	UgM3	UgM5	UgM6	MaZM7
NM2	1.00									
NM5	0.63	1.00								
NM6	0.52	0.54	1.00							
NM7	0.42	0.42	0.45	1.00						
MaZM1	**0.36**	**0.21**	0.55	0.41	1.00					
UgM1	0.41	0.34	0.33	0.26	0.24	1.00				
UgM3	0.30	0.23	0.24	0.15	0.25	0.66	1.00			
UgM5	0.30	0.15	0.22	0.21	0.12	0.79	0.57	1.00		
UgM6	0.23	0.26	0.40	0.21	0.37	0.60	0.44	0.48	1.00	
MaZM7	0.26	0.32	0.29	0.23	0.26	0.51	0.41	0.36	0.49	1.00

Aus Tabelle 32 kann entnommen werden, dass die Variablen *UgM1*, *UgM3*, *UgM5*, *UgM6* und *MaZM7* im Durchschnitt hoch miteinander korrelieren ($0.36 < r < 0.79$). Das Item *MaZM1* weist mit den Items *NM2* und *NM5* mit $r = 0.36$ bzw. $r = 0.21$ nur einen vergleichsweise geringen bis mittleren Zusammenhang auf (vgl. Eid et al. 2015, S. 540; Steinmetz 2015, S. 101). Aufgrund der geringen Korrelation wurde das Item aus dem Datensatz entfernt. Die konfirmatorische Faktorenanalyse wurde daraufhin erneut durchgeführt, um zu überprüfen, ob die schlechten Modell-Fit-Werte durch das Item *MaZM1* bedingt wurden. Die Ergebnisse sind in Tabelle 33 dargestellt:

Tabelle 33: Vergleich der Modell-Fit-Werte der konfirmatorischen Faktorenanalyse – Feedback

	DF	χ^2	RMSEA	CFI	SRMR
Faktorenanalyse 1	34	$60.33, p = 0.004$	0.097	0.924	0.065
Faktorenanalyse 2	26	$30.42, p = 0.251$	0.052	0.981	0.057

Anmerkung: *DF*: Freiheitsgrade, χ^2: Testgröße des χ^2-Tests, RMSEA: Root-Mean-Square-Error of Approximation; CFI: Comparative-Fit-Index, SRMR: Standardized-Root-Mean-Residual, *p*: Signifikanz

---

[158] Die konfirmatorische Faktorenanalyse basiert eigentlich auf der Kovarianzmatrix. Jedoch können die Korrelationen durch die Standardisierung besser interpretiert werden, weshalb hier die Korrelationsmatrix analysiert wird (Eid et al. 2015, S. 528). Darüber hinaus sind die Kovarianzen für kleine Abweichungen stark fehleranfällig (Eid et al. 2015, S. 536).

Der χ^2-Test ist nun mit $\chi^2(26) = 30.42$ und $p = 0.251$ nicht mehr signifikant. Der Wert $\frac{\chi^2}{DF} =$ $\frac{30.42}{26} = 1.17$ weist einen guten Modell-Fit auf. Der Root-Mean-Square-Error of Approximation (RMSEA = 0.052), der Comparative-Fit-Index (CFI = 0.981) und der Standardized-Root-Mean-Residual Wert (SRMR = 0.057) verbesserten sich und weisen nun gute Fit-Werte auf, was darauf hindeutet, dass das geschätzte Modell die empirisch gewonnenen Daten gut beschreibt. Die Selektion des Items *MaZM1* führte also zu deutlich besseren Modell-Fits in der konfirmatorischen Faktorenanalyse, weshalb das Item für die weitere Datenanalyse aus dem Datensatz entfernt wurde.

Mit einem Cronbachs α von α = 0.79 erwies sich die Subskala *Wahrgenommener Nutzen der Musterlösungen* als reliabel. Die Subskala *Umgang mit den Musterlösungen* wies mit Cronbachs α von α = 0.85 ebenfalls eine gute interne Konsistenz auf. Die Korrelation zwischen den Subskalen mit $r = 0.49$ weist auf einen mittleren bis großen Zusammenhang zwischen den beiden Faktoren hin (Cohen 1988, S. 79f.).

8.10 Ergebnisse

In den folgenden Abschnitten werden die Ergebnisse der Hauptstudie dargestellt. Die Ergebnisse der Faktorenanalyse auf Basis eines Partial-Credit-Modells (vgl. Abschnitt 8.6) deuten darauf hin, dass die diagnostischen Fähigkeiten hinsichtlich der *Bestimmung von Längen, Flächen- und Rauminhalten* ein dreidimensionales Konstrukt darstellen. Die Datenanalysen wurden daher für die Dimensionen *Beschreiben, Deuten* und *Ursachen finden/ Konsequenzen ableiten* separat durchgeführt. Da bei der Geltung des Rasch-Partial-Credit-Modells die Eigenschaft der suffizienten Statistik gilt (Master 1982, vgl. Abschnitt 8.5.2), werden die jeweiligen Summenscores der Studierenden für die jeweilige Dimension gebildet.[159] Für die Dimension *Beschreiben* ergibt sich ein maximaler Summenscore von 12 Punkten, für die Dimension *Deuten* ein maximaler Summenscore von 17 Punkten und für die Dimension *Ursachen finden/ Konsequenzen ableiten* ein maximaler Summenscore von 14 Punkten.[160]

Die Datenanalysen für die Beantwortung der Forschungsfragen (vgl. Abschnitt 5.2) werden in den Abschnitten 8.10.2 – 8.10.4 dargestellt. Um zu untersuchen, ob das fachliche und fachdidaktische Wissen sowie die Vorerfahrungen der Studierenden einen bedeutsamen Einfluss auf ihre diagnostischen Fähigkeiten haben, wurde der Zusammenhang zwischen den entsprechenden Prädiktoren und den Ergebnissen der Studierenden des Vortests analysiert (vgl. Abschnitt 8.10.1). Dieser Aspekt ist nicht explizit in den Forschungsfragen aufgeführt, jedoch für die Evaluierung des Testinstrumentes von hohem Interesse.

---

[159] Dabei wurden die Punkte für die zweistufigen Partial-Credit-Items durch zwei geteilt, um diese mit den dichotomen Items gleichzugewichten.

[160] Dabei sei angemerkt, dass sich die maximalen Summenscores sowohl durch die deduktive (durch das vorherige Expertenrating) als auch durch die induktive Kategorienbildung (durch die Ergänzung sinnvoller Studierendenantworten) ergeben, also durch die Gesamtheit der Aspekte, die für das Diagnostizieren relevant erscheinen.

8.10.1 Einfluss der Prädiktoren

Um zu analysieren, welche Faktoren einen bedeutsamen Einfluss auf die Ausprägung der diagnostischen Fähigkeiten haben, wurden multiple Regressionen durchgeführt. In den multiplen Regressionen, die für jede Dimension durchgeführt wurden, dienten die im Vortest von den Studierenden der Experimentalgruppen und der Kontrollgruppe erreichten Summenscores als abhängige Variable.

Als mögliche Prädiktoren erschienen die Vorerfahrungen der Studierenden mit dem Diagnostizieren als relevant. Daher wurden die dichotomen Variablen *Nachhilfe vor dem Studium* (im Bereich Mathematik), *Nachhilfe während dem Studium* (im Bereich Mathematik) und *Bisherige Erfahrungen in ViviAn* (im Bereich Mathematik) in die jeweiligen Regressionsanalysen mit aufgenommen (vgl. Abschnitt 8.4.3).[161] Von den 184 Studierenden gaben 35 Studierende an, vor dem Studium bereits Nachhilfe in Mathematik gegeben zu haben (ca. 19 %). 27 Studierende gaben an, während des Studiums Nachhilfe in Mathematik zu geben (ca. 15 %). Anders sieht es bei den Vorerfahrungen mit ViviAn aus. Nur 11 Studierende gaben an, bereits mit ViviAn gearbeitet zu haben (ca. 6 %). Sieben Studierende gaben an, als PES-Kraft zu arbeiten. Zwei dieser Studierenden gaben den Bereich *Sport* an; die anderen fünf Studierenden gaben keinen spezifischen Bereich an. Da angenommen wird, dass das Diagnostizieren fach- und themenspezifisch ist (vgl. Abschnitt 2.4), erschien die Aufnahme der Variable *PES-Kraft* nicht sinnvoll.

Aufgrund der stark unterschiedlichen Gruppengrößen (die sich hinsichtlich ihrer Vorerfahrungen unterscheiden), wurde bei den dichotomen Prädiktoren (*Nachhilfe vor dem Studium, Nachhilfe während dem Studium* und *Bisherige Erfahrungen in ViviAn*) vorab eine gewichtete Effektkodierung vorgenommen (Eid et al. 2015, S. 680f.; Richter 2007, S. 117). Dabei wird der Referenzgruppe nicht mehr der Wert „0" zugewiesen, sondern der Wert $-\left(\frac{N_{\text{Ausprägung 1}}}{N_{\text{Ausprägung 0}}}\right)$ mit N als Gruppengröße der jeweiligen Ausprägung (Cohen et al. 2003, S. 329; Eid et al. 2015, S. 681; Richter 2007, S. 117). Der Gruppe der Studierenden, die über Vorerfahrungen verfügen, wird weiterhin der Wert „1" zugewiesen (Eid et al. 2015; S. 680f.; Richter 2007, S. 117).[162] Die Effektkodierung hat keine Auswirkung auf die Güte der Regressionsmodelle, sondern beeinflusst lediglich die Höhe der unstandardisierten Regressionsgewichte (Eid et al. 2015, S. 682; Holling & Gediga 2011, S. 309) unter Berücksichtigung der ungleichen Gruppengrößen. Das unstandardisierte Regressionsgewicht gibt dann nicht mehr die mittlere Abweichung von der Referenzgruppe wieder, sondern die Abweichung vom gewichteten Mittelwert aller Studierenden, also vom theoretischen Gesamtmittelwert unter der Annahme gleicher Gruppengrößen (Eid et al. 2015, S. 680; Richter 2007, S. 118).

---

[161] Die Prädiktoren wurden mit „0" und „1" kodiert. Die Ausprägung „0" stellt dabei die Gruppe der Studierenden dar, die keine Nachhilfe vor dem Studium gegeben hat bzw. keine Nachhilfe während des Studiums gibt bzw. keine Vorerfahrung mit ViviAn hat und wurde damit als *Referenzgruppe* festgelegt (vgl. Eid et al. 2015, S. 678).

[162] Der Wert $-\left(\frac{N_{\text{Ausprägung 1}}}{N_{\text{Ausprägung 0}}}\right)$ gewichtet das Verhältnis der Gruppengröße negativ, sodass die Summe der Kodierungen über alle Probanden hinweg null beträgt (Richter 2007, S. 118).

Neben den Prädiktoren, die die Vorerfahrungen der Studierenden wiedergeben, wurden als weitere Prädiktoren das *fachdidaktische* und *fachliche Wissen* (als Bewertung der vorherigen Aufgabenbearbeitungen der Studierenden) mitaufgenommen (vgl. Abschnitt 8.4.1 und 8.4.2). Wie beim Test zur Erfassung der diagnostischen Fähigkeiten, wurden auch beim fachdidaktischen und fachlichen Wissenstest die entsprechenden Summenscores der Studierenden gebildet.[163]

Im Mittel erreichten die Studierenden bei der vorherigen Aufgabenbearbeitung bei einem maximalen Summenscore von 2 einen Wert von $M = 0.75$ ($SD = 0.63$). Das fachdidaktische Wissen lag bei den Studierenden im Mittel bei $M = 4.81$ ($SD = 2.34$) bei einem maximalen Summenscore von 16. Die Korrelation zwischen dem fachlichen und fachdidaktischen Wissen mit $r = 0.31$ weist auf einen mittleren Zusammenhang der beiden Konstrukte hin.

Vor der jeweiligen Analyse wurden die entsprechenden Voraussetzungen für die multiple Regression überprüft. Um die Ergebnisse der multiplen Regression sinnvoll interpretieren zu können, müssen folgende Annahmen erfüllt sein (vgl. Abschnitt 8.5.4): 1) Unabhängigkeit der Residuen (Autokorrelation), 2) keine Multikollinearität zwischen den Prädiktoren, 3) Homoskedastizität, 4) Linearität und 5) Normalverteilung der Residuen.

Mit dem Durbin-Watson-Test wird überprüft, ob die Residuen voneinander unabhängig sind. Ein nicht signifikanter Wert, der nahe zwei liegt, weist auf eine Unabhängigkeit der Residuen hin. In Tabelle 34 sind die Kennwerte des Durbin-Watson-Tests dargestellt. Alle Durbin-Watson-Werte liegen nahe zwei und sind nicht signifikant. Voraussetzung 1) ist somit erfüllt.

Tabelle 34: Überprüfung der Unabhängigkeit der Residuen (multiple Regression)

Dimension	*DW*	*p*
Beschreiben	1.87	0.376
Deuten	2.08	0.608
Ursachen finden/ Konsequenzen ableiten	1.77	0.124

Anmerkung: *DW*: Testgröße des Durbin-Watson-Tests, *p*: Signifikanz auf dem jeweiligen Faktor

Um die Multikollinearität zwischen den Prädiktoren zu prüfen, eignet sich die Bewertung der Variance-Inflation-Factors (VIF). Tabelle 35 stellt die VIF-Werte für jeden Prädiktor dar. Die Werte sollten alle unter zehn liegen.

---

[163] Dabei wurden die Punkte für die zweistufigen Partial-Credit-Items durch zwei geteilt, um keine Gewichtung zwischen ihnen und den dichotomen Items vorzunehmen.

Tabelle 35: Überprüfung der Multikollinearität (multiple Regression)

Prädiktoren	VIF
Nachhilfe vor dem Studium	1.64
Nachhilfe während des Studiums	1.65
Erfahrungen in der Videoanalyse (ViviAn)	1.02
Fachdidaktisches Wissen	1.13
Fachwissen	1.13

Anmerkung: VIF: Variance-Inflation-Factor des jeweiligen Prädiktors

Tabelle 35 kann entnommen werden, dass alle VIF-Werte unter zehn liegen. Die Ergebnisse der Regressionsanalysen sind somit durch zu große Korrelationen zwischen den Prädiktoren nicht negativ beeinflusst. Die Voraussetzung der Linearität sowie Homoskedastizität und Normalverteilung der Residuen wurden graphisch überprüft. Die entsprechenden Streudiagramme zeigen eine gleichmäßige Verteilung der Datenpunkte auf, weshalb von Homoskedastizität und Linearität ausgegangen werden kann (vgl. Anhang G2 im elektronischen Zusatzmaterial). Darüber hinaus wurde zur Überprüfung der Homoskedastizität zusätzlich der Breusch-Pagan-Test berechnet. Mit $BP_B(5) = 8.41$, $p = 0.135$ in der Dimension *Beschreiben*, $BP_D(5) = 6.98$, $p = 0.222$ in der Dimension *Deuten* und $BP_{U/K}(5) = 6.46$, $p = 0.264$ in der Dimension *Ursachen finden/Konsequenzen ableiten* weisen die Residuen der Prädiktoren somit eine ähnliche Varianz auf. Um die Annahme der Normalverteilung der Residuen zu überprüfen, wurden für die jeweiligen Dimensionen Q-Q-Plots erstellt (vgl. Anhang G2 im elektronischen Zusatzmaterial). Die Normalverteilung in der Dimension *Deuten* und in der Dimension *Ursachen finden/ Konsequenzen ableiten* ließ sich graphisch bestätigen. In der Dimension *Beschreiben* weichen die Werte im höheren und niedrigeren Bereich von einer Normalverteilung ab. Daher wurde in der Dimension *Beschreiben* zusätzlich ein Bootstrapping durchgeführt, das zu einem robusten Regressionsverfahren bei Verletzung der Normalverteilung zählt (vgl. Field et al. 2014, S. 298).

Für die multiplen Regressionen wurden im ersten Schritt die Prädiktoren, von denen angenommen wurde, dass sie einen Einfluss auf die diagnostischen Fähigkeiten der Studierenden haben, aufgenommen. Anschließend wurden Prädiktoren, die geringe standardisierte Regressionsgewichte (β) aufzeigten und nicht bzw. nur geringfügig zur Varianzaufklärung in der abhängigen Variable beitrugen, schrittweise aus der multiplen Regression entfernt. Darüber hinaus wurden die Informationskriterien AIC (Akaike Information Criterion) und BIC (Bayes Information Criterion) für die Modellvergleiche herangezogen (vgl. Abschnitt 8.5.2). Dieses Verfahren wird als Rückwärtsselektion bezeichnet und wird verwendet, um ein robustes Regressionsmodell zu erhalten, das die abhängige Variable möglichst gut vorhersagt (vgl. Abschnitt 8.5.4).

Dimension Beschreiben

In Tabelle 36 ist die schrittweise Rückwärtsselektion der Prädiktoren für die Dimension *Beschreiben* aufgelistet. Tabelle 36 beinhaltet die AIC- und BIC-Werte, den Determinationskoeffizient (R^2), der Aufschluss über die erklärte Varianz gibt und die entsprechenden Differenzen, die sich durch die Selektion entsprechender Prädiktoren ergeben.

Tabelle 36: Rückwärtsselektion der multiplen Regression in der Dimension Beschreiben

	Entfernter Prädiktor	AIC	ΔAIC	BIC	ΔBIC	R^2	ΔR^2
Basismodell		769.481		791.990		0.103	
1. Modell	Nachhilfe vorher	767.753	−1.728	787.043	−4.947	0.102	−0.001
2. Modell	Nachhilfe während	766.100	−1.653	782.170	−4.873	0.100	−0.002
3. Modell	Fachdidaktisches Wissen	766.672	+0.572	779.532	−2.638	0.088	−0.012
4. Modell	Erfahrung ViviAn	771.925	+5.253	781.570	+2.038	0.051	−0.037

Anmerkung: AIC: Akaike Information Criteria, BIC: Bayes Information Criteria, R^2: Varianzaufklärung in der abhängigen Variable durch die Prädiktoren, Δ stellt die Differenz des jeweiligen Modells und des Basismodells dar

Tabelle 36 kann entnommen werden, dass die jeweilige Selektion von den Prädiktoren *Nachhilfe vor dem Studium* und *Nachhilfe während des Studiums* zu einer Verbesserung der AIC- und BIC-Werte führte. Darüber hinaus verringerte sich die erklärte Varianz zur Aufklärung der abhängigen Variable vom Basismodell zum zweiten Modell (2. Schritt) um nur 0.3 %. Im 3. Schritt wurde der Prädiktor *Fachdidaktisches Wissen* entfernt. Dieser Schritt verringerte den BIC-Wert um 2.657. Der AIC-Wert vergrößerte sich hingegen wieder geringfügig um 0.558. Die Varianzaufklärung verringerte sich lediglich um 1.2 %. Da die Vergrößerung des AIC-Werts von 0.558 unter zwei liegt und sich der BIC-Wert durch die Selektion der Variable *Fachdidaktisches Wissen* verringert, kann angenommen werden, dass dieser Schritt zu keiner signifikanten Verschlechterung des Modells führt. Deshalb wurde der Prädiktor *Fachdidaktisches Wissen* aus dem Regressionsmodell entfernt. Die Selektion der Variable *Vorerfahrung mit Videoanalysen in ViviAn* (im Bereich Mathematik) führt zu einer Verschlechterung der AIC- und BIC-Werte und büßt 3.7 % Varianzaufklärung ein. Aufgrund der Verschlechterung der Kennwerte wurde die Variable wieder in das Modell aufgenommen. Das Bootstrapping-Verfahren führte zur Selektion der gleichen Variablen. Das Regressionsmodell kann somit, trotz Verletzung der Normalverteilung der Residuen, als stabil betrachtet werden.

Im Anschluss wurde das Regressionsmodell mit den Prädiktoren *Vorerfahrung in der Videoanalyse mit ViviAn* (im Bereich Mathematik) und *Fachwissen* geschätzt. Die Ergebnisse können Tabelle 37 entnommen werden.

Tabelle 37: Multiple Regression in der Dimension Beschreiben

$R^2 = 0.088$, $\bar{R}^2 = 0.077$, $p < 0.001$

Prädiktoren	b	SE b	β	p
Intercept	1.092 [0.620, 1.452]	0.217		<0.001
Erfahrung ViviAn	1.513 [0.120, 3.725]	0.561	0.192	0.008
Fachwissen	0.713 [0.201, 1.194]	0.220	0.230	0.001

Anmerkung: R^2: Varianzaufklärung in der abhängigen Variable durch die Prädiktoren, $\bar{R}^2$: Korrigierte Varianzaufklärung in der abhängigen Variable durch die Prädiktoren, *b*: Regressionsgewichte, *SE b*: Standardfehler der Regressionsgewichte, β: standardisierte Regressionsgewichte, *p*: Signifikanz

Das Modell klärt nur 8.8 % Prozent der Varianz in der abhängigen Variable *Beschreiben* auf. Ein erheblicher Anteil der Varianz (91.2 %) kann durch das Modell also nicht erklärt werden. Das Modell wird jedoch mit $F(2, 181) = 8.68$, $p < 0.001$ signifikant. Die Erfahrungen der Studierenden in ViviAn und das Maß des fachlichen Wissens in Form der vorherigen Aufgabenbearbeitung tragen somit signifikant zur Vorhersage diagnostischer Fähigkeiten im Bereich *Beschreiben* bei.

Den größeren Einfluss hat das Fachwissen mit β = 0.230.[164] Studierende, die einen Punkt mehr bei der vorherigen Aufgabenbearbeitung erreicht haben, erreichen im Durchschnitt 0.713 Punkte mehr beim *Beschreiben* im Vortest. Die Ergebnisse scheinen plausibel. Um eine Situation aus mathematikdidaktischer Perspektive zu beschreiben, wird besonders das fachliche Wissen benötigt, um die videografierte Situation zunächst einmal wahrzunehmen und zu verstehen. Da das Beschreiben wertungs- und deutungsfrei ist und lediglich zum Zusammenführen relevanter Informationen dient, scheint es auch nachvollziehbar, dass das fachdidaktische Wissen keinen bedeutsamen Prädiktor darstellt.

Einen geringeren Einfluss haben die Vorerfahrungen der Studierenden mit ViviAn (β = 0.192). Studierende, die bereits mit ViviAn im Bereich der Mathematik gearbeitet haben, erreichen im Durchschnitt 1.513 Punkte mehr im Vortest in der Dimension *Beschreiben*. Möglicherweise haben Studierende, die bereits mit ViviAn gearbeitet haben, auch Vorerfahrungen in der Wahrnehmung und Zusammenführung von Informationen und sind mit dem Videoformat vertraut, was beim Beschreiben von Vorteil sein kann.

Das Bootstrapping-Verfahren, das aufgrund der Verletzung der Normalverteilung durchgeführt wurde, erzeugt die gleichen Ergebnisse. Das Konfidenzintervall schließt sowohl im Prädiktor *Vorerfahrungen in der Videoanalyse mit ViviAn* als auch im Prädiktor *Fachwissen* die 0 nicht ein (vgl. Tabelle 37). Die beiden Prädiktoren leisten somit einen

---

[164] Hier sei auf Abschnitt 8.5.4 verwiesen: Um den Einfluss der Prädiktoren vergleichen zu können, muss das standardisierte Regressionsgewicht β herangezogen werden, da die Prädiktoren unterschiedliche Skalenwerte aufzeigen und mit den unstandardisierten Regressionsgewichten *b* nicht direkt miteinander verglichen werden können.

bedeutsamen Beitrag zur Vorhersage der diagnostischen Fähigkeiten in der Teilfähigkeit *Beschreiben*.

Dimension Deuten

Die Rückwärtsselektion wurde auch für die Dimension *Deuten* durchgeführt (vgl. Tabelle 38). Die AIC- und BIC-Werte verringerten sich mit der Selektion der Prädiktoren *Vorerfahrung mit der Videoanalyse in ViviAn* (im Bereich Mathematik) und *Nachhilfe vor dem Studium*. Darüber hinaus erklären diese Prädiktoren insgesamt nur 0.3 % Varianz in der abhängigen Variable auf. Die Prädiktoren leisten somit keinen bedeutsamen Beitrag zur Vorhersage der Fähigkeiten der Studierenden im Bereich *Deuten*.

Tabelle 38: Rückwärtsselektion der multiplen Regression in der Dimension Deuten

	Entfernter Prädiktor	AIC	ΔAIC	BIC	ΔBIC	R²	ΔR²
Basismodell		828.034		850.538		0.260	
1. Modell	Erfahrung ViviAn	826.390	−1.644	845.680	−4.858	0.258	−0.002
2. Modell	Nachhilfe vorher	824.730	−1.660	840.805	−4.875	0.257	−0.001
3. Modell	Nachhilfe während	825.107	+0.377	837.967	−2.838	0.247	−0.010
4. Modell	Fachwissen	839.768	4.661	849.413	+11.446	0.176	−0.071

Anmerkung: AIC: Akaike Information Criteria, BIC: Bayes Information Criteria, R²: Varianzaufklärung in der abhängigen Variable durch die Prädiktoren, Δ stellt die Differenz des jeweiligen Modells und des Basismodells dar

Mit der Selektion des Prädiktors *Nachhilfe während des Studiums* vergrößerte sich der AIC-Wert wieder geringfügig um 0.377. Der BIC-Wert verringerte sich jedoch weiter mit 2.838. Der BIC berücksichtigt die Stichprobengröße, reagiert jedoch sensibel auf komplexe Modelle, was die Abnahme des BIC-Wertes erklären könnte. Die Varianzaufklärung der Selektion verringerte sich geringfügig um 1 %. Aufgrund der geringen Varianzaufklärung von 1 %, die mit der Beibehaltung dieses Prädiktors gewonnen werden würde, wurde die Variable aus dem Modell entfernt. Das vierte Modell beinhaltet die Selektion des Prädiktors *Fachwissen* in Form der vorherigen Aufgabenbearbeitung. Dieser Schritt führte zu einer erheblichen Verschlechterung der AIC- und BIC-Werte sowie zu einer Verringerung von 7.1 % Varianzaufklärung, weshalb das *Fachwissen* wieder als Prädiktor aufgenommen wurde.

Anschließend wurde eine multiple Regression mit den beiden Prädiktoren *Fachdidaktisches Wissen* und *Fachwissen* durchgeführt. Die Ergebnisse sind in Tabelle 39 dargestellt.

Tabelle 39: Multiple Regression in der Dimension Deuten

$R^2 = 0.247, \bar{R}^2 = 0.239, p < 0.001$

Prädiktoren	b	$SE\ b$	β	p
Intercept	1.420	0.389		<0.001
Fachdidaktisches Wissen	0.366	0.077	0.324	<0.001
Fachwissen	1.135	0.274	0.284	<0.001

Anmerkung: R^2: Varianzaufklärung in der abhängigen Variable durch die Prädiktoren, $\bar{R}^2$: Korrigierte Varianzaufklärung in der abhängigen Variable durch die Prädiktoren, b: Regressionsgewichte, $SE\ b$: Standardfehler der Regressionsgewichte, β: standardisierte Regressionsgewichte, p: Signifikanz

Das Modell klärt 24.7 % Varianz in der abhängigen Variable *Deuten* auf und wird mit $F(2, 181) = 29.75$, $p < 0.001$ signifikant. Den größeren Einfluss hat das fachdidaktische Wissen ($\beta = 0.324$). Studierende, die im fachdidaktischen Wissen einen Punkt mehr erreichen, weisen im Vortest durchschnittlich 0.366 Punkte mehr in der Dimension *Deuten* auf. Das Fachwissen trägt etwas geringer zur Varianzaufklärung in der abhängigen Variable bei ($\beta = 0.284$). Im Durchschnitt erhalten Studierende 1.135 Punkte mehr in der Dimension *Deuten*, wenn sie einen Punkt mehr in der vorherigen Aufgabenbearbeitung erreichen. Beide Prädiktoren haben jedoch einen bedeutsamen Einfluss auf die Fähigkeiten der Studierenden im Bereich *Deuten*. Studierende, die über ein vergleichsweise höheres fachdidaktisches Wissen verfügen und die Aufgaben vorab besser lösen können, erreichen auch einen vergleichsweise höheren Summenscore beim *Deuten* im Vortest.

Dass das fachliche und fachdidaktische Wissen bedeutsame Prädiktoren für das *Deuten* darstellen, erscheint plausibel. Um Fähigkeiten und Schwierigkeiten von Schülerinnen und Schülern zu identifizieren und zu interpretieren, müssen die Studierenden zum einen in der Lage sein, die Aufgabe selbst zu lösen und zum anderen über das Wissen zu typischen Schwierigkeiten von Schülerinnen und Schülern verfügen, was insbesondere fachdidaktisches Wissen voraussetzt.

Dimension Ursachen finden/ Konsequenzen ableiten

Die Rückwärtsselektion für die multiple Regression in der Dimension *Ursachen finden/ Konsequenzen ableiten* (vgl. Tabelle 40) ergab den geringsten AIC-Wert für die Selektion der Variablen *Nachhilfe während des Studiums* und *Nachhilfe vor dem Studium*. Die Varianzaufklärung verringerte sich mit der Selektion dieser Prädiktoren nur um 0.4 %. Ob die Studierenden bereits Nachhilfe in Mathematik gegeben haben oder Nachhilfe geben, hat somit nur wenig Einfluss darauf, wie viele Punkte sie in der Dimension *Ursachen finden/ Konsequenzen ableiten* im Vortest erreichen.

Tabelle 40: Rückwärtsselektion der multiplen Regression in der Dimension Ursachen finden/ Konsequenzen ableiten

	Entfernter Prädiktor	AIC	ΔAIC	BIC	ΔBIC	R²	ΔR²
Basismodell		715.979		738.483		0.080	
1. Modell	Nachhilfe während	714.072	−1.907	733.362	−5.121	0.080	0.000
2. Modell	Nachhilfe vorher	712.773	−1.299	728.847	−4.515	0.076	−0.004
3. Modell	Erfahrung ViviAn	713.000	+0.227	725.860	−2.989	0.065	−0.011
4. Modell	Fachwissen	714.379	+1.379	724.024	−1.836	0.048	−0.017

Anmerkung: AIC: Akaike Information Criteria, BIC: Bayes Information Criteria, R²: Varianzaufklärung in der abhängigen Variable durch die Prädiktoren, Δ stellt die Differenz des jeweiligen Modells und des Basismodells dar

Mit der Selektion des Prädiktors *Vorerfahrungen mit der Videoanalyse in ViviAn* (Bereich Mathematik) verringerte sich der BIC-Wert nochmals um 2.989. Der AIC-Wert hingegen vergrößerte sich wieder minimal um 0.227. Die Varianzaufklärung dieses Prädiktors beträgt lediglich 1.1 %. Somit haben die Vorerfahrungen der Studierenden in Videoanalysen nur wenig Bedeutung dafür, wie gut sie darin sind, mögliche Ursachen für Schülerschwierigkeiten zu nennen und mögliche Konsequenzen für den weiteren Lernprozess abzuleiten. Im 4. Schritt wurde der Prädiktor *Fachwissen* entfernt (4. Modell in Tabelle 40). Obwohl sich der BIC-Wert um 1.836 verringert, büßt die Varianzerklärung 1.7 % ein. Auch der AIC-Wert vergrößert sich um 1.379, weshalb das Fachwissen wieder in das Regressionsmodell aufgenommen wurde.

Die multiple Regression für die Dimension *Ursachen finden/ Konsequenzen ableiten* wurde somit mit den Prädiktoren *Fachdidaktisches Wissen* und *Fachwissen* durchgeführt. Die Ergebnisse sind in Tabelle 41 dargestellt.

Tabelle 41: Multiple Regression in der Dimension Ursachen finden/ Konsequenzen ableiten

$R^2 = 0.065, \bar{R}^2 = 0.054, p = 0.002$

Prädiktoren	*b*	*SE b*	β	*p*
Intercept	1.571	0.287		<0.001
Fachdidaktisches Wissen	0.128	0.057	0.171	<0.001
Fachwissen	0.370	0.202	0.140	0.069

Anmerkung: R²: Varianzaufklärung in der abhängigen Variable durch die Prädiktoren, R̄²: Korrigierte Varianzaufklärung in der abhängigen Variable durch die Prädiktoren, *b*: Regressionsgewichte, *SE b*: Standardfehler der Regressionsgewichte, β: standardisierte Regressionsgewichte, *p*: Signifikanz

Das Regressionsmodell wird mit $F(3, 181) = 6.28$ und $p = 0.002$ zwar signifikant, trägt jedoch nur geringfügig zur Varianzaufklärung der abhängigen Variable *Ursachen finden/*

Konsequenzen ableiten bei (6.5 %). Somit kann der Großteil der Varianz durch die aufgenommenen Prädiktoren nicht erklärt werden. Einen geringeren Einfluss hat das Fachwissen, das die Studierenden durch die vorherige Bearbeitung der Aufgaben zeigen ($\beta = 0.140$). Dieser Prädiktor ist nicht signifikant ($p = 0.069$), trägt jedoch etwa 2 % zur Varianzaufklärung bei (vgl. Tabelle 40). Das fachdidaktische Wissen der Studierenden hat mit $\beta = 0.171$ einen größeren Einfluss auf die diagnostischen Fähigkeiten im Bereich *Ursachen finden/ Konsequenzen ableiten*. Studierende, die im fachdidaktischen Wissenstest einen Punkt mehr erreichen, weisen im Vortest in der Dimension *Ursachen finden/ Konsequenzen ableiten* 0.128 Punkte mehr auf. Der Prädiktor wird auch signifikant ($p < 0.001$). Um Ursachen zu finden und um Konsequenzen abzuleiten, erscheint fachdidaktisches Wissen von Vorteil zu sein. Dies ist plausibel, da Kenntnisse über typische Fehlvorstellungen und mögliche fachdidaktische Konzepte zur Vermittlung des Wissens dienlich sein können.

8.10.2 Lerneffektanalyse

In diesem Abschnitt soll analysiert werden, ob die diagnostischen Fähigkeiten von Mathematiklehramtsstudierenden mit der videobasierten Lernumgebung gefördert werden können (Forschungsfrage 1) und ob der Zeitpunkt des Feedbacks in Form einer Musterlösung einen Einfluss auf die Entwicklung diagnostischer Fähigkeiten hat (Forschungsfrage 2).

Die deskriptive Analyse der Summenscores zeigt, dass die Experimentalgruppe 1 (EG1), die verzögertes Feedback in Form einer Musterlösung erhielt, im Nachtest in der Dimension *Beschreiben* im Mittel einen Summenscore von $M_{EG1/B} = 4.35$ ($SD_{EG1/B} = 2.68$) erreichte. Die Experimentalgruppe 2 (EG2), die sofortiges Feedback in Form einer Musterlösung erhielt, wies im Nachtest einen mittleren Summenscore von $M_{EG2/B} = 4.20$ ($SD_{EG2/B} = 2.52$) auf. Die Kontrollgruppe (KG) hingegen, die in der Interventionsphase keine Trainingsvignetten bearbeitete, erreichte im Nachtest beim Beschreiben nur einen Summenscore von $M_{KG/B} = 1.17$ ($SD_{KG/B} = 1.86$). Ähnliche Unterschiede zeigen sich auch in der Dimension *Deuten*. Hier erreichte EG1 im Mittel einen Summenscore von $M_{EG1/D} = 6.10$ ($SD_{EG1/D} = 2.94$), EG2 einen Summenscore von $M_{EG2/D} = 6.24$ ($SD_{EG2/D} = 2.90$) und KG einen Summenscore von $M_{KG/D} = 4.37$ ($SD_{KG/D} = 3.37$). In der Dimension *Ursachen finden/ Konsequenzen ableiten* konnte EG1 im Nachtest im Mittel einen Summenscore von $M_{EG1/U/K} = 4.30$ ($SD_{EG1/U/K} = 2.35$) und EG2 einen Summenscore von $M_{EG2/U/K} = 4.39$ ($SD_{EG2/U/K} = 2.12$) aufweisen. Die KG erreichte hingegen nur einen Summenscore von $M_{KG/U/K} = 1.86$ ($SD_{KG/U/K} = 1.35$). Die Werte des Vortestes werden aus Gründen der Übersichtlichkeit nicht beschrieben und sind in Tabelle 42 dargestellt.

Tabelle 42: Mittlere Summenscores des Vor- und Nachtests – Diagnostische Fähigkeiten

Dimensionen	Mittelwerte (Standardabweichungen)		
	EG1 ($N = 54$)	EG2 ($N = 49$)	KG ($N = 81$)
Vortest Beschreiben	1.94 (2.11)	1.90 (2.17)	1.25 (1.75)
Nachtest Beschreiben	4.35 (2.68)	4.20 (2.52)	1.17 (1.86)
Vortest Deuten	3.75 (2.24)	4.23 (2.87)	3.99 (2.61)
Nachtest Deuten	6.10 (2.94)	6.24 (2.90)	4.37 (3.37)
Vortest Ursachen finden/ Konsequenzen ableiten	2.69 (1.95)	2.71 (1.51)	2.12 (1.60)
Nachtest Ursachen finden/ Konsequenzen ableiten	4.30 (2.35)	4.39 (2.12)	1.86 (1.35)

Anmerkung: EG1: Experimentalgruppe 1 (verzögertes Feedback), EG2: Experimentalgruppe 2 (sofortiges Feedback), KG: Kontrollgruppe (keine Bearbeitung von Trainingsvignetten)

Tabelle 42 kann entnommen werden, dass die Studierenden sowohl im Vortest als auch im Nachtest einen relativ geringen Summenscore erreichten.[165] Dies kann folgende Gründe haben: Zum einen kann angenommen werden, dass die Videoanalyse relativ schwierig ist, da die Videosequenzen im Vor- und Nachtest von den Studierenden nur einmal angeschaut, nicht pausiert und auch nicht vor- oder zurückgespult werden konnten. Die Expertinnen und Experten hingegen konnten die Videosequenzen der Testvignetten mehrmals anschauen. Da eine Diagnose auch von alternativen Beobachtungen und Interpretationen profitiert, erschien es auch notwendig, den, auf Basis des Expertenratings, erstellten Kodierleitfaden mit sinnvollen Studierendenantworten zu ergänzen. Dadurch stieg der maximale Summenscore, der in der jeweiligen Komponente erreicht werden kann, an. Die Auswertung des Vor- und Nachtests dient außerdem nicht dazu, Aussagen über die Leistung der Studierenden zu treffen. Vielmehr steht der Lerneffekt, der durch die Intervention erreicht werden kann im Fokus der Analyse.

Tabelle 42 kann entnommen werden, dass die Summenscores in den einzelnen Dimensionen in EG1 und EG2 vom Vor- zum Nachtest zunehmen. In der KG sind nur geringe Veränderungen zu verzeichnen. Aus der deskriptiven Analyse heraus kann somit vermutet werden, dass die Bearbeitung von Trainingsvignetten zu einem Lerneffekt beiträgt. Ob der Zeitpunkt des Feedbacks möglicherweise einen Einfluss hat, kann aus Tabelle 42 nicht entnommen werden. So sind die Abweichungen zwischen EG1 und EG2 sehr gering und unterscheiden sich hinsichtlich der Dimensionen. Ob die Unterschiede zwischen den Gruppen und zwischen den Messzeitpunkten statistisch von Bedeutung sind, wird in den folgenden Abschnitten untersucht.

---

[165] Der maximal zu erreichende Summenscore beträgt in der Dimension *Beschreiben* 12 Punkte, in der Dimension *Deuten* 17 Punkte und in der Dimension *Ursachen finden/ Konsequenzen ableiten* 14 Punkte.

Experimentalgruppen

Um zu überprüfen, ob die Arbeit mit der videobasierten Lernumgebung ViviAn dazu beitragen kann, diagnostische Fähigkeiten der Studierenden hinsichtlich der *Bestimmung von
Längen, Flächen- und Rauminhalten* zu fördern, wurde eine zweifaktorielle Varianzanalyse mit Messwiederholung durchgeführt (vgl. Abschnitt 8.5.7). Die Kontrollgruppe wurde
in einem anderen Semester erhoben und war somit nicht Teil der Randomisierung. Darüber
hinaus ist die Stichprobe der Kontrollgruppe mit N_{KG} = 81 größer als die der jeweiligen
Experimentalgruppen (N_{EG1} = 54 und N_{EG2} = 49). Die Kontrollgruppe wurde daher separat
ausgewertet.

Vor der Durchführung der zweifaktoriellen Varianzanalyse mit Messwiederholung wurden die Voraussetzungen 1) Intervallskalenniveau der abhängigen Variablen, 2) Sphärizität
zwischen den Messzeitpunkten, 3) Normalverteilte Messwerte in der abhängigen Variablen
auf Gruppenebene und 4) Varianzhomogenität zwischen den Gruppen überprüft.

Die abhängige Variable entspricht dem jeweiligen Summenscore, den die Studierenden
im Vor- und Nachtest erreichten. Es kann angenommen werden, dass dieser intervallskaliert ist, da gleich große Abstände zwischen den Summenscores gleich große Einheiten in
der Merkmalsausprägung repräsentieren (Rasch et al. 2014, S. 8)[166], weshalb Voraussetzung 1) damit als erfüllt gelten sollte. Sphärizität liegt vor, wenn zwischen den Messzeitpunkten homogene Varianzen vorliegen. Da nur Daten von zwei Messzeitpunkten vorliegen, ist die Voraussetzung 2) redundant. Die Normalverteilung der Messwerte in der abhängigen Variable wurde mit dem Shapiro-Wilk-Test auf Gruppenebene überprüft. Tabelle
43 kann entnommen werden, dass 8 von 12 Werten signifikant sind und somit von einer
Normalverteilung abweichen.

Tabelle 43: Überprüfung der Normalverteilung – Diagnostische Fähigkeiten (EG)

	EG1		EG2	
	W	*p*	*W*	*p*
Vortest Beschreiben	0.84	<0.001	0.83	<0.001
Nachtest Beschreiben	0.96	0.047	0.97	0.184
Vortest Deuten	0.97	0.238	0.95	0.025
Nachtest Deuten	0.97	0.002	0.98	0.654
Vortest Ursachen finden/ Konsequenzen ableiten	0.89	<0.001	0.94	0.020
Nachtest Ursachen finden/ Konsequenzen ableiten	0.95	0.039	0.97	0.350

Anmerkung: W: Testgröße des Shapiro-Wilk-Tests, *p*: Signifikanz

---

[166] Darüber hinaus beschreibt Rost (2004), dass der Summenscore und die zugehörigen geschätzten Fähigkeitswerte des Rasch-Modells in der Regel mit $0.9 < r < 0.95$ korrelieren (S. 121f.)

Der Shapiro-Wilk-Test hat den Nachteil bei großen Stichproben und geringen Abweichungen zur Normalverteilung signifikant zu werden. Daher wurden zusätzlich Q-Q-Plots erstellt, um die Normalverteilung graphisch zu überprüfen. Die Q-Q-Plots zeigen, dass die Daten in allen Dimensionen innerhalb des Konfidenzintervalls liegen und somit von einer Normalverteilung ausgegangen werden kann (vgl. Anhang G3 im elektronischen Zusatzmaterial). Darüber hinaus gilt ab einer Stichprobe von $N = 30$ der zentrale Grenzwertsatz: Die Verteilung des Mittelwerts eines Merkmals nähert sich bei großen Stichproben approximativ einer Normalverteilung an (vgl. Abschnitt 8.5.6).

Voraussetzung 4) beinhaltet die Überprüfung von homogenen Varianzen zwischen den Gruppen und wurde mit dem Levene-Test überprüft. Bei einem nicht signifikanten Ergebnis kann von Varianzhomogenität ausgegangen werden. Die Ergebnisse des Levene-Tests sind in Tabelle 44 dargestellt. Alle Werte des Levene-Tests sind nicht signifikant. Somit kann von einer Varianzhomogenität zwischen EG1 und EG2 ausgegangen werden.

Tabelle 44: Überprüfung der Varianzhomogenität – Diagnostische Fähigkeiten (EG)

	DF1	*DF2*	*F*	*p*
Vortest Beschreiben	1	101	0.11	0.746
Nachtest Beschreiben	1	101	0.29	0.589
Vortest Deuten	1	101	2.38	0.126
Nachtest Deuten	1	101	0.00	0.999
Vortest Ursachen finden/ Konsequenzen ableiten	1	101	1.15	0.287
Nachtest Ursachen finden/ Konsequenzen ableiten	1	101	0.89	0.347

Anmerkung: *DF1*: Freiheitsgrad 1 (Anzahl der Gruppen−1), *DF2*: Freiheitsgrad 2 (Probandenzahl−Anzahl der Gruppen), *F*: Testgröße des Levene-Tests, *p*: Signifikanz

Da die Voraussetzungen erfüllt sind, konnte für jede Dimension eine zweifaktorielle Varianzanalyse mit Messwiederholung (between = Experimentalgruppen, within = Zeitpunkt) durchgeführt werden. Die Ergebnisse der zweifaktoriellen Varianzanalyse mit Messwiederholung sind in Tabelle 45 dargestellt.

Tabelle 45: Zweifaktoriellen Varianzanalyse mit Messwiederholung – Diagnostische Fähigkeiten (EG)[167]

Beschreiben	DF1	DF2	F	p	η_p^2
(Intercept)	1	101	258.03	<0.001	0.72
Gruppe	1	101	0.06	0.802	0.00
Zeitpunkt	1	101	76.51	<0.001	0.43
Gruppe × Zeitpunkt	1	101	0.04	0.851	0.00
Deuten	**DF1**	**DF2**	**F**	**p**	η_p^2
(Intercept)	1	101	440.77	<0.001	0.81
Gruppe	1	101	0.42	0.518	0.00
Zeitpunkt	1	101	80.79	<0.001	0.44
Gruppe × Zeitpunkt	1	101	0.50	0.483	0.00
Ursachen finden/ Konsequenzen ableiten	**DF1**	**DF2**	**F**	**p**	η_p^2
(Intercept)	1	101	463.02	<0.001	0.82
Gruppe	1	101	0.03	0.854	0.00
Zeitpunkt	1	101	52.85	<0.001	0.34
Gruppe × Zeitpunkt	1	101	0.02	0.890	0.00

Anmerkung: DF1: Freiheitsgrad 1 (Anzahl der Gruppen – 1), *DF2*: Freiheitsgrad 2 (Probandenzahl – Anzahl der Gruppen), *F*: Testgröße der mehrfaktoriellen Varianzanalyse, *p*: Signifikanz, η_p^2: Partielles Eta²

Aufgrund der unterschiedlichen Stichprobengröße der beiden Gruppen wurde der Quadratsummen Typ III angewendet. Dadurch können, neben dem Interaktionseffekt, auch die Haupteffekte sinnvoll interpretiert werden (Field et al. 2012, S. 476). Die zweifaktorielle Varianzanalyse mit Messwiederholung ergab über beide Gruppen hinweg in allen drei Dimensionen einen signifikanten Haupteffekt im Zeitpunkt mit $F_B(1, 101) = 76.51$, $p < 0.001$, $\eta_p^2 = 0.43$; $F_D(1, 101) = 80.79$, $p < 0.001$, $\eta_p^2 = 0.44$; $F_{U/K}(1, 101) = 52.85$, $p < 0.001$, $\eta_p^2 = 0.34$. Im Mittel konnten somit die Studierenden der EG1 und EG2 ihre

---

[167] Statt den drei zweifaktoriellen Varianzanalysen mit Messwiederholung, die hier dargestellt sind, könnte auch eine multivariate Varianzanalyse berechnet werden. Bei der multivariaten Varianzanalyse wird der Einfluss von Faktoren auf mehrere abhängige Variablen untersucht, wodurch die Alphafehler-Kumulierung vermindert wird. Die multivariate Varianzanalyse wurde ebenfalls berechnet und führt zu (fast) identischen Ergebnissen (gleiche Signifikanzniveaus, ähnliche F-Werte und leicht höhere Effektstärken). Da die Interpretation der Ergebnisse durch die Zusammenhänge der abhängigen Variablen erschwert ist und weitergehende Analysen erfordern, werden hier nur die Ergebnisse der (univariaten) Varianzanalysen mit Messwiederholung dargestellt.

diagnostischen Fähigkeiten durch die Arbeit mit der videobasierten Lernumgebung verbessern.[168]

Mithilfe eines T-Tests für abhängige Stichproben wurden die Effekte der jeweiligen Experimentalgruppen genauer untersucht. Als Voraussetzung für den T-Test für abhängige Stichproben gilt 1) Unabhängigkeit innerhalb der Messzeitpunkte, 2) Intervallskalenniveau in der zu vergleichenden Variable und 3) Normalverteilung in den Differenzen der Merkmalsausprägung der beiden Messzeitpunkte (vgl. Abschnitt 8.5.6). Dass Voraussetzung 2) erfüllt ist, wurde bereits für die Durchführung der zweifaktoriellen Varianzanalyse erläutert. Da angenommen werden kann, dass die Probanden die Videoanalysen in Einzelarbeit durchgeführt haben, sollten die Messwerte innerhalb der Messzeitpunkte voneinander unabhängig sein, wodurch Voraussetzung 1) als erfüllt gelten sollte. Die Normalverteilung der Differenzwerte wurde mithilfe des Shapiro-Wilk-Tests und anhand von Q-Q-Plots überprüft. Die Ergebnisse des Shapiro-Wilk-Tests können Tabelle 46 entnommen werden.

Tabelle 46: Überprüfung der Normalverteilung in der Differenz – Diagnostische Fähigkeiten (EG)

	EG1		EG2	
	W	p	W	p
Differenz im Beschreiben	0.98	0.603	0.97	0.224
Differenz im Deuten	0.99	0.845	0.97	0.375
Differenz im Ursachen finden/ Konsequenzen ableiten	0.96	0.050	0.96	0.119

Anmerkung: EG1: Experimentalgruppe 1, EG2: Experimentalgruppe 2, W: Testgröße des Shapiro-Wilk-Tests, p: Signifikanz

Alle Werte sind nicht signifikant, weshalb von normalverteilten Differenzwerten ausgegangen werden kann. Die Datenpunkte liegen in den Q-Q-Plots ebenfalls im Konfidenzintervall (vgl. Anhang G4 im elektronischen Zusatzmaterial). Da alle Voraussetzungen erfüllt sind, kann der T-Test für abhängige Stichproben durchgeführt werden (vgl. Tabelle 47). Die Ergebnisse des T-Tests für abhängige Stichproben legen dar, dass sich sowohl die Studierenden der EG1 als auch die Studierenden der EG2 in allen drei Dimensionen über die Zeitpunkte hinweg signifikant verbesserten. Die Effektstärken variieren zwischen 0.68 und 0.92 und sind somit als große Effekte zu interpretieren (vgl. Abschnitt 8.5.6). Die Intervention führte somit bei beiden Experimentalgruppen zu einer besseren Leistung im Nachtest.

---

[168] Die Varianzanalyse testet zweiseitig und sagt daher nur aus, dass Unterschiede existieren. Daher sollten im Anschluss sogenannte Post-Hoc-Tests durchgeführt werden, um zu untersuchen, wo die Unterschiede existieren. Da in dieser Studie aber nur zwischen jeweils zwei Bedingungen unterschieden wird, kann der Unterschied auch aus Tabelle 42 abgelesen werden.

Tabelle 47: Abhängiger T-Test – Diagnostische Fähigkeiten (EG)

Beschreiben	EG1	EG2
DF	53	48
t	6.80	5.63
p	<0.001	<0.001
d	0.92	0.80
Deuten	**EG1**	**EG2**
DF	53	48
t	7.01	5.74
p	<0.001	<0.001
d	0.95	0.82
Ursachen finden/ Konsequenzen ableiten	**EG1**	**EG2**
DF	53	48
t	5.00	5.32
p	<0.001	<0.001
d	0.68	0.76

Anmerkung: EG1: Experimentalgruppe 1, EG2: Experimentalgruppe 2, *DF:* Freiheitsgrad, *t:* Testgröße des T-Tests für abhängige Stichproben, *p:* Signifikanz, *d:* Cohens d

Jedoch konnte in keiner Dimension ein signifikanter Interaktionseffekt festgestellt werden (vgl. Tabelle 45), $F_B(1, 101) = 0.04$, $p = 0.851$, $\eta_p^2 = 0.00$; $F_D(1, 101) = 0.50$, $p = 0.483$, $\eta_p^2 = 0.00$; $F_{U/K}(1, 101) = 0.02$, $p = 0.890$, $\eta_p^2 = 0.00$. Wann die Studierenden die Musterlösung erhielten, hatte somit keinen Einfluss auf ihren Lerneffekt hinsichtlich ihrer diagnostischen Fähigkeiten im Bereich *Bestimmung von Längen, Flächen- und Rauminhalten*.

Lerneffektanalyse der Kontrollgruppe

Die Kontrollgruppe KG war nicht Teil der Randomisierung und verfügt über eine weitaus größere Stichprobengröße als die jeweiligen Experimentalgruppen EG1 und EG2, weshalb sie aus der zweifaktoriellen Varianzanalyse ausgeschlossen wurde.

Mögliche Testeffekte durch den Vortest sollten mittels T-Test für abhängige Stichproben analysiert werden. Die Voraussetzungen für die Durchführung des T-Tests für abhängige Stichproben wurden bereits beschrieben. Die Voraussetzung der unabhängigen Stichprobe innerhalb der Messzeitpunkte sollte durch die Einzelarbeit der KG erfüllt sein. Das Intervallskalenniveau ist durch den Summenscore gegeben. Der Shapiro-Wilk-Test zeigt mit $W_B = 0.87$, $p < 0.001$ und $W_{U/K} = 0.76$, $p = 0.019$ signifikante Abweichungen von einer Normalverteilung in den Dimensionen *Beschreiben* und *Ursachen finden/ Konsequenzen ableiten.* In den entsprechenden Q-Q-Plots liegen die Datenpunkte ebenfalls außerhalb des Konfidenzintervalls (vgl. Anhang G4 im elektronischen Zusatzmaterial). In der Dimension *Deuten* hingegen weisen der Shapiro-Wilk-Test mit $W_D = 0.98$, $p = 0.137$ und der Q-Q-Plot auf eine Normalverteilung hin. Für die Dimensionen *Beschreiben* und *Ursachen finden/ Konsequenzen ableiten* wurde daher der nicht-parametrische Wilcoxon-Test angewendet (Field 2012, S. 672f.; Luhmann 2011, S. 261f.).

Die Ergebnisse zeigen, dass die reine Bearbeitung des Vor- und Nachtests keinen Einfluss auf die diagnostischen Fähigkeiten der Studierenden hinsichtlich der *Bestimmung von Längen, Flächen- und Rauminhalten* hat: $V_B = 562.00$, $p = 0.987$, $r = 0.00$; $t_D(80) = 1.23$, $p = 0.223$, $d = 0.14$; $V_{U/K} = 738.50$, $p = 0.184$, $r = -0.15$.

Die Diagramme in Abbildung 69 sollen die bisher dargestellten Ergebnisse hinsichtlich des Lerneffekts zwischen den Gruppen für jede Dimension visualisieren.

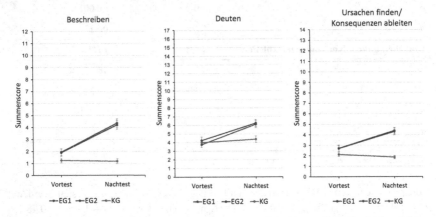

Abbildung 69. Lerneffekte der Gruppen über die beiden Messzeitpunkte hinweg (links: Beschreiben, mittig: Deuten, rechts: Ursachen finden/ Konsequenzen ableiten)

Aus Abbildung 69 wird deutlich, dass sich die Kontrollgruppe (KG) zu den beiden Experimentalgruppen (EG1 und EG2) hinsichtlich des Lernzuwachses diagnostischer Fähigkeiten stark unterscheidet. In allen drei Dimensionen ist bei EG1 und EG2 im Vergleich zur KG ein Lernzuwachs ersichtlich. Die Bearbeitung von Videovignetten im Bereich *Bestimmung von Längen, Flächen- und Rauminhalten* trägt demnach zu einem Lerneffekt in den Experimentalgruppen bei. Deutlich wird anhand Abbildung 69 auch, dass sich EG1 und EG2 hinsichtlich des Lernzuwachses in keiner Dimension unterscheiden. Der Zeitpunkt, an dem das Feedback in Form einer Musterlösung gegeben wird, hat somit keinen Effekt auf den Lernzuwachs der Studierenden.

8.10.3 Einfluss des Vorwissens auf die Wirksamkeit des Feedbacks

Durch die zweifaktorielle Varianzanalyse konnte gezeigt werden, dass die Bearbeitung von Videovignetten mit Musterlösungen wirksamer ist als keine Bearbeitung von Videovignetten (vgl. 8.10.2). Beide Experimentalgruppen (EG1 und EG2) schnitten im Nachtest im Mittel besser ab als im Vortest. Ein Unterschied im Lernzuwachs zwischen EG1 und EG2 konnte jedoch nicht nachgewiesen werden.

Aus den theoretischen Grundlagen geht hervor, dass die Wirkung des Zeitpunktes, an dem das Feedback gegeben wird, möglicherweise vom Vorwissen der Feedbackempfänger bedingt wird (vgl. Abschnitt 3.3.1). So lassen die Ergebnisse der Studien von Gaynor (1981) und Roper (1977) vermuten, dass Lernende mit hohem Vorwissen von verzögertem und Lernende mit niedrigem Vorwissen von sofortigen Feedback profitieren. Um zu untersuchen, ob die Wirksamkeit des Zeitpunktes, an dem die Studierenden die Musterlösungen erhalten, von ihrem Vorwissen (fachliches und fachdidaktisches Wissen) abhängt (Forschungsfrage 3), wurden Moderatorenanalysen durchgeführt. Dabei wird eine multiple Regression durch Interaktionseffekte erweitert (vgl. Abschnitt 8.5.5). In diesem Fall dienen die Lernentwicklungen der Studierenden (die Differenzen zwischen Vor- und Nachtest in den jeweiligen Dimensionen in den diagnostischen Fähigkeiten) als abhängige Variable und die Gruppenvariable (kategorialer Prädiktor) sowie das fachliche und fachdidaktische Vorwissen (metrische Prädiktoren) als Prädiktoren. Durch die Interaktionsterme „Gruppe × Fachwissen" und „Gruppe × Fachdidaktisches Wissen" werden die Moderatorenanalysen definiert.

Um eine Moderatorenanalyse interpretieren zu können, müssen entsprechende Voraussetzungen im Vorfeld überprüft werden. Da die Moderatorenanalyse eine multiple Regression ist, gelten die gleichen Annahmen: 1) Unabhängigkeit der Residuen, 2) keine Multikollinearität zwischen den Prädiktoren, 3) Homoskedastizität, 4) Linearität und 5) Normalverteilung der Residuen. Die Unabhängigkeit der Fehler wurde mit dem Durbin-Watson-Test überprüft. Ein nicht signifikanter Wert, der nah an der zwei liegt, spricht für die Unabhängigkeit der Fehler. Die Ergebnisse des Durbin-Watson-Tests können Tabelle 48 entnommen werden. Alle Werte liegen nah an der zwei und sind nicht signifikant. Die Residuen sind somit unabhängig voneinander.

Tabelle 48: Überprüfung der Unabhängigkeit der Residuen (Moderatorenanalyse)

Dimension	*DW*	*p*
Beschreiben	2.02	0.906
Deuten	2.13	0.518
Ursachen finden/ Konsequenzen ableiten	1.96	0.774

Anmerkung: DW: Testgröße des Durbin-Watson-Tests, *p:* Signifikanz

Um die Multikollinearität zwischen den Prädiktoren zu überprüfen, eignet sich die Interpretation der Variance-Inflation-Factors (VIF). Die Faktoren der aufgenommenen Prädiktoren sollten dabei alle unter 10 liegen. Aus Tabelle 49 geht hervor, dass zwischen den Prädiktoren keine Multikollinearität vorliegt. Die Ergebnisse der Moderatorenanalysen sind somit durch zu hohe Korrelationen zwischen den Prädiktoren nicht negativ beeinflusst.

Tabelle 49: Überprüfung der Multikollinearität (Moderatoranalyse)

Prädiktoren	VIF
Fachdidaktisches Wissen	2.07
Fachwissen	2.00
Gruppe	1.00
Fachdidaktisches Wissen × Gruppe	2.05
Fachwissen × Gruppe	1.97

Anmerkung: VIF: Variance-Inflation-Factor des jeweiligen Prädiktors

Die Voraussetzungen der Linearität, Homoskedastizität und Normalverteilung der Residuen wurden graphisch überprüft. Die Streudiagramme weisen eine gleichmäßige Verteilung der Residuen auf, was auf Linearität und Homoskedastizität hindeutet (vgl. Anhang G5 im elektronischen Zusatzmaterial). Zusätzlich wurde die Homoskedastizität mit dem Breusch-Pagan-Test überprüft. Mit $BP_B(5) = 2.50$, $p = 0.776$ in der Dimension *Beschreiben*, $BP_D(5) = 8.97$, $p = 0.110$ in der Dimension *Deuten* und $BP_{U/K}(5) = 4.61$, $p = 0.465$ in der Dimension *Ursachen finden/ Konsequenzen ableiten* liegt keine Heteroskedastizität in den Residuen vor. Die Residuen der Prädiktoren weisen somit die gleiche Varianz auf. Die entsprechenden Q-Q-Plots zeigen, dass eine Normalverteilung der Residuen in allen drei Dimensionen vorliegt (vgl. Anhang G5 im elektronischen Zusatzmaterial). Die Voraussetzungen für die Durchführung der Moderatorenanalysen gelten somit als erfüllt.

Dimension Beschreiben

In Tabelle 50 ist die Moderatorenanalyse in der Dimension *Beschreiben* dargestellt. Die Varianzaufklärung durch die aufgenommenen Prädiktoren beträgt nur etwa 2 %. Das bedeutet, dass 98 % Varianz des Lerneffekts in der Dimension *Beschreiben* mit den aufgenommenen Prädiktoren nicht erklärt werden kann. Eine Rückwärtsselektion erscheint aufgrund der geringen Varianzaufklärung und der nicht bedeutsamen Prädiktoren nicht sinnvoll.

Tabelle 50: Moderatorenanalyse in der Dimension Beschreiben

$R^2 = 0.021$, $\bar{R}^2 = 0.000$, $p = 0.833$

Prädiktoren	b	SE b	β	p
Intercept	2.403	0.375		<0.001
Gruppe	−0.095	0.544	−0.018	0.861
Fachdidaktisches Wissen	0.226	0.168	0.194	0.183
Fachdidaktisches Wissen × Gruppe	−0.154	0.246	−0.132	0.534
Fachwissen	−0.077	0.609	−0.018	0.900
Fachwissen × Gruppe	−0.012	0.912	−0.002	0.990

Anmerkung: R^2: Varianzaufklärung in der abhängigen Variable durch die Prädiktoren, $\bar{R}^2$: Korrigierte Varianzaufklärung in der abhängigen Variable durch die Prädiktoren, b: Regressionsgewichte, SE b: Standardfehler der Regressionsgewichte, β: standardisierte Regressionsgewichte, p: Signifikanz

Der Haupteffekt für die Gruppe wird nicht signifikant und deutet darauf hin, dass der Zeitpunkt, an dem das Feedback gegeben wird, keinen Einfluss auf den Lerneffekt hat, was bereits durch die zweifaktorielle Varianzanalyse gezeigt werden konnte. Das Vorwissen der Studierenden zum Thema *Bestimmung von Längen, Flächen- und Rauminhalten* hat, sowohl im fachdidaktischen als auch im fachlichen Bereich, (in Form der vorherigen Aufgabenbearbeitung), ebenfalls keinen Einfluss darauf, inwiefern sich die Studierenden im Beschreiben von lernrelevanten Aspekten in der Videosequenz verbessern. Die Interaktionseffekte werden ebenfalls nicht signifikant. Das Vorwissen der Studierenden hat somit keinen Einfluss auf die Wirksamkeit des Feedbackzeitpunktes.

Dimension Deuten

Tabelle 51 stellt das Basismodell der Moderatorenanalyse in der Dimension *Deuten* dar. Das Modell klärt ebenfalls nur 2.1 % Varianz auf und wird nicht signifikant ($p = 0.836$). Eine Rückwärtsselektion erscheint aufgrund der geringen Varianzaufklärung auch in der Dimension *Deuten* nicht sinnvoll.

Die Haupteffekte sind nicht signifikant und tragen somit nicht zur Vorhersage in der Lernentwicklung in der Dimension *Deuten* bei. Auch die Interaktionseffekte werden nicht signifikant. Das Vorwissen der Studierenden hat in der Dimension *Deuten* somit ebenfalls keinen Einfluss darauf, wann die Studierenden die Musterlösungen in ViviAn erhalten sollten.

Tabelle 51: Moderatorenanalyse in der Dimension Deuten

$R^2 = 0.021, \overline{R}^2 = 0.000, p = 0.836$

Prädiktoren	b	SE b	β	p
Intercept	2.351	0.339		<0.001
Gruppe	−0.345	0.550	−0.071	0.484
Fachdidaktisches Wissen	−0.061	0.152	−0.058	0.691
Fachdidaktisches Wissen × Gruppe	−0.116	0.222	−0.024	0.602
Fachwissen	−0.293	0.550	0.076	0.596
Fachwissen × Gruppe	−0.258	0.823	−0.067	0.755

Anmerkung: R^2: Varianzaufklärung in der abhängigen Variable durch die Prädiktoren, $\overline{R}^2$: Korrigierte Varianzaufklärung in der abhängigen Variable durch die Prädiktoren, *b*: Regressionsgewichte, *SE b*: Standardfehler der Regressionsgewichte, β: standardisierte Regressionsgewichte, *p*: Signifikanz

Dimension Ursachen finden/ Konsequenzen ableiten

Tabelle 52 stellt die Moderatorenanalyse in der Dimension *Ursachen finden/ Konsequenzen ableiten* dar. Das Basismodell wird nicht signifikant. Die aufgenommenen Prädiktoren tragen nur 3.6 % zur Varianzaufklärung bei. Eine Rückwärtsselektion erscheint daher auch in dieser Dimension nicht sinnvoll.

Tabelle 52: Moderatorenanalyse in der Dimension Ursachen finden/ Konsequenzen ableiten

$R^2 = 0.036, \overline{R}^2 = 0.000, p = 0.604$

Prädiktoren	b	SE b	β	p
Intercept	1.610	0.312		<0.001
Gruppe	0.066	0.453	0.015	0.884
Fachdidaktisches Wissen	0.203	0.140	0.209	0.149
Fachdidaktisches Wissen × Gruppe	−0.044	0.205	−0.045	0.832
Fachwissen	−0.525	0.507	−0.146	0.303
Fachwissen × Gruppe	0.318	0.205	0.070	0.676

Anmerkung: R^2: Varianzaufklärung in der abhängigen Variable durch die Prädiktoren, $\overline{R}^2$: Korrigierte Varianzaufklärung in der abhängigen Variable durch die Prädiktoren, *b*: Regressionsgewichte, *SE b*: Standardfehler der Regressionsgewichte, β: standardisierte Regressionsgewichte, *p*: Signifikanz

Sowohl der Zeitpunkt, an dem das Feedback gegeben wird als auch das Vorwissen der Studierenden (Fachwissen und fachdidaktisches Wissen) hat keinen Einfluss auf den Lerneffekt in der Dimension *Ursachen finden/ Konsequenzen ableiten*. Der Interaktionseffekt wird ebenfalls nicht signifikant. Studierende mit niedrigem Vorwissen (bzw. hohem Vorwissen) profitieren im Rahmen dieser Studie somit nicht von sofortigem Feedback (bzw. verzögertem Feedback), was auch bereits beim *Beschreiben* und beim *Deuten* gezeigt werden konnte.

Aus den Ergebnissen lässt sich folgern, dass das fachliche und fachdidaktische Vorwissen der Studierenden in dieser Studie keinen Einfluss darauf hat, wann die Studierenden in ViviAn das Feedback in Form einer Musterlösung erhalten sollten.

8.10.4 Unterschiede zwischen den Experimentalgruppen

In den folgenden Abschnitten wird analysiert, ob die beiden Experimentalgruppen die Musterlösungen als gleichermaßen nützlich empfinden. Darüber hinaus wird untersucht, ob zwischen den beiden Experimentalgruppen Unterschiede im Umgang mit den Musterlösungen bestehen. Dafür wurde zum einen ein Fragebogen entwickelt und validiert (vgl. Abschnitt 7.3.2 und Abschnitt 8.9). Zum anderen wurde untersucht, wie lange die Studierenden auf den Musterlösungen verweilen. Die Verweildauer soll mögliche Hinweise darauf geben, wie lange sich die beiden Experimentalgruppen mit den Musterlösungen befassen. Die Ergebnisse sollen die Frage klären, ob die Studierenden in der Lernumgebung ViviAn zukünftig das sofortige oder das verzögerte Feedback in Form einer Musterlösung erhalten sollten. Die genannten Aspekte decken Forschungsfrage 4 ab (vgl. Abschnitt 5.2).

Wahrgenommener Nutzen der Musterlösungen und der Umgang mit ihnen

Um zu analysieren, als wie nützlich die Studierenden die Musterlösungen empfinden und um Einsichten zu erhalten, wie sie mit den Musterlösungen umgehen, wurde ein Fragebogen eingesetzt. Der Fragebogen beinhaltet die Subskalen *Wahrgenommener Nutzen der Musterlösungen* und *Umgang mit den Musterlösungen*, die mit einer fünfstufigen Likert-Skala erhoben wurden. Im Folgenden wird analysiert, ob sich EG1 und EG2 hinsichtlich der beiden Subskalen unterscheiden.

Einen ersten Überblick soll Tabelle 53 geben. Der Mittelwert gibt den mittleren Summenscore für die jeweilige Experimentalgruppe wieder. Der *Wahrgenommene Nutzen der Musterlösungen* (maximaler Summenscore ist 16) wurde mit vier Items; der *Umgang mit den Musterlösungen* mit fünf Items (maximaler Summenscore ist 20) erhoben.

Tabelle 53: Mittlere Summenscores – Wahrgenommener Nutzen der Musterlösungen und Umgang mit den Musterlösungen

	EG1		EG2	
	M	SD	M	SD
Wahrgenommener Nutzen der Musterlösungen	11.81	2.74	12.22	2.88
Umgang mit den Musterlösungen	13.48	4.39	15.12	3.04

Anmerkung: EG1: Experimentalgruppe 1 (verzögertes Feedback), EG2: Experimentalgruppe 2 (sofortiges Feedback), *M*: Mittelwert, *SD*: Standardabweichung

Tabelle 53 kann entnommen werden, dass beide Experimentalgruppen die Musterlösungen insgesamt als nützlich empfinden. EG2 nimmt die Musterlösungen im Mittel etwas nützlicher wahr als EG1. Darüber hinaus unterscheiden sich EG1 und EG2 in ihrem Umgang mit den Musterlösungen.

Um diese Unterschiede auf Signifikanz zu überprüfen, eignet sich der T-Test für unabhängige Stichproben. Dafür müssen die Voraussetzungen 1) Unabhängige Stichproben, 2) Intervallskalierte Messwerte, 3) Normalverteilte Messwerte und 4) Varianzhomogenität zwischen den Gruppen gegeben sein. Da die Studierenden zufällig zu den Experimentalgruppen zugeteilt wurden und die Studierenden in Einzelarbeit arbeiteten, kann angenommen werden, dass die Stichproben voneinander unabhängig sind. Die Messwerte wurden über den Summenscore der jeweiligen Subskalen gebildet. Daher kann von intervallskalierten Messwerten ausgegangen werden. Die Normalverteilung wurde mit dem Shapiro-Wilk-Test und mit Q-Q-Plots überprüft. Die Ergebnisse des Shapiro-Wilk-Test können Tabelle 54 entnommen werden:

Tabelle 54: Überprüfung der Normalverteilung – Wahrgenommener Nutzen der Musterlösungen und Umgang mit den Musterlösungen

	EG1		EG2	
	W	p	W	p
Wahrgenommener Nutzen der Musterlösungen	0.96	0.040	0.93	0.008
Umgang mit den Musterlösungen	0.95	0.032	0.94	0.020

Anmerkung: EG1: Experimentalgruppe 1 (verzögertes Feedback), EG2: Experimentalgruppe 2 (sofortiges Feedback), *W*: Testgröße des Shapiro-Wilk-Tests, *p*: Signifikanz

Die Werte des Shapiro-Wilk-Tests sind alle signifikant. Statistisch weichen die Daten somit von einer Normalverteilung ab. In den jeweiligen Q-Q-Plots liegen die Datenpunkte jedoch im Konfidenzintervall (vgl. Anhang G6 im elektronischen Zusatzmaterial). Somit kann von einer Normalverteilung ausgegangen werden. Um die Varianzhomogenität zu überprüfen, wurde der Levene-Test angewandt (vgl. Tabelle 55). Die Ergebnisse suggerieren, dass Varianzhomogenität in der Subskala *Wahrgenommener Nutzen der Musterlösungen* und Varianzheterogenität in der Subskala *Umgang mit den Musterlösungen* vorliegt.

Tabelle 55: Überprüfung der Varianzhomogenität – Wahrgenommener Nutzen der Musterlösungen und Umgang mit den Musterlösungen

	DF1	*DF2*	*F*	*p*
Wahrgenommener Nutzen der Musterlösungen	1	101	0.15	0.697
Umgang mit den Musterlösungen	1	101	4.99	0.028

Anmerkung: DF1: Freiheitsgrad 1 (Anzahl der Gruppen – 1), *DF2:* Freiheitsgrad 2 (Probandenzahl – Anzahl der Gruppen), *F*: Testgröße des Levene-Tests, *p*: Signifikanz

Für die Analyse der Gruppenunterschiede in der Skala *Wahrgenommener Nutzen der Musterlösungen* wird daher der T-Test und für die Überprüfung der Gruppenunterschiede in der Skala *Umgang mit den Musterlösungen* der Welch-T-Test angewandt, der keine Varianzhomogenität zwischen den Gruppen voraussetzt. Die Ergebnisse der entsprechenden Tests sind in Tabelle 56 dargestellt:

Tabelle 56: Unabhängiger T-Test und Welch-T-Test – Wahrgenommener Nutzen der Musterlösungen und Umgang mit den Musterlösungen

	DF	*t*	*p*	*d*
Wahrgenommener Nutzen der Musterlösungen (T-Test)	101	−0.74	0.461	0.12
Umgang mit den Musterlösungen (Welch-T-Test)	101	−2.22	0.029	0.43

Anmerkung: DF: Freiheitsgrad, *t*: Testgröße des T-Tests bzw. Welch-T-Tests für unabhängige Stichproben, *p*: Signifikanz, *d*: Cohens d

Die Ergebnisse des T-Tests zeigen, dass sich EG1 und EG2 hinsichtlich des wahrgenommenen Nutzens der Musterlösungen nicht unterscheiden ($t(101) = -0.74$, $p = 0.461$, $d = 0.12$), was auch in Abbildung 70 deutlich wird. Darüber hinaus kann Abbildung 70 entnommen werden, dass beide Gruppen die Musterlösungen als nützlich empfinden.

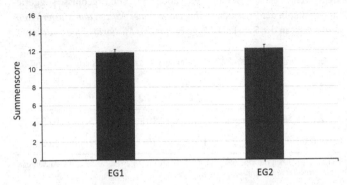

Abbildung 70. Gruppenunterschiede hinsichtlich des wahrgenommenen Nutzens der Musterlösungen

Die Ergebnisse des Welch-T-Tests (vgl. Tabelle 56) suggerieren hingegen, dass die Studierenden, die die Musterlösungen nach jedem Diagnoseauftrag erhielten, die Musterlösungen etwas aktiver nutzten als Studierende, die die Musterlösungen am Ende der Bearbeitung der Diagnoseaufträge erhielten ($t(94.66) = -2.22$, $p = 0.029$, $d = 0.43$), vgl. auch Abbildung 71. Die Gruppenunterschiede werden signifikant, mit einem kleinen bis mittleren Effekt.

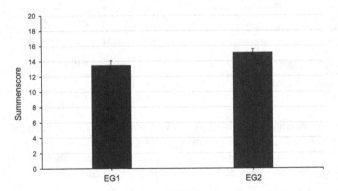

Abbildung 71. Gruppenunterschiede hinsichtlich des Umgangs mit den Musterlösungen

Abbildung 71 kann entnommen werden, dass beide Gruppen insgesamt gut mit den Musterlösungen umgehen. Ob der Fragebogen ein geeignetes Instrument darstellt, um den Umgang mit den Musterlösungen adäquat zu erfassen, bleibt jedoch zu hinterfragen (vgl. Kapitel 9). Um weitere Anhaltspunkte zu erhalten, wie die Studierenden mit den Musterlösungen umgehen, wird daher die jeweilige Verweildauer auf den Musterlösungen analysiert.

Verweildauer auf den Musterlösungen

Die Verweildauer gibt an, wie lange die Studierenden auf den Musterlösungen verbringen und wurde über das Umfragetool miterhoben. Darüber konnte berechnet werden, wie lange die Studierenden auf den Seiten verweilen, auf denen die Musterlösungen abgebildet waren. Die Verweildauer soll Aufschluss darüber geben, wie lange sich die Studierenden mit den Musterlösungen befassen.

Bei EG1 (verzögertes Feedback) konnte die exportierte Zeitangabe ohne weitere Zwischenschritte für jede Trainingsvignette übernommen werden, da die Musterlösung lediglich auf einer Seite abgebildet war. EG2 (sofortiges Feedback) hingegen bekam die Musterlösungen auf einzelnen Seiten dargeboten, da sie die Rückmeldungen nach jedem Diagnoseauftrag erhielten. Daher wurden die entsprechenden Zeitangaben, die die Studierenden auf den einzelnen Rückmeldeseiten einer jeden Trainingsvignette verbrachten, für die Studierenden der EG2 aufsummiert. Studierenden, die einzelne Rückmeldeseiten nicht aufgerufen haben (was aus dem Datenexport entnommen werden konnte) wurde der Wert 0 zugewiesen, da sie die Musterlösungen nicht eingesehen haben.

Um einen Überblick über die Daten zu erhalten, ist in Tabelle 57 die Verweildauer auf den Musterlösungen der einzelnen Vignetten dargestellt. Da die Musterlösungen der jeweiligen Trainingsvignetten verschieden und daher auch unterschiedlich lang sind, ist ein Vergleich der Verweildauer zwischen den einzelnen Trainingsvignetten nicht sinnvoll. In Tabelle 57 ist zusätzlich die Gesamtzeit dargestellt, die die Studierenden auf den Musterlösungen verbringen. Die Gesamtzeit ergibt sich durch die Summe der Verweildauer auf den einzelnen Trainingsvignetten.

Tabelle 57: Verweildauer auf den Rückmeldeseiten (in Minuten) für die Trainingsvignetten

	M	*SD*	*Max*	*Min*
Trainingsvignette 1	4.9	3.6	20.9	0
Trainingsvignette 2	4.8	4.5	32.1	0
Trainingsvignette 3	3.1	4.5	41.9	0
Trainingsvignette 4	5.2	12.6	126.5	0
Trainingsvignette 5	3.8	4.5	38.3	0
Gesamt	21.7	21.8	197.4	2.0

Anmerkung: M: Mittelwert der Items, *SD*: Standardabweichung der Items, *Max*: Maximaler Wert, *Min*: Minimaler Wert

Wie Tabelle 57 entnommen werden kann, verbringen die Studierenden im Mittel insgesamt 21.7 Minuten auf den Musterlösungen der fünf Trainingsvignetten. Jedoch variiert die Verweildauer auf dem Feedback über beide Experimentalgruppen hinweg innerhalb der Trainingsvignetten sehr stark, was auch an der hohen Standardabweichung zu erkennen ist. In jeder Vignette kann mindestens ein Fall identifiziert werden, in dem die Musterlösungen nicht angeschaut wurden (0 Minuten). In Trainingsvignette 4 verweilte ein Studierender 126.5 Minuten auf der Musterlösung. Der Mittelwert der Verweildauer auf dieser Vignette von $M = 5.2$ ($SD = 12.6$) legt nahe, dass es sich bei diesem Wert um einen Ausreißerwert handelt. Möglichweise hat dieser Studierende die entsprechende Rückmeldeseite aufgerufen und vergessen, anschließend auf „Weiter" oder „Bearbeitung beenden" zu klicken. Auch in der Gesamtzeit ist zu erkennen, dass die Varianz in der Verweildauer enorm hoch ist. Die Werte legen nahe, dass die Daten durch Ausreißerwerte verzerrt sind.

Um zu analysieren, ob die Ausreißerwerte durch die Gruppenzugehörigkeit bedingt sind, wurden zwei Box-Plots erstellt, um die Datenlage hinsichtlich der Verweildauer für EG1 und EG2 zu visualisieren (vgl. Abbildung 72).

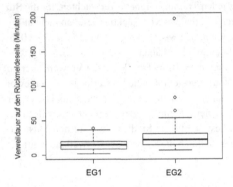

Abbildung 72. Box-Plots zur Darstellung der Verweildauer auf den Rückmeldeseiten für EG1 und EG2

Anhand Abbildung 72 wird deutlich, dass die Varianz in EG2 hinsichtlich der Verweildauer größer ist als die Varianz in EG1. Darüber hinaus erkennt man in Abbildung 72 die Werte, die deutlich über den Median (als fett markierte Linie gekennzeichnet) liegen. Im Rahmen von Box-Plots werden diese oft auch als Ausreißerwerte bezeichnet (Döring & Bortz 2016, S. 622). In EG2 sind diese Ausreißerwerte häufiger und größer.

Um mögliche Ausreißerwerte zu eliminieren, wurde entschieden, von *jedem* Studierenden den kleinsten und den größten Wert der Verweildauer zu entfernen (vgl. rot markierte Werte in Abbildung 73).

ID	Trainingsvignette 1	Trainingsvignette 2	Trainingsvignette 3	Trainingsvignette 4	Trainingsvignette 5	Mittelwert	Standardabweichung
P1	2.60	6.56	1.96	5.22	3.34	3.94	1.71
P2	2.40	0.07	0.19	1.14	0.21	0.80	0.89
P3	9.93	6.09	2.73	3.76	3.91	5.28	2.57
P4	2.47	0.58	1.53	4.56	5.67	2.96	1.89
P5	2.16	2.81	1.66	2.85	1.24	2.14	0.63
P6	2.53	3.06	1.20	1.68	2.74	2.24	0.69
P7	3.45	1.13	1.26	1.60	1.37	1.76	0.86
P8	2.54	11.15	6.82	7.39	2.84	6.15	3.19
P9	2.79	3.53	2.84	5.03	3.38	3.51	0.81
P10	6.22	8.37	4.67	6.32	4.46	6.01	1.41
P11	5.98	3.99	2.68	4.28	2.91	3.97	1.18
P12	4.00	7.91	5.36	7.57	6.52	6.27	1.44
P13	8.88	6.51	3.94	6.82	4.82	6.19	1.71

Abbildung 73. Selektion der Ausreißerwerte für die Verweildauer in Minuten auf den Rückmeldeseiten[169]

Eine Selektion der Ausreißerwerte auf Basis der einzelnen Trainingsvignetten (Spalten in Abbildung 73) bzw. eine Selektion der Probanden, die insgesamt eine hohe Verweildauer aufzeigten (vgl. die Ausreißerwerte in den Box-Plots aus Abbildung 72) wäre möglich gewesen, erschien aber nicht sinnvoll, da sich die Studierenden in ihrer mittleren Verweildauer auf den Rückmeldeseiten stark unterschieden. Bei Betrachtung der mittleren Verweildauer-Werte der einzelnen Probanden erschien die jeweilige Verweildauer (der vermeintliche Ausreißer) teilweise völlig legitim. Daher wurde entschieden jeweils den kleinsten und größten Verweildauer-Wert aller Probanden zu entfernen, um den Datensatz von möglichen Ausreißerwerten zu bereinigen.

Durch die Selektion des minimalen und maximalen Werts aller Studierenden, ergibt sich die resultierende Verweildauer somit durch die Summe der Verweildauer von drei Trainingsvignetten anstelle von fünf Trainingsvignetten. In Tabelle 58 ist die mittlere Verweildauer auf den Musterlösungen nach Selektion der Minimum- und Maximumwerte für EG1 und EG2 dargestellt. Aus der Tabelle wird ersichtlich, dass EG2 insgesamt fast doppelt so lange (ca. 15 Minuten) auf den Musterlösungen verweilte als EG1 (ca. 8 Minuten).

Tabelle 58: Resultierende Verweildauer auf den Rückmeldeseiten (in Minuten)

	M	SD	Max	Min
EG1	8.3	5.2	1.2	22.9
EG2	14.9	11.7	4.1	67.8

Anmerkung: EG1: Experimentalgruppe 1 (verzögertes Feedback), EG2: Experimentalgruppe 2 (sofortiges Feedback), *M*: Mittelwert der Items, *SD*: Standardabweichung der Items, *Max*: Maximaler Wert, *Min*: Minimaler Wert

---

[169] Die Abbildung stellt nur einen Ausschnitt der ersten 13 Probanden dar.

Um den Unterschied auf Signifikanz zu prüfen, eignet sich ein T-Test für unabhängige Stichproben. Wie bereits beschrieben wurde, müssen für diesen T-Test folgende Voraussetzungen erfüllt sein: 1) Unabhängige Stichproben, 2) Intervallskalierte Messwerte, 3) Normalverteilte Messwerte und 4) Varianzhomogenität zwischen den Gruppen. Die Unabhängigkeit der Stichproben wurde bereits im vorherigen Abschnitt erläutert. Die Messwerte sind Zeitangaben in Minuten und metrisch skaliert, wodurch Voraussetzung 2) erfüllt ist. Die Normalverteilung wurde mit dem Shapiro-Wilk-Test und durch Q-Q-Plots überprüft. Die Ergebnisse des Shapiro-Wilk-Test weisen in beiden Gruppen auf eine Verletzung der Normalverteilung hin: EG1: $W = 0.94$, $p = 0.008$ und EG2: $W = 0.73$, $p < 0.001$. Den entsprechenden Q-Q-Plots (vgl. Anhang G6 im elektronischen Zusatzmaterial) kann entnommen werden, dass die Datenpunkte von EG1 im entsprechenden Konfidenzintervall liegen. Die Datenpunkte von EG2 liegen im oberen Bereich nicht im Konfidenzintervall. Die Daten weichen somit von einer Normalverteilung ab. Die Varianzhomogenität wurde mit dem Levene-Test überprüft. Das Ergebnis von $F(1, 101) = 4.46$, $p = 0.037$ deutet auf Varianzheterogenität zwischen den Gruppen hin.

Da die Voraussetzungen für die Durchführung des T-Tests für unabhängige Stichproben nicht erfüllt sind, muss auf alternative Auswertungsmethoden zurückgegriffen werden. Der nicht parametrische Mann-Whitney-U-Test zum Vergleich von unabhängigen Stichproben setzt keine Normalverteilung voraus, beinhaltet jedoch die Annahme, dass die Varianzen in den Gruppen homogen sind. Der Welch-T-Test hingegen überprüft Gruppenunterschiede auf Signifikanz bei verletzter Varianzhomogenität, setzt allerdings, wie auch der T-Test, Normalverteilung voraus. Trotz des zentralen Grenzwertsatzes, der besagt, dass sich die Stichprobenverteilung ab $N > 30$ einer Normalverteilung annähert, wurde zusätzlich zum Welch-Test ein Bootstrapping vorgenommen, das zu einem robusten Auswertungsverfahren gehört (Field et al. 2012, S. 201f.). Die Ergebnisse des Welch-T-Tests zeigen, dass sich EG1 und EG2 hinsichtlich der Verweildauer mit großem Effekt unterscheiden ($t(64.79) = -3.67$, $p < 0.001$, $d = 0.75$). Das verteilungsfreie Bootstrapping-Verfahren ergab ein Konfidenzintervall von $[-4.973, -1.979]$ und deutet ebenfalls auf signifikante Gruppenunterschiede bezüglich der Verweildauer hin. Diese Ergebnisse stützen die Annahme, dass die Studierenden der EG2, die die Musterlösungen nach jedem Diagnoseauftrag erhielten, länger auf den Musterlösungen verweilten und diese daher vermutlich aktiver nutzten als die Studierenden der EG1, die die Musterlösungen erst am Ende einer Vignettenbearbeitung erhielten.

8.11 Zusammenfassung und Interpretation

Die Validierung des Tests zur Erfassung diagnostischer Fähigkeiten ergab eine dreidimensionale Struktur, die sich in *Beschreiben, Deuten* und *Ursachen finden/ Konsequenzen ableiten* untergliedern lässt. Dass das Finden möglicher Ursachen und das adäquate Ableiten entsprechender Konsequenzen eine gemeinsame Dimension abbilden, lässt sich möglicherweise damit begründen, dass die Entscheidung, ob und wann interveniert wird häufig aus den möglichen Ursachen der gedeuteten Schülerfehler und -schwierigkeiten resultiert. So kann der Ursache für das fehlerhafte Aufstellen einer Oberflächeninhaltsformel eines Quaders ein fehlendes Begriffsverständnis von *Quader* zugrunde liegen. Dies kann ebenfalls eine mögliche Begründung dafür sein kann, dass interveniert werden sollte, um mit den Schülerinnen und Schülern die Eigenschaften eines Quaders zu erarbeiten. Diese Ergebnisse stimmen mit den Überlegungen von C. von Aufschnaiter et al. (2018) überein. Die Autoren beschreiben, dass insbesondere die möglichen Ursachen des Denkens und Handelns der Schülerinnen und Schüler Anhaltspunkte geben, ob und wie in den Lernprozess eingegriffen werden sollte (C. von Aufschnaiter et al. 2018, S. 385).

Um zu untersuchen, ob das Vorwissen der Studierenden einen Einfluss auf ihre diagnostischen Fähigkeiten hat, wurde auf Grundlage der Operationalisierung von COACTIV (Krauss et al. 2011, S. 138f.) ein fachdidaktischer Test konzipiert, der ebenfalls durch ein Rasch-Partial-Credit-Modell validiert wurde. Entgegen der COACTIV-Studie, die zwischen den drei Dimensionen *Wissen über das multiple Lösungspotential von Mathematikaufgaben*, *Wissen über typische Schülerfehler und -schwierigkeiten* und *Wissen über Erklären und Repräsentieren* differenzieren[170], suggerieren die Modellvergleiche auf Basis der Informationskriterien AICc und SABIC die Extraktion eines eindimensionalen Modells. Um mögliche Anhaltspunkte für das fachliche Vorwissen der Studierenden zu erhalten, wurden diese vor der Videoanalyse aufgefordert, die Arbeitsaufträge der Schülerinnen und Schüler selbst zu lösen. Die Antworten wurden mithilfe der qualitativen Inhaltsanalyse ausgewertet. Die Ergebnisse der multiplen Regressionsanalysen legen nahe, dass das fachliche und fachdidaktische Vorwissen der Studierenden in fast allen Dimensionen einen Einfluss auf ihre diagnostischen Fähigkeiten im Bereich *Bestimmung von Längen, Flächen- und Rauminhalten* hat.

In der Dimension *Beschreiben* leisteten die Prädiktoren *Fachwissen* und *Vorerfahrung mit Videoanalysen in ViviAn* einen bedeutsamen Beitrag zur Varianzaufklärung von etwa 9 % ($p < 0.001$). Studierende, die vorab die Aufgaben, die die Lernenden in der Videosequenz bearbeiteten, lösen konnten, konnten die Videosequenzen der Testvignetten im Durchschnitt auch besser beschreiben. Das fachdidaktische Wissen der Studierenden hatte hingegen keinen bedeutsamen Einfluss. Die Ergebnisse lassen sich wie folgt erklären: Um eine Videosequenz aus mathematikdidaktischer Perspektive zu beschreiben, kann das fachliche Wissen von Vorteil sein, um beispielsweise entsprechende Materialien wie *Quader* oder *Oberflächeninhalt* zu benennen. Da die Beschreibung einer Lehr-Lern-Situation wertungs- und deutungsfrei ist (und auch entsprechend kodiert wurde), scheint es plausibel, dass das fachdidaktische Wissen keinen Einfluss auf die Beschreibung der Videosequenz hat. Für die reine Beschreibung einer Situation brauchen die Studierenden kein Wissen über Fähigkeiten bzw. typische Fehlvorstellungen von Schülerinnen und Schülern oder Kenntnisse über mögliche Erklärungs- und Repräsentationsformen. Die Bedeutsamkeit der

---

[170] Bei der Überprüfung der Dimensionalität vergleicht COACTIV nicht zwischen einem ein- und dreidimensionalen Modell, sondern modelliert die dreidimensionale Struktur des fachdidaktischen Wissens durch eine konfirmatorische Faktorenanalyse, in der zusätzlich das fachliche Wissen als latentes Konstrukt mitaufgenommen wird (Krauss et al. 2008, S. 719). Die Ergebnisse der konfirmatorischen Faktorenanalyse weisen jedoch gute Fit-Werte auf (vgl. Krauss et al. 2011, S. 148; Krauss et al. 2008, S. 719).

Vorerfahrungen der Studierenden mit Videoanalysen in ViviAn (im Bereich der Mathematik) kann dadurch erklärt werden, dass die Studierenden durch die Bearbeitung anderer Videovignetten (in anderen Themenbereichen, siehe Hofmann und Roth 2017 oder Bartel und Roth 2017b) mit dem Videotool ViviAn vertraut sind und dadurch allgemein besser in der Lage sind, lernrelevante Merkmale von videografierten Lernenden wahrzunehmen. In der Dimension *Deuten* konnten die Prädiktoren *Fachwissen* und *Fachdidaktisches Wissen* 24.7 % Varianz aufklären ($p < 0.001$). Diese Ergebnisse scheinen plausibel, da das Fachwissen und das fachdidaktische Wissen benötigt wird, um Fähigkeiten der Lernenden zu identifizieren und Schülerschwierigkeiten und -fehler adäquat einzuschätzen. Darüber hinaus könnte der nicht bedeutsame Einfluss der praktischen Vorerfahrungen der Studierenden (Nachhilfe bzw. Vorerfahrungen mit Videoanalysen in ViviAn) darauf hindeuten, dass die diagnostischen Fähigkeiten, gemäß der Annahmen, nicht nur fach-, sondern auch themenspezifisch sind. In der Dimension *Ursachen finden/ Konsequenzen ableiten* klären die Prädiktoren *Fachwissen* und *Fachdidaktisches Wissen* gemeinsam 6.5 % Varianz auf ($p = 0.002$). Der Prädiktor *Fachwissen* wird zwar nicht signifikant, trägt jedoch mit etwa 2 % zur Varianzaufklärung bei. Auch in dieser Regressionsanalyse haben die praktischen Vorerfahrungen der Studierenden im Diagnostizieren keinen bedeutsamen Einfluss auf die Fähigkeit, mögliche Ursachen für das beobachtbare Verhalten der Lernenden zu finden und adäquate Konsequenzen abzuleiten. Die Ergebnisse deuten ebenfalls darauf hin, dass die diagnostischen Fähigkeiten der Studierenden themenspezifisch sind und somit in hohem Maß von der diagnostischen Situation abhängig sind. Der Test zur Erfassung des fachdidaktischen Wissens wurde hinsichtlich der *Bestimmung von Längen, Flächen- und Rauminhalten* erstellt und hat somit eine große Überschneidung mit den thematischen Inhalten der Videosequenzen. Da das Fachwissen der Studierenden über die jeweilige Bearbeitung der Arbeitsaufträge der videografierten Lernenden erhoben wurde, bildet das Fachwissen denselben Themenkomplex der Videosequenzen ab. Jedoch bleibt hier anzumerken, dass ein erheblicher Anteil der Varianzaufklärung unerklärt bleibt. Die aufgenommenen Prädiktoren tragen zwar signifikant zur Vorhersage der abhängigen Variablen bei, haben jedoch nur bedingt Einfluss darauf, wie gut die Studierenden den Vortest zur Erfassung diagnostischer Fähigkeiten absolvieren.

Die Ergebnisse des Lerneffektanalyse auf Basis einer zweifaktoriellen Varianzanalyse zeigen, dass sich die Studierenden, die mit der videobasierten Lernumgebung ViviAn gearbeitet haben, in ihren diagnostischen Fähigkeiten im Nachtest in allen drei Dimensionen signifikant mit einem großen Effekt verbessert haben ($\eta_p^2 > 0.34$). Bei den Studierenden der Kontrollgruppe, die lediglich den Vor- und Nachtest bearbeiteten, konnte kein Lerneffekt festgestellt werden.[171] Die Ergebnisse lassen darauf schließen, dass die diagnostischen Fähigkeiten hinsichtlich der *Bestimmung von Längen, Flächen- und Rauminhalten* mit der videobasierten Lernumgebung ViviAn gefördert werden können. Die Ergebnisse lassen sich auch mit den durchgeführten T-Tests für abhängige Stichproben stützen, die zeigen, dass sich beide Experimentalgruppen in allen drei Dimensionen in ihren diagnostischen Fähigkeiten verbessern. Der Interaktionseffekt der zweifaktoriellen Varianzanalyse wird jedoch nicht signifikant, was darauf hindeutet, dass der Lerneffekt unabhängig davon ist, wann die Studierenden die Musterlösungen auf Basis des Expertenratings erhalten.

Um die theoretische Annahme zu überprüfen, dass der Zeitpunkt, an dem das Feedback gegeben wird, mit dem Vorwissen des Studierenden interagiert, wurden anschließend Moderatorenanalysen durchgeführt. So sollte die Hypothese überprüft werden, dass Studierende mit niedrigem Vorwissen vom sofortigen Feedback und Studierende mit hohem Vorwissen vom verzögerten Feedback profitieren. Als Vorwissen fungierte das fachliche (in Form der vorherigen Aufgabenbearbeitung) und das fachdidaktische Wissen der Mathematiklehramtsstudierenden. Die Ergebnisse zeigen jedoch keinen Interaktionseffekt, wodurch die theoretischen Annahmen in dieser Studie nicht bestätigt werden können. Die Wirksamkeit des Zeitpunktes, an dem die Musterlösung gegeben wird, hängt somit nicht vom Vorwissen der Studierenden ab.

Die Gruppenvergleiche zeigen, dass die Experimentalgruppen die Musterlösungen für ihren Lernprozess als nützlich empfinden. Zwischen den beiden Experimentalgruppen zeigen sich hinsichtlich des wahrgenommenen Nutzens keine Unterschiede. Jedoch nutzen die Studierenden der EG2 die Musterlösungen etwas aktiver als die Studierenden der EG1. Darüber hinaus zeigt sich, dass die Studierenden, die die Musterlösungen nach jedem Diagnoseauftrag erhalten haben (EG2), im Durchschnitt mehr Zeit auf den Rückmeldungen verbringen als die Studierenden, die die Musterlösungen nach allen Diagnoseaufträgen erhalten (EG1). Dies konnte auch in einer Studie von van de Kleij et al. (2012) gezeigt werden. Trotz der längeren Verweildauer auf den Rückmeldungen und der aktiveren Nutzung der Musterlösungen zeigen sich im resultierenden Lerneffekt jedoch keine Unterschiede. Dies kann möglicherweise dadurch begründet werden, dass die Studierenden der beiden Experimentalgruppen die Musterlösungen gleichermaßen als nützlich empfinden.

---

[171] An dieser Stelle sei auf die Problematik der Wunsch-Nullhypothese hingewiesen. Eine Wunsch-Nullhypothese liegt vor, wenn man mithilfe einer empirischen Studie bestätigen möchte, dass hinsichtlich der untersuchten Variable (hier: den diagnostischen Fähigkeiten) kein Effekt in der Population (hier: in der Kontrollgruppe) vorliegt. Ob ein nicht-signifikantes Ergebnis die Gültigkeit der Nullhypothese rechtfertigen kann, ist kritisch zu hinterfragen. Um in dieser Studie einen Populationseffekt mit einer kleinen Effektgröße und einer Teststärke von 80 % aufzudecken, wäre eine Stichprobe von etwa 600 Probanden notwendig gewesen. Die Berechnungen hierfür wurden mit G*Power durchgeführt. Eine Alternative stellt die Lockerung des α-Fehler-Niveaus dar, das auf $\alpha = 0.20$ gesetzt werden kann, um die Teststärke zu erhöhen (Döring & Bortz 2016, S. 885). Da die Ergebnisse in der Kontrollgruppe in allen Dimensionen nicht signifikant sind und keine Effekte aufweisen, sollten die hier dargestellten Sachverhalte vernachlässigt werden können. Darüber hinaus nimmt die Leistung der KG in der Dimension *Beschreiben* und in der Dimension *Ursachen finden/ Konsequenzen ableiten* tendenziell eher ab.

9 Diskussion

Im Folgenden wird dargestellt und erläutert, inwiefern das Ziel dieser Studie erreicht werden konnte. Im Vordergrund stehen dabei die Forschungsfragen, die im Rahmen dieser Studie beantwortet werden sollten, die Methoden und Instrumente, die für die Beantwortung der Forschungsfragen verwendet wurden sowie die Ergebnisse, welche vor dem Hintergrund theoretischer Ansätze diskutiert werden.

Gestaltung der videobasierten Lernumgebung ViviAn

Das übergeordnete Ziel dieser Studie bestand darin, diagnostische Fähigkeiten von Mathematiklehramtsstudierenden hinsichtlich der *Bestimmung von Längen, Flächen- und Rauminhalten* zu fördern. Dafür musste eine Lernumgebung erstellt werden, in der die Studierenden die Möglichkeit haben, Videos zu analysieren, lernrelevante Merkmale von Schülerinnen und Schülern zu diagnostizieren und Feedback zu erhalten, um ihre Antworten zu evaluieren. Dazu wurde auf die bereits existierende videobasierte Lernumgebung ViviAn (Bartel in Vorb., Bartel und Roth 2017a) zurückgegriffen und diese hinsichtlich des Themas *Bestimmung von Längen, Flächen- und Rauminhalten* adaptiert (vgl. Kapitel 6). Das Videotool ViviAn bietet den Vorteil, dass Studierende über entsprechende Buttons jederzeit, auch während der Videoanalyse, auf Kontextinformationen zurückgreifen können, die ihnen beim Diagnostizieren helfen können. Inwieweit die Mathematiklehramtsstudierenden auf diese Informationen zugreifen und welche der Informationen für das Diagnostizieren hilfreich sind, wurde jedoch bisher nicht untersucht. So würde es sich beispielsweise anbieten, mithilfe von Eye-Tracking oder Webanalyse-Tools zu analysieren, welche Informationen die Studierenden für die Beantwortung der Diagnoseaufträge nutzen und welche Informationen nur selten betrachtet werden. Webanalyse-Tools haben den Nachteil, dass die Daten zumeist auf externen Servern gespeichert werden, wodurch der Datenschutz der Studierenden sowie auch der videografierten Schülerinnen und Schüler gegebenenfalls beeinträchtigt wäre. Unter diesem Gesichtspunkt würden sich Eye-Tracking-Methoden eher anbieten als Webanalyse-Tools. Des Weiteren könnte mithilfe von Fragebögen oder Interviews untersucht werden, ob die Zusatzinformationen, die in ViviAn zur Verfügung stehen, ausreichend sind, oder möglicherweise zusätzliche Informationen, wie beispielsweise Hinweise, die einen Einblick in das Vorwissen der videografierten Schülerinnen und Schüler erlauben, aus Sicht der Studierenden bereitgestellt werden sollten.

Für die videobasierte Lernumgebung ViviAn wurden Videovignetten aus bestehenden Videoaufnahmen des Mathematik-Labors „Mathe ist mehr" erstellt und modifiziert. Die Videoaufnahmen haben den Vorteil, dass konkrete Gruppenarbeitsprozesse von Schülerinnen und Schülern fokussiert werden können, die aufgrund des kooperativen Arbeitens im Mathematik-Labor tiefe Einblicke in die Denkprozesse und Handlungsmuster der videografierten Schülerinnen und Schüler erlauben. Die Videosequenzen bilden jedoch aufgrund

© Der/die Autor(en), exklusiv lizenziert durch
Springer Fachmedien Wiesbaden GmbH, ein Teil von Springer Nature 2022
P. Enenkiel, *Diagnostische Fähigkeiten mit Videovignetten und Feedback fördern*, Landauer Beiträge zur mathematikdidaktischen Forschung,
https://doi.org/10.1007/978-3-658-36529-5_9

der selbstständigen Gruppenarbeit an einem außerschulischen Lernort nur spezifische Unterrichtssituationen ab, wodurch die ökologische Validität beeinträchtigt ist. So stellen die hier verwendeten Videovignetten Unterrichtsszenen dar, wie sie beispielsweise im Schulalltag in Stations- oder Gruppenarbeiten zustande kommen könnten. Eine Alternative stellen Aufnahmen aus realen Unterrichtssituationen dar. Der Fokus bei solchen Aufnahmen liegt jedoch, aufgrund der Präsenz der Lehrperson, häufig auf dem Bewerten und Reflektieren der Kompetenzen der videografierten Lehrperson, weshalb die Analyse von (eigenen) Unterrichtssituationen eher für Fortbildungen von Lehrkräften geeignet ist, die sich bereits im Schuldienst befinden (z.B. Sherin & van Es 2009). Auch C. von Aufschnaiter et al. (2017) erläutern, dass der Fokus für Fragen hinsichtlich der Diagnostik eher auf die Schülerinnen und Schüler gerichtet sein sollte und dass die gegenwärtig verwendeten, videografierten Unterrichtssituationen häufig einen deutlichen Schwerpunkt auf das Verhalten der Lehrperson legen (S. 97). „Damit ist auch die Möglichkeit zur Diagnose beschränkt […]" (C. von Aufschnaiter et al. 2017, S. 97), da die Kameraführung nur bedingt die Analyse individueller Lernenden erlaubt. Um lernrelevante Merkmale von einzelnen Schülerinnen und Schülern im Sinne der Förderdiagnostik zu diagnostizieren, sollte der Fokus der Kamera somit auf die Lernenden gerichtet sein. Vor diesem Hintergrund erscheinen die im Rahmen dieser Studie verwendeten Videovignetten nicht nachteilig, da diese insbesondere auch die schülerspezifische Analyse von lernrelevanten Merkmalen einzelner Schülerinnen und Schüler erlauben. Jedoch bleibt anzumerken, dass die Videovignetten, wie sie in dieser Studie verwendet wurden, keinen realen Unterricht einer Lehrkraft abbilden und der Fokus im Unterrichtsalltag einer Lehrkraft im Allgemeinen auf mehr als vier Schülerinnen und Schüler gerichtet ist. Darüber hinaus werden durch die Selektion der videografierten Lernenden in einem separaten Raum mögliche Störgeräusche wie Gespräche zwischen anderen Schülerinnen und Schülern der Klasse separiert, was im Unterrichtsalltag in der Regel nicht der Fall ist. Die Gruppenarbeiten im Schulalltag finden gewöhnlich in einem gemeinsamen Raum statt.

Aus den Ergebnissen der Vorstudie geht außerdem hervor, dass einige der Studierenden die Qualität der eingesetzten Videosequenzen bemängelten. Möglicherweise würde es sich daher anbieten, zusätzlich die Transkripte der Videosequenzen in ViviAn einzubetten. Die Studierenden könnten dann auf die Transkripte zurückgreifen, wenn sie die Gespräche zwischen den Schülerinnen und Schülern nicht verstehen. Dies kann beispielsweise der Fall sein, wenn die Tonqualität schlecht ist oder einzelne Schülerinnen und Schüler mit ausgeprägtem Dialekt sprechen.

Gestaltung der Diagnoseaufträge

Um die Studierenden durch die Analyse zu leiten, wurden für jede Videovignette Diagnoseaufträge erstellt (vgl. Abschnitt 6.7). Alle Diagnoseaufträge wurden nach den Komponenten des Diagnoseprozesses von Beretz et al. (2017a; 2017b) und C. von Aufschnaiter et al. (2018) entwickelt. Die Komponenten haben den Vorteil, dass sie strukturiert und ausdifferenziert sind, wodurch die Erstellung der Diagnoseaufträge, beispielsweise durch das

Verwenden von geeigneten Operatoren, vereinfacht wird. Jedoch besteht bisher noch keine Einigkeit darüber, welche Schritte eine Lehrkraft beim Diagnostizieren tatsächlich durchläuft (T. Leuders et al. 2018, S. 21). Das wird auch durch die verschiedenen Operationalisierungen in den unterschiedlichen Studien deutlich (z.B. G. Kaiser et al. 2015; Klug et al. 2013; van Es und Sherin 2002; Seidel et al. 2010).[172] Da angenommen wird, dass Lehrkräfte den Diagnoseprozess, insbesondere in nicht planbaren Unterrichtssituationen, kognitiv und überwiegend heuristisch durchlaufen, ist eine Operationalisierung, die den Anforderungen einer Lehrkraft gerecht wird, nur schwer umsetzbar. So ist es auch durchaus möglich, dass Lehrkräfte einzelne Komponenten überspringen oder unterschiedlich gewichten. Ob und wie gut eine Lehrkraft diagnostiziert, lässt sich in nicht planbaren Unterrichtssituationen möglichweise nur anhand ihrer pädagogischen Handlung ableiten. So wird eine Lehrkraft in der Interaktion mit ihren Schülerinnen und Schülern vermutlich vorwiegend kognitiv diagnostizieren und basierend auf ihrer Diagnose pädagogische Handlungen vollziehen. Ein Einblick von außen in den Diagnoseprozess, der von einer Lehrperson durchlaufen wird, ist dadurch sehr eingeschränkt. Ob die Komponenten des Diagnoseprozesses, die für die Erstellung der Diagnoseaufträge verwendet wurden, die Realität einer Lehrkraft widerspiegeln, lässt sich daher nur schwer beantworten. Auch T. Leuders et al. (2018) merken an, dass in diesem Bereich noch großer Forschungsbedarf besteht (S. 24). Vor dem Hintergrund der Notwendigkeit einer wertungsfreien und begründeten Diagnose, die den Fähigkeiten und Schwierigkeiten der Schülerinnen und Schüler gerecht wird, scheint es jedoch notwendig, Studierenden einen strukturierten Diagnoseprozess zu vermitteln, weshalb auf den Diagnoseprozess von Beretz et al. (2017b) und C. von Aufschnaiter et al. (2018) zurückgegriffen wurde. Andere Operationalisierungen wie beispielsweise die der „Situationsspezifischen Fähigkeiten" (*perceive, interpret, decide*, vgl. Blömeke et al. 2014) oder die der „Professionellen Unterrichtswahrnehmung" (*beschreiben, erklären, vorhersagen*, vgl. Seidel et al. 2010) haben den Nachteil, dass insbesondere die Komponenten *interpret* oder *erklären* inhaltlich einen großen Interpretationsspielraum zulassen.

Aufgrund der hohen Bedeutsamkeit des schnellen Reagierens auf Fähigkeiten und Schwierigkeiten von Schülerinnen und Schülern in nicht planbaren Situationen, werden in Studien auch vermehrt Tests eingesetzt, in denen Probanden unter hohem Zeitdruck Antworten geben müssen (z.B. „speed tests" vgl. Blömeke et al. 2014 oder „SB-Instrument"[173] vgl. Krauss und Brunner 2011). Bisher beschränken sich diese Tests jedoch auf die Darbietung einer Schülerlösung in schriftlicher Form, die die Probanden dann hinsichtlich ihrer Richtigkeit beurteilen müssen, weshalb diese Fähigkeit insbesondere im fachlichen Wissensbereich verortet werden kann (Krauss & Brunner 2011, S. 249). Blömeke et al. (2014) konnten zwischen den situationsspezifischen Fähigkeiten (*perceive, interpret* und *decide*) und der Fähigkeit Schülerfehler schnell zu erkennen (Fähigkeiten im „speed-test")

---

[172] Die Operationalisierungen hängen vermutlich auch im hohen Maß davon ab, welches Ziel der Diagnostik zugrunde liegt.

[173] „SB" steht für „schnelle **B**eurteilungsfähigkeit" (vgl. Krauss & Brunner 2011, S. 235)

keine Korrelation ($r = 0.06$) feststellen (S. 528). Dieses Ergebnis wirft die Frage auf, ob und wie diese Konstrukte überhaupt zusammenhängen.

Obwohl die Studierenden beim Analysieren der jeweiligen Videovignette auch aufgefordert wurden, mögliche Fördermaßnahmen für die videografierten Schülerinnen und Schüler zu beschreiben, um eine möglichst authentische Unterrichtssituation darzustellen, wurden die Interventionsmaßnahmen der Studierenden nicht ausgewertet. Zum einen wurde angenommen, dass die Angemessenheit von Fördermaßnahmen nur anhand real durchgeführter Interventionen bewertet werden können und die reine Beschreibung möglicher Fördermaßnahmen keine adäquate Bewertung erlaubt.[174] Zum anderen betonen J. Kaiser et al. (2017) die enge Verwobenheit von Diagnostik und pädagogischen Handlungen in Situationen, die nicht planbar sind (S. 115). Folglich hätte die Angemessenheit der jeweiligen Fördermaßnahme nur vor dem Hintergrund der vorherigen diagnostischen Leistungen der Studierenden bewertet werden können. Die Auswertung der Antworten der Studierenden auf die Diagnoseaufträge hätten daher auch unter einem anderen Blickwinkel und nicht anhand der Übereinstimmung mit dem Expertenrating analysiert werden müssen.[175]

Qualitative Inhaltsanalyse

Obwohl die qualitative Inhaltsanalyse eine sehr strukturierte Auswertungsmethode ist, die nach regelgeleiteten Ablaufmodellen durchgeführt wird (vgl. Abschnitt 8.5.1), ist die Methode qualitativ-interpretativ, weshalb Mayring und Fenzl (2019) dafür plädieren, dieses Verfahren als „qualitativ orientierte kategoriengeleitete Textanalyse" zu bezeichnen (S. 634). Die qualitative Inhaltsanalyse wurde in der Vergangenheit üblicherweise angewendet, um Texte hinsichtlich ihrer inhaltlichen Bedeutung zu analysieren. Sie wird heutzutage aber auch vermehrt bei großen Stichproben angewendet (Döring & Bortz 2016, S. 541). Da die Studierendenantworten hinsichtlich ihrer diagnostischen Fähigkeiten (bzw. hinsichtlich ihres fachlichen und fachdidaktischen Wissens) analysiert werden sollten, wurde das Kategoriensystem anhand eines Expertenratings (bzw. anhand theoriegeleiteter Aspekte) erstellt. Aufgrund der Vielschichtigkeit der Studierendenantworten, die auch ein hohes Maß an Komplexität aufzeigten, wurden die bestehenden Kategorien um weitere Kategorien ergänzt, um möglichst viele Antworten der Studierenden sinnvoll erfassen zu können. Diese Kodiermethode findet sich auch in anderen Studien (z.B. Blömeke et al. 2014; G. Kaiser et al. 2015) wieder. In Anlehnung an G. Kaiser et al. (2015) wird in dieser Studie angenommen, dass die Kategorien, die sich aus den Expertenantworten ergeben,

---

[174] In der qualitativen Auswertung hat sich auch gezeigt, dass die Antworten der Studierenden hinsichtlich der Gestaltung von Fördermaßnahmen so vielschichtig und spezifisch sind, dass diese auf Basis des Expertenratings nicht ausgewertet werden können. Eine Bewertung der Gestaltung der Fördermaßnahmen auf Basis des Expertenratings hätte demnach dazu geführt, dass nur sehr wenige Studierende Punkte erhalten hätten, obwohl sie sinnvolle Antworten gegeben haben.

[175] Eine Möglichkeit Interventionen von Studierenden adäquat auszuwerten, stellt Walz (2020) in seiner Dissertation dar.

zwar ein ungefähres Vergleichsmaß darstellen, um die Antworten der Studierenden einzuordnen, jedoch nicht dazu geeignet sind, *alle* möglichen Studierendenantworten abzudecken: „Coding open-response items is a special challenge because it is not sufficient that a
coding manual provides an expected answer. It happens more often that test persons respond to an item in an unexpected but nevertheless correct way" (G. Kaiser et al. 2015,
S. 381). Dieser Punkt scheint insofern wichtig, da eine Diagnose von verschiedenen Wahrnehmungen und Interpretationen profitieren kann (vgl. C. von Aufschnaiter et al. 2017;
2018). Da das Ziel dieser Studie die *Förderung* diagnostischer Fähigkeiten war, lag der
Fokus darauf, dass die videobasierte Lernumgebung eine Möglichkeit zur *Förderung* darstellt. Hätte ein Vergleich zwischen Expertinnen und Experten mit Novizinnen und Novizen im Fokus gestanden, müsste das zuvor beschriebene Verfahren unter diesem Blickwinkel eruiert werden, was gegebenenfalls zu einer anderen Kodierung geführt hätte.

Bei einer anschließenden inhaltlichen Analyse der Kategorien wurden diese teilweise
zu übergeordneten Kategorien zusammengefasst, wenn eine inhaltliche Trennung nicht
sinnvoll erschien. Dies trat vor allem bei den Kategorien auf, die genutzt wurden, um das
fachdidaktische Wissen zu analysieren. So fiel bei der Kodierung der Studierendenantworten des fachdidaktischen Wissenstests auf, dass die Studierenden teilweise nur die Inhalte
der Vorlesungsfolien „kopierten". Dies trat insbesondere bei den Aufgaben auf, die der
Komponente *Wissen über typische Schülerfehler und -schwierigkeiten* zugeordnet werden
konnten, da die typischen Schülerfehler und -schwierigkeiten in der Vorlesung behandelt
wurden. Dieser Sachverhalt schien insofern problematisch zu sein, da diese Studierenden
dadurch viele Kategorien abdeckten, obwohl nicht sicher angenommen werden konnte,
dass die Studierenden zwischen den Schülerschwierigkeiten differenzieren können.[176] Da
dies in weiteren Analysen dazu hätte führen können, dass diese Studierenden einen hohen
Summenscore erreichen, wurde entschieden, Kategorien zusammenzuführen, so dass diese
Studierenden tendenziell weniger Kategorien abdeckten. Alternativ hätten diese Studierendenantworten auch nicht gewertet werden können. Diese Bewertung erschien jedoch nicht
sinnvoll, da nicht sicher angenommen werden konnte, warum die Studierenden die Vorle-
sungsinhalte in ihre Antwortfelder kopierten. Eventuell würde es sich zukünftig auch anbieten, Studierenden für falsch getätigte Aussagen Minuspunkte zu geben. Dadurch würde
sich vermutlich auch eine differenziertere Bewertung der Studierenden ergeben. Jedoch
muss hier angemerkt werden, dass die Studierenden trotz des gewählten Vorgehens über
ein geringes fachdidaktisches Wissen verfügen. Die Verwendung von Minuspunkten hätte
somit dazu geführt, dass die Studierenden schlechtere Ergebnisse aufgezeigt hätten. Das
geringe fachdidaktische Wissen der Studierenden kann möglicherweise darauf zurückgeführt werden, dass diese überwiegend Studierende aus dem Erst- und Zweitsemester waren.

Bei der Analyse der Kategorien wurde entschieden, fachliche Fehler von Studierenden
als falsch zu werten, da nicht sicher angenommen werden konnte, dass die Studierenden
diagnostizieren können, wenn sie selbst Schwierigkeiten dabei haben, zwischen verschiedenen Maß- oder Figurenbegriffen zu unterscheiden. Durch diese Maßnahme ergab sich

---

[176] Dieser Aspekt wird auch in Abschnitt 8.8.2 beschrieben.

eine strenge Bewertung, die durchaus Diskussionsspielraum zulässt. So wäre es auch möglich, dass die Studierenden Schwierigkeiten haben sich präzise auszudrücken. Möglicherweise haben die Studierenden auch wenig Motivation oder Elan, Materialien und Fachbegriffe richtig zu benennen. Dieser Punkt scheint insofern plausibel, da die Beantwortung der fachdidaktischen Fragen und Diagnoseaufträge sehr zeitaufwendig war und viele Begründungen erforderte. Alternativ hätten die fachlichen Fehler und ungenauen Aussagen der Studierenden genauer analysiert werden können. So hätte beispielsweise untersucht werden können, ob diese Schwierigkeiten über alle Vignetten hinweg systematisch oder nur punktuell auftreten. Diese Methode lässt sich der „engen Kontextanalyse" zuordnen (Mayring 2015, S. 85), bei der der Rater auf bisher getätigte Ausdrücke bzw. verfasste Textpassagen zurückgreift, um interpretationsbedürftige Textpassagen weiter zu analysieren. Aufgrund der großen Datenmenge, die zusätzlich untersucht hätte werden müssen, erschien eine solche Auswertung im Rahmen dieser Studie nicht möglich. Alternativ hätte auch eine „kommunikative Validierung" (Bortz & Döring 2006, S. 328; Krüger & Riemeier S. 135) zwischen Probanden und Ratern durchgeführt werden können. Dabei werden die Probanden nach der qualitativen Inhaltsanalyse zu den Ergebnissen befragt, die dann die Interpretationen der Rater evaluieren (Krüger & Riemeier S. 135). Diese Methode ist vermutlich durch eine hohe Validität geprägt, da die Interpretationen der Rater mit den Meinungen der Probanden abgeglichen werden. Jedoch ist diese Art der Validierung, insbesondere bei der vorliegenden Stichprobenzahl, sehr zeitaufwendig. Darüber hinaus wurden im Rahmen dieser Studie die Antworten der Studierenden hinsichtlich ihrer Fähigkeiten beurteilt. Es bleibt daher fraglich, ob die Studierenden in einer anschließenden kommunikativen Validierung zugeben würden, dass sie beispielsweise über mathematische Fehlvorstellungen verfügen. Aufgrund der zugesicherten Anonymität schien diese Methode auch ethisch nicht vertretbar.

Die qualitative Inhaltsanalyse ist sehr interpretativ und erfordert viele Entscheidungen über den Umgang mit Antworten, die nicht eindeutig Kategorien zugeordnet werden können. Dennoch verfügt die qualitative Inhaltsanalyse über wissenschaftliche Gütekriterien, um die Auswertungs- und Interpretationsobjektivität zu gewährleisten. In dieser Studie wurde das Datenmaterial von zwei Ratern kodiert und die Rater-Übereinstimmung über die Interraterreliabilität bestimmt (Cohens Kappa, vgl. Abschnitt 8.5.1). Die Werte lagen im Mittel im guten bis sehr guten Bereich, was darauf hindeutet, dass die Studierendenantworten durch den Kodierleitfaden erfasst werden können. Mayring und Fenzl (2019) führen dazu noch die Intraraterübereinstimmung auf. Dabei wird das Datenmaterial anschließend noch einmal kodiert, um die Stabilität der Ergebnisse sicherzustellen (Mayring & Fenzl 2019, S. 636). Aufgrund der guten Rater-Übereinstimmung wurde in dieser Studie darauf verzichtet.

Validierung und Validität des Testinstrumentes

Obwohl die Testvalidierung mithilfe der Item-Response-Theorie viele Vorteile mit sich bringt (vgl. Abschnitt 8.5.2), weisen Hartig und Frey (2013) auf die Grenzen der Modellierung hin. So fehlen bei der Item-Response-Theorie derzeit noch etablierte, globale Kriterien zur Beurteilung der Modellgüte (Hartig & Frey 2013, S. 49). In dieser Studie wurde als globaler Modell-Fit der SRMR berechnet, der eine Möglichkeit darstellt, die Passung der theoretischen und empirischen Werte zu überprüfen (vgl. Abschnitt 8.5.2). Im Vergleich zur konfirmatorischen Faktorenanalyse, bei der eine große Anzahl globaler Modell-Fits (z.B. CFI, RMSEA) berechnet werden kann, existieren jedoch bei der Item-Response-Theorie bisher noch nicht viele globale Modell-Fits, die zur Überprüfung der absoluten Passung herangezogen werden können.

Die Validierung des Tests zur Erfassung diagnostischer Fähigkeiten hinsichtlich *der Bestimmung von Längen, Flächen- und Rauminhalten* (vgl. Abschnitt 8.6), der entwickelt wurde, um Lerneffekte bei den Studierenden abbilden zu können, weist auf eine dreidimensionale Struktur hin. So suggerieren die Informationskriterien und die latenten Korrelationen der Nachtestdaten die Extraktion von drei Faktoren, die als *Beschreiben, Deuten* und *Ursachen finden/ Konsequenzen ableiten* interpretiert werden können (vgl. Abschnitt 8.6.3). Eine Erklärung dafür, dass die Komponenten *Ursachen finden* und *Konsequenzen ableiten* empirisch nicht getrennt werden können, wurde bereits im Abschnitt 8.11 dargestellt. Obwohl sich die dreidimensionale Struktur auch in den Vortestdaten widerspiegelt, wäre eine Validierung anhand einer weiteren, unabhängigen Stichprobe sinnvoll gewesen. Vorzugsweise hätte im Rahmen dieser Studie die Validierung bereits in der Vorstudie durchgeführt und in der Hauptstudie kontrolliert werden sollen. In der Vorstudie wurden jedoch insgesamt nur vier Videovignetten eingesetzt (eine Testvignette und drei Trainingsvignetten). Weitere Videovignetten mussten durch die Erstellung und Durchführung von Mathematik-Labor-Stationen erst noch entwickelt werden (vgl. Abschnitt 6.5). In der Vorstudie trat zudem ein technischer Fehler auf, der dazu führte, dass die Studierenden die Testvignette im Nachtest – im Gegensatz zum Vortest – mehrmals anschauen, pausieren sowie vor- und zurückspulen konnten. Eine Auswertung der Vor- und Nachtestdaten der Vorstudie erschien daher, aufgrund der ungleichen Rahmenbedingungen, nicht sinnvoll. Alternativ hätte die Stichprobe in der Hauptstudie auch halbiert und die Validierung in den zwei Teilstichproben verglichen werden können (Rost 2004, S. 74). Linacre (2002) empfiehlt für die Durchführung eines Partial-Credit-Rasch-Modells jedoch eine Stichprobengröße von mindestens 150 Probanden, weshalb die hier zusammengesetzte Stichprobengröße von 184 Probanden nicht halbiert werden konnte.

Oftmals wird empfohlen, Veränderungen zwischen Messzeitpunkten als mehrdimensionale Modelle (mit den Messzeitpunkten als jeweilige Dimensionen) mit *plausible values* zu schätzen, die Hintergrundvariablen und Zusammenhänge mit den latenten Variablen berücksichtigten (z.B. Hartig & Kühnbach 2006, S. 27). Für die adäquate Schätzung dieser Veränderungen ist es jedoch von zentraler Bedeutung, dass möglichst alle relevanten Variablen in das Hintergrundmodell mit aufgenommen und die Beziehungen zwischen den

Variablen in diesem Modell spezifiziert werden (Hartig & Kühnbach 2016, S. 31; Lüdkte & Robitzsch 2017, S. 202). Da bisher noch nicht vollständig untersucht worden ist, welche Prädiktoren für die Vorhersage der diagnostischen Fähigkeiten von Bedeutung sind und folglich auch kein umfangreiches Hintergrundmodell erstellt werden konnte, das alle relevanten Variablen berücksichtigt, wurde auf diese Methode verzichtet. Darüber hinaus scheint es für die Methode von praktischer Bedeutsamkeit zu sein, wenn das Testinstrument bereits durch Vorstudien umfangreich validiert wurde. Die Aufnahme der Messzeitpunkte als zusätzliche Dimensionen erschien zudem problematisch, da die Berücksichtigung der beiden Messzeitpunkte die Anzahl der Dimensionen in den Modellvergleichen verdoppelt hätte. Für anschließende Studien würde es sich daher anbieten, größere Stichproben heranzuziehen, das (in dieser Studie) validierte Modell zu überprüfen und, bei ausreichender Passung, die Messzeitpunkte in dem Rasch-Partial-Credit-Modell zu berücksichtigen.

Zur Erfassung der diagnostischen Fähigkeiten wurden im Rahmen dieser Studie zwei Testvignetten verwendet. Durch das offene Antwortformat und den Kodierleitfaden ergaben sich viele Items, die in das Rasch-Partial-Credit-Modell mit aufgenommen wurden. Seidel et al. (2010) verwenden in ihrem Videotool Observer insgesamt sechs Videosequenzen, um die professionelle Wahrnehmung zu erfassen. Jedoch verwenden die Autoren Items im Ratingformat, mit denen die professionelle Wahrnehmung abgebildet wird. Im Projekt TEDS-FU werden für die Erfassung der situationsspezifischen kognitiven Fähigkeiten (*perceive, interpret, decide*) drei Videovignetten eingesetzt, die durch Ratingskalen und durch offene Aufgaben analysiert werden (Blömeke et al. 2014). Meschede et al. (2015) verwenden sechs Videosequenzen mit insgesamt 68 Ratingitems, um die professionelle Wahrnehmung von Studierenden und Lehrpersonen zu erfassen und zu untersuchen. Die Frage, wie viele Vignetten und Items verwendet werden sollten, um Fähigkeiten adäquat abbilden zu können, ist nicht trivial. So hängt die Anzahl der eingesetzten Vignetten unter anderem davon ab, ob der Test nur einen Teil der zu erbringenden Leistungen abbildet, ob die Probanden für die Bearbeitung der Vignetten eine vorgegebene Bearbeitungszeit haben, wie lange die Bearbeitung der Vignetten dauert, wie schwierig die Analyse der Vignetten ist und als wie interessant die Probanden die Videoanalyse empfinden (Beck & Opp 2001, S. 290). Durch die Itemanalyse kann angenommen werden, dass der eingesetzte Test zur Erfassung der diagnostischen Fähigkeiten für die Studierenden schwierig ist (erkennbar an den Schwierigkeiten der Items). Die Erhebung von Fähigkeiten mithilfe von Videos impliziert eine hohe kognitive Belastung auf Seiten der Studierenden, was auch in bisherigen Studien gezeigt werden konnte (z.B. Syring et al. 2015). Darüber hinaus müssen die Studierenden vor Analyse der beiden Testvignetten im Vortest einen Fragebogen zu ihrer Studiensituation und ihren praktischen Vorerfahrungen beantworten sowie den fachdidaktischen Wissenstest bearbeiten. Der Test zur Erfassung diagnostischer Fähigkeiten bildet daher nur einen Teil der Anforderungen ab, die die Studierenden im Vortest erbringen müssen. Die Anzahl der eingesetzten Testvignetten erscheint daher, aufgrund der Schwierigkeit des Tests und des Aufwandes für die Studierenden, der mit der Erhebung weitere Variablen einhergeht, als ausreichend. Jedoch fehlt es für die adäquate Erfassung der Studierenden mit besonders niedrigen Fähigkeiten an Items, die vergleichsweise leicht für die Studierenden sind. So würde es sich beispielsweise anbieten, eine andere Vignette einzusetzen, deren Komplexität eher gering ist und die hinsichtlich ihrer Länge eher kurz ist, um den Test mit leichteren Items zu ergänzen. Um die Schwierigkeit des Tests zu minimieren, könnten in Zukunft auch mehr geschlossene Aufgaben im Ratingformat eingesetzt werden, da diese in der Regel leichter zu beantworten sind.

Hinsichtlich der Güte der extrahierten Faktoren weisen die Ergebnisse von Seidel und Stürmer (2014), die die professionelle Unterrichtswahrnehmung von Studierenden mit dem Videotool Observer untersuchten, ebenfalls auf eine dreidimensionale Struktur (*Beschreiben, Erklären, Vorhersagen*) hin: „Given these results, professional vision as assessed with our instrument can be measured best as three abilities of description, explanation, and prediction" (Seidel & Stürmer 2014, S. 760). Die Autorinnen beziehen sich jedoch auf die professionelle Unterrichtswahrnehmung und erfassen diese mit sechs Videosequenzen mit insgesamt 112 Rating-Items (Seidel & Stürmer 2014, S. 752, S. 759). Darüber hinaus stellen die verwendeten Videosequenzen reale Unterrichtsaufzeichnungen dar, die hinsichtlich der Zielorientierung, Lernbegleitung und Lernatmosphäre analysiert werden sollen (Seidel et al. 2010, S. 299). Ein Vergleich erweist sich, auch aufgrund des Fokus auf die Handlung der videografierten Lehrkraft sowie dessen Auswirkung auf das Lernverhalten der Schülerinnen und Schüler, als schwierig.[177] Aufgrund der hohen Komplexität des erfassten Konstrukts bzw. der erfassten Konstrukte, hängen die Studienergebnisse vermutlich in hohem Maß von dem Studiendesign, den Videovignetten und den Analyseaufträgen ab, weshalb die Ergebnisse verschiedener Studien, die sich inbesondere auf die Struktur der Analysefähigkeit von Videovignetten beziehen, nur bedingt miteinander verglichen werden können.

Die Ergebnisse dieser Studie weisen darauf hin, dass die Studierenden auch im Nachtest noch über vergleichsweise geringe diagnostische Fähigkeiten hinsichtlich der *Bestimmung von Längen, Flächen- und Rauminhalten* verfügen. Ein möglicher Grund dafür könnte sein, dass die Studierenden ihre Antworten überwiegend frei formulieren mussten, wodurch auch die Schwierigkeit entsteht, sich verständlich und adäquat auszudrücken. Alternativ hätten ausschließlich geschlossene Aufgaben eingesetzt werden können, die von einer hohen Auswertungsobjektivität geprägt sind. Jedoch merken C. von Aufschnaiter et al. (2017) an, dass geschlossene Aufgaben nur bedingt dafür geeignet sind, handlungsrelevante Fähigkeiten zu erfassen (S. 93). Ein weiterer Grund für die auffallend geringe Ausprägung diagnostischer Fähigkeiten ist möglicherweise der Kodierleitfaden, der für die Bewertung der Studierendenantworten erstellt wurde. Der Kodierleitfaden wurde zunächst deduktiv anhand des Expertenratings erstellt und anschließend induktiv durch die Antworten der Studierenden ergänzt, wodurch sich für die jeweilige Dimension ein recht hoher Summenscore ergibt (vgl. Abschnitt 8.10.2).

---

[177] Ein Beispielitem für die Komponente *Beschreiben* lautet: „In the excerpt that you saw the teacher clarifies what the students are supposed to learn", vgl. Seidel & Stürmer 2014, S 751).

Daran anschließend muss hier angemerkt werden, dass sich die Diagnoseaufträge teilweise aus geschlossenen und offenen Aufgaben zusammensetzen (Multiple- oder Single-Choice-Aufgabe und die entsprechende Begründung für die getroffene Auswahl). Um die Ratewahrscheinlichkeit zu minimieren und einer lokal stochastischen Abhängigkeit entgegenzuwirken, wurde beschlossen, diese Art der Diagnoseaufträge als gemeinsame Aufgabe auszuwerten. So erhielten die Studierenden nur Punkte, wenn sie eine richtige Auswahl trafen und zudem eine richtige Begründung dafür angaben (vgl. Abschnitt 8.6.2). Alternativ hätten die Begründungen auch unabhängig von dem gesetzten Kreuz ausgewertet werden können, wodurch zwei separate Aufgaben entstanden wären (1. Multiple-Choice oder Single-Choice, 2. Begründung). Jedoch hätte an dieser Stelle keine Aussage darüber getroffen werden können, ob die Studierenden dazu fähig sind, das gesetzte Kreuz mit den entsprechenden Begründungen zu verknüpfen. Durch das gewählte Vorgehen ergibt sich jedoch ein recht schwieriger Test, da die Studierenden sowohl die richtige Vorauswahl treffen als auch die richtige Begründung formulieren müssen. Auch andere Studien weisen darauf hin, dass Lehramtsstudierende über vergleichsweise geringe Fähigkeiten im Diagnostizieren verfügen. In einer Studie von Klug et al. (2013) beispielsweise erreichten die Studierenden im Mittel nur die Hälfte der zu erreichenden Punkte (S. 43). Die Autoren verwendeten eine Fallbeschreibung zu einem Schüler, der Lernschwierigkeiten hat. Die Probanden mussten, wie in dieser Studie, Fragen im offenen Antwortformat beantworten. Ähnliche Ergebnisse zeigen sich auch in einer Studie von Seidel und Prenzel (2007), die geschlossene Aufgaben im Ratingformat verwendeten. Im Vergleich zu bereits praktizierenden Lehrpersonen und Schulinspektoren verfügten die Lehramtsstudierenden nur über geringe Fähigkeiten Unterrichtsprozesse zu beschreiben und zu interpretieren. Auch hier erreichten die Studierenden im Mittel weniger als die Hälfte der zu erreichenden Punkte (Seidel & Prenzel 2007, S. 212). Die Übereinstimmung der hier vorliegenden Ergebnisse mit den Resultaten anderer Studien könnte somit darauf hindeuten, dass Studierende in diesem Bereich einen hohen Förderbedarf haben. Darüber hinaus muss angemerkt werden, dass die Probanden in dieser Studie überwiegend Lehramtsstudierende des ersten und zweiten Semesters waren. Da diese bis dahin nur wenige Lehrveranstaltungen besucht hatten und über wenig Praxiserfahrung verfügten, wiesen sie vermutlich auch eine vergleichsweise geringe Expertise auf.

Um die Validität des Testinstrumentes zur Erfassung der diagnostischen Fähigkeiten zu gewährleisten, wurden mehrere Maßnahmen getroffen. Die Konstruktion des Tests zur Erfassung diagnostischer Fähigkeiten basierte auf einer intensiven Literaturrecherche und bisherigen Operationalisierungen, was hinsichtlich der statistischen Gütekriterien als „Konzeptspezifikation" (Döring & Bortz 2016, S. 344) bezeichnet wird und einen Teil der Inhaltsvalidität darstellt (Döring & Bortz 2016, S. 446). Darüber hinaus prüften Expertinnen und Experten die inhaltliche Passung der Diagnoseaufträge, die genutzt wurden, um die diagnostischen Fähigkeiten der Studierenden zu erfassen („expert review", Döring & Bortz 2016, S. 344).

Mögliche Hinweise auf die Validität des Testinstrumentes ergeben sich auch durch die Ergebnisse der multiplen Regressionen (vgl. Abschnitt 8.10.1). Aus den theoretischen

Grundlagen geht hervor, dass das fachliche und fachdidaktische Vorwissen Voraussetzung ist, um diagnostizieren zu können (z.B. Herppich et al. 2017; Ingenkamp und Lissmann 2008; T. Leuders et al. 2018). Darüber hinaus erwiesen sich in den Studien von Kersting (2008), Blömeke et al. (2014) oder Dunekacke et al. (2015a; 2015b) das fachliche und fachdidaktische Wissen als bedeutsame Prädiktoren für das Wahrnehmen und Interpretieren von Unterrichtssituationen.[178] Um diese Annahmen zu überprüfen, wurde im Rahmen dieser Studie ein Test zur Erfassung des fachdidaktischen Wissens der Studierenden konzipiert (vgl. Abschnitt 8.4.2) und validiert (vgl. Abschnitt 8.8). Darüber hinaus wurden die Studierenden vor Bearbeitung der Diagnoseaufträge aufgefordert, die Arbeitsaufträge der videografierten Schülerinnen und Schüler selbst zu bearbeiten (vgl. Abschnitt 8.4.1). Die Lösungen der Studierenden wurden ebenfalls ausgewertet (vgl. Abschnitt 8.7) und dienten als Anhaltspunkt für die Ausprägung ihres fachlichen Vorwissens. Mithilfe von multiplen Regressionsanalysen wurde anschließend untersucht, ob Studierende mit hohem Vorwissen eher in der Lage sind, lernrelevante Merkmale zu diagnostizieren. Die Ergebnisse der multiplen Regressionen (vgl. Abschnitt 8.10.1) deuten darauf hin, dass die diagnostischen Fähigkeiten der Studierenden, erwartungskonform, mit ihrem fachlichen und fachdidaktischen Wissen zusammenhängen.

Die Ergebnisse der multiplen Regressionen geben Anlass zur Annahme, dass die diagnostischen Fähigkeiten möglicherweise themenspezifisch sind. Der Test zur Erfassung des fachdidaktischen Wissens wurde auf die thematischen Inhalte der Videovignetten abgestimmt. Die Bearbeitungen der Arbeitsaufträge der videografierten Schülerinnen und Schüler geben Anhaltspunkte für das Vorwissen der Studierenden im Bereich *Bestimmung von Längen, Flächen- und Rauminhalten*. Beide Aspekte stellten sich in dieser Studie in fast allen Dimensionen als bedeutsame Prädiktoren heraus. Die Vorerfahrungen der Studierenden mit dem Videotool ViviAn erwiesen sich hingegen nur beim *Beschreiben* als bedeutsam, was daran liegen könnte, dass Studierende, die bereits mit ViviAn gearbeitet haben, Erfahrungen im Beobachten und Beschreiben mathematikdidaktischer Situationen aufweisen können. In den Dimensionen *Deuten* und *Ursachen finden/ Konsequenzen ableiten* hatten die Studierenden, die bereits in anderen Themenbereichen mit ViviAn gearbeitet hatten, keinen Vorteil. Da insbesondere diese Komponenten themenspezifisches Vorwissen voraussetzen, erscheint dies plausibel. Entgegen der häufig getroffenen Annahme, dass praktische Vorerfahrungen für diagnostische Leistungen förderlich sein können (z.B. Heinrichs 2015; McElvany et al. 2009), hatten die Vorerfahrungen als Nachhilfekraft in Mathematik in dieser Studie keinen Einfluss auf die diagnostischen Fähigkeiten der Studierenden. Dies könnte damit begründet werden, dass die Bearbeitung der Videovignetten nur das Diagnostizieren im Bereich *Bestimmung von Längen, Flächen- und Rauminhalten* abbildet und möglicherweise nur die Studierenden einen Vorteil haben, die über Nachhilfeerfahrungen in diesem bestimmten Themengebiet verfügen. In der Studie von Heinrichs (2015) hingegen werden die Studierenden aufgefordert Ursachen von Schülerfehlern aus verschiedenen

---

[178] An dieser Stelle sei angemerkt, dass die hier genannten Studien themenübergreifende Videovignetten verwendeten und das fachliche und fachdidaktische Wissen ebenfalls themenübergreifend erfasst wurde.

mathematischen Themengebiete zu nennen, was tendenziell eher eine themenübergreifende diagnostische Leistung darstellt.

Die hier dargestellten Ergebnisse der multiplen Regressionsanalysen stützen die Annahme von Sunder et al. (2016), die aus den Ergebnissen einer Interventionsstudie folger-
ten, dass das Wahrnehmen und Interpretieren von Unterrichtssequenzen[179] nicht nur fach-
sondern auch themenspezifisch ist (vgl. Abschnitt 2.6). Um die Annahme zu stützen, würde
es sich anbieten, in einer weiteren Studie zusätzlich Tests einzusetzen, die das fachdidaktische Wissen in anderen Themenbereichen erfassen. Um die Hypothese, dass diagnostische Fähigkeiten themenspezifisch sind, zu bestätigen, könnten multiple Regressionsanalysen durchgeführt werden. In den Ergebnissen sollte sich dann zeigen, dass der Einfluss
des fachdidaktischen Wissens im Bereich *Bestimmung von Längen, Flächen- und Rauminhalten* auf die diagnostischen Fähigkeiten im Bereich *Bestimmung von Längen, Flächen-
und Rauminhalten* größer ist als der Einfluss des fachdidaktischen Wissens in anderen Themenbereichen. Eine erneute Erhebung würde sich auch anbieten, um die Ergebnisse der
Regressionsanalysen in dieser Studie anhand einer neuen und vergleichbaren Stichprobe
zu überprüfen. Einige Autoren (z.B. Bühner & Ziegler 2009, S. 684; Field et al. 2014,
S. 266) weisen auf diese Notwendigkeit hin, da die Ergebnisse in hohem Maß von den
Stichprobeneigenschaften abhängig sein können.

Trotz den Erkenntnissen der multiplen Regressionsanalysen bleibt anzumerken, dass ein
erheblicher Anteil der Varianz in der abhängigen Variable (in den diagnostischen Fähigkeiten) mit den aufgenommenen Prädiktoren nicht erklärt werden konnte. Da das Konstrukt
Diagnostische Kompetenz noch recht unerforscht ist, existierten bislang nur wenige Ergebnisse, die Aufschluss darüber geben, welche Variablen die Kompetenzausprägung des Diagnostizierens maßgeblich beeinflussen. So wäre es möglich, dass auch die Konzentrati-
onsfähigkeit der Studierenden einen erheblichen Beitrag zur Varianzaufklärung leisten
kann. Da die Videosequenzen der Testvignetten nur einmal angeschaut, nicht angehalten
und auch nicht vor- oder zurückgespult werden können, ist für die Erfassung der Aussagen,
Handlungen und Interaktionen der Lernenden eine hohe Aufmerksamkeit auf Seiten der
Studierenden notwendig. Weitere persönliche Faktoren der Studierenden, wie die Selbstwirksamkeitserwartung, der Enthusiasmus am Fach und Studium, die Motivation zu diagnostizieren und mit ViviAn zu arbeiten (vgl. Bartel und Roth 2020) sowie die Intelligenz
könnten ebenfalls Einfluss auf ihre diagnostischen Fähigkeiten haben. Dies geht insbesondere auch aus dem Kompetenzmodell von T. Leuders et al. (2018) bzw. Blömeke et al.
(2015) hervor, in dem die affektiven und motivationalen Dispositionen, die Voraussetzung
sind, um in diagnostischen Situationen erfolgreich handeln zu können, explizit aufgeführt
sind. Es lässt sich somit festhalten, dass das fachliche und fachdidaktische Vorwissen sowie die praktischen Vorerfahrungen mit ViviAn der Studierenden zwar die diagnostischen
Fähigkeiten in dieser Studie bedingen, jedoch noch großer Klärungsbedarf hinsichtlich der
Vorhersagekraft besteht.

---

[179] Sunder et al. (2016) untersuchten die professionelle Wahrnehmung von Studierenden (vgl. Abschnitt 2.6).

Darüber hinaus muss hier angemerkt werden, dass die Tests zur Erfassung der diagnostischen Fähigkeiten und des fachdidaktischen Wissens sowie die Kodierleitfäden von dem selben Autor erstellt wurden. Dadurch ergeben sich möglicherweise *subjektive* Abhängigkeiten, die einen negativen Einfluss auf die Objektivität der Datenerhebung und -auswertung haben können. Das fachliche Vorwissen der Studierenden wurde außerdem lediglich mit zwei Aufgaben abgebildet.[180] Eine Überprüfung der Rasch-Skalierung der Items war aufgrund dessen nicht möglich. Deshalb sei hier erwähnt, dass die Aufgabenbearbeitungen lediglich Indizien darstellen, über welches fachliche Vorwissen die Studierenden verfügen. Außerdem muss aufgrund der qualitativen Inhaltsanalyse kritisch hinterfragt werden, ob das hier abgebildete fachliche Vorwissen der Studierenden tatsächlich das Wissen eines durchschnittlichen bis guten Schülers der jeweiligen Klassenstufe darstellt (Ebene 2 der COACTIV-Studie, vgl. Krauss et al. 2011, S. 142) oder nicht vielmehr das alltagsspezifische Wissen erfasst wird, über das grundsätzlich alle Erwachsenen verfügen sollten (Ebene 1 der COACTIV-Studie, vgl. Krauss et al. 2011, S. 142). Dies scheint insbesondere daher naheliegend, da die Aufgaben aus der Primar- bzw. Orientierungsstufe stammen und daher für erwachsene Personen prinzipiell leicht zu lösen sein sollten. Die Antworten der Studierenden wurden auch so kodiert, dass Lösungswege als *richtig* bewertet wurden, wenn sie zum Ergebnis der Aufgabe führten. Daher wurden auch umständliche bzw. aufwendige Lösungswege der Studierenden in der Kodierung berücksichtigt. Um mit den Arbeitsaufträgen der videografierten Schülerinnen und Schüler das Fachwissen der Ebene 2 von COACTIV abzubilden, hätten vermutlich nur die Studierendenantworten als richtig bewertet werden dürfen, die sinnvolle und pragmatische Lösungswege beinhalteten. Dafür hätte jedoch die Aufgabenstellung für die Studierenden anders formuliert sein müssen. So impliziert die in dieser Studie verwendete Aufgabenstellung *„Beschreiben Sie, wie Sie selbst die Aufgabe, die von den Schülerinnen und Schülern zu bearbeiten war, mit den vorgegebenen Materialien lösen würden."* nicht, dass die Studierenden den sinnvollsten Lösungsweg angeben sollen, sondern lediglich die Darstellung eines Lösungsweges, der zur Lösung des Arbeitsauftrages der videografierten Schülerinnen und Schüler führt.

Forschungsfrage 1

Hinsichtlich Forschungsfrage 1 *„Können diagnostische Fähigkeiten von Mathematiklehramtsstudierenden mithilfe der videobasierten Lernumgebung ViviAn gefördert werden?"* ergab die zweifaktorielle Varianzanalyse über den Zeitpunkt hinweg signifikante Ergebnisse in allen drei Dimensionen mit jeweils großen Effektstärken. Es kann somit angenommen werden, dass die diagnostischen Fähigkeiten der Studierenden im Bereich der Bestimmung von Längen, Flächen- und Rauminhalten durch die Arbeit mit der videobasierten

---

[180] Zwar wurden die Studierenden aufgefordert, vor der Bearbeitung jeder Vignette die Aufgabe der videografierten Schülerinnen und Schüler selbst zu lösen, wodurch sich insgesamt sieben Aufgabenbearbeitungen ergeben; jedoch können die Aufgabenbearbeitungen der Trainingsvignetten nicht in die Analyse mit einbezogen werden, da sie nach dem Vortest bearbeitet wurden, wodurch eine zeitliche Abhängigkeit entsteht.

Lernumgebung ViviAn gefördert werden können. Die Ergebnisse in dieser Studie können auch mit den Ergebnissen der Kontrollgruppe gestützt werden. So konnten bei den Studierenden der Kontrollgruppe vom Vor- zum Nachtest keine Lerneffekte abgebildet werden, was darauf hindeutet, dass die reine Bearbeitung des Vortests zu keinem Lerneffekt führt. Die Ergebnisse der Lerneffektanalysen führen somit zur Annahme, dass die Arbeit mit der videobasierten Lernumgebung eine Möglichkeit darstellt, diagnostische Fähigkeiten von Mathematiklehramtsstudierenden zu fördern.

Ähnliche Ergebnisse können auch von Bartel und Roth (2017b) berichtet werden. Auch in ihrer Studie konnte gezeigt werden, dass sich die Studierenden durch die Arbeit mit ViviAn in ihren diagnostischen Fähigkeiten verbesserten (Bartel & Roth 2017b, S. 1350). Die Studierenden bearbeiteten Text- oder Videovignetten zum Thema *Begrifflernen von Brüchen* (Bartel & Roth 2017b, S. 1348). Wird das Studiendesign der Autoren mit dem im Rahmen dieser Studie verwendetem Studiendesign verglichen, lassen sich viele Gemeinsamkeiten erkennen. So erhielten die Studierenden in der Studie von Bartel und Roth (2017b) ebenfalls eine Einführung in die videobasierte Lernumgebung ViviAn. Darüber hinaus konnten die Studierenden die Trainingsvignetten, wie in dieser Studie, mehrmals anschauen und erhielten Rückmeldung auf Basis von Expertenratings (Bartel und Roth 2017a, S. 9).

Aus den Ergebnissen, die sich im Rahmen der vorliegenden Studie gezeigt haben, lässt sich jedoch nicht ableiten, was den großen Lerneffekt erzeugt. So bleibt die Frage offen, ob es die Musterlösungen sind, die den Studierenden bei der Entwicklung ihrer diagnostischen Fähigkeiten helfen, die reine Bearbeitung der Videovignetten (eventuell auch ohne Musterlösungen) oder eine Kombination aus allen Aspekten, die bei der Erstellung der Lernumgebung beachtet wurden. Bei der Konstruktion der Lernumgebung wurden viele Aspekte berücksichtigt, die eine Lernentwicklung möglich machen sollten. So wurde bei der Auswahl der Videosequenzen darauf geachtet, dass diese möglichst denselben Themenkomplex abbilden. Die Diagnoseaufträge wurden nach den Komponenten des Diagnoseprozesses von Beretz et al. (2017a; 2017b) und C. von Aufschnaiter (2018) erstellt. Diese Komponenten finden sich in allen Videovignetten wieder und haben dadurch auch einen gewissen Wiedererkennungswert. Mit einer vorab durchgeführten Einführungsveranstaltung wurde darüber hinaus sichergestellt, dass die Studierenden mit den Anforderungen, die mit den Komponenten einhergehen, vertraut sind und die Funktionen von ViviAn kennen. Studierende, die an der Einführungsveranstaltung nicht teilnehmen konnten, hatten die Möglichkeit, auf ein Einführungsvideo und auf entsprechende Dokumente zurückzugreifen, um die Inhalte nachzuarbeiten. Die Musterlösungen, die den Studierenden nach Bearbeitung der Diagnoseaufträge innerhalb von ViviAn bereitgestellt wurden, wurden in mehreren Schritten entwickelt und validiert. Zur besseren Verständlichkeit wurden die Musterlösungen nach dem *Hamburger Verständlichkeitskonzept* von Langer et al. (1999) entwickelt. So wurde versucht, lange Texte zu vermeiden und die Musterlösungen durch kurze Sätze, Stichpunkte und Überschriften zu strukturieren.

Krammer und Hugener (2005) fassen als Fazit einer explorativen Studie[181] Bedingungen zusammen, die zu einem erfolgreichen netzbasierten Einsatz von Unterrichtsvideos führen (S. 60): Neben dem Funktionieren der Technik sollte die Software umfassend eingeführt werden, um eine gute Bedienung zu gewährleisten. Die Lernaufgaben, die bearbeitet werden sollen, sollten sorgfältig konstruiert und in relevante Lerninhalte eingebettet werden. Die individuelle Arbeit sollte über die Lernphase hinweg begleitet, unterstützt und im Anschluss im Plenum analysiert werden. Darüber hinaus betonen die Autoren, dass den Studierenden für die Videoanalyse genügend Zeit zur Verfügung gestellt werden sollte.

Bei Betrachtung der genannten Punkte wird deutlich, dass die Bedingungen in dieser Studie überwiegend berücksichtigt wurden. In der Studie von Krammer und Hugener (2005) hatten die Studierenden jedoch die Möglichkeit, sich über Foren und später auch in Präsenzveranstaltungen in Form eines *blended learning* über die Videoanalyse auszutauschen (S. 55). Im Rahmen der vorliegenden Studie hatten die Studierenden diese Möglichkeit nicht. Folglich würde es sich anbieten ein Forum einzurichten, in dem die Studierenden die Möglichkeit haben, über die Videoanalysen zu diskutieren.

Forschungsfrage 2

Hinsichtlich Forschungsfrage 2 *„Bewirkt das sofortige bzw. das verzögerte Feedback in der videobasierten Lernumgebung ViviAn unterschiedliche Effekte in der Entwicklung diagnostischer Fähigkeiten von Mathematiklehramtsstudierenden?"* suggerieren die Ergebnisse der zweifaktoriellen Varianzanalyse, dass der Zeitpunkt, an dem die Studierenden die Musterlösungen erhalten, keinen Einfluss auf den Lerneffekt hat. So zeigen sich in den beiden Experimentalgruppen keine Unterschiede hinsichtlich der Entwicklung ihrer diagnostischen Fähigkeiten. Möglicherweise ist die Zeitspanne, in der die Studierenden aus der EG1 die verzögerten Musterlösungen erhalten, zu kurz. Hinsichtlich der Definition von verzögertem Feedback besteht in der Literatur keine Einigkeit. So kann verzögertes Feedback Sekunden, Minuten, Stunden, Wochen oder länger nach dem Beenden einer Aufgabe gegeben werden (Shute 2008, S. 163; vgl. Abschnitt 3.3.1). Oftmals wird auch auf eine konkrete Zeitangabe verzichtet (z.B. Clariana et al. 1991, S. 6). Auch in den Metaanalysen, die die Wirksamkeit von sofortigem und verzögertem Feedback untersuchen, variieren die Zeitspannen erheblich, wodurch eine allgemeingültige Aussage nur schwer zu treffen ist. Möglicherweise zeigen sich in der vorliegenden Studie hinsichtlich der Forschungsfrage 2 auch keine signifikanten Ergebnisse, da das Feedbackkonstrukt multifunktional ist. So kann sich Feedback in inhaltlichen (hinsichtlich des Informationsgehalts), formalen (hinsichtlich des Zeitpunkts oder Mediums) und funktionalen Facetten (hinsichtlich der kognitiven, metakognitiven und motivationalen Funktionen) unterscheiden. Darüber hinaus ist

---

[181] Für die Studie wurde das netzbasierte Videotool „Visibility Platform" der Software LessonLab verwendet. In der Lernplattform können, ähnlich wie in ViviAn, Zusatzmaterialien abgerufen werden. Zusätzlich können die entsprechenden Materialien sowie die Arbeitsaufträge mit dem Video verknüpft werden. So können mit einer Zeitmarkierungsfunktion (einem Videomarker) Zusatzmaterialien mit Stellen in dem Video verknüpft werden, wodurch ein direkter Zugriff auf bestimmte Unterrichtssituationen möglich ist (Krammer & Hugener 2005).

die Feedbackrezeption von situativen und persönlichen Faktoren abhängig (vgl. Abschnitt 3.4), wodurch auch Interaktionseffekte möglich sind, die mit dieser Studie nicht erfasst werden konnten.

Forschungsfrage 3

Um Forschungsfrage 3 *„Hat das Vorwissen (Fachdidaktisches Wissen und Fachwissen) der Mathematiklehramtsstudierenden einen Einfluss darauf, ob sofortiges bzw. verzögertes Feedback zu einem größeren Lerneffekt in den diagnostischen Fähigkeiten führt?"* zu beantworten, wurden Moderatorenanalysen durchgeführt. Die Ergebnisse sollten Aufschluss darüber geben, ob Studierende, die über vergleichsweise geringes Vorwissen verfügen, von den Musterlösungen profitieren, die nach jedem Diagnoseauftrag gegeben werden (sofortiges Feedback) und Studierende, die großes Vorwissen aufweisen, von den Musterlösungen profitieren, die nach der Bearbeitung aller Diagnoseaufträge einer jeweiligen Videovignette bereitgestellt werden (verzögertes Feedback). Die Forschungsfrage leitete sich aus den Ergebnissen einer Studie von Gaynor (1981) ab, die suggerieren, dass der Zeitpunkt des computerbasierten Feedbacks mit dem Vorwissen von Studierenden interagiert (vgl. Abschnitt 3.3.1). Die Moderatorenanalysen zeigten jedoch keine signifikanten Interaktionseffekte. Darüber hinaus konnten die Regressionsmodelle keine Varianz in der abhängigen Variable aufklären und wurden nicht signifikant, was darauf hindeutet, dass die Prädiktoren keinen bedeutsamen Einfluss auf die Entwicklung der diagnostischen Fähigkeiten haben. Die nicht signifikanten Interaktionseffekte könnten darauf hindeuten, dass, wie bereits beschrieben, die Zeitspanne der hier dargestellten verzögerten Musterlösungen zu kurz ist, um bedeutsame Ergebnisse feststellen zu können. Möglich wäre auch, dass die Wirksamkeit des Zeitpunktes von weiteren Faktoren beeinflusst wird, wie beispielsweise der Fähigkeit der Studierenden, eigene Antworten zu reflektieren. Auch die Schwierigkeit der verwendeten Aufgaben kann die Wirksamkeit des Feedbackzeitpunktes bedingen. Diese Variablen müssten in zukünftigen Analysen stärker berücksichtigt werden.

In den Moderatorenanalysen fungierten die Differenzwerte der Studierenden des Vor- und Nachtests als abhängige Variable. Die Bildung von Differenzen[182] zur Erfassung von Veränderungen ist eine weit verbreitete Forschungsmethode und wird als *indirekte Veränderungsmessung* bezeichnet (Rost 2004, S. 272).[183] Durch die Differenzen zwischen Nach- und Vortest können Entwicklungen in kognitiven, metakognitiven oder affektiven Komponenten festgestellt werden. Die indirekte Veränderungsmessung wird jedoch kritisch diskutiert. Zum einen verdoppelt sich durch die Differenzbildung der Messfehleranteil der Messzeitpunkte, was die Aussagekraft des Differenzwertes beeinträchtigen kann. Zum an-

---

[182] Die Differenz zwischen Vor- und Nachtestdaten wird oftmals auch als „gain score" bezeichnet (z.B. Knapp & Schafer 2009).

[183] Eine Alternative stellt die *direkte Veränderungsmessung* dar, bei der mittels einmaliger retrospektiver Einschätzung Veränderungen erhoben werden (Lutz et al. 2012, S. 75).

deren korrelieren die Werte des Vor- und Nachtests häufig miteinander, wodurch die Reliabilität des Differenzwertes abnimmt (siehe auch Rost 2004, S. 274ff.).[184] In der Praxis ist eine nicht bestehende Korrelation zwischen Vor- und Nachtest jedoch kaum umsetzbar, da Vor- und Nachtest dieselbe Variable messen sollten (Rost 2004, S. 275). Döring und Bortz (2016) erläutern, dass die Reliabilität von Differenzen durch die Erhöhung der Anzahl der Messzeitpunkte verbessert werden kann, merken jedoch auch an, dass gegen die Verwendung von Differenzmaßen nichts einzuwenden ist, wenn aufgrund des Studiendesigns keine weiteren Erhebungen möglich sind (S. 734). Trotz dieser Schwierigkeiten, die mit diesem Verfahren einhergehen, gibt es bisher kaum gangbare Alternativen, auf die stattdessen zurückgegriffen werden kann. Eine Möglichkeit stellen lineare gemischte Modelle dar, die den Faktor *Zeitpunkt* in dem Interaktionseffekt mit berücksichtigen (also Gruppe × Vorwissen × Zeitpunkt). Dadurch ergibt sich jedoch eine dreifache Interaktion, die sich bei auftretender Signifikanz nur schwer interpretieren lässt (Field 2014, S. 605). Gelegentlich wird auch empfohlen, eine Kovarianzanalyse (ANCOVA) durchzuführen, indem der Nachtest als abhängige Variable fungiert und der Vortest als Kontrollvariable genutzt wird (z.B. Döring & Bortz 2016, S. 722). Dadurch wird die Wirkung der aufgenommenen Prädiktoren auf die Nachtestergebnisse analysiert während der Einfluss der Vortestergebnisse kontrolliert wird (Döring & Bortz 2016, S. 722). Mit solchen Auswertungsmethoden werden jedoch nicht mehr die „wahren" Differenzwerte der Studierenden abgebildet, da die Vortestwerte konstant gehalten werden: „[...] analysis of covariance addresses the question of whether an individual belonging to one group is expected to change more (or less) than an individual belonging to the other group, *given that they have the same baseline response*." (Fitzmaurice et al. 2011, S. 126, Hervorhebung im Original). Da zur Beantwortung der dritten Forschungsfrage jedoch die „wahren" Veränderungen vom Vor- zum Nachtest zur Analyse herangezogen werden müssen, wurde auf diese Auswertungsmethode verzichtet.

Forschungsfrage 4

Mit Forschungsfrage 4: „*Existieren zwischen den Mathematiklehramtsstudierenden, die verzögertes Feedback erhalten haben, und denen, die sofortiges Feedback erhalten haben, Unterschiede im Umgang mit dem Feedback und im wahrgenommenen Nutzen dessen?*" sollten potentielle Unterschiede zwischen den Studierenden der beiden Experimentalgruppen analysiert werden. Die Ergebnisse sollten mögliche Anhaltspunkte geben, wie die Musterlösungen in ViviAn in Zukunft gestaltet werden sollen. Die Ergebnisse zeigen, dass sich die Studierenden hinsichtlich des wahrgenommenen Nutzens der Musterlösungen

---

[184] Für die Reliabilität der Differenz gilt $Rel(D) = \frac{Rel(X) - r(X,Y)}{1 - r(X,Y)}$ (Rost 2004, S. 274ff.). Mit steigender Korrelation zwischen den beiden Messzeitpunkten (in der Formel als $r(X,Y)$ bezeichnet) und einer Reliabilität des Vortestes kleiner 1 (in der Formel als $Rel(X)$ bezeichnet) sinkt die Reliabilität der Differenz (in der Formel als $Rel(D)$ bezeichnet). Beispielsweise beträgt die Reliabilität der Differenz bei einer ausreichenden Reliabilität des Vortestes von $Rel(X) = 0.7$ und einer Korrelation von $r(X,Y) = 0.6$ zwischen Vor- und Nachtest nur $Rel(D) = 0.25$ und ist damit unzureichend.

nicht signifikant unterscheiden. Beide Experimentalgruppen finden die Musterlösungen gleichermaßen nützlich. Dieser Sachverhalt unterstreicht auch die Ergebnisse der Forschungsfrage 1 und 2: Der hohe wahrgenommene Nutzen der Musterlösungen in beiden Experimentalgruppen kann dazu führen, dass die Studierenden die Musterlösungen umfassend verarbeiten, was den hohen Lerneffekt zwischen Vor- und Nachtest erklären könnte. Der nicht bedeutsame Unterschied der beiden Experimentalgruppen hinsichtlich des wahrgenommenen Nutzens hingegen kann zur Folge haben, dass die Studierenden sich auch in ihrem Lerneffekt nicht signifikant unterscheiden.

Hinsichtlich des Umgangs mit den Musterlösungen und der Verweildauer auf den Musterlösungen zeigten sich jedoch zwischen den beiden Experimentalgruppen signifikante Unterschiede: Die Ergebnisse legen nahe, dass die Studierenden der EG2, die die Musterlösungen nach jedem Diagnoseauftrag erhalten haben, die Musterlösungen aktiver nutzten als die Studierenden der EG1, die die Musterlösungen nach Bearbeitung aller Diagnoseaufträge einer Videovignette erhielten. Der Welch-T-Test zeigt einen signifikanten Unterschied mit einem kleinen bis mittleren Effekt. Möglicherweise initiiert die Darbietung der vollständigen Musterlösungen, die, je nach Komplexität der jeweiligen Videovignette und der Anzahl der Diagnoseaufträge, sehr lang sein können, ein „Überfliegen" der Musterlösungen von EG1, was den Effekt zugunsten der EG2 erklären kann. Die Musterlösungen der EG2 sind zwar hinsichtlich der Anzahl der Wörter so lang wie die Musterlösungen der EG1, werden den Studierenden jedoch in Abschnitten dargeboten, wodurch sie möglicherweise aktiver genutzt werden.

Der Unterschied im Umgang mit den Musterlösungen spiegelt sich auch in der Verweildauer der Studierenden auf den Musterlösungen wider. Hier zeigt das signifikante Ergebnis des Welch-T-Tests mit großer Effektstärke, dass die Studierenden der EG2 länger auf den Musterlösungen verweilen als die Studierenden der EG1. Die Ergebnisse werfen die Frage auf, ob die Unterschiede im Umgang mit den Musterlösungen und in der Verweildauer auf den Musterlösungen nicht dazu führen müssten, dass Studierende der EG2 einen größeren Lerneffekt aufzeigen als die Studierenden der EG1 (vgl. Forschungsfrage 2). Da der Unterschied im Umgang mit den Musterlösungen nur einen kleinen bis mittleren Effekt verursacht, bleibt es fraglich, ob dieser groß genug ist, um sich letztendlich auch im Lerneffekt widerzuspiegeln. Darüber hinaus muss kritisch diskutiert werden, ob die Kennwerte, die den Umgang mit den Musterlösungen widerspiegeln sollen, valide Messwerte darstellen. So stellt sich insbesondere die Frage, ob der Umgang mit den Musterlösungen, welcher letztendlich eine Handlungskomponente darstellt, mit einem Fragebogen valide erfasst werden kann. So würden sich vermutlich eher Eye-Tracking-Methoden anbieten, um zu analysieren, ob die Studierenden die Musterlösungen mit ihren eigenen Antworten vergleichen. Alternativ könnten auch die Studierendenantworten zu den Diagnoseaufträgen der Trainingsvignetten analysiert werden. So könnte mithilfe qualitativen Inhaltsanalysen untersucht werden, ob sich in den Antworten der Studierenden Hinweise finden lassen, wie die Studierenden die Musterlösungen für ihren Lernprozess nutzen.

Ein weiterer Punkt, der kritisch diskutiert werden muss, ist der Aspekt der sozialen Erwünschtheit.[185] Da die Studierenden bei der Bearbeitung ihren Namen und ihre Matrikelnummer angeben mussten und die Erhebung dadurch zunächst nicht anonym stattgefunden hat, stellt sich die Frage, ob die Ergebnisse durch den sozialen Druck, sich gemäß den Erwartungen zu verhalten, verfälscht sind. Durch den Bonus, der den Studierenden für die Bearbeitung aller Vignetten und Fragebögen zugesichert wurde, kann die soziale Erwünschtheit gegebenenfalls noch verstärkt werden. Um dem Aspekt der sozialen Erwünschtheit entgegenzuwirken, beschreiben Döring und Bortz (2016) die Möglichkeit, die Probanden in der Instruktionsphase darüber zu informieren, dass die Angaben anonym erfolgen und sie um ehrliche Antworten zu bitten (S. 440). Da persönliche Angaben aufgrund der Zuteilung des Bonus notwendig waren, wurden die Studierenden darauf hingewiesen, dass die *Auswertung* der Daten anonym erfolgen wird. Darüber hinaus erhielten die Studierenden vor Beantwortung des Feedbackfragebogens Informationen zum Forschungsprojekt, mit der Bitte, diesen, für das Gelingen des Projektes, ehrlich zu beantworten. Eine Alternative stellen Kontrollskalen dar, die eingesetzt werden können, um das Ausmaß der Verfälschung aufgrund der sozialen Erwünschtheit zu erfassen. Solche Kontrollskalen bestehen aus Items, die messen, wie groß das Maß der sozialen Erwünschtheit bei den Probanden ist (z.B. „Ich bin immer freundlich und hilfsbereit.", vgl. Döring & Bortz 2016, S. 439). Der Nachteil dieser Skalen besteht jedoch darin, dass das Erhebungsinstrument verlängert wird und die Probanden zusätzlich belastet werden. Da die Studierenden in dieser Studie bereits viele Fragebögen und Tests beantworten mussten, wurde auf den Einsatz von Kontrollskalen verzichtet.

Die Verweildauer auf den Musterlösungen stellt lediglich die Zeit dar, die die Studierenden *formal* auf den Rückmeldeseiten verbrachten. Da die videobasierte Lernumgebung ViviAn ein Online-Tool ist, kann durch die Verweildauer keine eindeutige Aussage getroffen werden, wie lange sich die Studierenden tatsächlich mit den Musterlösungen auseinandergesetzt haben. So ist es auch denkbar, dass die Studierenden die Rückmeldeseite zwar aufriefen, sich aber nicht die ganze Zeit aktiv mit den Musterlösungen auseinandergesetzt haben. Durch die Selektion der Ausreißerwerte (vgl. Abschnitt 8.10.4) wurde versucht, die auf diese Fälle hindeutenden Extremwerte zu eliminieren. Dennoch stellt die resultierende Verweildauer, auch nach der Selektion der Ausreißer, lediglich ein Indiz dafür dar, wie lange sich die Studierenden mit den Musterlösungen beschäftigten. Für den großen Unterschied zwischen den Experimentalgruppen in der Verweildauer, der sich in diesem Maß nicht im *Umgang mit den Musterlösungen* zeigt, könnte folgende Erklärung herangezogen werden. Die Studierenden der EG2, die die Musterlösungen nach jedem Diagnoseauftrag erhielten, haben mehrere Rückmeldeseiten, die sie für die vollständige Bearbeitung der Diagnoseaufträge „durchlaufen" müssen. Dadurch ist es denkbar, dass die Studierenden der EG2 häufiger eine Rückmeldeseite aufriefen und vergaßen, anschließend auf „Weiter"

---

[185] Als soziale Erwünschtheit wird das angepasste Verhalten von Probanden beschrieben, die ihr Antwortverhalten gemäß den sozialen Erwartungen oder erwünschten Normen angleichen (Döring & Bortz 2016, S. 439).

zu klicken. Diese Annahme wird dadurch gestützt, dass einige Studierende der EG2 in der ersten Trainingsvignette häufig nur den ersten Diagnoseauftrag beantworten. Durch eine Kontaktaufnahme mit diesen Studierenden (unter anderem zum Abklären möglicher Schwierigkeiten) berichteten diese Studierenden häufig davon, dass sie aus den Rückmeldeseiten nicht entnehmen konnten, dass es weitere Diagnoseaufträge gibt. Folglich sollten die Studierenden der EG2 auf den entsprechenden Rückmeldeseiten darauf hingewiesen werden, dass sie weitere Diagnoseaufträge zu bearbeiten haben.

Generalisierbarkeit und Repräsentativität der Ergebnisse

Die Probanden dieser Studie waren überwiegend Mathematiklehramtsstudierende des ersten und zweiten Semesters. Die Auswahl der Probanden basiert auf der Tatsache, dass der thematische Inhalt der Videovignetten (Bestimmung von Längen, Flächen- und Rauminhalten) insbesondere für die Lehramtsstudierenden der Grund- und Förderschule relevant ist, weshalb die Videovignetten in der Veranstaltung *Fachdidaktische Grundlagen* eingesetzt wurden, die von Lehramtsstudierenden aller Schularten besucht wird. Da diese Veranstaltung eine Einführungsveranstaltung ist, wird diese in der Regel von Lehramtsstudierenden belegt, die im ersten oder zweiten Semester sind. Die Ergebnisse dieser Studie beschränken sich dementsprechend auf einen kleinen Teil der Mathematiklehramtsstudierenden der Universität Koblenz-Landau des Campus Landau, weshalb die Aussagen nicht verallgemeinert werden können. Um die Ergebnisse zu generalisieren, hätten auch Mathematiklehramtsstudierende der höheren Semester für die Studie herangezogen werden müssen. Hinsichtlich der Inhalte des Modulhandbuchs erscheinen jedoch in höheren Semestern andere Inhalte relevanter. Um eine thematische Passung der Videovignettenbearbeitung zu den Inhalten der Veranstaltungen zu berücksichtigen und somit eine gute Theorie-Praxis-Verknüpfung zu ermöglichen, werden daher in höheren Semestern Videovignetten zu anderen Themeninhalten erarbeitet (vgl. Bartel & Roth 2017b, Hofmann & Roth 2017, Walz 2020).

Die Stichprobengröße von insgesamt 189 Probanden scheint für die quantitativen Auswertungsmethoden überwiegend ausreichend zu sein. Lediglich für den Nachweis eines kleinen Effekts in der Lerneffektanalyse der Kontrollgruppe (trotz nicht signifikanten Ergebnisses, vgl. Döring & Bortz 2016, S. 670) bei einer Teststärke von 80 % wäre eine Stichprobengröße von etwa $N = 600$ Studierenden nötig gewesen.[186] Um das Ergebnis der Kontrollgruppe statistisch mit einer adäquaten Teststärke abzusichern, hätte die Studie daher mit einer weitaus größeren Stichprobe durchgeführt werden müssen.

Der Themenbereich *Bestimmung von Längen, Flächen- und Rauminhalten* ist ein spezifisches Thema in der Geometrie und bildet daher nur einen kleinen Ausschnitt der Themenbereiche ab, die in der Mathematik behandelt werden. Blömeke et al. (2015) beschreiben, dass die gegenwärtig verwendeten Videovignetten durch die Einschränkung des Diagnosegegenstands zwar reliable Testinstrumente ermöglichen, jedoch die unterrichtliche

---

[186] Dies wurde mit dem Programm G*Power berechnet (http://www.gpower.hhu.de/).

Komplexität dadurch nur bedingt abgebildet werden kann, da „[...] die Aufspaltung komplexer Kompetenzen in ihre Einzelteile an der Realität des Klassenraums vorbeigehe" (Blömeke et al. 2015, S. 310). Die Autoren beschreiben außerdem, dass die Erhebungen mit Videovignetten weitgehend kontextfrei erfolgen, also eher das *generalisierte* Leistungspotenzial erfassen und die situationsspezifischen Merkmale außen vorgelassen werden (Blömeke et al. 2015, S. 310f.). Um der bestehenden Kritik Rechnung zu tragen, müssten Studierende theoretisch in jedem Themengebiet die Möglichkeit erhalten, ihre diagnostischen Fähigkeiten zu entwickeln. Da die Analyse von Videovignetten jedoch mit einem hohen Arbeits- und Zeitaufwand verbunden ist, scheint die Bearbeitung aller thematischen Inhalte, die im Lehramtsstudium behandelt werden, im Rahmen einer Intervention, wie sie in dieser Studie stattgefunden hat, nicht möglich. So dauerte die Interventionsphase in dieser Studie insgesamt zehn Wochen. Ob die Länge der Interventionsphase angemessen war, der Lerneffekt bereits nach wenigen Wochen eingetreten ist oder der Lerneffekt durch die Bearbeitung weiterer Videovignetten verstärkt worden wäre, wurde im Rahmen dieser Studie nicht untersucht.

Der hohe Arbeits- und Zeitaufwand der Bearbeitung von Videovignetten im Rahmen eines Selbststudiums kann die Frage aufwerfen, ob die momentane Struktur des Lehramtsstudiums nicht verändert werden sollte. So würde es sich beispielsweise auch anbieten, Videovignetten in fach- und themenspezifischen Veranstaltungen, bestenfalls in Seminaren, passgenau einzusetzen, um den Studierenden die Möglichkeit zu geben, gemeinsam Videos zu analysieren und über alternative Diagnosen zu diskutieren. Dabei würde es vermutlich auch reichen, weniger Videovignetten mit größerem Informationsgehalt einzusetzen und diese umfassend zu analysieren. Die gemeinsame Bearbeitung und Diskussion würde auch dazu führen, dass die Studierenden persönliche und individuelle Rückmeldungen erhalten. Aus der Vorstudie (vgl. Abschnitt 7.4.2) geht hervor, dass über die Hälfte der Studierenden (etwa 60 %) die Musterlösungen zwar als nützlich empfanden, sich jedoch einige Studierende (etwa 14 %) gewünscht hätten, eine persönliche, auf ihre Antworten abgestimmte, Rückmeldung zu erhalten. In vielen Studien werden Videovignetten in Seminaren eingesetzt, in denen Lehramtsstudierende in den gemeinsamen Austausch gehen (z.B. Beretz et al. 2017b; Heinrichs 2015; Krammer et al. 2016; Sunder et al. 2016; vgl. Abschnitt 2.6). Im Rahmen von Großveranstaltungen mit mehr als 200 Studierenden ist dies jedoch nicht möglich. ViviAn bietet daher mit der Online-Lernumgebung allen Studierenden die Möglichkeit, ihre diagnostischen Fähigkeiten zu entwickeln. Mit einem zusätzlichen Forum könnte der gemeinsame Austausch der Studierenden gefördert werden. Möglich wäre es auch, nach der Arbeit mit ViviAn eine Präsenzveranstaltung durchzuführen, in der die Ergebnisse vorgestellt und diskutiert werden und die zudem Raum bieten würde, Fragen zu stellen und in einen gemeinsamen Diskurs zu gehen.

Relevanz des Forschungsprojektes

Die Relevanz des Konstrukts *Diagnostische Kompetenz* wird häufig über die adäquate Anpassung des Unterrichts und den darauffolgenden Lernerfolg der Schülerinnen und Schüler

begründet. Jedoch existieren hinsichtlich des Zusammenhangs zwischen den diagnostischen Leistungen einer Lehrperson und dem Lernerfolg der Schülerinnen und Schüler,
trotz der hohen Plausibilität, bisher nur sehr inkonsistente Ergebnisse: In der COACTIV-
Studie zeigten sich zwischen den Mathematikleistungen der Schülerinnen und Schüler und
der Urteilsgenauigkeit der Lehrperson hinsichtlich der aufgabenbezogenen Schwierigkeit
und der Rangordnungskomponente positive Zusammenhänge (Anders et al. 2010, S. 190;
Brunner et al. 2011, S. 229f.). In einer Studie von Karing et al. (2011) hingegen konnten
zwischen der Urteilsgenauigkeit von Mathematiklehrkräften und dem Lernerfolg der Schülerinnen und Schüler keine Zusammenhänge festgestellt werden (S. 142). Brühwiler (2017)
konnte zwischen der Urteilsgenauigkeit von Lehrkräften und dem Lernerfolg der Schülerinnen und Schüler beim Thema „Keimung von Samen" ebenfalls keinen Zusammenhang
feststellen (S. 132). Jedoch zeigte sich zwischen der Urteilsgenauigkeit der Lehrkräfte und
der wahrgenommenen Unterrichtsqualität der Schülerinnen und Schüler positive Zusammenhänge (Brühwiler 2017, S. 131). Die Ergebnisse lassen vermuten, dass der Zusammenhang zwischen der Urteilsgenauigkeit einer Lehrkraft und dem Lernerfolg der Schülerinnen und Schüler möglicherweise durch die didaktische Handlungskompetenz der Lehrkraft
mediiert wird, wie beispielsweise die Fähigkeit den Unterricht zu strukturieren oder Diffe-
renzierungsmaßnahmen vorzunehmen. Die Ergebnisse bisheriger Studien, die die Zusammenhänge zwischen der Urteilsgenauigkeit der Lehrkraft, der Unterrichtsqualität und dem
Lernerfolg der Schülerinnen und Schüler untersuchten (z.B. Anders et al. 2010; Karing et
al. 2011; Schrader & Helmke 1987), sind jedoch heterogen und lassen keine allgemeingültigen Aussagen über mögliche Wirkzusammenhänge zu. Darüber hinaus beschränken sich
die hier dargestellten Studien auf die Urteilsgenauigkeit von Lehrkräften. Weitere Einflussfaktoren, wie die diagnostischen Fähigkeiten oder die diagnostischen Dispositionen der
Lehrkräfte, wurden in den Analysen nicht berücksichtigt. Zusammenfassend lässt sich somit sagen, dass diesbezüglich noch großer Klärungsbedarf besteht, wofür weitere und insbesondere auch umfangreiche Forschungsarbeiten nötig sind. So würde es sich in Zukunft
anbieten die Wirkzusammenhänge zwischen den diagnostischen Dispositionen, der Fähigkeit zu diagnostizieren, der Urteilsgenauigkeit, der Unterrichtsqualität sowie dem Lernerfolg der Schülerinnen und Schüler näher zu untersuchen, um die bisher angenommene Relevanz diagnostischer Kompetenzen zu manifestieren. Darüber hinaus sollte untersucht
werden, ob die regelmäßige Analyse von Videos im Lehramtsstudium dazu führen kann,
dass Lehramtsstudierende im späteren Unterrichtsalltag eher dazu in der Lage sind lernrelevante Merkmale wahrzunehmen sowie zu interpretieren und ob dies zu einer höheren
Unterrichtsqualität beitragen kann. Van Es und Sherin (2002; 2010), die insbesondere die
Wirksamkeit von Videoanalysen in Lehrerfortbildungen untersuchen, berichten von einer
höheren Unterrichtsqualität der teilnehmenden Lehrkräfte, die durch die kritische Reflexion des eigenen Unterrichts bedingt wird, wodurch die Annahme getroffen werden kann,
dass die Analyse von Videos einen positiven Effekt auf die Unterrichtsqualität haben kann.
Dies müsste jedoch mit Lehramtsstudierenden überprüft werden.

Bisher fehlen noch Ergebnisse, die Aufschluss geben, inwieweit die Videoanalysen mit
ViviAn Auswirkungen auf den späteren Unterricht der Studierenden haben, die im Studium

mit ViviAn gearbeitet haben. So stellt sich die Frage, ob die Arbeit mit ViviAn dazu führen kann, dass die Lehramtsstudierenden im Referendariat oder im späteren Schuldienst auch eher dazu in der Lage sind, Lernmerkmale zu diagnostizieren und daraus folgend den Unterricht angemessener zu gestalten, als Studierende, die nicht mit ViviAn gearbeitet haben. Für solche Zusammenhangsanalysen wären Längsschnittstudien notwendig, die die Kompetenzentwicklung der Studierenden über mehrere Jahre hinweg bis hin zum Schuleinstieg erfassen. Dafür wären unter anderem auch Unterrichtsbeobachtungen notwendig, die sehr zeit- und ressourcenintensiv sind. Jedoch kann angenommen werden, dass die videobasierte Lernumgebung ViviAn helfen kann, die Theorie-Praxis-Kluft zu überwinden und darüber hinaus eine praxisnahe Lernumgebung darstellt. Das geht aus der Vorstudie hervor, in der 45 % der Studierenden ViviAn als ein hilfreiches Konzept beschreiben und 24 % der Studierenden die gute Theorie-Praxis-Verknüpfung hervorheben. Von ähnlichen Ergebnissen berichten auch Bartel und Roth (2020). Die Studierenden finden die Arbeit mit ViviAn interessant und schätzen die Relevanz für die spätere Unterrichtspraxis als hoch ein (Bartel & Roth 2020, S. 312).

10 Resümee

Im Rahmen der Studie konnte gezeigt werden, dass die Arbeit mit der videobasierten Lernumgebung ViviAn dazu beitragen kann, diagnostische Fähigkeiten von Mathematiklehramtsstudierenden hinsichtlich der Bestimmung von Längen, Flächen- und Rauminhalten zu fördern. Die Lerneffektanalysen zeigen vom Vor- zum Nachtest signifikante Lernzuwächse in allen Dimensionen. Bei der Kontrollgruppe hingegen, die ausschließlich den Vor- und Nachtest bearbeitete, trat kein signifikanter Lernzuwachs auf. Was den großen Lerneffekt bewirkte, kann aus den Ergebnissen nicht entnommen werden. Da bei Erstellung der Lernumgebung wesentliche Aspekte beachtet wurden, kann jedoch angenommen werden, dass der große Lerneffekt aus einer Kombination dieser Aspekte resultiert. So wurde insbesondere auf eine adäquate Gestaltung der Diagnoseaufträge sowie auf eine umfassende und strukturierte Darbietung der Musterlösungen geachtet. Eine Einführungsveranstaltung, in der thematische Inhalte erarbeitet wurden, sollte die Studierenden auf die Arbeit mit der videobasierten Lernumgebung vorbereiten. Um die Wirksamkeit der Lernumgebung auf die Musterlösungen zurückführen zu können, müsste in einer weiteren Studie untersucht werden, ob Studierende, die Trainingsvignetten ohne Feedback bearbeiten, ebenfalls keinen Lerneffekt aufzeigen.

Ob die Studierenden die Musterlösungen nach jedem Diagnoseauftrag oder nach der Bearbeitung aller Diagnoseaufträge der jeweiligen Videovignette erhalten, scheint hinsichtlich des Lernzuwachses keinen Unterschied zu bewirken. Beide Experimentalgruppen steigerten ihre diagnostischen Fähigkeiten in gleichem Maße. Auch die Hypothese, dass die Wirksamkeit der Musterlösungen durch das Vorwissen der Studierenden beeinflusst wird, ließ sich im Rahmen dieser Studie nicht bestätigen. Möglicherweise ist die Zeitspanne, in der die Studierenden das verzögerte Feedback erhalten haben, zu kurz, um entsprechende Ergebnisse nachzuweisen. Da aus den theoretischen Grundlagen hervorgeht, dass Feedback ein multifunktionales Konstrukt ist, kann auch angenommen werden, dass die Wirkung der Musterlösungen durch andere persönliche (und situative) Variablen beeinflusst wird, die im Rahmen dieser Studie nicht erhoben wurden. Die Ergebnisse dieser Studie legen dar, dass die Studierenden die Musterlösungen in ViviAn für ihren Lernprozess, unabhängig vom Feedbackzeitpunkt, als sehr nützlich empfanden. Dies stützt die Erkenntnis, dass sich beide Experimentalgruppen hinsichtlich des Lernzuwachses nicht unterscheiden. Jedoch existieren Anhaltspunkte, die darauf hindeuten, dass die Studierenden, die die Rückmeldung nach jedem Diagnoseauftrag erhalten haben, länger auf den Musterlösungen verweilten und die Musterlösungen aktiver nutzten, als die Studierenden, die die Rückmeldungen erst nach Bearbeitung aller Diagnoseaufträge erhielten. Da der Zeitpunkt, an dem das Feedback gegeben wird, keinen Einfluss auf den Lerneffekt hatte und die beiden Experimentalgruppen die Musterlösungen gleichermaßen als nützlich wahrnahmen, sollten den Studierenden in ViviAn daher in Zukunft die Musterlösungen nach Bearbeitung der jeweiligen Videovignetten gegeben werden, da so (aufgrund des geringeren Zeitaufwandes) eine effizientere Steigerung der diagnostischen Fähigkeiten erreicht wird. Von

P. Enenkiel, *Diagnostische Fähigkeiten mit Videovignetten und Feedback
fördern*, Landauer Beiträge zur mathematikdidaktischen Forschung,
https://doi.org/10.1007/978-3-658-36529-5_10

hohem Interesse scheint in Zukunft auch die Auswertung der Studierendenantworten zu den Diagnoseaufträgen der Trainingsvignetten zu sein. Eventuell lassen sich dadurch zukünftig Rückschlüsse ziehen, ob und wie die Studierenden die Musterlösungen verarbeiten und wie sich der Lernprozess der Studierenden über die Bearbeitung der Trainingsvignetten entwickelt.

Aus der Studie kann abgeleitet werden, dass die Arbeit mit der videobasierten Lernumgebung ViviAn eine Möglichkeit darstellt, diagnostische Fähigkeiten hinsichtlich der *Bestimmung von Längen, Flächen- und Rauminhalten* zu fördern. Ob dies auch in anderen Themenbereichen der Mathematik möglich ist, wird in anderen Forschungsprojekten bereits untersucht. Inwiefern die Arbeit mit ViviAn den Mathematiklehramtsstudierenden den späteren Unterrichtseinstieg erleichtern kann, konnte bisher nicht nachgewiesen werden und müsste mithilfe von umfangreichen Längsschnittstudien analysiert werden. Da dies ressourcen- und zeitintensiv ist, stellt dies eine große Herausforderung dar. Aus den Rückmeldungen der Studierenden in der Vorstudie sowie den persönlichen Rückmeldungen in der Interaktion mit den Studierenden, kann jedoch angenommen werden, dass die Studierenden die Arbeit mit der videobasierten Lernumgebung schätzen und die Bearbeitung von Videovignetten in ViviAn als gutes Konzept wahrnehmen, Theorie und Praxis im Lehramtsstudium zu verknüpfen.

Das Forschungsfeld diagnostischer Fähigkeiten ist sehr groß und noch recht unerforscht. Bisher fehlen insbesondere aussagekräftige Ergebnisse, die nachweisen können, dass die diagnostischen Kompetenzen mit einer besseren Unterrichtsqualität und höheren Leistung der Schülerinnen und Schüler einhergehen. Auch welche Komponenten eine Lehrkraft beim Diagnoseprozess wirklich durchläuft und welchen Einfluss die jeweilige diagnostische Situation hat, in der sich eine Lehrkraft befindet, wurde bisher noch nicht umfassend untersucht. In Zukunft würde es sich daher anbieten, die einzelnen Bausteine näher zu betrachten sowie Wirkungsketten vom Lehramtsstudium über den Schuleinstieg bis hin zu den Lernprozessen der Schülerinnen und Schülern zu untersuchen und hinsichtlich verschiedener Einflussfaktoren zu analysieren. Diese Ergebnisse könnten dann genutzt werden, um das Lehramtsstudium an die entsprechenden Anforderungen anzupassen und zu verbessern.

Literaturverzeichnis

Abs, H. J. (2007). Überlegungen zur Modellierung diagnostischer Kompetenz bei Lehrerinnen und Lehrern. In M. Lüders & J. Wissinger (Hrsg.), *Forschung zur Lehrerbildung. Kompetenzentwicklung und Programmevaluation* (S. 63–84). Münster: Waxmann.

Adams, R. (2002). Scaling Pisa cognitive data. In R. Adams & M. Wu (Hrsg.), *PISA 2000 technical report* (S. 99–108). Paris: OECD.

Adams, R. J. & Khoo, S.-T. (1996). *Quest. The interactive test analysis system* (Version 2.1). Camberwell: Australian Council for Educational Research.

Adams, R J., Wu, M. K. & Wilson, M. (2012). The Rasch Rating Model and the Disordered Threshold Controversy. *Educational and Psychological Measurement 72*(4), 547–573. doi:10.1177/0013164411432166

Aeppli, J., Gasse, L., Gutzwiller, E. & Tettenborn, A. (2011). *Empirisches wissenschaftliches Arbeiten. Ein Studienbuch für die Bildungswissenschaften* (2. Auflage). Bad Heilbrunn: Klinkhardt.

Akaike, H. (1987). Factor analysis and AIC. *Psychometrika 52*(3), 317–332. doi:10.1007/BF02294359

Altman, D. G. (1991). *Practical statistics for medical research*. Boca Raton: Chapman & Hall.

Altmann, A. F. & Kändler, C. (2019). Videobasierte Instrumente zur Testung und videobasierte Trainings zur Förderung von Kompetenzen bei Lehrkräften. In T. Leuders, M. Nückles, S. Mikelskis-Seifert & K. Philipp (Hrsg.), *Pädagogische Professionalität in Mathematik und Naturwissenschaften* (S. 39–68). Wiesbaden: Springer

Anders, Y., Kunter, M., Brunner, M., Krauss, S. & Baumert, J. (2010). Diagnostische Fähigkeiten von Mathematiklehrkräften und ihre Auswirkungen auf die Leistungen ihrer Schülerinnen und Schüler. *Psychologie in Erziehung und Unterricht 57*(3), 175–193. doi:10.2378/peu2010.art13d

Arens, T., Busam, R., Hettlich, F., Karpfinger, C. & Stachel, H. (2013). *Grundwissen Mathematikstudium. Analysis und Lineare Algebra mit Querverbindungen*. Berlin: Springer.

Artelt, C. & Gräsel, C. (2009). Diagnostische Kompetenz von Lehrkräften. *Zeitschrift für Pädagogische Psychologie 23*(34), 157–160. doi:10.1024/1010-0652.23.34.157

Artelt, C. & Kunter, M. (2019). Kompetenzen und berufliche Entwicklung von Lehrkräften. In D. Urhahne, M. Dresel & F. Fischer (Hrsg.), *Psychologie für den Lehrberuf* (S. 395–420). Berlin: Springer.

Atkinson, J. W. (1957). Motivational determinants of risk-taking behavior. *Psychological Review 64*(6), 359–372. doi:10.1037/h0043445

Azevedo, R. & Bernard, R. (1995). A Meta-Analysis of the Effects of Feedback in Computer-Based Instruction. Journal of Educational *Computing Research 13*(2), 111–127. doi:10.2190/9LMD-3U28-3A0G-FTQT

Backhaus, K., Erichson, B., Linke, W. & Weiber, R. (2000). *Multivariate Analysemethoden*. Berlin: Springer. doi:10.1007/978-3-662-08893-7

Bakeman, R. (2005). Recommend effect size statistics for repeated measures designs. *Behavior Research Methods 37*(3), 379–384. doi:10.3758/BF03192707

Bangert-Drowns, R. L., Kulik, C.-L. C., Kulik, J. A. & Morgan, M. (1991). The Instructional Effect of Feedback in Test-Like Events. *Review of Educational Research 61*(2), S. 213–238.

Bartel, M.-E. (in Vorb.). *Begriffsbildungsprozesse von Schülerinnen und Schüler mit Vignetten erfassen und fördern*.

Bartel, M.-E., Beretz, A.-K., Lengnink, K. & Roth, J. (2018). Prozessbegleitende Diagnose beim Mathematiklernen - Kompetenzentwicklung von Lehramtsstudierenden im Rahmen von Lehr-Lern-Laboren. *MNU Journal 71*(6), 375–382.

© Der/die Herausgeber bzw. der/die Autor(en), exklusiv lizenziert durch Springer Fachmedien Wiesbaden GmbH, ein Teil von Springer Nature 2022
P. Enenkiel, *Diagnostische Fähigkeiten mit Videovignetten und Feedback fördern*, Landauer Beiträge zur mathematikdidaktischen Forschung,
https://doi.org/10.1007/978-3-658-36529-5

Bartel, M.-E. & Roth, J. (2017a). Diagnostische Kompetenz von Lehramtsstudierenden fördern. Das Videotool ViviAn. In J. Leuders, T. Leuders, S. Prediger & S. Ruwisch (Hrsg.), *Mit Heterogenität im Mathematikunterricht umgehen lernen. Konzepte und Perspektiven für eine zentrale Anforderung an die Lehrerbildung* (S. 43–52). Wiesbaden: Springer Spektrum.

Bartel, M.-E. & Roth, J. (2017b). Vignetten zur Diagnose und Unterstützung von Begriffsbildungsprozessen. In U. Kortenkamp & A. Kuzle (Hrsg.), *Beiträge zum Mathematikunterricht 2017* (S. 1347–1350). Münster: WTM-Verlag.

Bartel, M.-E. & Roth, J. (2020). Video- und Transkriptvignetten aus dem Lehr-Lern-Labor - die Wahrnehmung von Studierenden. In B. Priemer & J. Roth (Hrsg.), *Lehr-Lern-Labore. Konzepte und deren Wirksamkeit in der MINT-Lehrpersonenbildung* (S. 299–316). Berlin: Springer Spektrum.

Barth, C. B. (2010). *Kompetentes Diagnostizieren von Lernvoraussetzungen in Unterrichtssituationen. Eine theoretische Betrachtung zur Identifikation bedeutsamer Voraussetzungen.* Weingarten.

Beck, M. & Opp, K.-D. (2001). Der faktorielle Survey und die Messung von Normen. *Kölner Zeitschrift für Soziologie und Sozialpsychologie 53*(2), 283–306.

Behrmann, L. & Glogger-Frey, I. (2017). Produkt- und Prozessindikatoren diagnostischer Kompetenz. In A. Südkamp & A.-K. Praetorius (Hrsg.), *Diagnostische Kompetenz von Lehrkräften. Theoretische und methodische Weiterentwicklungen* (S. 134–142). Münster: Waxmann.

Bell, B. & Cowie, B. (2002). *Formative Assessment and Science Education.* New York: Kluwer Academic Publishers.

Benz, C., Peter-Koop, A. & Grüßing, M. (2015). Frühe mathematische Bildung. Mathematiklernen der Drei- bis Achtjährigen. Berlin: Springer. doi:10.1007/978-3-8274-2633-8

Beretz, A.-K., von Aufschnaiter, C. & Lengnink, K. (2017a). Bearbeitung diagnostischer Aufgaben durch Lehramtsstudierende. In C. Maurer (Hrsg.), *Implementation fachdidaktischer Innovation im Spiegel von Forschung und Praxis. Gesellschaft für Didaktik der Chemie und Physik. Jahrestagung in Zürich 2016* (S. 244–247). Regensburg: Universität Regensburg.

Beretz, A.-K., Lengnink, K. & von Aufschnaiter, C. (2017b). Diagnostische Kompetenz gezielt fördern – Videoeinsatz im Lehramtsstudium Mathematik und Physik. In C. Selter, S. Hußmann, C. Hößle, C. Knipping, K. Lengnink, J. Michaelis (Hrsg.), *Diagnose und Förderung heterogener Lerngruppen. Theorien, Konzepte und Beispiele aus der MINT-Lehrerbildung* (S. 149–168). Münster: Waxmann.

Berliner, D. C. (1986). In pursuit of the expert pedagogue. *Educational Researcher 15*(7), 5–13.

Berliner, D. C. (2001). Learning about and learning from expert teachers. *International Journal of Educational Research 35*, 463–482.

Bernholt, A., Hagenauer, G., Lohbeck, A., Gläser-Zikuda, M., Wolf, N., Moschner, B., Lüschen, I., Klaß, S. & Dunker, N. (2018). Bedingungsfaktoren der Studienzufriedenheit von Lehramtsstudierenden. *Journal for educational research online 10*(1), 24–51.

Beutelspacher, A. (2010). *Albrecht Beutelspachers Kleines Mathematikum. Die 101 wichtigsten Fragen und Antworten zur Mathematik.* München: Beck.

Beutelspacher, A. (2016). *Mathe-Basics zum Studienbeginn. Survival-Kit Mathematik.* Wiesbaden: Springer.

Binder, K., Krauss, S., Hilbert, S., Brunner, M., Anders, Y. & Kunter, M. (2018). Diagnostic Skills of Mathematics Teachers in the COACTIV Study. In T. Leuders, K. Philipp & J. Leuders (Hrsg.), *Diagnostic competence of mathematics teachers. Unpacking a complex construct in teacher education and teacher practice* (S. 33–54). Cham: Springer International Publishing.

Blomberg, G., Renkl, A., Garmoran Sherin, M., Borko, H. & Seidel, T. (2013). Five research-based heuristics for using video in pre-service teacher education. *Journal of educational research online 5*(1), 90–114.

Blömeke, S., Gustafsson, J.-E. & Shavelson, R. J. (2015). Beyond Dichotomies. *Zeitschrift für Psychologie 223*(1), 3–13. doi:10.1027/2151-2604/a000194

Blömeke, S., Kaiser, G. & Lehmann, R. (2010). TEDS-M 2008 Sekundarstufe I: Ziele, Untersuchungsanlage und zentrale Ergebnisse. In S. Blömeke, G. Kaiser & R. Lehmann (Hrsg.), *TEDS-M 2008 – Professionelle Kompetenz und Lerngelegenheiten angehender Mathematiklehrkräfte für die Sekundarstufe I im internationalen Vergleich* (S. 12–39). Münster: Waxmann.

Blömeke, S., König, J., Busse, A., Suhl, U., Benthien, J., Döhrmann, M. & Kaiser, G. (2014). Von der Lehrerausbildung in den Beruf – Fachbezogenes Wissen als Voraussetzung für Wahrnehmung, Interpretation und Handeln im Unterricht. *Zeitschrift für Erziehungswissenschaften 17*, 509–542.

Böhmer, M., Englich, B. & Böhmer, I. (2017). Schülerbeurteilungen aus der Perspektive dualer Prozessmodelle der sozialen Urteilsbildung. In A. Südkamp & A.-K. Praetorius (Hrsg.), *Diagnostische Kompetenz von Lehrkräften. Theoretische und methodische Weiterentwicklungen* (S. 50–54). Münster: Waxmann.

Böhmer, I. Gräsel, C., Krolak-Schwerdt, S., Hörstermann, T. & Glock, S. (2017). Teachers' School Tracking Decision. In D. Leutner, J. Fleischer, J. Grünkorn & E. Klieme (Hrsg.), *Competence Assessment in Education. Research, Models and Instruments* (S. 131–148). Heidelberg: Springer.

Bond, T. & Fox, C. M. (2015). *Applying the Rasch Model: Fundamental Measurement in the Human Sciences* (3. Auflage): New York: Routledge Taylor & Francis.

Borowski, A., Neuhaus, B. J., Tepner, O., Wirth, J., Fischer, H. E., Leutner, D., Sandmann, A. & Sumfleth, E. (2010). Professionswissen von Lehrkräften in den Naturwissenschaften (ProwiN) – Kurzdarstellung des BMBF- Projekts. *Zeitschrift für Didaktik der Naturwissenschaften*, 16, 341–349.

Bortz, J. & Döring, N. (2006). Forschungsmethoden und Evaluation. Für Human- und Sozialwissenschaftler (4. Auflage). Berlin: Springer. doi:10.1007/978-3-540-33306-7

Bortz, J. & Schuster, C. (2010). Statistik für Human- und Sozialwissenschaftler. (7. Auflage). Berlin: Springer. doi:10.1007/978-3-642-12770-0

Bos, W. & Hovenga, N. (2010). Diagnostische Kompetenz – besser individuell fördern. *Schule NRW 8* (10), 383–385.

Brockhaus. (1999). *Die Enzyklopädie* (20. Auflage). Leipzig: Brockhaus.

Bromme, R. (1994). Beyond subject matter: A psychological topology of teachers' professional knowledge. In R. Biehler, R. W. Scholz, R. Straesser & B. Winkelmann (Hrsg.), *Mathematics didactics as a scientific discipline: The state of the art* (S. 73–88). Dordrecht: Kluwer.

Bromme, R. (1997). Kompetenzen, Funktionen und unterrichtliches Handeln des Lehrers. In F. E. Weinert (Hrsg.), *Psychologie des Unterrichts und der Schule.* (Band 3, S. 177–214). Göttingen: Hogrefe.

Brühwiler, C. (2014). Adaptive Lehrkompetenz und schulisches Lernen. Effekte handlungssteuernder Kognitionen von Lehrpersonen auf Unterrichtsprozesse und Lernergebnisse der Schülerinnen und Schüler. Münster: Waxmann.

Brühwiler, C. (2017). Diagnostische und didaktische Kompetenz als Kern adaptiver Lehrkompetenz. In A. Südkamp & A.-K. Praetorius (Hrsg.), *Diagnostische Kompetenz von Lehrkräften* (S. 123–134). Münster: Waxmann.

Brunner, M., Anders, Y., Hachfeld, A. & Krauss, S. (2011). Diagnostische Fähigkeiten von Mathematiklehrkräften. In M. Kunter, J. Baumert, W. Blum & M. Neubrand (Hrsg.), *Professionelle Kompetenz von Lehrkräften. Ergebnisse des Forschungsprogramms COACTIV* (S. 215–234). Münster: Waxmann.

Brunswik, E. (1955). Representative design and probalilistic theory in a functional psychology. *Psychological Review 62*(3), 193–217. doi:10.1037/h0047470

Büchter, A. & Henn, H.- W. (2010). *Elementare Analysis. Von der Anschauung zur Theorie.* Heidelberg: Spektrum. doi:10.1007/978-3-8274-2680-2

Bühner, M. (2011). *Einführung in die Test- und Fragebogenkonstruktion* (3. Auflage). München: Pearson Studium.

Bühner, M. & Ziegler, M. (2009). *Statistik für Psychologen und Sozialwissenschaftler*. München: Pearson.

Burnham, K. P. & Anderson, D. R. (2004). Multimodel Inference: Understanding AIC and BIC in Model Selection. *Sociological Methods & Research 33*(2), 261–304. doi:10.1177/0049124104268644

Butler, D. L. & Winne, P. H. (1995). Feedback and Self-Regulated Learning: A Theoretical Synthesis. *Review of Educational Research 65*(3), S. 245–281.

Carter, K., Cushing, K., Sabers, D., Stein, P. & Berliner, D. (1988). Expert-Novice Differences in Perceiving and Processing Visual Classroom Information. *Journal of Teacher Education 39*(3), 25–31.

Chalmers, P. (2018). *Package 'mirt'. A multidimensional Item Response Theory Package for the R Environment*. Verfügbar unter https://cran.r-project.org/web/packages/mirt/mirt.pdf.

Clariana, R. B., Ross, S. M. & Morrison, G. R. (1991). The effects of different feedback strategies using computer-administered multiple-choice questions as instruction. *Educational Technology Research and Development 39*(2), 5–17. doi:10.1007/BF02298149

Clariana, R. B., Wagner, D. & Roher Murphy, L. C. (2000). Applying a connectionist description of feedback timing. *Educational Technology Research and Development 48* (3), 5–22. doi:10.1007/BF02319855

Clements, D. H. (1999). Teaching Length Measurement: Research Challenges. *School science and mathematics 99*(1), 5–11.

Cohen, J. (1960). A Coefficient of Agreement for Nominal Scales. *Educational and Psychological Measurement 20*(1), 37–46. doi:10.1177/001316446002000104

Cohen, J. (1988). *Statistical power analysis for the behavioral sciences* (2. Auflage). New York: Lawrence Erlbaum Associates.

Cohen, J., Cohen, P., West, S. G. & Aiken, L. (2003). *Applied multiple regression/ correlation analysis for the behavioural sciences* (3. Auflage). Mahwah: Lawrence Erlbaum.

Collins, M., Carnine, D. & Gersten, R. (1987). Elaborated corrective feedback and the acquisition of reasoning skills: a study of computer-assisted instruction. *Exceptional children 54*(3), 254–262. doi:10.1177/001440298705400308

Corno, L. & Snow, R. E. (1986). Adapting Teaching to Individual Differences Among Learners. In M. C. Wittrock (Hrsg.), *Handbook of research on teaching* (S. 605–629). New York: Macmillan.

Cowie, B. & Bell, B. (1999). A model of formative Assessment in Science Education. *Assessment in Education: Principles, Policy & Practice 6*(1), 101–116.

Cross, C. T., Woods, T. A. & Schweingruber, H. (2009). *Mathematics learning in early childhood. Path toward excellence and equity*. Washington: NAP.

Dempsey, J. V., Driscoll, M. P. & Swindell, L. K. (1993). Text-Based Feedback. In J. V. Dempsey (Hrsg.), *Interactive instruction and feedback* (1. Auflage, S. 21–54). Englewood Cliffs: Educational Technology.

Diehl, J. M. & Arbinger, R. (2001). *Einführung in die Inferenzstatistik* (3. Auflage). Eschborn bei Frankfurt am Main: Klotz.

Döring, N. & Bortz, J. (2016). *Forschungsmethoden und Evaluation in den Sozial- und Humanwissenschaften* (5. Auflage). Berlin: Springer. doi:10.1007/978-3-642-41089-5

Dübbelde, G. (2013). *Diagnostische Kompetenzen angehender Biologie-Lehrkräfte im Bereich der naturwissenschaftlichen Erkenntnisgewinnung*.

Duden (2012). *Wörterbuch medizinischer Fachbegriffe. Das Standardwerk für Fachleute und Laien. Der aktuelle Stand der medizinischen Terminologie* (9. Auflage). Mannheim: Dudenverlag.

Duden (2007). *Das Herkunftswörterbuch. Etymologie der deutschen Sprache* (4. Auflage). Mannheim: Dudenverlag.

Dunekacke, S., Jenßen, L. & Blömeke, S. (2015a). Effect of mathematics content knowledge on pre-school teachers' performance: a video-based asssessment of perception and planning abilities in informal learning situations. *International Journal of Science and Mathematics Education 13*, 267–286. doi: 10.1007/s10763-014-9596-z

Dunekacke, S., Jenßen, L. & Blömeke, S. (2015b). Mathematikdidaktisches Kompetenz von Erzieherinnen und Erziehern. Validierung des KomMa-Leistungstests durch die videogestützte Erhebung von Performanz. In S. Blömeke & Zlatkin-Troitschanskaia (Hrsg.), *Kompetenzen von Studierenden* (S. 80–99). Weinheim: Beltz

Dürrschnabel, K. (2004). *Mathematik für Ingenieure. Eine Einführung mit Anwendungs- und Alltagsbeispielen.* Stuttgart: Vieweg + Teubner. doi:10.1007/978-3-8348-2559-9

Eid, M., Gollwitzer, M. & Schmitt, M. (2015). *Statistik und Forschungsmethoden. Lehrbuch. Mit On-line-Material* (4. Auflage). Weinheim: Beltz.

Eid, M. & Petermann, F. (2006). Aufgaben, Zielsetzungen und Strategien der Psychologischen Diagnostik. In J. Bengel, M. Eid & F. Petermann (Hrsg.), *Handbuch der psychologischen Diagnostik* (Band 4, S. 15–25). Göttingen: Hogrefe.

Eid, M. & Schmidt, K. (2014). *Testtheorie und Testkonstruktion* (Bachelorstudium Psychologie). Göttingen: Hogrefe.

Enenkiel, P. & Roth, J. (2017). Diagnosekompetenz mit Videovignetten fördern – Der Einfluss von Feedback. In U. Kortenkamp & A. Kuzle (Hrsg.), *Beiträge zum Mathematikunterricht 2017* (S. 1351–1354). Münster: WTM-Verlag.

Erpenbeck, J., Sauter, S. & Sauter, W. (2015). *E-Learning und Blended Learning. Selbstgesteuerte Lernprozesse zum Wissensaufbau und zur Qualifizierung.* Wiesbaden: Springer. doi:10.1007/978-3-658-10175-6

Faltis, C. J. & Valdés, G. (2016). Preparing teachers for teaching in and advocating for linguistically diverse classrooms: A vade mecum for teacher educator. In D. H. Gitomer & C. A. Bell (Hrsg.), *Handbook of research on teaching* (S. 549–592). Washington DC: American Educational Research Association.

Fengler, J. (2017). *Feedback geben. Strategien und Übungen* (5. Auflage). Weinheim: Beltz.

Field, A. P., Miles, J. & Field, Z. (2014). *Discovering statistics using R.* London: Sage. doi:10.1111/insr.12011_21

Fisseni, H.-J. (2004). *Lehrbuch der psychologischen Diagnostik. Mit Hinweisen zur Intervention* (3. Auflage). Göttingen: Hogrefe.

Fitzmaurice, G. M., Laird, N. M. & Ware, J. H. (2011). *Applied Longitudinal Analysis* (2. Auflage). New Jersey: John Wiley & Sons.

Förster, N. & Böhmer, I. (2017). Das Linsenmodell – Grundlagen und exemplarische Anwendungen in der pädagogisch-psychologischen Diagnostik. In A. Südkamp & A.-K. Praetorius (Hrsg.), *Diagnostische Kompetenz von Lehrkräften* (S.46–50). Münster: Waxmann

Franke, M. (2003). *Didaktik des Sachrechnens in der Grundschule.* Heidelberg: Spektrum.

Franke, M. (2007). *Didaktik der Geometrie in der Grundschule.* München: Elsevier.

Franke, M., & Reinhold, S. (2016). *Didaktik der Geometrie. In der Grundschule* (3. Auflage). Berlin: Springer.

Franke, M. & Ruwisch, S. (2010). *Didaktik des Sachrechnens in der Grundschule.* Heidelberg: Spektrum.

Frenzel, L. & Grund, K.-H. (1991a). Wie tief ist der Brunnen? Einige Gedanken zum Anwenden von Mathematik. *Mathematik Lehren 45*, 4–8.

Frenzel, L. & Grund, K.-H. (1991b). Umgang mit Größen. *Mathematik Lehren 45*, 10–14.

Freudenthal, H. (1983). *Didactical Phenomenology of Mathematical Structures.* Dordrecht: Reidel.

Freyer, S. C. (2006). Blended Learning im Spannungsfeld der verschiedenen Interessen im Unternehmen. Möglichkeiten und Chancen bei der Umsetzung. In S. Ludwigs, U. Timmler & M. Tilke (Hrsg.), *Praxisbuch E-Learning. Ein Reader des Kölner Expertennetzwerkes cel_C* (S. 106–123). Bielefeld: Bertelsmann.

Frommelt, M., Hugener, I. & Krammer, K. (2019). Fostering teaching-related analytical skills through case-based learning with classroom videos in initial teacher education. *Journal of educational research 11*(2), 37–60.

Füchter, A. (2011). Pädagogische und didaktische Diagnostik – Eine schulische Entwicklungsaufgabe mit hohem Professionalitätsanspruch. In A. Füchter & K. Moegling (Hrsg.), *Diagnostik und Förderung. Teil 1. Didaktische Grundlagen* (S. 45–83). Immenhausen: Prolog

Gab, T. (2017). Erarbeitung von Grundideen zum Messen in der Grundschule – Das Beispiel Flächeninhalt und Umfang von einfachen Figuren (Bachelorarbeit)

Gamer, M. (2019). *Package 'irr'*. Verfügbar unter: https://cran.r-project.org/web/packages/irr/irr.pdf.

Gaynor, P. (1981). The Effect of Feedback Delay on Retention of Computer-Based Mathematical Material. *Journal of computer based instruction 8*(2), 28–34.

Geiser, C. & Eid, M. (2010). Item-Response-Theorie. In C. Wolf & H. Best (Hrsg.), *Handbuch der sozialwissenschaftlichen Datenanalyse* (S. 311–332). Wiesbaden: VS Verlag für Sozialwissenschaften. doi:10.1007/978-3-531-92038-2_14.

Goldhammer, F. & Hartig, J. (2007). Interpretation von Testresultaten und Testeichung. In H. Moosbrugger & A. Kelava (Hrsg.), *Testtheorie und Fragebogenkonstruktion* (S. 165–192). Heidelberg: Springer. doi:10.1007/978-3-540-71635-8_8

Gollwitzer, M. & Jäger, R. S. (2014). *Evaluation kompakt. Mit Arbeitsmaterial zum Download* (2. Auflage). Weinheim: Beltz.

Goodwin, C. (1994). Professional Vision. *American Anthropologist 96*(3), 606–633.

Greefrath, G. (2010). Didaktik des Sachrechnens in der Sekundarstufe. Heidelberg: Spektrum.

Greefrath, G. & Laakmann, H. (2014). Mathematik eben – Flächen messen. *Praxis der Mathematik in der Schule (55)*, 2–10.

Griesel, H. (1996). Grundvorstellungen zu Größen. *Mathematik Lehren 78*, 15–19.

Gruber, H. (2001). Expertise. In D. H. Rost (Hrsg.), *Handwörterbuch Pädagogische Psychologie* (S. 164–169). Weinheim: Beltz.

Häder, M. (2019). *Empirische Sozialforschung. Eine Einführung* (4. Auflage). Wiesbaden: Springer VS Verlag für Sozialwissenschaften. doi:10.1007/978-3-658-26986-9

Hagena, M. (2019). *Einfluss von Größenvorstellungen auf Modellierungskompetenzen. Empirische Untersuchung im Kontext der Professionalisierung von Lehrkräften*. Wiesbaden: Springer.

Hamich, M. (2019). *Grundlegende Aspekte des Messens und Berechnens am Ende der Sekundarstufe I*. Konferenz Paper für den Arbeitskreis Geometrie in Saarbrücken.

Hammann, M., Jördens, J. & Schecker, H. (2014). Übereinstimmung zwischen Beurteilern: Cohens Kappa (κ). In D. Krüger, I. Parchmann & H. Schecker (Hrsg.), *Methoden in der naturwissenschaftsdidaktischen Forschung* (Zusatzmaterial online). Heidelberg: Springer. doi:10.1007/978-3-642-37827-0 Verfügbar unter: https://static.springer.com/sgw/documents/1426183/application/pdf/Cohens+Kappa.pdf

Hamp-Lyons, L. & Heasley, B. (2006). *Study writing. A course in writing skills for academic purposes* (2. Auflage). Cambridge: Univ. Press.

Hancock, T. E., Thurman, R. A. & Hubbard, D. C. (1995). An Expanded Control Model for the Use of Instructional Feedback. *Contemporary Educational Psychology 20*(4), 410–425. http://www.sciencedirect.com/science/article/pii/S0361476X85710284.

Hartig, J. & Frey, A. (2013). Sind Modelle der Item-Response-Theorie (IRT) das „Mittel der Wahl" für die Modellierung von Kompetenzen? *Zeitschrift für Erziehungswissenschaften 16*, 47–51. doi:10.1007/s11618-013-0386-0

Hartig, J. & Goldhammer, F. (2010). Modelle der Item-Response-Theorie. In S. Maschke & L. Stecher (Hrsg.), *Methoden der empirischen erziehungswissenschaftlichen Forschung*. Enzyklopädie Erziehungswissenschaft Online (S. 1–36). Weinheim: Beltz.

Hartig, J. & Kühnbach, O. (2006). Schätzung von Veränderung mit „plausible values" in mehrdimensionalen Rasch-Modellen. In: A. Ittel & H. Merkens (Hrsg.) *Veränderungsmessung und*

Längsschnittstudien in der empirischen Erziehungswissenschaft (S. 27–44). Wiesbaden: VS Verlag für Sozialwissenschaften. doi:10.1007/978-3-531-90502-0_3

Hartmann-Kurz, C. & Stege, T. (2014). *Lernprozesse sichtbar machen. Pädagogische Diagnostik als lernbegleitendes Prinzip.* Landesinstitut für Schulentwicklung: Stuttgart.

Hascher, T. (2005). Diagnostizieren in der Schule. In A. Bartz, C. Kloft, J. Fabian, S. Huber, H. Rosenbusch & H. Sassenscheidt (Hrsg.), *PraxisWissen SchulLeitung. Basiswissen und Arbeitshilfen zu den zentralen Handlungsfeldern der Schulleitung* (S. 1–8). Bonn: Wolters Kluwer.

Hascher, T. (2008). Diagnostische Kompetenz im Lehrberuf. In C. Kraler & M. Schratz (Hrsg.), *Wissen erwerben, Kompetenzen entwickeln. Modelle zur kompetenzorientierten Lehrerbildung* (S. 71–86). Münster: Waxmann.

Hasemann, K. & Gasteiger, H. (2014). *Anfangsunterricht Mathematik.* Heidelberg: Springer.

Hattie, J. (2015). *Lernen sichtbar machen. Überarbeitete deutschsprachige Ausgabe von "Visible Learning" von Wolfgang Beywl und Klaus Zierer.* Baltmannsweiler: Schneider

Hattie, J. & Timperley, H. (2007). The Power of Feedback. *Review of Educational Research 77*(1), 81–112. doi:10.3102/003465430298487

Hattie, J. & Wollenschläger, M. (2014). A conceptualization of feedback. In H. Ditton & A. Müller (Hrsg.), *Feedback und Rückmeldungen. Theoretische Grundlagen empirische Befunde praktische Anwendungsfelder* (S. 135–150). Münster: Waxmann.

Heid, L.- M. (2018). *Das Schätzen von Längen und Fassungsvermögen. Eine Interviewstudie zu Stratehien mit Kinders im 4. Schuljahr.* Wiesbaden: Springer. doi:10.1007/978-3-658-18874-0

Heinrichs, H. (2015). *Diagnostische Kompetenz von Mathematik-Lehramtsstudierenden. Messung und Förderung.* Wiesbaden: Springer Spektrum.

Heitzmann, N., Seidel, T., Poitz, A., Hetmanek, A., Wecker, C., Fischer, M., Ufer, S., Schmidmaier, R., Neuhaus, B., Siebeck, M., Stürmer, K., Obersteiner, A., Reiss, K., Girwidz, R. & Fischer, F. (2019). Facilitating diagnostic competences in simulations: A conceptual framework and a research agenda for medical and teacher education. *Frontline Learning Research 7*(4), 1–24. doi:10.14786/flr.v7i4.384

Helmerich, M. & Lengnink, K. (2016). *Einführung Mathematik Primarstufe – Geometrie.* Berlin: Springer.

Helmke, A. (2017). *Unterrichtsqualität und Lehrerprofessionalität. Diagnose, Evaluation und Verbesserung des Unterrichts* (7. Auflage). Seelze: Klett-Kallmeyer.

Helmke, A., Hosenfeld, I. & Schrader, F. (2004). Vergleichsarbeiten als Instrument zur Verbesserung der Diagnosekompetenz von Lehrkräften. In R. Arnold & C. Griese (Hrsg.), *Schulleitung und Schulentwicklung* (S. 119–144). Hohngehren: Schneider-Verlag.

Herppich, S., Praetorius, A.-K., Hetmanek, A., Glogger-Frey, I., Ufer, S., Leutner, D., Behrmann, L., Böhmer, I., Böhmer, M., Förster, N., Kaiser, J., Karing, C., Karst, K., Klug, J., Ohle, A. & Südkamp, A. (2017). Ein Arbeitsmodell für die empirische Erforschung der diagnostischen Kompetenz von Lehrkräften. In Südkamp Anna & A.-K. Praetorius (Hrsg.), Diagnostische Kompetenz von Lehrkräften. Theoretische und methodische Weiterentwicklungen (Band 94, S. 75–94). Münster: Waxmann.

Hesse, I. & Latzko, B. (2011). *Diagnostik für Lehrkräfte* (2. Auflage). Opladen: Budrich.

Hetmanek, A. & Van Gog, T. (2017). Förderung von diagnostischer Kompetenz: Potenziale von Ansätzen aus der medizinischen Ausbildung. In A. Südkamp & A.-K. Praetorius (Hrsg.), *Diagnostische Kompetenz von Lehrkräften* (S. 209–216). Münster: Waxmann

Hiebert, J. (1981). Units of Measure: Results and Implications from National Assessment. *The Arithmetik Teacher 28*(6), 38–43.

Hofer, M. (1986). *Sozialpsychologie erzieherischen Handelns.* Göttingen: Verlag für Psychologie.

Hoffmann, T. (1999). The meanings of competency. *Journal of European Industrial Training 23*(6), 275–286. doi:10.1108/03090599910284650

Hofmann, R. & Roth, J. (2017). Fähigkeiten und Schwierigkeiten im Umgang mit Funktionsgraphen erkennen - Diagnostische Fähigkeiten fördern. In U. Kortenkamp & A. Kuzle (Hrsg.), *Beiträge zum Mathematikunterricht 2017* (S. 445–448). Münster: WTM-Verlag.

Holland, G. (1996). *Geometrie in der Sekundarstufe*. Heidelberg: Spektrum.

Holling, H. & Gediga, G. (2011). *Statistik – Deskriptive Verfahren*. Göttingen: Hogrefe

Holodynski, M., Meschede, N., Junker, R., Oellers, M., Zucker, V., Rauterberg, T. & Konjer, S. (2020, 01. Dezember). Mit Unterrichtsvideos hochschulübergreifend lehren und lernen. *Newsletter des Bundesministeriums für Bildung und Forschung*. Abrufbar unter: https://www.qualitaetsoffensive-lehrerbildung.de/de/mit-unterrichtsvideos-hochschlueber-greifend-lehren-und-lernen-2369.html

Holodynski, M., Steffensky, M., Gold, B., Hellermann, C., Sunder, C., Fiebranz, A., Meschede, N., Glaser, O., Rauterberg, T., Todorova, M., Wolters, M., & Möller, K. (2017). Lernrelevante Situationen im Unterricht beschreiben und interpretieren. Videobasierte Erfassung professioneller Wahrnehmung von Klassenführung und Lernunterstützung im naturwissenschaftlichen Grundschulunterricht. In C. Gräsel & K. Trempler (Hrsg.), *Entwicklung von Professionalität pädagogischen Personals. Interdisziplinäre Betrachtungen, Befunde und Perspektiven* (S. 283–302). Wiesbaden: Springer.

Holtz, P. (2014). „Es heißt ja auch Praxissemester und nicht Theoriesemester": Quantitative und qualitative Befunde zum Spannungsfeld zwischen Theorie und Praxis am Jenaer Praxissemester. In K. Kleinespel (Hrsg.), *Ein Praxissemester in der Lehrerbildung: Konzepte, Befunde und Entwicklungsprozesse im Jenaer Modell der Lehrerbildung* (S. 97–118). Bad Heilbrunn: Klinkhardt.

Horstkemper, M. (2004). Diagnosekompetenz als Teil pädagogischer Professionalität. *Neue Sammlung 44*(2), 201–214.

Horstkemper, M. (2006). Diagnostizieren und Fördern. Pädagogische Diagnostik als wichtige Voraussetzung für individuellen Lernerfolg. *Friedrich Jahresheft*, 4–7.

Hosenfeld, I., Helmke, A. & Schrader, F.-W. (2002). Diagnostische Kompetenz: Unterrichts- und lernrelevante Schülermerkmale und deren Einschätzung durch Lehrkräfte in der Unterrichtsstudie SALVE. In M. Prenzel & J. Doll (Hrsg.), *Bildungsqualität von Schule: Schulische und außerschulische Bedingungen mathematischer, naturwissenschaftlicher und überfachlicher Kompetenzen* (S. 65–82). Weinheim: Beltz

Hußmann, S., Leuders, T. & Prediger, S. (2007). Schülerleistungen verstehen – Diagnose im Alltag. *Praxis der Mathematik in der Schule 49*(15), 1–8.

Ilgen, D. R., Fisher, C. D. & Taylor, M. S. (1979). Consequences of individual feedback on behavior in organizations. *Journal of Applied Psychology 64*(4), 349–371. doi:10.1037/0021-9010.64.4.349

Impara, J. C. & Plake, B. S. (1998). Teachers' ability to estimate item difficulty: A Test of the aassumptions in the angoff standard setting method. *Journal of Educational Measurement, 35*(1), 69–81.

Ingenkamp, K. & Lissmann, U. (2008). *Lehrbuch der pädagogischen Diagnostik* (6. Auflage). Weinheim: Beltz

Jacobs, B. (2002). *Aufgaben stellen und Feedback geben*. Verfügbar unter: https://psydok.psycharchives.de/jspui/bitstream/20.500.11780/1024/1/feedback.pdf.

Jäger, R. S. (2003). Pädagogisch-psychologische Diagnostik. In R. S. Jäger (Hrsg.), *Schlüsselbegriffe der Psychologischen Diagnostik* (S. 313–315). Weinheim: Beltz.

Jahn, G., Stürmer, K., Seidel, T. & Prenzel, M. (2014). Professionelle Unterrichtswahrnehmung von Lehramtsstudierenden. Eine Scaling-up Studie des Observe-Projekts. *Zeitschrift für Entwicklungspsychologie und Pädagogische Psychologie 46*(4), 171–180. doi:10.1026/0049-8637/a000114

Janssen, J. & Laatz, W. (2010). *Statistische Datenanalyse mit SPSS. Eine anwendungsorientierte Einführung in das Basissystem und das Modul Exakte Tests* (7. Auflage) Berlin: Springer. doi:10.1007/978-3-662-10038-7

Jawahar, I. M. (2010). The mediating role of appraisal feedback reactions on the relationship between rater feedback-related behaviors and rater performance. *Group & Organization Management 35*(4), 494–526.

Kaiser, G., Busse, A., Hoth, J., König, J. & Blömeke, S. (2015). About the complexities of video-based assessments: Theoretical and methodological approaches to overcoming shortcomings of research on teachers' competence. *International Journal of Science and Mathematics Education 13*(2), 369–387. doi:10.1007/s10763-015-9616-7

Kaiser, J., Helm, F., Retelsdorf, J. Südkamp, A. & Möller, J. (2012). Zum Zusammenhang von Intelligenz und Urteilsgenauigkeit bei der Beurteilung von Schülerleistungen im Simulierten Klassenraum. *Zeitschrift für Pädagogische Psychologie, 26*(4), 251–261. doi:10.1024/1010-0652/a000076

Kaiser, J. & Möller, J. (2017). Diagnostische Kompetenz von Lehramtsstudierenden. In C. Gräsel & K. Trempler (Hrsg.), *Entwicklung von Professionalität pädagogischen Personals. Interdisziplinäre Betrachtungen, Befunde und Perspektiven* (S. 55–74). Wiesbaden: Springer.

Kaiser, J., Praetorius, A.-K., Südkamp, A. & Ufer, S. (2017). Die enge Verwobenheit von diagnostischem und pädagogischem Handeln als Herausforderung bei der Erfassung diagnostischer Kompetenz. In A. Südkamp & A.-K. Praetorius (Hrsg.), *Diagnostische Kompetenz von Lehrkräften* (S. 114–123). Münster: Waxmann.

Kang, H. & Anderson, C. W. (2014). Supporting Preservice Science Teachers' Ability to Attend and Respond to Student Thinking by Design. *Science Education 99*(5), 863–895. doi:10.1002/sce.21182

Karing, C. (2009). Diagnostische Kompetenz von Grundschul- und Gymnasiallehrkräften im Leistungsbereich und im Bereich Interessen. *Zeitschrift für Pädagogische Psychologie 23*(34), 197–209. doi:10.1024/1010-0652.23.34.197

Karing, C. & Seidel, T. (2017). Ausblick zur Förderung diagnostischer Kompetenz. In A. Südkamp & A.-K. Practorius (Hrsg.), *Diagnostische Kompetenz von Lehrkräften* (S. 240–246). Münster: Waxmann.

Karing, C., Pfost, M. & Artelt, C. (2011). Hängt die diagnostische Kompetenz von Sekundarstufenlehrkräften mit der Entwicklung der Lesekompetenz und der mathematischen Kompetenz ihrer Schülerinnen und Schüler zusammen? *Journal for educational research online 3*(2), 119-147.

Karst, K. (2012). *Kompetenzmodellierung des diagnostischen Urteils von Grundschullehrern.* Münster: Waxmann

Karst, K. (2017a). Diagnostische Kompetenz und unterrichtliche Situationen. In A. Südkamp & A.-K. Praetorius (Hrsg.), *Diagnostische Kompetenz von Lehrkräften* (S. 25–59). Münster: Waxmann.

Karst, K. (2017b). Akkurate Urteile – die Ansätze von Schrader (1989) und McElvany et al. (2009). In A. Südkamp & A.-K. Praetorius (Hrsg.), *Diagnostische Kompetenz von Lehrkräften* (S. 21–25). Münster: Waxmann.

Karst, K. & Förster, N. (2017). Ansätze zur Modellierung diagnostischer Kompetenz. In A. Südkamp & A.-K. Praetorius (Hrsg.), *Diagnostische Kompetenz von Lehrkräften* (S. 19–20). Münster: Waxmann.

Karst, K., Klug, J. & Ufer, S. (2017). Strukturierung diagnostischer Situationen im inner- und außerunterrichtlichen Handeln von Lehrkräfte. In A. Südkamp & A.-K- Praetorius (Hrsg.), *Diagnostische Kompetenz von Lehrkräften* (S. 102–114). Münster: Waxmann

Karst, K., Schoreit, E. & Lipowsky, F. (2014). Diagnostische Kompetenzen von Mathematiklehrern und ihr Vorhersagewert für die Lernentwicklung von Grundschulkindern. *Zeitschrift für Pädagogische Psychologie 28*(4), S. 237–248. doi:10.1024/1010-0652/a000133

Kemnitz, A. (2019). *Mathematik zum Studienbeginn. Grundlagenwissen für alle technischen, mathematisch-naturwissenschaftlichen und wirtschaftswissenschaftlichen Studiengänge.* Wiesbaden: Springer.

Kersten, P., Wagner, J., Tipler, P. A. & Mosca, G. (2019). Physikalische Größen und Messungen. In P. A. Tipler, G. Mosca, P. Kersten & J. Wagner (Hrsg.), *Physik für Studierende der Naturwissenschaften und Technik* (S. 3–28). Berlin: Springer.

Kersting, N. (2008). Using Video Clips of Mathematics Classroom Instruction as Item Prompts to Measure Teachers' Knowledge of Teaching Mathematics. *Educational and Psychological Measurement 68*(5), 845–861. doi:10.1177/0013164407313369

Klauer, K. J. (1978). Perspektiven der Pädagogischen Diagnostik. In K. J. Klauer (Hrsg.), Handbuch der pädagogischen Diagnostik (Band 1, 1. Auflage, S. 3–14). Düsseldorf: Pädagogischer Verlag Schwann.

Kleber, E. W. (1992). *Diagnostik in pädagogischen Handlungsfeldern. Einführung in Bewertung, Beurteilung, Diagnose und Evaluation* (Grundlagentexte Pädagogik). Weinheim: Juventa.

Kleiber, C. & Zeileis, A. (2008). *Applied econometrics with R*. New York: Springer. doi:10.1007/978-0-387-77318-6

Klieme, E. & Warwas, J. (2011). Konzepte der Individuellen Förderung. *Zeitschrift für Pädagogik 57*, 805–818.

Kline, P. (1994). An easy guide to factor analysis. London: Routledge

Klotzek, B. (2001). *Euklidische und nichteuklidische Elementargeometrie*. Frankfurt: Harri.

Klug, J. (2017). Ein Prozessmodell zur Diagnostik und Förderung von selbstregulierten Lernen. In A. Südkamp & A.-K. Praetorius (Hrsg.), *Diagnostische Kompetenz von Lehrkräften* (S. 54–58). Münster: Waxmann.

Klug, J., Bruder, S., Kelava, A., Spiel, C. & Schmitz, B. (2013). Diagnostic competence of teachers. A process model that accounts for diagnosing learning behavior tested by means of a case scenario. *Teaching and Teacher Education 30*, 38–46. doi:10.1016/j.tate.2012.10.004

Klug, J., Bruder, S., Keller, S. & Schmitz, B. (2012). Hängen Diagnostische Kompetenz und Beratungskompetenz von Lehrkräften zusammen? *Psychologische Rundschau 63*(1), 3–10. doi:10.1026/0033-3042/a000104

Klug, J., Bruder, S. & Schmitz, B. (2016). Which variables predict teachers diagnostic competence when diagnosing students' learning behavior at different stages of a teacher career? *Teachers and teaching 22*(4),461–484. doi:10.1080/13540602.2015.1082729

Kluger, A. N. & DeNisi, A. (1996). The effects of feedback interventions on performance: A historical review, a meta-analysis, and a preliminary feedback intervention theory. *Psychological Bulletin 119*(2), 254–284. doi:10.1037/0033-2909.119.2.254

Knapp, T. R. & Schafer, W. D. (2009). From Gain Score t to ANCOVA F (and vice versa). *Practical Assessment, Research & Evaluation 14*(6), 1–7.

Kopp, J. & Lois, D. (2012). *Sozialwissenschaftliche Datenanalyse*. Eine Einführung. Wiesbaden: Springer. doi:10.1007/978-3-531-93258-3

Kramer, B. (2020, 10. März). Lange arbeiten, schlecht schlafen und Freude am Job. *Süddeutsche Zeitung*. https://www.sueddeutsche.de/bildung/arbeitszeit-lehrer-gymnasium-1.4838043

Krammer, K. (2009). *Individuelle Lernunterstützung in Schülerarbeitsphasen. Eine videobasierte Analyse des Unterstützungsverhaltens von Lehrpersonen im Mathematikunterricht*. Münster: Waxmann.

Krammer, K. & Hugener, I. (2005). Netzbasierte Reflexion von Unterrichtsvideos in der Ausbildung von Lehrpersonen. *Eine Explorationsstudie. Beiträge zur Lehrerinnen- und Lehrerbildung 25*(1), 51–61.

Krammer, K., Hugener, I., Biaggi, S., Frommelt, M., Fürrer Auf der Maur, G. & Stürmer, K. (2016). Videos in der Ausbildung von Lehrkräften: Förderung der professionellen Unterrichtswahrnehmung durch die Analyse von eigenen bzw. fremden Videos. *Unterrichtswissenschaft 44*(4), 357–372.

Krammer, K. & Reusser, K. (2005). Unterrichtsvideos als Medium der Aus- und Weiterbildung von Lehrpersonen. *Beiträge zur Lehrerinnen- und Lehrerbildung 23*(1), 35–50.

Krammer, K., Schnetzler, C. L., Ratzka, N., Reusser, K., Pauli, C., Lipowsky, F. & Klieme, E. (2008). Lernen mit Unterrichtsvideos: Konzeption und Ergebnisse eines netzgestützten Weiterbildungsprojekts mit Mathematiklehrpersonen aus Deutschland und der Schweiz. *Beiträge zur Lehrerbildung 26*(2), 178–197.

Krause, U.-M. (2002). *Elaborated group feedback in virtual learning environments.* Vortrag auf der CSCL-Konferenz (Computer Support for Colaborative Learning), Boulder, USA.

Krause, U.-M. (2007). *Feedback und kooperatives Lernen.* Münster: Waxmann.

Krauss, S. (2018). Vorwort. In J. Rutsch; M. Rehm, M. Vogel, M. Seidenfuß, T. Dörfler (Hrsg.), *Effektive Kompetenzdiagnose in der Lehrerbildung. Professionalisierungsprozesse angehender Lehrkräfte untersuchen* (S. 7–8). Wiesbaden: Springer.

Krauss, S., Blum, W., Brunner, M., Neubrand, M., Baumert, J., Kunter, M., Besser, M. & Elsner, J. (2011). Konzeptualisierung und Konstruktion zum fachbezogenen Professionswissen von Mathematiklehrkräften. In M. Kunter, J. Baumert, W. Blum & M. Neubrand (Hrsg.), *Professionelle Kompetenz von Lehrkräften. Ergebnisse des Forschungsprogramms COACTIV* (S. 135–162). Münster: Waxmann.

Krauss S. & Brunner, M. (2011). Schnelles Beurteilen von Schülerantworten: Ein Reaktionszeittest für Mathematiklehrer/innen. *Journal für Mathematik-Didaktik 32*, 233–251. doi:10.1007/s13138-011-0029-z

Krauter, S. (2008). *Fachdidaktische Beiträge zum Sachrechnen im Mathematikunterricht.* Verfügbar unter https://www.ph-ludwigsburg.de/4251+M52087573ab0.html.

Krauter, S. & Bescherer, C. (2013). *Erlebnis Elementargeometrie. Ein Arbeitsbuch zum selbstständigen und aktiven Entdecken. Mathematik Primarstufe und Sekundarstufe I + II.* Heidelberg: Springer.

Krauthausen, G. (2018). *Einführung in die Mathematikdidaktik – Grundschule.* Berlin: Springer.

Krüger, D. & Riemeier, T. (2014). Die qualitative Inhaltsanalyse – eine Methode zur Auswertung von Interviews. In D. Krüger, I. Parchmann & H. Schecker (Hrsg.), *Methoden in der naturwissenschaftsdidaktischen Forschung* (S. 133–145). Berlin: Springer. doi:10.1007/978-3-642-37827-0

Kuckartz, U. (2016). *Qualitative Inhaltsanalyse. Methoden Praxis Computerunterstützung* (3.Auflage). Weinheim: Beltz.

Kulhavy, R. W. (1977). Feedback in Written Instruction. *Review of Educational Research 47*(2), 211–232. doi:10.3102/00346543047002211

Kulhavy, R. W. & Anderson, R. C. (1972). Delay-retention effect with multiple-choice tests. *Journal of Educational Psychology 63*(5), 505–512. doi:10.1037/h0033243

Kulhavy, R. W. & Stock, W. A. (1989). Feedback in written instruction: The place of response certitude. *Educational Psychology Review 1*(4), 279–308. doi: 10.1007/BF01320096.

Kulhavy, R. W., White, M. T., Topp, B. W., Chan, A. L. & Adams, J. (1985). Feedback complexity and corrective efficiency. *Contemporary Educational Psychology 10*(3), 285–291. doi:10.1016/0361-476X(85)90025-6

Kulhavy, R. W., Yekovich, F. R. & Dyer, J. W. (1976). Feedback and response confidence. *Journal of Educational Psychology 68*(5), 522–528. doi:10.1037/0022-0663.68.5.522

Kulik, J. A. & Kulik, C.-L. C. (1988). Timing of Feedback and Verbal Learning. *Review of Educational Research 58*(1), 79–97. doi:10.3102/00346543058001079

Kultusministerkonferenz (2002a). PISA 2000 – Zentrale Handlungsfelder. Zusammenfassende Darstellung der laufenden und geplanten Maßnahmen in den Ländern. Abrufbar unter https://www.kmk.org/fileadmin/Dateien/veroeffentlichungen_beschluesse/2002/2002_10_07-Pisa-2000-Zentrale-Handlungsfelder.pdf

Kultusministerkonferenz (2002b). Qualitätssicherung in Schulen im Rahmen von nationalen und internationalen Leistungsvergleichen – Entwicklung Bildungsstandards. Abrufbar unter https://www.kmk.org/fileadmin/Dateien/pdf/PresseUndAktuelles/2003/Jahresbericht2002_3.pdf

Kultusministerkonferenz (2003). *Bildungsstandards im Fach Mathematik für den mittleren Schulabschluss*. Abrufbar unter https://www.kmk.org/themen/qualitaetssicherung-in-schulen/bildungsstandards.html#c5034

Kultusministerkonferenz (2004). *Bildungsstandards im Fach Mathematik für den Primarbereich*. Abrufbar unter https://www.kmk.org/themen/qualitaetssicherung-in-schulen/bildungsstandards.html#c5034

Kultusministerkonferenz (2012). *Bildungsstandards im Fach Mathematik für die allgemeine Hochschulreife*. Abrufbar unter https://www.kmk.org/themen/qualitaetssicherung-in-schulen/bildungsstandards.html#c5034

Kunter, M. (2011). Motivation als Teil der professionellen Kompetenz - Forschungsbefunde zum Enthusiasmus von Lehrkräften. In M. Kunter, J. Baumert, W. Blum & M. Neubrand (Hrsg.), *Professionelle Kompetenz von Lehrkräften. Ergebnisse des Forschungsprogramms COACTIV* (S. 259–276). Münster: Waxmann.

Kuntze, S. (2015). Expertisemerkmale von Mathematiklehrkräften und anforderungshaltige Situierungen – Fragen an Untersuchungsdesigns. In F. Caluori, H. Linneweber-Lammerskitten & C. Streit (Hrsg.), *Beiträge zum Mathematikunterricht 2015* (S. 528–531). Münster: WTM.

Kuntze, S. (2018). Flächeninhalt und Volumen. In H.-G. Weigand, A. Filler, R. Hölzl, S. Kuntze, M. Ludwig & J. Roth (Hrsg.), Didaktik der Geometrie für die Sekundarstufe I (3. Auflage, S. 149–178). Berlin: Springer Spektrum. doi:10.1007/978-3-662-56217-8_7

Lafrentz, H. & Eichler, K. P. (2004). Vorerfahrungen von Schulanfängern zum Vergleichen und Messen von Längen und Flächen. *Grundschulunterricht 7/8*, 42–47.

Landis, J. R. & Koch, G. G. (1977). *The Measurement of Observer Agreement for Categorical Data. Biometrics 33*(1), 159–174. doi:10.2307/2529310

Landmann, M., Perels, F., Otto, B., Schnick-Vollmer, K. & Schmitz, B. (2015). Selbstregulation und selbstreguliertes Lernen. In E. Wild & J. Möller (Hrsg.), *Pädagogische Psychologie* (2. Auflage, S. 45–64). Heidelberg: Springer. doi:10.1007/978-3-642-41291-2

Langer, I., Schulz von Thun, F. & Tausch, R. (1999). *Sich verständlich ausdrücken* (6. Auflage). München: Reinhardt.

Langfeldt, H.-P. & Tent, L. (1999). *Pädagogisch-psychologische Diagnostik*. Göttingen: Hogrefe.

Leonhart, R (2004). *Lehrbuch Statistik. Einstieg und Vertiefung*. Bern: Hans Huber

Leuders, J. & Leuders, T. (2013). Improving diagnostic judgement of preservice teachers by reflective task solution. In A. M. Lindmeier & A. Heinze (Hrsg.), *Proceedings of the 37th conference of the international group for the psychology of mathematics education, Volume 5* (S. 106). Kiel: PME.

Leuders, T., Dörfler, T., Leuders, J. & Philipp, K. (2018). Diagnostic Competence of Mathematic Teachers: Unpacking a Complex Construct. In T. Leuders, K. Philipp & J. Leuders (Hrsg.), *Diagnostic competence of mathematics teachers. Unpacking a complex construct in teacher education and teacher practice* (S. 3–32). Cham: Springer International Publishing. doi:10.1007/978-3-319-66327-2

Leutner, D. (2001a). Instruktionspsychologie. In D. H. Rost (Hrsg.), *Handwörterbuch pädagogische Psychologie* (2. Auflage, S. 267–275). Weinheim: Beltz.

Leutner, D. (2001b). Pädagogisch-psychologische Diagnostik. In D. H. Rost (Hrsg.), *Handwörterbuch pädagogische Psychologie* (2. Auflage, S. 521–529). Weinheim: Beltz.

Linacre, J. M. (1994). Sample Size and Item Calibration Stability. *Rasch Measurement Transactions* 7(4), 328–331.

Linacre, J. M. (2002). Optimizing Rating Scale Category Effectiveness. *Journal of Applied Measurement 3*(1), 85–106.

Lipowsky, F. (2006). Auf den Lehrer kommt es an. Empirische Evidenzen für Zusammenhänge zwischen Lehrerkompetenzen, Lehrerhandeln und dem Lernen für Schüler. *Zeitschrift für Pädagogik 51* (Beiheft), 47–70.

Lipowsky, F. (2015). Unterricht. In E. Wild & J. Möller (Hrsg.), *Pädagogische Psychologie* (2. Auflage, S. 70–98). Heidelberg: Springer. doi:10.1007/978-3-642-41291-2

Lipowsky, F. & Lotz, M. (2015). Ist Individualisierung der Königsweg zum erfolgreichen Lernen? Eine Auseinandersetzung mit Theorien, Konzepten und empirischen Befunden. In G. Mehlhorn, K. Schöppe & F. Schulz (Hrsg.), *Begabungen entwickeln & Kreativität fördern* (S. 155–219). München: kopaed.

Little, T. D. (2014). *The Oxford Handbook of Quantitative Methods* (Volume 1: Foundations): Oxford: University Press.

Lorenz, C. (2012). *Diagnostische Kompetenz von Grundschullehrkräften. Strukturelle Aspekte und Bedingungen* (Band 9). Bamberg: University of Bamberg Press.

Lüdtke, O. & Robitzsch, A. (2017). Eine Einführung in die Plausible-Values-Technik für die psychologische Forschung. *Diagnostica 63*(3), 193–205. doi:10.1026/0012-1924/a000175

Luhmann, M. (2011). *R für Einsteiger. Einführung in die Statistiksoftware für die Sozialwissenschaften* (2. Auflage). Weinheim: Beltz.

Maier, U. (2010). Formative Assessment- Ein erfolgversprechendes Konzept zur Reform von Unterricht und Leistungsmessung? *Zeitschrift für Erziehungswissenschaft 13*(2), 293–308. doi:10.1007/s11618-010-0124-9

Maier, U. (2014). Formative Leistungsdiagnostik in der Sekundarstufe. Grundlegende Fragen, domänenspezifische Verfahren und empirische Befunde. In M. Hasselhorn, W. Schneider & U. Trautwein (Hrsg.), Lernverlaufsdiagnostik: Göttingen: Hogrefe.

Mason, B. J. & Bruning, R. H. (2001). *Providing Feedback in Computer-based instruction: What the Rese-arch Tells Us*. CLASS Research Resport No. 9. Center for Instructional Innovation, University of Nebraska-Lincoln.

Masters, G. N. (1982). A Rasch Model for Partial Credit Scoring. *Psychometrika 47*(2), 149–174. doi:10.1007/BF02296272

Mayring, P. (2008a). *Die Praxis der qualitativen Inhaltsanalyse* (2. Auflage). Weinheim: Beltz.

Mayring, P. (2008b). *Qualitative Inhaltsanalyse. Grundlagen und Techniken* (10. Auflage). Weinheim: Beltz.

Mayring, P. (2015). *Qualitative Inhaltsanalyse. Grundlagen und Techniken* (12. Auflage). Weinheim: Beltz.

Mayring, P. & Fenzl, T. (2019). Qualitative Inhaltsanalyse. In N. Baur & J. Blasius (Hrsg.), *Handbuch Methoden der empirischen Sozialforschung* (2. Auflage, S. 633–648). Wiesbaden: Springer. doi:10.1007/978-3-658-21308-4

McElvany, N., Schroeder, S., Hachfeld, A., Baumert, A., Richter, T., Schnotz, W., Horz, H. & Ullrich, M. (2009). Diagnostische Fähigkeiten von Lehrkräften bei der Einschätzung von Schülerleistungen und Aufgabenschwierigkeiten bei Lernmedien mit instruktionalen Bildern. *Zeitschrift für Pädagogische Psychologie 23*(3–4), 223–235. doi:10.1024/1010-0652.23.34.223

Merschmeyer-Brüwer, C. & Schipper, W. (2011). Größen und Messen. In W. Einsiedler, M. Götz, A. Hartinger, F. Heinzel, J. Kahlert & U. Sandfuchs (Hrsg.), *Handbuch Grundschulpädagogik und Grundschuldidaktik* (478–481). Bad Heilbrunn: Julius Klinkhardt.

Meschede, N., Steffensky, M., Wolter, M. & Möller, K. (2015). Professionelle Wahrnehmung der Lernunterstützung im naturwissenschaftlichen Grundschulunterricht. Theoretische Beschreibung und empirische Erfassung. *Unterrichtswissenschaft 43*(4), 317–335.

Miller, S. (2009). *Formative Computer-based Assessments. The potentials and pitfalls of two formative computer-based assessments used in professional learning programs*. Verfügbar unter: https://www.semanticscholar.org/paper/Formative-Computer-based-Assessments%3A-The-and-of-in-Miller/c7f7126c7648ecf8ca12806bc4f0c99fda227cac

Modulhandbuch Mathematik Campus Landau (2019). *Studiengänge Bachelor of Education und Master of Education im Fach Mathematik. Campus Landau, Universität Koblenz-Landau.* Institut für Mathematik (Hrsg.). Abrufbar unter: https://www.uni-koblenz-landau.de/de/landau/fb7/mathematik/media/dokumente/modulhandbuch/modulhandbuch.pdf/view

Moosbrugger, H. (2007). Item-Response-Theorie (IRT). In H. Moosbrugger & A. Kelava (Hrsg.), *Testtheorie und Fragebogenkonstruktion* (S. 215–260). Heidelberg: Springer. doi:10.1007/978-3-540-71635-8_10

Moosbrugger, H. & Kelava, A. (2007). Qualitätsanforderungen an einen psychologischen Test (Testgütekriterien). In H. Moosbrugger & A. Kelava (Hrsg.), *Testtheorie und Fragebogenkonstruktion* (S. 7–26). Heidelberg: Springer. doi:10.1007/978-3-540-71635-8_2

Moosbrugger, H. & Schermelleh-Engel, K. (2007). Exploratorische (EFA) und Konfirmatorische Faktorenanalyse (CFA). In H. Moosbrugger & A. Kelava (Hrsg.), *Testtheorie und Fragebogenkonstruktion* (S. 307–324). Heidelberg: Springer. doi:10.1007/978-3-540-71635-8_13

Mory, E. (2004). Feedback research revisited. In D. H. Jonassen (Hrsg.), *Handbook of research on educational communications and technology* (S. 745–783). Mahwah: Erlbaum Associates Publishers.

Müller, A. & Ditton, H. (2014). Feedback: Begriff, Formen und Funktionen. In H. Ditton & A. Müller (Hrsg.), *Feedback und Rückmeldungen. Theoretische Grundlagen empirische Befunde praktische Anwendungsfelder* (S. 11–28). Münster: Waxmann.

Müller, K. P. (2004). *Raumgeometrie. Raumphänomene – Konstruieren – Berechnen.* (2. Auflage). Stuttgart: Teubner.

Narciss, S. (2006). *Informatives tutorielles Feedback.* Münster: Waxmann.

Narciss, S. (2013). Designing and Evaluating Tutoring Feedback Strategies for digital learning environments on the basis of the Interactive Tutoring Feedback Model. *Digital Education Review 23,* 7–26.

Narciss, S. (2014). Modelle zu den Bedingungen und Wirkungen von Feedback in Lehr-Lernsituationen. In H. Ditton & A. Müller (Hrsg.), *Feedback und Rückmeldungen. Theoretische Grundlagen empirische Befunde praktische Anwendungsfelder* (S. 43–82). Münster: Waxmann.

Neubert, B. & Thies, S. (2012). Zur Entwicklung des Flächeninhaltsbegriffs. *Mathematik Lehren 172,* 15-19.

Niegemann, H. M. (2008). *Kompendium multimediales Lernen.* Berlin: Springer.

Niermann, A. (2017). *Professionswissen von Lehrerinnen und Lehrern des Mathematik- und Sachunterrichts. „...man muss schon von der Sache wissen.".* Bad Heilbrunn: Klinkhardt.

Nührenbörger, M. (2002). *Denk- und Lernwege von Kindern beim Messen von Längen. Theoretische Grundlegung und Fallstudien kindlicher Längenkonzepte im Laufe des 2. Schuljahr.* Hildesheim: Franzbecker.

Oechsler, R. & Roth, J. (2017). Zum Einsatz mathematischer Fachsprache in der mündlichen Schüler-Schüler-Interaktion. In U. Kortenkamp & A. Kuzle (Hrsg.), *Beiträge zum Mathematikunterricht 2017* (S. 725–728). Münster: WTM-Verlag.

Peter-Koop, A. (2001). Authentische Zugänge zum Umgang mit Größen. *Die Grundschulzeitschrift 141*(15), 6–11.

Peter-Koop, A. & Nührenbörger, M. (2016). Größen und Messen. In G. Walther, M. Van den Heuvel-Panhuizen, D. Granzer & O. Köller (Hrsg.), Bildungsstandards für die Grundschule: Mathematik konkret (S. 89–117). Berlin: Cornelsen.

Philipp, K. (2018). Diagnostic Competences of Mathematics Teachers with a View to Processes and Knowlegde Resources. In T. Leuders, K. Philipp & J. Leuders (Hrsg.), *Diagnostic Competence of Mathematics Teachers. Unpacking a Complex Construct in Teacher Education and Teacher Practice* (S. 109–128). Cham: Springer.

PONS (2011). *Wörterbuch. Studienausgabe Englisch.* Stuttgart: PONS

Porst, R. (2009). *Fragebogen. Ein Arbeitsbuch* (2. Auflage). Wiesbaden: VS Verlag für Sozialwissenschaften. doi:10.1007/978-3-658-02118-4

Pospeschill, M. (2010). *Testtheorie, Testkonstruktion, Testevaluation.* München: Ernst Reinhardt.

Praetorius, A.-K., Lipowsky, F. & Karst, K. (2012). Diagnostische Kompetenz von Lehrkräften: Aktueller Forschungsstand, unterrichtspraktische Umsetzbarkeit und Bedeutung für den Unterricht. In R. Lazarides & A. Ittel (Hrsg.), *Differenzierung im mathematisch-naturwissenschaftlichen Unterricht. Implikationen für Theorie und Praxis* (S. 115–146). Bad Heilbrunn: Klinkhardt.

Praetorius, A.-K. & Südkamp, A. (2017). Eine Einführung in das Thema der diagnostischen Kompetenz von Lehrkräften. In A. Südkamp & A.-K. Praetorius (Hrsg.), *Diagnostische Kompetenz von Lehrkräften. Theoretische und methodische Weiterentwicklungen* (S. 13–18). Münster: Waxmann.

Radatz, H. & Schipper, W. (2007). *Handbuch für den Mathematikunterricht an Grundschulen.* Hannover: Schroedel.

Rahmenlehrplan Grundschule (2014). *Teilrahmenplan Mathematik (2014).* Abrufbar unter https://grundschule.bildung-rp.de/rechts-grundlagen/rahmenplan/teilrahmenplan-mathematik.html

Rahmenlehrplan Mathematik. *Sekundarstufe I* (2007). Abrufbar unter https://lehrplaene.bildung-rp.de/?category=32

Rahmenlehrplan Mathematik. *Sekundarstufe II* (1998). Abrufbar unter https://lehrplaene.bildung-rp.de/?category=32

Rasch, B., Friese, M., Hofmann, W. & Naumann, E. (2014). *Quantitative Methoden 2. Einführung in die Statistik für Psychologen und Sozialwissenschaftlicher* (4. Auflage). Berlin: Springer. doi:10.1007/978-3-662-43548-9

Rath, V. (2017). *Diagnostische Kompetenz von angehenden Physiklehrkräften. Modellierung, Testinstrumentenentwicklung und Erhebung der Performanz bei der Diagnose von Schülervorstellungen in der Mechanik.* Berlin: Logos Verlag.

Rath, Y. & Marohn, A. (2020). Stolpersteine im Lehrerhandeln: Aufbau eines Handlungsrepertoires im Kontext Schülervorstellungen. Das chemiedidaktische Lehr-Lern-Labor C(LE)²VER. In R. Kürten, G. Greefrath, M. Hammann (Hrsg.), *Komplexitätsreduktion im Lehr-Lern-Laboren. Innovative Lehrformate in der Lehrerbildung zum Umgang mit Heterogenität und Inklusion* (S. 79–104). Münster: Waxmann. doi:10.31244/9783830989905

Rehm, M. & Bölsterli, K. (2014). Entwicklung von Unterrichtsvignetten. In D. Krüger, I. Parchmann & H. Schecker (Hrsg.), *Methoden in der naturwissenschaftsdidaktischen Forschung* (S. 213–226). Heidelberg: Springer. doi:10.1007/978-3-642-37827-0

Renkl, A. (1996). Träges Wissen: Wenn Erlerntes nicht genutzt wird. *Psychologische Rundschau 47*(2), 78–92.

Renkl, A. (2015). Wissenserwerb. In E. Wild & J. Möller (Hrsg.), *Pädagogische Psychologie* (2. Auflage, S. 3–24). Heidelberg: Springer. doi:10.1007/978-3-642-41291-2

Renkl, A. & Schworm, S. (2002). Lernen, mit Lösungsbeispielen zu lehren. *Zeitschrift für Pädagogik,* Beiheft 45, 259–270.

Reulecke, W. & Rollett, B. (1976). Pädagogische Diagnostik und lernzielorientierte Tests. In K. Pawlik (Hrsg.), *Diagnose der Diagnostik. Beiträge zur Diskussion der psychologischen Diagnostik in der Verhaltensmodifikation* (S. 177–202). Stuttgart: Klett.

Revelle, W. (2020). *Package 'psych'.* Verfügbar unter: https://cran.r-project.org/web/packages/psych/psych.pdf

Rheinberg, F. (2008). *Motivation* (7. Auflage). Stuttgart: Kohlhammer.

Robitzsch, A. (2019). *Package 'TAM'. Test Analysis Modules.* Verfügbar unter: https://cran.r-project.org/web/packages/TAM/TAM.pdf

Roper, W. J. (1977). Feedback in Computer Assisted Instruction. *Programmed Learning and Educational Technology 14*(1), 43–49. doi:10.1080/1355800770140107

Rosseel, Yves (2012). *Lavaan: Latent Variable Analysis. An R Package for Structural Equation.* Verfügbar unter: https://cran.r-project.org/web/packages/lavaan/lavaan.pdf

Rost, J. (2004). *Lehrbuch Testtheorie - Testkonstruktion* (2. Auflage). Bern: Huber.

Rost, J. (2006). Item-Response-Theorie. In J. Bengel, M. Eid & F. Petermann (Hrsg.), *Handbuch der psychologischen Diagnostik* (S. 261–274). Göttingen: Hogrefe.

Roth, J. (2013). Mathematik-Labor "Mathe ist mehr" - Forschendes Lernen im Schülerlabor mit dem Mathematikunterricht vernetzen. *Der Mathematikunterricht* 59 (5), 12–20.

Roth, J. (2015). Lehr-Lern-Labor Mathematik – Lernumgebungen (weiter-) entwickeln, Schülerverständnis diagnostizieren. In F. Calouri, H. Linneweber-Lammerskitten & C. Streit (Hrsg.), *Beträge zum Mathematikunterricht 2015* (S. 748–751). Münster: WTM-Verlag

Roth, J. (2017). Videovignetten zur Analyse von Unterrichtsprozessen – Ein Entwicklungs-, Forschungs- und Lehrprogramm. In U. Kortenkamp & A. Kuzle (Hrsg.), *Beiträge zum Mathematikunterricht 2017* (S. 1277–1280). Münster: WTM.

Roth, J. (2020). Theorie-Praxis-Verzahnung durch Lehr-Lern-Labore – das Landauer Konzept der mathematikdidaktischen Lehrpersonenbildung. In B. Priemer und J. Roth (Hrsg.), *Lehr-Lern-Labore. Konzepte und deren Wirksamkeit in der MINT-Lehrpersonenbildung* (S. 59–84). Berlin: Springer

Roth, J. & Wittmann, G. (2018). Ebene Figuren und Körper. In H.-G. Weigand, A. Filler, R. Hölzl, S. Kuntze, M. Ludwig & J. Roth (Hrsg.), *Didaktik der Geometrie für die Sekundarstufe I* (3. Auflage, S. 107–147). Berlin: Springer Spektrum. doi:10.1007/978-3-662-56217-8_6

Ruwisch, S. (2003). Gute Aufgaben für die Arbeit mit Größen – Erkundungen zum Größenverständnis von Grundschulkindern als Ausgangsbasis. In S. Ruwisch & A. Peter-Koop (Hrsg.), *Gute Aufgaben im Mathematikunterricht der Grundschule* (S. 211–227). Offenburg: Mildenberger

Sabers, D. S., Cushing, K. S. & Berliner, D. C. (1991). Differences among teachers in a task characterized by simultaneity, multidimensionality, and immediacy. *American Educational Research Journal 28*(1), 63–88.

Sadler, D. R. (1989). Formative assessment and the design of instructional systems. *Instructional Science 18*(2), 119–144. doi:10.1007/BF00117714

Sälzer, C. (2016). Studienbuch Schulleistungsstudien. *Das Rasch-Modell in der Praxis (Mathematik im Fokus).* Berlin: Springer. doi:10.1007/978-3-662-45765-8

Santaga, R. & Yeh, C. (2016). The role of perception, interpretation, and decision making in the development of beginning teachers' competence. *ZDM Mathematics Education* 11, S. 153–165. doi: 10.1007/s11858-015-0737-9.

Schecker, H. (2014). Überprüfung der Konsistenz von Itemgruppen mit Cronbachs α. Online-Zusatzmaterial. In D. Krüger, I. Parchmann & H. Schecker (Hrsg.), *Methoden in der naturwissenschaftsdidaktischen Forschung* (Online-Zusatzmaterial). Berlin: Springer. doi:10.1007/978-3-642-37827-0

Scheid, H. & Schwarz, W. (2016). *Elemente der Arithmetik und Algebra.* Berlin: Springer. doi:10.1007/978-3-662-48774-7

Scheid, H. & Schwarz, W. (2017). *Elemente der Geometrie.* Berlin: Springer. doi:10.1007/978-3-662-50323-2

Schmid-Ott, G. & Ahlswede, O. (2008). *Rehabilitation in der Psychosomatik. Versorgungsstrukturen - Behandlungsangebote.* Stuttgart: Schattauer.

Schmidt, R. (2014). Flächenvergleich durch Stempeln. *Praxis der Mathematik in der Schule 56*(55), 11–14.

Schmidt, S. & Weiser, W. (1986). Zum Maßzahlverständnis von Schulanfängern. *Journal für Mathematik-Didaktik 7*(2–3), 121–154.

Schnurr, S. (2003). Vignetten in quantitativen und qualitativen Forschungsdesigns. In H.-W. Otto, G. Oelerich, H.-G. Micheel (Hrsg.). *Empirische Forschung und Soziale Arbeit. Ein Lehr- und Arbeitsbuch* (S. 393–400). Neuwied: Luchterhand.

Schrader, F.-W. (1989). Diagnostische *Kompetenzen von Lehrern und ihre Bedeutung für die Gestaltung und Effektivität des Unterrichts.* Frankfurt am Main: Peter Lang.

Schrader, F.-W. (2001). Diagnostische Kompetenz von Eltern und Lehrern. In D. H. Rost (Hrsg.), *Handwörterbuch pädagogische Psychologie* (2. Auflage, S. 91–95). Weinheim: Beltz.

Schrader, F.-W. (2008). Diagnoseleistungen und diagnostische Kompetenzen von Lehrkräften. In W. Schneider & M. Hasselhorn (Hrsg.), *Handbuch der Pädagogischen Psychologie* (S. 168–177). Göttingen: Hogrefe

Schrader, F.-W. (2011). Lehrer als Diagnostiker. In E. Terhart (Hrsg.), Handbuch der Forschung zum Lehrerberuf (S. 683–698). Münster: Waxmann.

Schrader, F.-W. (2013). Diagnostische Kompetenz von Lehrpersonen. *Beiträge zur Lehrerbildung 31*(2), 154-165.

Schrader, F.-W. (2017). Diagnostische Kompetenz von Lehrkräfte. Anmerkungen zur Weiterentwicklung des Konstrukts. In A. Südkamp & A.-K. Praetorius (Hrsg.), *Diagnostische Kompetenz von Lehrkräften. Theoretische und methodische Weiterentwicklungen* (Band 94, S. 247–256). Münster: Waxmann.

Schrader, F.-W. & Helmke, A. (1987). Diagnostische Kompetenz von Lehrern. Komponenten und Wirkungen. *Empirische Pädagogik 1*(1), 27–52.

Schrader, F.-W. & Helmke, A. (2001). Alltägliche Leistungsbeurteilung durch Lehrer. In F. Weinert (Hrsg.), *Leistungsmessung in Schulen* (S. 45–58). Weinheim: Beltz

Schupp, H. (1998). *Figuren und Abbildungen. Studium und Lehre: Mathematik*. Hildesheim: Franzbecker.

Schuppar, B. & Humenberger, H. (2015). *Elementare Numerik für die Sekundarstufe*. Berlin: Springer. doi:10.1007/978-3-662-43479-6

Schwarz, G. (1978). Estimating the Dimension of a Model. *The Annals of Statistics 6*(2), 461–464.

Sclove, S. L. (1987). Application of model-selection criteria to some problems in multivariate analysis. *Psychometrika 52*(3), 333–343. doi:10.1007/BF02294360.

Seago, N. (2004). Using video as an object of inquiry mathematics teaching and learning. In J. Brophy (Hrsg.), *Using video in teacher education: Advances in research on teaching* (S. 259–285). Amsterdam, Netherlands: Elsevier.

Sedlmeier, P. & Renkewitz, F. (2011). *Forschungsmethoden und Statistik in der Psychologie*. Pearson Studium.

Seidel, T., Blomberg, G. & Stürmer, K. (2010). "Observer" – Validierung eines videobasierten Instruments zur Erfassung der professionellen Wahrnehmung von Unterricht. Projekt OBSERVE. In E. Klieme, D. Leutner, K. Martina (Hrsg.). *Kompetenzmodellierung. Zwischenbilanz des DFG-Schwerpunktprogramms und Perspektiven des Forschungsansatzes* (S. 296–306). Weinheim: Beltz.

Seidel, T. & Prenzel, M. (2007). Wie Lehrpersonen Unterricht wahrnehmen und einschätzen – Erfassung pädagogisch-psychologischer Kompetenzen mit Videosequenzen. In M. Prenzel, I. Gogolin & H.-H. Krüger (Hrsg.), *Kompetenzdiagnostik* (S. 201–216). Wiesbaden: Verlag für Sozialwissenschaften.

Seifried, J- & Wuttke, E. (2017). Der Einsatz von Videovignetten in der wirtschaftspädagogischen Forschung: Messung und Förderung von fachwissenschaftlichen und fachdidaktischen Kompetenzen angehender Lehrpersonen. In C. Gräsel & K. Trempler (Hrsg.), *Entwicklung von Professionalität pädagogischen Personals. Interdisziplinäre Betrachtungen, Befunde und Perspektiven* (S. 303–322). Wiesbaden: Springer.

Shavelson, R. J. (2006). On the integration von formative assessment in teaching and learning: Implications for New Pathways in Teacher Education. In F. Oser, F. Achtenhagen & U. Renold (Hrsg.), *Competence-Oriented Teacher Training: Old Research Demands and New Pathways* (S. 61–78). Utrecht: Sense Publishers

Shavelson, R. J., Young, D., Ayala, C., Brandon, P., Furtak, E., Ruiz-Primo, M., Tomita, M. & Yin, Y. (2008). On the Impact of Curriculum-Embedded Formative Assessment on Learning: A Collaboration between Curriculum and Assessment Developers. *Applied Measurement in Education 21*, 295–314. doi:10.1080/08957340802347647

Sherin, M. G. (2001). Developing a Professional Vision of Classroom Events. In T. Wood, B. Scott Nelson & J. Warfield (Hrsg.), *Beyond classical pedagogy. Teaching Elementary School Mathematics* (S. 75–94). Mahwah: Lawrence Erlbaum

Sherin, M. G. (2007). The Development of teachers' professional vision in video clubs. In R. Goldman, R. Pea, B. Barron & S. Derry (Hrsg.), *Video research in the learning sciences* (S. 383–395), Hillsdale: Erlbaum.

Sherin, M. G. & Van Es, E. A. (2009). Effects of video club participation on teachers' professional vision. *Journal of Teacher Education 60*(1) 20–37. doi:10.1177/0022487108328155

Shulman, L. S. (1986). Those Who Understand: Knowledge Growth in Teaching. *Educational Researchers* 15 (2), 4–14.

Shulman, L. S. (1987). Knowledge and Teaching: Foundations of the New Reform. *Harvard Educational Review 57* (1), 1–21.

Shute, V. J. (2008). Focus on Formative Feedback. *Review of Educational Research 78*(1), 153–189. doi:10.3102/0034654307313795

Siemes, A. (2008). Diagnosetheorien. In S. Kliemann (Hrsg.), *Diagnostizieren und Fördern in der Sekundarstufe I. Schülerkompetenzen erkennen, unterstützen und ausbauen* (S. 12–21). Berlin: Cornelsen.

Spinath, B. (2005). Akkuratheit der Einschätzung von Schülermerkmalen durch Lehrer und das Konstrukt der diagnostischen Kompetenz. *Zeitschrift für Pädagogische Psychologie* 19 (1/2), 85–95. doi:10.1024/1010-0652.19.12.85

Star, J. R. & Strickland, S. K. (2008). Learning to observe: using video to improve preservice mathematic teachers' ability to notice. *Journal of Mathematics Teacher Education 11*(2), 107–125. doi:10.1007/s10857-007-9063-7

Statistisches Bundesamt (2020, 17. September). *Bildung und Kultur. Studierende an Hochschulen. Fachserie 11 Reihe 4.1. Wintersemester 2019/2020.* Abrufbar unter: https://www.destatis.de/DE/Themen/Gesellschaft-Umwelt/Bildung-Forschung-Kultur/Hochschulen/Publikationen/Downloads-Hochschulen/studierende-hochschulen-endg-2110410207004.html

Steinmetz, Holger (2015). *Lineare Strukturgleichungsmodelle. Eine Einführung in R.* München: Rainer Hampp

Steinwachs, J. & Gresch, H. (2020). Professionalisierung der Unterrichtswahrnehmung mithilfe von Videovignetten im Themenfeld Evolution. Bearbeitung der Sachantinomie in der biologiedidaktischen Lehrerbildung. In R. Kürten, G. Greefrath, M. Hammann (Hrsg*.), Komplexitätsreduktion in Lehr-Lern-Laboren. Innovative Lehrformate in der Lehrerbildung zum Umgang mit Heterogenität und Inklusion* (S. 57–78). Münster: Waxmann.

Strijbos, J.-W. & Müller, A. (2014). Personale Faktoren im Feedbackprozess. In H. Ditton & A. Müller (Hrsg.), *Feedback und Rückmeldungen. Theoretische Grundlagen empirische Befunde praktische Anwendungsfelder* (S. 83–134). Münster: Waxmann.

Strobl, C. (2015). *Das Rasch-Modell. Eine verständliche Einführung für Studium und Praxis.* München: Rainer Hampp.

Südkamp, A., Kaiser, J. & Möller, J. (2012). Accuracy of teachers' judgments of students' academic achievement: A Meta-Analysis. *The journal of educational psychology 104*(3), 743–762. doi:10.1037/a0027627

Südkamp, A. & Praetorius, A.-K. (2017). Editorial. In A. Südkamp & A.-K. Praetorius (Hrsg.), *Diagnostische Kompetenz von Lehrkräften: Theoretische und methodische Weiterentwicklungen* (S. 11–12). Münster: Waxmann.

Sunder, C. Todorova, M. & Möller, K. (2016). Kann die professionelle Unterrichtswahrnehmung von Sachunterrichtsstudierenden trainiert werden? Konzeption und Erprobung einer Intervention mit Videos aus dem naturwissenschaftlichen Grundschulunterricht. *Zeitschrift für Didaktik der Naturwissenschaften 22*(1), 1–12.

Syring, M., Bohl, T., Kleinknecht, M., Kuntze, S., Rehm, M. & Schneider, J. (2015). Videos oder Texte in der Lehrerbildung? Effekte unterschiedlicher Medien auf die kognitive Belastung und die motivational-emotionalen Prozesse beim Lernen mit Fällen. *Zeitschrift für Erziehungswissenschaften 18*(4), 667–685.

Tenorth, H.-E. & Tippelt, R. (2007). BELTZ Lexikon Pädagogik. Weinheim: Beltz.

Terhart, E. (2011). Die Beurteilung von Schülern als Aufgabe des Lehrers: Forschungslinien und Forschungsergebnisse. In E. Terhart, H. Bennewitz, M. Rothland (Hrsg.), *Handbuch der Forschung zum Lehrerberuf. Münster* (S. 699–717): Waxmann.

Trendtel, M., Pham, G. & Yanagida, T. (2016). Skalierung und Linking. In S. Breit & C. Schreiner (Hrsg.), *Large-Scale Assessment mit R: Methodische Grundlagen der österreichischen Bildungsstandardüberprüfung* (S. 185–224). Wien: Facultas.

Ulfig, F. (2013). *Geometrische Denkweisen beim Lösen von PISA-Aufgaben. Triangulation quantitativer und qualitativer Zugänge.* Wiesbaden: Springer. doi:10.1007/978-3-658-00588-7

Ulich, D. (1985). *Psychologie der Krisenbewältigung. Eine Längsschnittuntersuchung mit arbeitslosen Lehrern.* Weinheim: Beltz.

Ulrich, I., Klingenbiel, F., Bartels, A., Staab, R., Scherer, S. & Gröschner A. (2020). Wie wirkt das Praxissemester im Lehramtsstudium auf Studierende? Ein systematischer Review. In I. Ulrich & A. Gröschner (Hrsg.), *Praxissemester im Lehramtsstudium in Deutschland: Wirkung auf Studierenden* (S. 1–66). Wiesbaden: Springer. doi:10.1007/978-3-658-24209-1

Van der Kleij, F. M., Eggen, T. J. H. M., Timmer, C. F. & Veldkamp, B. P. (2012). Effects of feedback in a computer-based assessment for learning. *Computer & Education 58*, 263–272. doi: 10.1016/j.compedu.2011.07.020

Van der Kleij, F. M., Feskens, R. C. W. & Eggen, T. J. H. M. (2015). Effects of Feedback in a Computer-Based Learning Environment on Students' Learning Outcomes. *Review of Educational Research 85*(4), 475–511. doi:10.3102/0034654314564881.

Van Es, E. A. & Sherin, M. G. (2002). Learning to Notice: Scaffolding New Teachers' Interpretations of Classrom Interactions. *Journal of Technology and Teacher Education 10*(4), 571–596.

Van Es, E. A. & Sherin, M. (2010). The influence of video clubs on teachers' thinking and practice. *Journal of Mathematics Teacher Education 13*(2), 155–176. doi:10.1007/s10857-009-9130-3

Van Ophuysen, S. (2006). Vergleich diagnostischer Entscheidungen von Novizen und Experten am Beispiel der Schullaufbahnempfehlung. *Zeitschrift für Entwicklungspsychologie und Pädagogische Psychologie 38*(4), 154–161. doi:10.1026/0049-8637.38.4.154

Van Ophuysen, S. (2010). Professionelle pädagogisch-diagnostische Kompetenz - Eine theoretische und empirische Annäherung. In H.-G. Rolff (Hrsg.), *Jahrbuch der Schulentwicklung. Daten, Beispiele und Perspektiven* (S. 203–234). Weinheim: Beltz.

Von Aufschnaiter, C., Cappell, J., Dübbelde, G., Ennemoser, M., Mayer, J., Stiensmeier, J., Sträßer, R. & Wolgast, A. (2015). Diagnostische Kompetenz: Theoretische Überlegungen zu einem zentralen Konstrukt der Lehrerbildung. *Zeitschrift für Pädagogik 61*(5), 738–758.

Von Aufschnaiter, C., Münster, C. & Beretz, A.-K. (2018). Zielgerichtet und differenziert diagnostizieren. *MNU Journal 71*(6), 382–387.

Von Aufschnaiter, C., Selter, C. & Michaelis, J. (2017). Nutzung von Vignetten zur Entwicklung von Diagnose- und Förderkompetenzen – Konzeptionelle Überlegungen und Beispiele aus der MINT-Lehrerbildung. In C. Selter, S. Hußmann, C. Hößle, C. Knipping & K. Lengnink (Hrsg.), *Diagnose und Förderung heterogener Lerngruppen. Theorien, Konzepte und Beispiele aus der MINT-Lehrerbildung* (S.85–105). Münster: Waxmann.

Von Aufschnaiter, S. & Welzel, M. (2001). Nutzung von Videodaten zur Untersuchung von Lehr-Lern-Prozessen Eine Einführung. In S. von Aufschnaiter & M. Welzel (Hrsg.), *Nutzung von Videodaten zur Untersuchung von Lehr-Lernprozessen. Aktuelle Methoden empirischer pädagogischer Forschung* (S. 7–16). Münster: Waxmann.

Voss, T. & Kunter, M. (2011). Pädagogisch-psychologisches Wissen von Lehrkräften. In M. Kunter, J. Baumert, W. Blum & M. Neubrand (Hrsg.), *Professionelle Kompetenz von Lehrkräften. Ergebnisse des Forschungsprogramms COACTIV* (S. 193–214). Münster: Waxmann.

Walz, M. & Roth, J. (2017). Professionelle Kompetenzen angehender Lehrkräfte erfassen – Zusammenhänge zwischen Diagnose-, Handlungs- und Reflexionskompetenz. In U. Kortenkamp & A. Kuzle (Hrsg.), *Beiträge zum Mathematikunterricht 2017* (S. 1367–1370). Münster: WTM-Verlag.

Walz, M. & Roth, J. (2018). Die Auswirkung der prozessdiagnostischen Kompetenz von Studierenden auf deren Interventionen in Gruppenarbeitsprozesse von Schülerinnen und Schülern. In Fachgruppe Didaktik der Mathematik der Universität Paderborn (Hrsg.), *Beiträge zum Mathematikunterricht 2018* (S. 1915–1918). Münster: WTM.

Walz, M. (2020). *Das Interventionsverhalten von Studierenden mit divergierender prozessdiagnostischer Fähigkeit "Deuten".*

Weaver, M. R. (2006). Do students value feedback? Student perceptions of tutors' written responses. *Assessment & Evaluation in Higher Education 31*(3), 379–394.

Weigand, H.- G. (2018). Begriffslernen und Begriffslehren. In H.-G. Weigand, A. Filler, R. Hölzl, S. Kuntze, M. Ludwig, J. Roth et al. (Hrsg*.), Didaktik der Geometrie für die Sekundarstufe I* (3. Auflage, S. 85–106). Berlin: Springer Spektrum. doi:10.1007/978-3-662-56217-8_5

Weinert, F. E. (2000). Lehren und Lernen für die Zukunft. Ansprüche an das Lernen in der Schule. *Pädagogische Nachrichten* (2), 1–16.

Weinert, F. E. (2001). Vergleichende Leistungsmessung in Schulen - Eine umstrittene Selbstverständlichkeit. In F. E. Weinert (Hrsg.), *Leistungsmessungen in Schulen* (S. 17–32). Weinheim: Beltz.

Weinert, F. E. & Schrader, F.-W. (1986). Diagnose des Lehrers als Diagnostiker. In H. Petillon, Wagner, Jürgen, W. L. & B. Wolf (Hrsg.), *Schülergerechte Diagnose* (S. 11–30). Weinheim: Beltz.

Welzel, M. & Stadler, H. (2005). Vorwort. In M. Welzel & H. Stadler (Hrsg.), *"Nimm doch mal die Kamera!". Zur Nutzung von Videos in der Lehrerbildung – Beispiele und Empfehlungen aus den Naturwissenschaften.* Münster: Waxmann.

White, E. (2010). *Putting Assessment for Learning (AfL) into Practice in a Higher Education EFL Context.* Irvine: Universal-Publishers.

Wilson, M. (2004). *Constructing Measures: An Item Response Modeling Approach.* Mahwah: Lawrence Erlbaum Associates. doi:10.4324/9781410611697

Windisch, H. (2014). *Thermodynamik. Ein Lehrbuch für Ingenieure.* Oldenbourg: De Gruyter.

Winter, H. (2000). *Sachrechnen in der Grundschule. Problematik des Sachrechnens, Funktionen des Sachrechnens, Unterrichtsprojekte.* Frankfurt am Main: Cornelsen.

Wittmann, E. C. (1987). *Elementargeometrie und Wirklichkeit. Einführung in geometrisches Denken.* Braunschweig: Vieweg.

Wu, M., Tam, H. P. & Jen, T.-H. (2016). *Educational Measurement for Applied Researchers. Theory into Practice.* Singapur: Springer. doi:10.1007/978-981-10-3302-5

Yen, W. M. (1984). Effects of Local Item Dependence on the Fit and Equating Performance of the Three-Parameter Logistic Model. *Applied Psychological Measurement 8*(2), 125–145. doi:10.1177/014662168400800201

Ziegenbalg, J. (2015). Algorithmik. In R. Bruder, L. Hefendehl-Hebeker, B. Schmidt-Thieme & H.- G. Weigand (Hrsg.), *Handbuch der Mathematikdidaktik* (S. 303–330). Berlin: Spektrum. doi:10.1007/978-3-642-35119-8

Zöllner, J. (2020). *Längenkonzepte von Kindern im Elementarbereich.* Wiesbaden: Springer. doi:10.1007/978-3-658-27671-3

Zucker, V. (2019). *Erkennen und Beschreiben von formativen Assessment im naturwissenschaftlichen Grundschulunterricht. Entwicklung eines Instruments zur Erfassung von Teilfähigkeiten der professionellen Wahrnehmung von Lehramtsstudierenden.* Berlin: Logos

Printed in the United States
by Baker & Taylor Publisher Services